Bergbauer
Humberg

Was lebt
im Mittelmeer?

Matthias Bergbauer
Bernd Humberg

Was lebt im Mittelmeer?

Ein Bestimmungsbuch für Taucher und Schnorchler

KOSMOS

Dr. Matthias Bergbauer ist Diplom-Biologe. Nach der Promotion war er an einer Berliner Universität in Forschung und Lehre tätig. Sein Forschungsgebiet umfasste ökologische Fragestellungen in aquatischen und marinen Lebensräumen. Er betreute wissenschaftliche Projekte der Deutschen Forschungsgemeinschaft und veröffentlichte zahlreiche Artikel in nationalen und internationalen Fachzeitschriften. Matthias Bergbauer taucht seit 28 Jahren, nutzt das Tauchen auch für die Forschung und arbeitete längere Zeit an meeresbiologischen Stationen auf Fidschi im Südpazifik, am Great Barrier Reef vor Australien, an der Atlantikküste der USA, in einem Unterwasserlabor im Roten Meer sowie im Mittelmeer an der Adriaküste und in Südfrankreich. Seit einigen Jahren ist er journalistisch tätig, publiziert regelmäßig naturwissenschaftliche Artikel, gibt meeresbiologische Seminare, hält Vorträge für Naturfreunde und veröffentlicht zusammen mit Manuela Kirschner mehrere Natur- und Reiseführer, unter anderem das ebenfalls im Kosmos-Verlag erschienene Bestimmungsbuch „Gefährliche Meerestiere".

Bernd Humberg ist Diplom- Biologe. Nach seinem Studium an der Universität Heidelberg arbeitete er an verschiedenen meeresbiologischen Stationen (u. a. in Australien und Frankreich) sowie als Fachgutachter zahlreicher limnoökologischer Umweltverträglichkeitsstudien und -prüfungen in heimischen Gewässern. Sein Forschungsschwerpunkt ist die Bioindikation mittels submerser Makrophyten (Wasserpflanzen) als anerkannte Methode zur Gewässergütebeurteilung. Hier machte er sich auch einen Namen als Autor der Fachpublikation „Makrophyten in Baggerseen der Oberrheinebene. Kartieranleitung und Bestimmungsschlüssel". Die journalistische Laufbahn begann er als Chefredakteur des Fachmagazins „Divemaster" und als Autor zweier populärwissenschaftlicher Bestimmungsbücher („Europäische Binnengewässer" und „Karibik – Niedere Tiere"). Bernd Humberg ist Tauchlehrer und taucht seit 1973. Zahlreiche Unterwasserfotos sind in verschiedenen Büchern und Zeitschriften veröffentlicht. Seit 1996 leitet er eine Handelsvertretung für Tauchsportausrüstungen.

Danksagung

Wir danken den folgenden Wissenschaftskollegen, die uns mit ihren Kenntnissen bei der oft schwierigen Aufgabe der Artbestimmung nach Unterwasserfotos geholfen haben: Prof. MARIA JESUS URIZ (Schwämme), Prof. Dr. Dr. HAJO SCHMIDT (Nesseltiere), Dr. JEAN-GEORGES HARMELIN (Moostierchen), Dr. JOACHIM SCHOLZ (Moostierchen), Dr. WOLFGANG SEIFARTH (Plattwürmer), Dr. MICHAEL TÜRKAY (Krebse), Dr. CHARLES FRANSEN (Krebse), Dipl.-Geol. HANS-JÖRG NIEDERHÖFER (Vorderkiemerschnecken und Muscheln), Prof. LUISE SCHMEKEL (Hinterkiemerschnecken), Dr. SIGURD VON BOLETZKY (Kopffüßer), Prof. Dr. GUNDOLF ERNST (irreguläre Seeigel), Dr. XAVIER TURON (Seescheiden), Dr. RONALD FRICKE (Fische), Prof. Dr. ROBERT A. PATZNER (Fische und Weichtiere).

Für die Durchsicht des Manuskriptes möchten wir uns bei KERSTIN ROHDE bedanken.

Der Fotografin MANUELA KIRSCHNER danken wir für ihren Beitrag von über 100 Fotos zu diesem Buch. Als Preisträgerin zahlreicher nationaler und internationaler Fotowettbewerbe ist sie Deutschlands bekannteste Unterwasserfotografin, deren Fotos regelmäßig in verschiedenen Publikationen erscheinen. Nicht zuletzt hat sie sich als Mitautorin mehrerer Tauchsportfachbücher einen Namen gemacht.

Ausgewählte Tauch- und Schnorchelgebiete
M Meeresstation
➤ Meeresaquarium

FRANKREICH

SPANIEN

MAROKKO   ALGERIEN

TUNESIEN

ITALIEN

Madrid

Venedig

Genua
Monaco
Nizza
Marseille
Sète
Banyuls sur Mer
Golf v. Lyon
Blanes
Barcelona
Ligurisches Meer
Korsika Calvi Bastia
Ajaccio Giglio
Straße v. Bonifacio
Golf v. Genua
Elba
Golf v. Valencia
Mallorca
Menorca
Valencia
Ibiza Palma
Formentera
Balearen
Alicante
Gibraltar Malaga
Straße v. Gibraltar Alboran
Westliches Mittelmeer
Sardinien
Cagliari
Ponza
Tyrrhenisches Meer
Palermo
Algier
Tunis
Pantelleria
Kleine Syrte
Trip...

1 Islas Hormigas:
   intakte Unterwasserwelt, zerklüftete Felgebiete, tolle Schiffswracks
2 Islas Columbretes:
   Marinepark, hoher Fischreichtum
3 Naturschutzgebiet im Norden von Ibiza:
   Vielfältige Unterwasserlandschaft
4 Isla Dragonera:
   Steilwandtauchen, Schwarm- und Großfische
5 Menorca:
   Höhlen
6 Naturschutzgebiet Islas Medas:
   Steilwände und Höhlen, Zackenbarsche
7 Nationalpark Cabo Creus:
   Zackenbarsche, Gorgonien, Edelkorallen
8 Naturschutzgebiet Calanques:
   Steilwände und Höhlen
9 Côte d'Azur:
   Wracktauchen
10 Naturschutzgebiet Port Cros
11 Straße von Bonifacio:
   Zackenbarsche
12 Nationalpark Portofino: Wrack, Zackenbarsche, Gorgonien, Jesu-Statue

13 Elba Nationalpark Toskanisches Archipel:zerklüftete Steilwände mit Gorgonien, hoher Fischreichtum
14 Inseln Giglio und Giannutrie:
   Wracks, Steilwände mit Gorgonien
15 Pantelleria:
   Hoher Fischreichtum
16 Malta und Gozo:
   Höhlen und Steilwände
17 Liparische Inseln:
   Tauchen an Vulkanen
18 Straße von Messina:
   Strömungstauchen
19 Istrien:
   interessante Weltkriegswracks
20 Krk:
   Steilwände und Wracks
21 Nationalpark Kornaten:
   gorgonienbestandene Steilwände, klares Wasser
22 Split/Trogir:
   Steilwände mit Gorgonien
23 Insel Vis:
   reich bewachsene Steilwände, Wracks
24 Dubrovnik: Höhlen, Steilwände, klares Wasser, hoher Fischreichtum

Zakynthos:
Schildkröten

Kas:
Rotmeer-Einwanderer, Delphine, Schildkröten

Bodrum: extrem klares Wasser,
Unterwasserarchäologie-Tauchgänge

Kemer
Wrack "Paris"

Larnaka:
Wrack "Zenobia" mit Autos und LKWs

Libanonküste: Versunkene antike Städte,
Unterwasser-Vulkan, Rotmeer-Einwanderer

KROATIEN

Split

Dubrovnik

Schwarzes Meer

Tarent

Bosporus

Istanbul

Marmara-meer

Ankara

Saloniki

GRIECHENLAND

Korfu

Ägäis

TÜRKEI

Izmir

Zakynthos

Athen

Peloponnes

Ionisches Meer

Latakia

Rhodos

SYRIEN

ZYPERN

Beirut

LIB.

Kreta

Levantisches Meer

Östliches Mittelmeer

Haifa

Jerusalem

ISRAEL

Große Syrte

Alexandria

LIBYEN

ÄGYPTEN

Kairo

Das Mittelmeer

Die Entstehungsgeschichte des Mittelmeers

Das Mittelmeer ist eines der interessantesten Meere überhaupt. Die artenreiche Flora und Fauna, aber auch die Strukturvielfalt der Lebensräume sind ebenso bemerkenswert wie das Aufeinandertreffen unterschiedlicher Floren- und Faunenelemente: Wie kaum in einem anderen Meer ist es beispielsweise möglich, Kälte liebende (arktische) und wärmeliebende (subtropische und tropische) Arten nebeneinander zu beobachten. Unvergleichlich und deshalb einzigartig sind außerdem die geschichtlichen wie auch die aktuellen Besiedlungsvorgänge, die zurzeit im östlichen Mittelmeer beobachtet werden können.

Will man die spannenden Eigenschaften des Mittelmeers verstehen, so muss zuerst ein kurzer historischer Rückblick erfolgen: Nach dem Modell der Plattentektonik geht man davon aus, dass sich sechs große und mehrere kleine Platten auf der Erdoberfläche jährlich um mehrere Zentimeter verschieben. Vor ca. 200 Millionen Jahren (frühe Trias) bestand noch ein gemeinsamer Urkontinent (Pangea), der von einem einzigen Ozean (Panthalassa) umgeben war. Vor ca. 165 Millionen Jahren (mittleres Jura) setzte die Teilung des Urkontinents ein. Zwischen dem heutigen Eurasien und Nordafrika bildete sich zunächst das Tethysmeer (der heutige Rest dieses Urmeers ist das Mittelmeer), das sich vor 135 Millionen Jahren (frühe Kreidezeit) mit dem neugebildeten Atlantik verband. Noch vor 65–17 Millionen Jahren (Tertiär) war das Mittelmeer als Teil der Tethys mit dem tropischen „Indo-Pazifik" in Verbindung. Vor 17 Millionen Jahren schloss sich die Landbrücke von Sues

und erst vor 5 Millionen Jahren (Pliozän, Ende Tertiär) schloss sich die Straße von Gibraltar. Das Mittelmeer verkümmerte in der Folgezeit von ca. 2 Millionen Jahren zu einem hypersalinen Binnenmeer oder trocknete möglicherweise sogar vollständig aus. In dieser Phase sind vermutlich zahlreiche Tethys-Organismen ausgestorben. Von den die Katastrophe überlebenden Arten leiten sich vermutlich einige noch heute lebende Endemiten ab. Wie die ursprüngliche Lebewelt – die sogenannten Paläoendemiten – des Mittelmeeres überleben konnte, darüber herrscht in der Wissenschaft noch keine Einigung. Vorstellbar ist ein Rückzug der Mittelmeerflora und -fauna über die Straße von Gibraltar, bevor sich diese schloss. Die Arten überlebten im Atlantik entlang der nordafrikanischen Küste und konnten das Mittelmeer nach der Öffnung der Straße von Gibraltar wiederbesiedeln. Eine zweite Theorie vermutet, dass einige Arten im Mittelmeer im Bereich der großen Flussmündungen überleben konnten, da dort ein erträglicher Salzgehalt herrschte. Noch in der Folgezeit vor 2 Millionen Jahren (Quartär) bis zum heutigen Tag ist das Mittelmeer nicht zur Ruhe gekommen, da sich einige Eiszeiten mit Warmzeiten abwechselten, wodurch unterschiedlich wärmebedürftige Einwanderungswellen vom Atlantik ins Mittelmeer stattfanden. Während der Eiszeiten (im Pleistozän insgesamt 6) konnten kaltgemäßigte (boreale) Arten aus dem Atlantik in das Mittelmeer einwandern, und in den dazwischengelegenen Warmzeiten, in denen die Temperaturwerte zum Teil noch über denen der Gegenwart lagen, strömte warmes tropisches Wasser weit nach Norden, wodurch subtropische Arten auch das Mittelmeer besiedeln konnten.

r Rotmeereinwanderer

Bis zum Ende des letzten Jahrhunderts waren Populationsänderungen nur im westlichen Mittelmeer beobachtet worden. Nach der Öffnung des Sueskanals bekam das Mittelmeer nach 17 Millionen Jahren wieder Kontakt zum Roten Meer und somit zum Indopazifik und wird seither von Westen und Osten her beeinflusst. Sieht man einmal von der These ab, dass durch römische und altägyptische Kanalbauten indopazifische Arten in das Mittelmeer gelangen konnten, ermöglichte erst die Öffnung des Sueskanals im Jahr 1869 eine echte Wanderungsbewegung in jüngster Zeit. Die Passage durch den 162 km langen, 100 m breiten und bis zu 15 m tiefen Kanal war allerdings wegen des anfänglich hohen Salzgehalts, verursacht durch zwei durchschnittene Bitterseen, für viele Meeresorganismen zunächst nicht möglich. Erst nach dem Absinken der Salzkonzentration von ca. 70 Promille auf ca. 45 Promille im Jahr 1960 konnte eine Organismenwanderung (übrigens auch vom Mittelmeer in das Rote Meer) beginnen. Seither sind ca. 50 tropische Fischarten (z. B. Soldatenfisch, Seitenflecken-Eidechsenfisch, Kaninchenfisch, Feilenfisch, zwei Vertreter der Flachköpfe und ein Kofferfisch) und über 20 Algenarten sowie die Blütenpflanze *Halophila stipulacea* aus dem Roten Meer in das östliche Mittelmeerbecken eingewandert. Zahlreiche Fischeinwanderer haben örtlich große Populationen gebildet, die zum Beispiel an der Küste Israels regelmäßig und in großen Mengen gefangen werden und sogar weit nach Norden, bis zur türkischen Küste, vorgedrungen sind.

Typisches Mittelmeer: Braunalgenwiese, Mönchsfische, Schraubensabelle und Seehase

Lebensräume

 Lebensraum Hartböden

Mit einem Anteil von weltweit nur etwa 10 % stellen Hartgründe einen relativ kleinen Teil der Meeresböden dar. Typischerweise werden sie von untermeerischen Ausläufern der Felsküsten gebildet. Solche sind im Mittelmeer sehr zahlreich und von Spanien über Frankreich, Italien, der adriatischen Ostküste, Griechenland bis zur Türkei mehr oder weniger ausgeprägt vorhanden. Auch die Inseln wie beispielsweise die Balearen, Sardinien, Malta oder Kreta sind reich an Felsküsten. Dagegen fehlen sie über weite Küstenabschnitte Nordafrikas ebenso wie in der italienischen Adria. Ungeachtet ihres geringen Anteils an der Gesamtfläche sind die Hartböden von sehr hoher ökologischer Bedeutung. Sie stellen ein ideales Siedlungssubstrat für eine Vielzahl fest sitzender Tiere dar. Erst die Festigkeit und Dauerhaftigkeit der Hartböden ermöglicht die Ausbildung einer arten- und formenreichen Lebensgemeinschaft aus Algen und sessilen Tieren, wie sie auch für die Mittelmeerfelsküsten charakteristisch ist.

Grundsätzlich werden hinsichtlich ihrer Entstehung primäre und sekundäre Hartböden unterschieden. Die ersten bestehen aus Felsgestein, die zweiten sind biogener

Licht und Schatten: Die Schattenseite eines Felsblocks ist mit bunten Schwämmen flächig bewachsen

Natur und werden vor allem von schuppenförmig das Substrat überziehenden Kalkrotalgen gebildet. Am Aufbau dieser als Koralligen bezeichneten biologischen Hartsubstrate sind in geringerem Maß weitere Kalk abscheidende Organismen wie Moostierchen oder die kalkigen Wohnröhren verschiedener Borstenwürmer beteiligt.

Zur hohen Artenmannigfaltigkeit der Hartböden trägt insbesondere auch deren reiche Strukturierung bei. Auf engstem Raum wechseln sich stark besonnte und schattige sowie gut beströmte und strömungsgeschützte Bereiche ab. Diese starke Gliederung lässt nebeneinander unterschiedlichste Lebensgemeinschaften entstehen. Weiterhin ist

die Felsenwelt gegenüber den Sandböden durch eine hohe Klarheit des Wassers gekennzeichnet, denn in ihr werden mehr Sedimente ab- als eingetragen. All dies macht die in relativ geringen Tiefen gelegenen Hartböden nicht nur sehr artenreich und produktiv, sondern auch für Taucher zu den interessantesten Lebensräumen. Im Mittelmeer bestechen die Unterwasserfelsgebiete mit sehr abwechslungsreichen Formationen. Hier finden sich Steilwände, canyonartige Einschnitte, Durchbrüche, Überhänge, Spalten, kleine und beeindruckend große Höhlen sowie Geröll- und Blockgründe mit Steinen von Faust- bis Hausgröße. Das üppige Leben zeigt sich hier schon auf den ersten Blick, denn im völligen Gegensatz zu den Sedimentböden stellen auf Hartböden die auf der Oberfläche lebenden Tiere, die Epifauna, den größten Anteil an der Tiergemeinschaft. Die Endofauna (im Substrat bohrende Tiere) ist aufgrund der Schwierigkeit, in hartes Gestein einzudringen, vergleichsweise sehr artenarm; als regelmäßig vorkommende Vertreter der Endofauna wären Bohrschwämme und die Steindattel zu nennen. Zu der großen Zahl sessiler Tiere der Hartböden gehören u. a. Schwämme, Hydrozoen, Anemonen, Stein- und Hornkorallen, Moostierchen und Seescheiden. Auch frei umherschweifende Vertreter der Epifauna sind hier mit Schnecken, Krebsen, Seeigeln und Seesternen reich vertreten. Zu den charakteristischen Hartbodenbewohnern unter den Fischen zählen u. a. Muränen, Skorpionsfische, Zackenbarsche, der Meerbarbenkönig und Schleimfische. Zur vielfältigen Tierwelt kommen an ausreichend belichteten Bereichen verschiedene Grün-, Rot- und Braunalgen, die an idealen Standorten bestandsbildend auftreten können (siehe auch Zonierung der Felsküsten).

Meereshöhlen

Licht- und Wasserbewegung nehmen in den meisten Höhlen vom Eingangsbereich zum Höhleninneren rasch ab. Dagegen erstrecken sich im freien Felslitoral entsprechende Verringerungen von Lichtangebot und Wasserbewegung typischerweise über eine vertikale Strecke von über 100 m. Daher herrscht häufig selbst in flach gelegenen Höhlen bereits nach wenigen Metern in Richtung des Höhleninneren ein Lichtklima, wie es außerhalb erst in großen, für Taucher praktisch unerreichbaren Tiefen zu finden ist. Dieses steile Gefälle der Lichtintensität und der Wasserbewegungen in Höhlen bedingt eine rasche und charakteristische Artenab-

folge auf kürzester Entfernung von oftmals nur wenigen Metern. Im mehr oder weniger stark besonnten Eingangsbereich treten die typischen Algen der Starklichtzone rasch zugunsten schattenliebender (sciaphiler) Arten zurück. Solche Formen sind beispielsweise die Schattengrünalgen der Gattungen Halimeda, unverkalkte Rotalgen wie *Peyssonnelia* und insbesondere Kalkrotalgen wie *Pseudolithophyllum*. Neben diesen Schattenalgen treten bereits ab dem Höhleneingang verschiedene Tiere, wie z.B. Hydrozoenkolonien, Moostierchen, Seescheiden und besonders auch Schwämme augenfällig in

Je dunkler, desto bunter: Höhlen beherbergen eine artenreiche Fauna aus Moostierchen, Steinkorallen und Schwämmen

Erscheinung. Im zentralen Höhlengebiet sind nur noch reine Tierbestände ausgebildet, deren Bewuchs hier besonders dicht und üppig ist. Schwämme, die von der Biomasse her wohl bedeutendste Gruppe in Höhlen, sind mit massigen ebenso wie mit krustigen Formen reich vertreten. Die Gelbe Krustenanemone (*Parazoanthus axinellae*) kann ausgedehnte Bestände bilden und auch die Gelbe Steinkoralle (*Leptopsammia pruvoti*) kommt hier nicht selten in Massen vor. Zum Höhlenhintergrund nimmt die Bewuchsdichte wieder ab. Bis dort dringen vor allem Schwämme vor. Tiefer in den Fels reichende Höhlen sind im hinteren Bereich fast ohne Bewuchs.

Selbst große Meereshöhlen besitzen keine wirklich eigenständige Tierwelt. Die in ihnen vorkommenden Tiere können fast durchweg auch in schattigen Zonen der umliegenden Felsgebiete oder in größerer Tiefe angetroffen werden. Dennoch sind die Unterschiede in den Lebensgemeinschaften außerhalb und innerhalb von Höhlen, oder allgemein stark schattiger Standorte, schon auf den ersten Blick offenkundig. Vor allem fällt die Farbigkeit auf. Die leuchtenden Rot-, Orange- oder Gelbtöne stehen in starkem Kontrast zum überwiegend graugrünlichen Gesamteindruck der lichtdurchfluteten Areale. Manche dieser Höhlenbewohner sind außerhalb nur selten oder nachts oder erst wieder in sehr großen Tiefen anzutreffen. Letzteres trifft beispielsweise auf die Einhorngarnele (*Pleisionika narval*) und die Scherengarnele (*Stenopus spinosus*) zu. Verschiedenen Tieren dienen Höhlen oder Spalten auch als Tagversteck, wie dem Gabeldorsch (*Phycis phycis*), dem Meerraben (*Sciaena umbra*) oder dem Meerbarbenkönig (*Apogon imberbis*). Ein höhlenliebender Verteter unter den Grundeln ist die Leopardengrundel (*Thorogobius ephippiatus*).

 Lebensraum Sedimentböden

Der weitaus größte Teil der Meeresböden, annähernd 90 %, besteht aus Sedimenten. Die Art des Sediments, vor allem die Korngröße der einzelnen Partikel, ist ein sehr bedeutender Umweltfaktor. Er hat we sentlichen Einfluss auf die Zusammensetzung der Bodenlebensgemeinschaft. Die feinsten Sedimente haben Korngrößen unter 0,004 mm und werden als Tone zusammengefasst. Partikelgrößen zwischen 0,004 und 0,063 mm kennzeichnen den Silt. Feinsedimente, die überwiegend aus Ton und Silt bestehen, werden auch als Schlick- oder Weichböden bezeichnet. Sand hat eine Korngröße von 0,063–2,0 mm. Kies schließlich hat eine Teilchengröße von 2,0–60 mm. Natürliche Sedimente setzen sich aus Partikeln mehr oder weniger unterschiedlicher Größe zusammen, sind Gemische. Solche werden je nach ihren verschiedenen Anteilen anhand der wichtigsten Fraktion beispielsweise als reiner Schlick, siltiger Feinsand, kiesiger Grobsand etc. bezeichnet.

Ob Sediment abgelagert wird und wie es beschaffen ist, hängt unmittelbar von der Stärke der Wasserbewegungen ab. Diese verringern sich in der Regel mit zunehmender Tiefe. Je geringer die Wasserbewegungen, desto feiner sind die abgelagerten Sedimente. Typischerweise lagern sich Sande daher in Buchten und flach abfallenden Küsten im Uferbereich und geringeren Tiefen ab. Weichböden finden sich dagegen meist erst in größerer Tiefe. In besonders geschützten Bereichen können Weichböden jedoch auch ufernah in nicht zu großen Tiefen vorkommen. Die stetige Abnahme der Wasserbewegungen mit der Tiefe bringt eine kontinuierliche Änderung der Bodenbeschaffenheit

Wüsten unter Wasser: Sandböden sind begehrte
Lebensräume für Spezialisten wie Seesterne, Seeigel und Seegräser

mit sich. Daher zeigen Sedimentböden kaum eine Zonierung mit der Wassertiefe, wie sie im Gegensatz dazu bei den Hartböden besonders scharf ausgeprägt ist.

Charakteristisches Merkmal von Sedimentböden ist ihre Instabilität. Durch Wellen, Gezeiten, Dünung und Strömungen unterliegen Sedimente beständiger Umlagerung und Verschiebung. Insbesondere die flach gelegenen Sandböden erweisen sich meist schon auf den ersten Blick als äußerst instabile Substrate. Sichtbarster Hinweis sind die ständigen Änderungen in Ausprägung und Ausrichtung der markanten Rippelung der Sandoberfläche. Die Mobilität dieser Böden bedeutet, dass es hier an soliden Substraten für sessile Tiere fehlt. Neben der dauernden Umgestaltung ist biologisch ebenfalls von größter Bedeutung, dass in solchen Böden Tiere unterschiedlichster Größe bohren, graben oder Gänge bauen können.

In der Meeresbiologie werden die Sedimentböden in zwei große Gruppen unterteilt, die Sand- und die Schlick- bzw. Weichböden. Der für die Lebensgemeinschaften wesentliche Unterschied liegt im Lückensystem. Sandböden zeichnen sich durch ein ausgeprägtes Porensystem aus.

Neben der auf Sandböden beschränkten Mesofauna können auf allen Sedimentböden zwei weitere Lebensformtypen unterschieden werden. Auch innerhalb der größeren Bewohner der Sedimentböden lebt der überwiegende Teil im Untergrund, ist für den Taucher also ebenfalls nicht sichtbar. Es handelt sich hierbei um größere, frei bewegliche Formen, die sich in den Boden eingraben und als Endofauna bezeichnet werden. Auf der Oberfläche lebende Tiere gehören zur Epifauna. Für den Taucher sind sie praktisch die einzig sichtbaren Bewohner dieses Lebensraums.

Für Taucher stellen sich Sand- und Weichböden aus den genannten Gründen als recht monotone, artenarme Lebensräume dar. Die Epifauna, das sind die auf dem Sediment lebenden Tiere, ist deutlich individuen- und artenärmer und hält keinen Vergleich mit der Formenvielfalt der Hartböden des Mittelmeers stand. Zudem sind die Sedimentbewohner farblich in aller Regel gut an den Untergrund angepasst und fallen schon deshalb kaum auf. So muss man meist längere Zeit suchen, um überhaupt etwas auf Sedimentböden zu entdecken. Dennoch lohnt ein Abstecher in diese Lebensräume. Dazu ist es gar nicht unbedingt nötig, über ausgedehnte Sandflächen zu tauchen. Unzählige kleine Sandstränge unterbrechen auch die für weite Bereiche des Mittelmeers typischen Felsküsten, und selbst innerhalb ausgeprägter Felsgebiete finden sich meist inselartige, kleine Sandareale.

Zu den typischen auf Sandböden lebenden Nesseltieren gehören die Goldfarbige Seerose (Condylactis aurantiaca), die bis auf die Tentakelkrone im Sand vergraben ist, und die Zylinderrose (Cerianthus membranaceus), die sich mit ihrer selbst gefertigten Wohnröhre etwas über den Untergrund erhebt und

Zwischen den einzelnen Sandkörnern ist genügend Platz für Tierarten, die so klein sind (etwa 0,2–2 mm Größe), dass sie praktisch ungehindert durch das labyrinthartige Kanalsystem gleiten oder kriechen können. Diese spezielle Lebensgemeinschaft wird als Meso- oder Sandlückenfauna bezeichnet und macht den größten Teil der gesamten sandbewohnenden Lebensgemeinschaft aus. So mannigfaltig und bedeutend diese ist, bleibt ihre mikroskopische Welt dem Taucher doch vollkommen verborgen. Weichböden dagegen fehlt aufgrund ihrer winzigen Hohlräume dieses Lückensystem und damit auch die Mesofauna.

Perfekte Anpassung: Anemone auf Küstendetritus

auch Schlickböden besiedelt. Unter den zahlreichen sedimentbewohnenden Weichtieren
fällt besonders die Große Steckmuschel (*Pinna nobilis*) auf. Tagsüber zumeist im Sand
vergraben und eher nachts an der Oberfläche
jagend lebt der Große Kammseestern (*Astropecten aranciacus*). Weitere reine Sedimentbewohner unter den Stachelhäutern sind die
irregulären Seeigel (z. B. *Spatangus* oder *Echinocardium*-Arten). Diese leben jedoch ganz
überwiegend im Boden eingegraben, gehören
also zur Endofauna, halten jedoch stets über
eine schornsteinartig im Boden angelegte
Atemröhre Verbindung zur Bodenoberfläche.
Nur selten können lebende Exemplare frei auf
dem Grund kriechend beobachtet werden,
häufiger sind dagegen die leeren Gehäuse

gestorbener Tiere zu sehen. Eher auf Weichböden anzutreffen sind beispielsweise
Seefedern, die Schlicksabelle (*Myxicola in-
fundibulum*) oder Schlangensterne.

Fische sind auf Sedimentböden u. a. mit
verschiedenen Rochen, Plattfischen, Petermännchen, Knurrhähnen, Meerbarben, Grundeln und Leierfischen vertreten. Die weitaus
meisten sind dem Untergrund in Färbung und
Musterung sehr gut angepasst, und manche,
wie die Plattfische und Petermännchen, können sich zur noch besseren Tarnung sogar
bis auf die Augen in den Boden eingraben.

Eine besondere Form von Sediment-
Böden stellt das sogenannte Küstendetritus
dar. Wie der Name bereits andeutet, findet
man in unmittelbarer Küstennähe oft Sedi-
mentgründe biologischen Ursprungs, die
durch zahlreiche Ausscheidungs- und Zer-
fallsprodukte ehemals lebender Organismen
wie Muscheln, Stachelhäuter, Rotalgen etc.
gebildet werden. Typischerweise sind solche
Böden auf horizontalen Terrassen unterhalb
von vertikalen Felswänden zu finden. Typisch
ist auch die Lebensgemeinschaft solcher
Böden, die als „Biozönose des Küstendetritus" bezeichnet wird. Zu dieser gehören
u. a. bestimmte Aktinien wie die Gebänderte
Zylinderrose (*Arachnanthus oligopodus*), die
Goldfarbige Seerose (*Condylactis aurantiaca*), die Mantelaktinie (*Adamsia palliata*), die
Zieranemone (*Sargatia elegans*) sowie die
Warzenanemone (*Phymanthus pulcher*).

Auf tiefer gelegenen Sedimentböden
kann innerhalb der Lebensgemeinschaft des
Küstendetritus eine besondere „Fazies" aus
lose aufliegenden Kalkrotalgen (Familie Corallinaceae) ausgebildet sein. Diese biogenen
Böden werden in Folge als Kalkrotalgen-
Böden bezeichnet.

Lebensraum Seegraswiesen

Auf gut besonnten Sand- und Weichböden kommen im Mittelmeer insgesamt fünf verschiedene Vertreter der Blütenpflanzen vor. Es sind höhere Pflanzen der Familie der Laichkräuter (*Potamogetonaceae*), die vor Urzeiten aus Landpflanzen hervorgegangen sind und später Seen, Flüsse und Meeresböden erobert haben. Neben den kleinen Seegrasarten der Gattungen Cymodocea und Zostera ist aus ökologischer Sicht vor allem die größte und häufigste Art im Mittelmeer erwähnenswert, das Neptunsgras (*Posidonia oceanica*). Diese endemische Mittelmeerart ist Bestandsbildner einer der bedeutendsten marinen Lebensräume mit einer überaus hohen Produktivität – den Seegraswiesen.

Die Blüten des Neptunsgrases sind eher unscheinbar, grün und meist zwischen den bandförmigen Blättern nur sehr schwer zu erkennen. Blüten werden außerdem nicht jedes Jahr ausgebildet. Möglicherweise nur nach Sommern, in denen die Wassertemperatur sehr hoch war. Für die Vermehrung der Art sind die Blüten auch nicht besonders wichtig, da sich das Neptunsgras vor allem ungeschlechtlich (vegetativ) durch Ablegersprosse vermehrt. Das „Fundament" der gesamten Pflanze besteht aus kriechenden und aufrechten Wurzelsprossen (sogenannte Rhizome), die ihrerseits Wurzeln und Büschel von bandförmigen Blättern hervorbringen.

Seegraswiesen sind in ihrer vertikalen Ausbreitung nach oben durch die Hydrodynamik und die Temperatur und nach unten

Wälder unter Wasser: Seegraswiesen sind artenreiche und ökologisch besonders wertvolle Lebensräume

durch den Lebensfaktor „Licht" begrenzt. In geschützten, nicht zu warmen Buchten können Seegraswiesen deshalb bis dicht unter der Wasseroberfläche vorkommen. An Küsten mit großer Sichttiefe, wo das Sonnenlicht weit hinab reicht, findet man lockere Bestände oder Einzelpflanzen des Neptunsgrases noch in 50 m Tiefe.

Die Seegraswiese ist entgegen dem ersten Eindruck ein sehr komplexer und strukturreicher Lebensraum, der durch das Wachstum der Rhizome entsteht: Die Wurzelsprosse der Posidonien wachsen nicht nur in vertikaler, sondern auch in horizontaler Richtung und bilden dabei ein Netzwerk aus nebeneinanderstehenden „Wurzeltreppen", in denen sich angeschwemmte Sedimente ablagern. In dem Maß, in dem neues Sediment die Rhizome verschüttet, wächst die Seegraswiese in die Höhe. Dabei wurde eine Wachstumsgeschwindigkeit bis zu 1 m im Jahrhundert errechnet! Oft bilden sich in Seegraswiesen schneisenartige Kanäle oder seegrasfreie Inseln, in denen Sand und sogar Grobsand sedimentiert. Die Wasserbewegung schafft von „Insel" zu „Insel" einen Gang, der zunehmend verbreitert wird, bis solch ein tiefer, sandgründiger Kanal entsteht. Der Lebensraum Seegraswiesen ist deshalb durch unterschiedliche Substrate und Standorteigenschaften gekennzeichnet: Die Rhizome bilden ein dauerhaftes, teils stark beschattetes Substrat, auf dem sessile Pflanzen und Tiere siedeln. Hier findet man Kalkrotalgen, Moostierchen-Kolonien, Seescheiden und Schwämme. Typisch für diesen Bereich ist auch der Violette Seeigel (*Sphaerechinus granularis*) und die Große Steckmuschel (*Pinna nobilis*). Die meisten dieser Tierarten ernähren sich nicht direkt von den Posidonien, sondern von den Aufwuchsorganismen, wie Algen, Moostierchen, Hydrozoen,

Foraminiferen etc. Zwischen den Rhizomen verstecken sich auch solche Organismen, die erst bei Anbruch der Dunkelheit auf Nahrungssuche gehen. Die Blätter sind kein dauerhaftes Substrat, da das Durchschnittsalter zwischen 5 und 13 Monaten liegt. Außerdem sind sie ständig in Bewegung und reiben sich aneinander. Dadurch siedeln auf den Blättern vorwiegend schnell wachsende Hydrozoen und Moostierchen, während die eher langsam wachsenden Schwämme nur mit wenigen „Pionierarten", wie z. B. Arten der Gattung Leucosolenia, vertreten sind. In der Nacht findet man auf den Posidonien-Blättern zahlreiche vagile Tiere, die hier nach Nahrung suchen. Häufige Arten sind neben

einigen Schnecken und Einsiedlerkrebsen vor allem der Kletterseeigel (*Psammechninus microtuberculatus*), der Fünfeckstern (*Asterina gibbosa*), die Assel *Idothea baltica*, Maskenkrabben der Gattung Pisa, Seegrasgarnelen der Gattung Hippolyte sowie der Kletterkammseestern (*Astropecten spinulosus*). An den Lebensraum zwischen den Blättern hat sich in Form und Farbe ebenfalls eine spezielle Fauna angepasst. Die Tiere besitzen häufig einen schmalen, lang gestreckten Körper mit grünlich brauner Färbung. Klassisches Beispiel sind die Seenadeln, aber auch die verwandten Seepferdchen, die sich mit ihrem „Ringelschwanz" optimal an den Blättern festhalten können.

 Lebensraum Freiwasser

Das Freiwasser oder Pelagial ist nicht nur der bei Weitem größte Lebensraum der Meere, sondern der gesamten Erde. Nur eine relativ dünne obere Schicht erhält ausreichend Licht zur Fotosynthese der Pflanzen. Die Dicke dieser Schicht schwankt mit der Intensität des Sonnenlichts und der Wassertrübung. Sie wird meist mit der Oberflächenschicht, dem Epipelagial, gleichgesetzt. Definitionsgemäß ist dies der Bereich von der Wasseroberfläche bis 200 m Tiefe. Der Bereich außerhalb der Schelfmeere wird auch als Hochsee bezeichnet und stellt mit etwa 93 % den weitaus größten Anteil an den Weltmeeren.

Jäger und Gejagte: Barrakudas sind typische Raubfische des Freiwassers

In dem riesigen Lebensraum des Freiwassers bewegen sich Taucher nur in einem verschwindend winzigen Teilbereich, in aller Regel nur in unmittelbarer Küstennähe. Daher beobachten Taucher die Bewohner des ohnehin mit größeren Tieren lediglich dünn besiedelten Pelagials nur sehr sporadisch, nämlich wenn diese dicht an die Küste kommen. Pelagische Organismen werden grundsätzlich in Plankton und Nekton unterteilt. Solche, die sich aktiv schwimmend fortbewegen, gehören zum Nekton. Die passiv driftenden Organismen bilden das Plankton, das in Bakterio-, Phyto- und Zooplankton eingeteilt wird. Das Plankton besteht überwiegend aus sehr kleinen Formen, wie Bakterien oder einzelligen Algen. Auch der Großteil des Zooplanktons ist klein und mit bloßem Auge ebenfalls nicht sichtbar; Ruderfußkrebse (Copepoden) stellen den größten Anteil. Mit bloßem Auge werden all diese Planktonorganismen als mehr oder weniger starke Wassertrübung wahrgenommen. Es gibt auch deutlich größere Plankter: Der Blasentang (*Sargassum*-Arten) ist ein pflanzlicher Vertreter des sogenannten Megaplanktons. Zu diesen Großformen zählen unter den Tieren z. B. die Quallen.

Zum Nekton gehören eine größere Zahl Knorpel- und Knochenfische, Meeressäuger, Kopffüßer (Kalmare) sowie Meeresschildkröten. Zu den typischen Fischen des Freiwassers, die auch wirtschaftlich von Bedeutung sind, zählen insbesondere Heringsfische, Sardinen, Thunfische, Makrelen, Stachelmakrelen und Schwertfische (*Xiphias gladius*). Regelmäßig hält sich die Bernsteinmakrele (*Seriola dumerilii*) in küstennahen Gewässern auf. Gelegentlich kommt es auch zu Begegnungen mit dem Mondfisch (*Mola mola*) oder dem Heringskönig (*Zeus faber*).

Zonierung der Felsküsten

Meeresbewohner leben nicht zufällig irgendwo am Meeresgrund. Der mittelmeererfahrene Strandwanderer oder Taucher wird sich an bestimmte, sich wiederholende Aspekte und Beobachtungen an der Küste oder unter Wasser erinnern: zum Beispiel die zahlreichen Miesmuscheln und die leuchtend roten Pferdeaktinien im Flachwasser oder die Farbwechselnden Gorgonien an tiefen Steilwänden. Hinter diesen Beobachtungen verbirgt sich das „Wechselspiel" der belebten Natur (Fische, Gorgonien, Algen etc.) mit den Lebensansprüchen an die unbelebte Natur wie Wassereigenschaften, Licht- und Druckverhältnisse sowie Einflüsse von Wellen und Strömungen etc. – Meeresbewohner leben deshalb nicht zufällig irgendwo, sondern genau dort, wo die für sie optimalen Bedingungen wie viel oder wenig Strömung, viel oder wenig Licht, geringer Konkurrenzdruck etc. vorherrschen. Diese unterschiedlichen Standortansprüche der Algen, der höheren Pflanzen und der Tiere erlauben eine genaue vertikale Gliederung (Zonierung) der marinen Küstenzone. Lichtintensität, Wellenbewegung, Gezeiten, Temperatur, Salzgehalt, Druck, Strömung und Sedimentation sind Umweltfaktoren, die unterschiedliche Lebensräume schaffen und an die sich die Küstenbewohner im Laufe der Evolution angepasst haben. Man gliedert den Uferbereich in die Spritzwasserzone, die Gezeitenzone, die ständig untergetauchte Belichtete Zone und die Schattenzone.

Spritzwasserzone

In der Spritzwasserzone (Supralitoral) halten sich typische Land- und Wassereigenschaften die Waage. Meerwasser gelangt le-

Wechselbäder: In der Gezeitenzone bilden Kalkrotalgen das sogenannte „Trottoir"

diglich durch Wellenbewegung in diese Zone. Zusätzlich heizt die starke Sonneneinstrahlung den Untergrund auf. Die Verdunstung des Spritzwassers führt zur Kristallisierung des Meersalzes, das durch Regenschauer wieder fortgespült wird. Derart extreme Umweltbedingungen erfordern spezielle Anpassungsleistungen der dort lebenden „Spezialisten" wie Flechten (*Verrucaria symbalana*, *Lichina confinis*), Blaualgen, der Zwergstrandschnecke (*Littorina neritoides*), die die Blaualgen abweidet, Krebse wie Felsenkrabben (*Pachygrapsus marmoratus*) und Klippenasseln (*Ligia italica*).

Gezeitenzone

Die Gezeitenzone (Mediolitoral) ist der Bereich zwischen dem mittleren tiefsten und dem mittleren höchsten Wasserstand und ist somit einem regelmäßigen, gezeitenabhängigen Wechselbad unterworfen. Im Schnitt beträgt der Tidenhub im Mittelmeer 20 bis 40 cm. Nur in der Nordadria sowie im Golf von Gabes (Tunesien) wird ein Tidenhub von 1,5 m bzw. 2,2 m erreicht. Organismen der Gezeitenzone sind zudem der Gewalt der Brandung (Hydrodynamik) ausgesetzt. Fest sitzende Organismen wie die Seepocke *Chthamalus stellatus* und die Käferschnecke (*Chiton sp.*)

benutzen ihr Gehäuse als Schutzschild gegen die Kraft der Wellen, aber auch, um sich vor Austrocknung zu schützen. Die Pferdeaktinie (*Actinia equina*) produziert zum Überdauern der Ebbephase Wasser speichernden Schleim und kugelt sich ein; sie sieht dann wie eine kleine Tomate aus. Zahlreiche Algen besiedeln ebenfalls die Gezeitenzone. An dieser Stelle sei vor allem die Kalkrotalge *Lithophyllum tortuosum* erwähnt, die im westlichen Mittelmeer dichte, teils überhängende Stege an Felsen im unteren Bereich der Gezeitenzone bildet. „Trottoir" nennen französische Wissenschaftler zu Recht diese Gebilde, da sie mancherorts eine Vertikalausdehnung von bis zu 1 m und ein Horizontalmaß von bis zu 50 cm erreichen können. Lediglich die Kalkrotalgen an der Außenkante des Trottoirs wachsen

Untergetaucht: Braunalgen trotzen der starken Wasserbewegung im sonnendurchfluteten Flachwasser

weiter, während der gesamte Innenkörper ein Konglomerat aus toten Algen, Sandkörnern und Muschelresten darstellt. Das Trottoir besitzt neben zahlreichen Nischen und Spalten eine sonnenexponierte Oberseite und eine sonnenabgewandte Unterseite. Diese unterschiedlichen Lebensräume werden von einer Vielzahl von Organismen wie Weichtieren, Algen, Schwämmen und Krebsen besiedelt.

Belichtete Zone

Ständig unter Wasser und sonnenlichtdurchflutet ist die Belichtete Zone (Infralitoral), deren Tiefenausdehnung von der Transparenz des Wassers, dem Bodenprofil (steil oder flach) und der Sonnenexposition (nach Norden oder Süden) abhängt. Definitionsgemäß wird das Infralitoral durch das Vorkommen der Licht liebenden (fotophilen) Algen sowie der marinen Blütenpflanzen bestimmt. Die untere Verbreitungsgrenze des Neptunsgrases (*Posidonia oceanica*) stellt auch gleichzeitig die untere Grenze des Infralitorals dar. Nicht nur die hohe Lichtintensität, sondern auch die Temperatur sowie die Hydrodynamik nehmen großen Einfluss auf die Verbreitung der Arten im Infralitoral. Die Temperaturen des Oberflächenwassers – des Wasserkörpers oberhalb der Sprungschicht – schwanken relativ stark: Über das Jahr im westlichen Mittelmeer zwischen 12 und 25 °C und zwischen 15 und 29 °C im östlichen Mittelmeer. Die Hydrodynamik des Flachwassers unterscheidet sich ebenfalls von der Wasserbewegung der tieferen Zonen: Im flachen Wasser an der Küste brechen sich die Wellen (Dünung) und verwandeln sich in die typische Brandung. Direkt unter der Wasseroberfläche ist die Hydrodynamik äußerst heftig (turbulent). Die vorwiegenden Bewegungen im flachen Wasser sind vertikale Auf- und Abbewegungen, weshalb man diese Zone auch als Schwingungszone bezeichnet. Je tiefer man taucht, desto geringer werden die vertikalen Schwingungen, die zunehmend in eine gleichmäßige, meist horizontale Strömung (Strömungszone) übergehen.

Eine wohl entwickelte Lebensgemeinschaft Licht liebender (fotophiler) Algen kann durchaus mit einem Wald verglichen werden.

Wie kleine Bäume überragen Braunalgen der Gattung Cystoseira die darunterliegenden Algenschichten (z.B. *Dictyopteris* und *Digenea*), die ihrerseits wie das Buschwerk im Wald eine am Grund wachsende „Krautschicht" aus krustenförmigen Algen, Miesmuscheln (*Mytilus edulis*) und Seepocken (*Balanus perforatus*) überragen. Typische Leitformen der Lebensgemeinschaft der Licht liebenden Algen im Infralitoral sind neben den *Cystoseira*-Arten im Flachwasser unter anderem folgende Algen (von oben nach unten): Knorpeltang (*Laurencia obtusa*), Schirmalge (*Acetabularia acetabulum*), Trichteralge (*Padina pavonica*), Knollenalge (*Colpomenia sinuosa*) und Meerball (*Codium bursa*). Bei der Entdeckungsreise im Infralitoral fallen neben den Licht liebenden Algen und den Seegräsern auch zahlreiche Tiere auf, die für diese Zone typisch sind: Charakteristische Fische sind zum Beispiel der Meerjunker (*Coris julis*), der Augenfleck-Lippfisch (*Symphodus ocellatus*), der Meerpfau (*Thalassoma pavo*) und der Schriftbarsch (*Serranus scriba*). Durch den Besitz photosynthetisch aktiver, symbiontischer Algen (Zooxanthellen) sind einige Nesseltiere ebenfalls auf ausreichend Sonnenlicht angewiesen und siedeln deshalb im Infralitoral: Zum Beispiel die Siebanemone (*Aiptasia mutabilis*), die Warzenkoralle (*Balanophyllia europaea*), die Rasenkoralle (*Cladocora cespitosa*) und die Wachsrose (*Anemonia sulcata*).

Sonnenanbeter: Braunalgen der Gattung Cystoseira bilden dichte Matten

Am Übergang vom Infralitoral zum Circalitoral, aber auch an fast allen schattigen Standorten von Überhängen und in Spalten im Flachwasser, jedoch stets in ruhigem Wasser findet man eine besonders angepasste Lebensgemeinschaft, die man auch als Präkoralligen bezeichnet. Es handelt sich hierbei um eine echte Lebensgemeinschaft Schatten liebender (sciaphiler) Algen im oberen Circalitoral mit einer artenreichen Fauna. Charakteristische Arten sind einige auffällige Nesseltiere wie die Mittelmeer-Meerhand (*Alcyonium acaule*), die Weiße Gorgonie (*Eunicella singularis*) und die Gelbe Krustenanemone (*Parazoanthus axinellae*). Neben den plakativ rot gefärbten Krusten-Schwämmen *Crambe crambe* und *Spirastrella cunctatrix* sind vor allem zwei Vertreter der Grünalgen – die Pfennigalge (*Halimeda tuna*) und die Fächeralge (*Udotea petiolata*) – für das Präkoralligen charakteristisch.

Schattenzone

Die wahre Farbenpracht bestimmter Tiere und Pflanzen der Schattenzone (Circalitoral) offenbart sich dem Betrachter erst unter Verwendung von Kunstlicht einer Unterwasserlampe und -blitzgeräts, denn die Farben des langwelligen Lichtspektrums der Sonne werden bereits nach wenigen Metern Wassertiefe absorbiert. Das Circalitoral beginnt dort, wo Licht liebende, (fotophile) Algen und Seegräser mangels Licht nicht mehr lebensfähig sind. Hier leben die Schatten liebenden (sciaphilen) Algen. Das Circalitoral endet an der unteren Verbreitungsgrenze der mehrzelligen Algen. Das Ende des Infralitorals bzw. der Beginn und die untere Grenze des Circalitorals lassen sich nicht an bestimmten Tiefenstufen in Metern festmachen, da hierfür die „Eindringtiefe" des Sonnenlichts und somit die Transparenz des Wasserkörpers, aber auch das Küstenprofil und die Exposition des Substrates (Himmelsrichtung) verantwortlich ist. In den nährstoffreichen Gewässern entlang der nordspanischen Küste beginnt das Circalitoral bereits in Tiefen zwischen 18 und 40 m. An der französischen Côte d'Azur erscheinen Schatten liebende Lebensgemeinschaften erst in Tiefen zwischen 30 und 50 m, und in den extrem klaren Gewässern um Korsika und Mallorca sogar erst zwischen 60 und 80 m Tiefe. In Lichtprozentwerten ausgedrückt entspricht das Circalitoral einem Bereich, in den nur 10 % bis 0,05 % des Oberflächenlichts vordringen können. Die untere Grenze der Schattenzone und damit der Verbreitung der

Tropisch bunt: Farbkontraste in der Schattenzone

mehrzelligen Algen schwankt gleichermaßen: Sie liegt im Mittelmeer vielerorts zwischen 100 und 150 m Tiefe. Neben dem Lichtfaktor wirken Strömung und Wassertemperatur auf die Lebensgemeinschaften ein. Im Circalitoral herrscht eine konstante, manchmal sehr starke Strömung vor, die meistens horizontal und somit parallel zur Küste verläuft (Strömungszone). Die Strömung liefert den festsitzenden Organismen Nahrung und Sauerstoff. Aus diesem Grund orientieren sich die Fächer der Gorgonien und die Kolonien verschiedener Hydrozoen exakt senkrecht zur Hauptströmungsrichtung, um den größten Filtereffekt zu erzielen. Überhaupt kann im Circalitoral der Kampf um den besten Platz in der Strömung beobachtet werden. Zahlreiche Aufsitzerorganismen (Epibionten) und Raumparasiten konkurrieren um exponierte Standorte auf Gorgonien und anderen fest sitzenden Filtrierern. Vor allem Seescheiden (*Clavelina sp.*), Vogelmuscheln (*Pteria hirundo*) und Kalkröhrenwürmer (*Filograna sp.*) findet man häufig auf den für das Circalitoral typischen Farbwechselnden Gorgonien (*Paramuricea clavata*). Ein weiterer bedeutender abiotischer Faktor ist die Wassertemperatur, die im Gegensatz zum Oberflächenwasser im Infralitoral konstant kalt ist. Unterhalb von 50 m schwanken die Temperaturen im westlichen Mittelmeer nur geringfügig. Sie liegen zum Beispiel bei Neapel zwischen 13 °C im Februar und 15 °C im August. Der Grund liegt in der Ausbildung einer Sprungschicht, unterhalb derer die Wassertemperatur über das Jahr gemessen relativ konstant bleibt.

Obwohl die Pflanzen im Circalitoral nur noch einen geringen Beitrag zur Biomasseproduktion leisten, spielen sie dennoch eine wesentliche Rolle innerhalb der Lebensgemeinschaft des Koralligens. Koral-

ligen (vom französischen coralligène) bedeutet soviel wie „von der Edelkoralle (*Corallium*) gebildet". Diese Bezeichnung beruht auf einem zeitlich zurückliegenden Mißverständnis, da man die Edelkoralle in Schleppnetzen zusammen mit Kalkbruch des Koralligens gefunden hatte. Die Edelkoralle ist jedoch Leitform der halbdunklen Höhlen und nicht des Koralligens, auch wenn diese Art dort vorkommt.

Prinzipiell unterscheidet man zwei koralligene Bildungen: Eine koralligene Lebensgemeinschaft findet man auf circalitoralen Felsen, eine weitere bildet auf tiefen Weichböden plattformartige „Riffstrukturen". Beiden gemeinsam ist eine sehr große Artenfülle, die durchaus mit dem Artenreichtum tropischer Riffe verglichen werden kann, sowie das Vorhandensein von Kalkrotalgen (*Pseudolithophyllum expansum*, *Mesophyllum lichenoides* u.a.) und Rotalgen der Gattung *Peyssonnelia*. Diese Rotalgen sind die eigentlichen Konstrukteure der plattformartigen Koralligenbänke, da der Anteil tierischer Baustoffe – hauptsächlich von Moostierchen, Weichtieren und Schwämmen – höchstens 20 % beträgt. Das Ergebnis dieser mächtigen, biogenen Konstruktionen ist ein strukturreicher, massiver organischer Fels mit zahlreichen Löchern und Spalten – einem „Schweizer Käse" vergleichbar. Dank dieser Strukturvielfalt entstehen zahlreiche unterschiedliche Lebensräume, die von einer Vielzahl, meist sehr bunter Organismen besiedelt werden: Charakteristische Fische mit ursprünglich tropischer Herkunft und Verwandtschaft sind der Rote Fahnenbarsch (*Anthias anthias*), der Meerbarbenkönig (*Apogon imberbis*), der Braune Zackenbarsch (*Epinephelus marginatus*) und der Mönchsfisch (*Chromis chromis*). Plakative Farben besitzen auch die zahlreichen Schwämme, Seescheiden und Moostierchen und vor allem die auffälligen Gorgonien und Steinkorallen. Besonders erwähnenswert sind die für das Koralligen typische Nelkenkoralle (*Caryophyllia inornata, Caryophyllia smithi*), die Gelbe Steinkoralle (*Leptopsammia pruvoti)*, die Madracis (*Madracis pharensis*), die Gelbe Krustenanemone (*Parazoanthus axinellae*) und die Farbwechselnde Gorgonie (*Paramuricea clavata*). Die Spalten und Kleinhöhlen werden von zahlreichen Krebstieren wie Blaustreifen-Springkrebsen (*Galathea strigosa*), Europäischen Hummern (*Homarus gammarus*), Mittelmeer-Putzergarnelen (*Lysmata seticaudata*), Europäischen Langusten (*Palinurus elephas*), Scherengarnelen (*Stenopus spinosus*) und Nika-Garnelen (*Processa sp.*) besiedelt. Nicht zu vergessen sind folgende Vertreter der Stachelhäuter, die einen festen Stellenwert innerhalb der koralligenen Lebensgemeinschaft einnehmen und dort regelmäßig gefunden werden: Gorgonenhaupt (*Astrospartus mediterranea*), Roter Seestern (*Echinaster sepositus*), Eisseestern (*Marthasterias glacialis*), Purpurroter Seestern (*Ophidiaster ophidianus*), Variable Seegurke (*Holothuria forskåli*), Röhrenseegurke (*Holothuria tubulosa*), Melonenseeigel (*Echinus melo*), Gelber Seeigel (*Echinus acutus*) und Kleiner Lanzenseeigel (*Stylocidaris affinis*).

Gelb und Blau: Typisches Farbenspiel in der Schattenzone

1 Korallen-Kammerling *Miniacina miniacea*
Familie *Homotremidae*

Kennzeichen: Einzeller, dessen Kolonien bis 1 cm groß werden. Junge Organismen mit gewundenen Schalen, später baumförmig und unregelmäßig verzweigt. Färbung: leuchtend rot.

 Lebensraum und Verbreitung: Beschattete Standorte, auf unterschiedlichen Hartsubstraten.

Wissenswertes: Kammerlinge oder „Foraminiferen" sind Wurzelfüßer (*Rhizopoda*), die sich durch den Besitz von zellulären Cytoplasmafäden (Pseudopodien) auszeichnen. Sie gehören wie die Geißeltierchen (*Flagellata*) und Wimpertiere (*Ciliata*) zu den einzelligen Tieren (*Protozoa*). Die Größe dieser Einzeller variiert zwischen ungefähr 50 μm und mehreren Millimetern. Arten wie die Korallen-Foraminifere sind an festen Unterlagen wie Felsen, Muschelschalen und Algen angeheftet, andere Arten können mithilfe ihrer Pseudopodien auf dem Grund oder zwischen Sandkörnern umherwandern. Die kleinsten Vertreter leben planktisch. Foraminiferen sondern „schneckenähnliche" Kalkgehäuse mit einer oder mehreren Kammern ab.

2 Meersalat *Ulva sp.*
Familie *Ulvaceae*

Kennzeichen: Salatartiger, kurzgestielter oder fast sitzender Thallus, blattartig, häutig-durchscheinend. Der bis zu 40 cm große Thallus besteht aus zwei Zellschichten.

Verwechslungsmöglichkeiten: Im Mittelmeer sind insgesamt zwei Arten der Gattung Ulva vertreten: *Ulva lactuca* besiedelt vorwiegend Brackwasserzonen und verschmutzte Standorte (Häfen und Flussmündungen) nahe der Wasseroberfläche. Die im Mittelmeer häufigere *Ulva rigida* siedelt ebenfalls in Häfen und geschützten Buchten. Sie unterscheidet sich von *U. lactuca* durch zähnchenartige Auswüchse am Thallusrand.

Lebensraum und Verbreitung: Arten der Gattung Ulva sind durch ein breites ökologisches Spektrum gekennzeichnet. An eutrophierten Küsten (Häfen, Flussmündungen) siedeln die Arten in der Gezeitenzone (Mediolitoral), in Fluttümpeln sowie im oberen Infralitoral. Bei großen Sichttiefen und hoher Hydrodynamik kann man den Meersalat auch in Tiefen bis zu 60 m finden (z. B. in der Straße von Messina). Im westlichen Mittelmeer (selten entlang der nordafrikanischen Küsten), in der Adria, entlang der griechischen und nordtürkischen Küsten sowie im angrenzenden Atlantik.

Wissenswertes: Der Meersalat siedelt an festen Substraten mittels seiner haftscheibenähnlichen Rhizoide. Von der Blattbasis wachsen verlängerte Zellen über das Stielchen zum Fuß hinab und bewirken dadurch eine außerordentlich hohe Zugfestigkeit. So können diese Algen auch in Zonen starker Brandung oder Strömung siedeln. Werden dennoch ganze Blättchen oder Blattteile abgerissen, so sind diese auch schwimmend lebensfähig.

3 Blattförmige Grünalge *Anadyomene stellata*
Familie *Anadyomenaceae*

 Kennzeichen: Aufrechter, kurzstängeliger, blattartiger Thallus, aus einer einzelligen Schicht bestehend. Die Thalli bilden durchscheinende, wellige, bis zu 4 cm hohe Lappen. Zellen der sternförmig angeordneten „Adern" deutlich sichtbar, bis zu 1 mm lang. Färbung durchscheinend, leuchtend grün.

Verwechslungsmöglichkeiten: Die Blattförmige Grünalge kann mit dem Meersalat verwechselt werden. *Anadyomene* unterscheidet sich durch die sternförmige Anordnung der Zellen von dem strukturlosen „Blatt" des Meersalats.

Lebensraum und Verbreitung: Lichtliebende Art des Infralitorals.

Wissenswertes: Die Blattförmige Grünalge ist ein tropischer Vertreter der Algen im Mittelmeer. Der Verbreitungsschwerpunkt der Gattung Anadyomene liegt in den tropischen Meeren.

1 Seetraube *Valonia utricularis*
Familie *Valoniaceae*

Kennzeichen: Bis zu 3 cm hohe, blasen- oder schlauchartige Thalli, die ursprünglich aus einer Riesenzelle hervorgehen. Thallus prall und hart, durchscheinend. Mehrere Thalli entspringen einer gemeinsamen Basis und bilden dichte, ineinander verschlungene und kompakte Rasen.
Verwechslungsmöglichkeiten: Die Gattung Valonia ist mit einer weiteren Art, *Valonia macrophysa*, im Mittelmeer vertreten. Diese Art besitzt jedoch einen umgekehrt birnenförmigen Thallus.
Lebensraum und Verbreitung: Schattenliebende Art an stark exponierten Standorten. Auf primären und sekundären Hartsubstraten, an Höhleneingängen, in Spalten und Grotten. Mittelmeer sowie im angrenzenden Atlantik von den Tropen bis Portugal.
Wissenswertes: Die Seetraube ist ein tropisches Florenelement im Mittelmeer, das auch im tropischen Indopazifik sowie im tropischen Westatlantik vorkommt.

2 Schirmalge *Acetabularia acetabulum*
Familie *Dasycladaceae*

Kennzeichen: Grünalge mit der Gestalt eines auf Felsen festgewachsenen kleinen Schirmchens. Bis zu 8 cm hoch, Schirmdurchmesser bis 1 cm. Schirm häufig mit Kalk inkrustiert, gekammert.
Lebensraum und Verbreitung: Lichtliebende Art des Infralitorals. Auf Felsen und Blöcken (nur auf horizontalen Flächen) in ruhigem Wasser, vom Flachwasser bis in max. 30 m Tiefe. Im westlichen Mittelmeer, in der Nordadria, entlang der griechischen und nordtürkischen Küsten sowie vor Algerien und Libyen. Endemische Mittelmeerart.
Wissenswertes: Die Schirmalge ist ein tropischer Vertreter (Tethysrelikt) der Algen im Mittelmeer. Trotz ihrer Größe und ihrer äußerst komplexen Gestalt besteht diese Alge nur aus einer einzigen Zelle (!), die gleichzeitig Wurzelfäden, Stielchen und Schirmchen ausbildet. Die Fortpflanzung erfolgt in den Monaten Mai und Juni. In dieser Zeit sind die gekammerten Schirmchen ausgebildet. Der einzige „Riesenzellkern" der Alge, der sich im Bereich der Wurzelfäden befindet, teilt sich in 15.000–20.000 kleinere Kerne, die in die Kammern des Schirmchens wandern und dort begeißelte Sporen erzeugen. Diese frei beweglichen Sporen verlassen das Schirmchen, verschmelzen miteinander (Kopulation), schwimmen zum Boden und bilden eine neue Schirmalge aus.

3 Fädige Schlauchalge *Derbesia lamourouxi*
Familie *Derbesiaceae*

Kennzeichen: Fädige, aufrechte, kaum oder nur selten verzweigte Thalli (0,1–0,6 mm dick), die von einer gemeinsamen Basis entspringen und bis zu 10 cm hohe Rasen bilden können.
Lebensraum und Verbreitung: Schattenliebende Art ruhiger Standorte, auf Steinen, auf Kalkrotalgen (z. B. auf *Pseudolithophyllum expansum*) und zwischen anderen Algen.

4 Keulenalge *Dasycladus vermicularis*
Familie *Dasycladaceae*

Kennzeichen: Keulenförmiger, zylindrischer und aufrecht wachsender Thallus bis 4 cm Höhe. Der Thallus verjüngt sich zur Basis hin. Schwammige Konsistenz. Art wächst in Gruppen.
Lebensraum und Verbreitung: Schattenliebende Grünalge, die an ägyptischen und israelischen Küsten bis in Tiefen von 90 m (!) vorkommt. Auf Felsböden, sekundären Hartsubstraten sowie auf Sand- und Küstendetritus-Böden. Im gesamten Mittelmeer sowie im angrenzenden Atlantik.
Wissenswertes: Die Keulenalge ist ein tropischer Vertreter der Grünalgen im Mittelmeer.

1 Mittelmeer-Caulerpa *Caulerpa prolifera*
Familie *Caulerpaceae*

Kennzeichen: Kennzeichen der Familie ist ein funktionell dreigeteilter Thallus in ein mehr oder weniger blattartiges, der Fotosynthese dienendes Phylloid (**1a**), ein der Ausbreitung dienendes Cauloid (Stolon) und ein der Bewurzelung dienendem Rhizoid. Der gesamte Thallus besteht dennoch aus einer einzigen (!) Zelle. Art mit 1–5 cm langen und 3–13 mm breiten, blattartigen, linear länglichen, glattrandigen, an der Spitze abgerundeten Phylloiden.

Verwechslungsmöglichkeiten: Keine. Die Gattung Caulerpa ist im Mittelmeer mit insgesamt drei, leicht zu unterscheidenden Arten vertreten. Neben der heimischen Mittelmeer-Caulerpa sind zwei Einwanderer bekannt: *Caulerpa racemosa* besitzt beerenförmige Phylloide. *Caulerpa taxifolia* ist durch fiederförmige Phylloide gekennzeichnet.

Lebensraum und Verbreitung: Lichtliebende Art des Infralitorals, auf Sand- und Schlammgründen zwischen 1–20 m Tiefe (in Ausnahmefällen sogar bis 150 m). Bevorzugt wärmere Mittelmeerregionen, fehlt in der Nordadria sowie in der Nordägäis. Vorkommen vor allem entlang der nordafrikanischen, süditalienischen und griechischen Küsten. Im angrenzenden Atlantik nur im Süden von Portugal (Algarve), auch in der Karibik. Bedeckt oft große Flächen (**1b**)

Wissenswertes: Die Arten der Gattung Caulerpa haben ihre Verbreitungsschwerpunkte in den tropischen Meeren, sodass auch die Mittelmeer-Caulerpa als tropisch-mediterrane Art bezeichnet werden kann. *Caulerpa*-Arten sind gut untersuchte Studienobjekte, da der gesamte Thallus nicht in einzelne Zellen unterteilt ist, sondern aus einer einzigen „Riesenzelle" besteht.

2 Kugel-Caulerpa *Caulerpa racemosa*
Familie *Caulerpaceae*

Kennzeichen: Weitverzweigte Ausläufer (Cauloide) mit traubenförmigen Fotosynthese-Organen (Phylloide), die bis zu 7 cm hoch werden. Sehr variabel: beerenförmige Phylloide.

Lebensraum und Verbreitung: Lichtliebende Art des Infralitorals, auf Sand- und Schlammgründen, aber auch auf Felsen und sekundären Hartsubstraten zwischen 5–45 m Tiefe. Im westlichen Mittelmeer entlang der sizilianischen Küste, in der Straße von Messina und punktuell an der nordafrikanischen Küste, an den Küsten von Israel und der Türkei. Indopazifik und Karibik.

Wissenswertes: Die Kugel-Caulerpa ist ein Einwanderer aus dem Roten Meer, der seit 1950 durch den Suezkanal in das östliche Becken einwanderte und möglicherweise auch mit Schiffen in das westliche Becken geschleppt wurde. Die ersten Fundorte im Westmediterran sind große, international frequentierte Häfen wie zum Beispiel die Hafenbucht von Syracus (Sizilien). Von dort breitete sich die Art entlang der angrenzenden Küsten aus. Sie zeigt ein erschreckend aggressives Siedlungsverhalten, da nahezu alle besonnten Substrate mit einem dicht geflochtenen, bis zu 10 cm dicken Netz aus Cauloid-Fasern überzogen werden. Dieser „Teppich" verursacht einen Sauerstoffmangel und erstickt nahezu die gesamte benthische Flora und Fauna.

3 Krustenförmige Grünalge *Codium corallioides*
Familie *Codiaceae*

Kennzeichen: Kennzeichen der Familie ist der aus vielkernigen Zellschläuchen bestehende Thallus, der in Mark- und Rindenschicht differenziert ist. Art mit polsterförmigem, lappigem, mehrere Centimeter breitem und buchtigem Thallus. Krustenförmige, dunkelgrüne Alge.

Lebensraum und Verbreitung: Schattenliebende (sciaphile) Art geschützter Standorte im Circalitoral, vor allem unter Überhängen und in Spalten. Vom Flachwasser bis in ca. 40 m Tiefe. Westliches Mittelmeer entlang der spanischen Küste, Korsika, Sizilien, in der Nordadria und entlang der nordtürkischen Küste.

1 Meerball *Codium bursa*
Familie *Codiaceae*

Kennzeichen: Kugeliger, bis zu 20 cm großer Thallus, der bei älteren Exemplaren von oben betrachtet mehr oder weniger stark eingedellt ist. Unterseite mit Wurzelfäden, innen hohl.

Lebensraum und Verbreitung: Lichtliebende (fotophile) Art des tieferen Infralitorals, meist auf Sand, auch auf Felsböden, vom Flachwasser bis in ca. 45 m Tiefe. Häufiger im westlichen Mittelmeer sowie in der Nordadria, im östlichen Becken in der Nordägäis sowie an der ägyptischen Mittelmeerküste. Auch im angrenzenden Atlantik. Wärmeliebende, lusitanische Art.

2 Grüne Gabelalge *Codium vermilara*
Familie *Codiaceae*

Kennzeichen: Aufrecht wachsende Alge mit filzstrickförmigen, ca. 5 mm dicken, gabelig (dichotom) verzweigten Ästen. Thallus bis ca. 40 cm groß. Färbung dunkelgrün.

Verwechslungsmöglichkeiten: Diese Art kann sehr leicht mit *Codium fragile* verwechselt werden. Die Unterscheidung ist ausschließlich mithilfe mikroskopisch sichtbarer Details möglich.

Lebensraum und Verbreitung: An ruhigen und etwas beschatteten Standorten (Übergang Infralitoral – Circalitoral), auf Felsböden und sekundären Hartsubstraten. Im westlichen Mittelmeer und in der Nordadria sowie im angrenzenden Atlantik.

Wissenswertes: Die Grüne Gabelalge wird zum Verzehr mit der Hand oder mit kleinen Schleppnetzen geerntet. Außerdem schreibt man dieser Art antibakterielle sowie antibiotische Eigenschaften zu.

3 Fächeralge *Udotea petiolata*
Familie *Udoteaceae*

Kennzeichen: Art mit fächerförmigem Blättchen (Phylloid) auf einem langen, gestielten Cauloid, der aus einem Wurzelgeflecht (Rhizoid) entspringt. Blättchen am Rand gelappt und eingerissen.

Lebensraum und Verbreitung: Schattenliebende (sciaphile) Art am Übergang Infralitoral – Circalitoral (Leitform des sogenannten „Präkoralligens"). Nahe der Wasseroberfläche an mäßig exponierten und stark beschatteten Standorten (Höhlen und Grotten), auch zwischen anderen Algen, an *Posidonia*-Rhizomen, auf Sand- und Kalkrotalgen-Böden, bis ca. 60 m (max. 110 m) Tiefe. Mittelmeer und angrenzender warmgemäßigter Atlantik.

Wissenswertes: Die Fächeralge ist ein tropisches Florenelement im Mittelmeer. Die Gattung ist schwerpunktmäßig in der Karibik mit zahlreichen Arten vertreten.

4 Pfennigalge *Halimeda tuna*
Familie *Udoteaceae*

Kennzeichen: Bis zu 20 cm hoher Thallus, aus scheibenförmigen, 5–25 mm breiten Abschnitten, kettenförmig zusammengesetzt. Der Thallus, der aus einem Wurzelgeflecht entsteht, ist mit Kalk inkrustiert und häufig von zahlreichen Epibionten überwuchert.

Lebensraum und Verbreitung: Schattenliebende Alge, die am Übergang Infralitoral – Circalitoral (Präkoralligen) häufig einen ausgeprägten Gürtel bildet. Vom Flachwasser bis in ca. 75 m Tiefe. Nahezu im gesamten westlichen Becken, in der Nordadria, entlang der griechischen Küsten, Nordägäis, Israel, Ägypten und Libyen.

Wissenswertes: Die Pfennigalge ist ein typisches tropisches Florenelement im Mittelmeer. Die Art ist sowohl im tropischen Indopazifik, wie auch im West- und Ostatlantik (Karibik) beheimatet. Sie wird in Tunesien zu Tierfutterzwecken gesammelt.

1 Harpunenalge *Asparagopsis armata*
Familie *Bonnemaisoniaceae*

Kennzeichen: Bis zu 15 cm hohe, buschige Thalli, oben zu einem pinselartigen Schopf verzweigt. Kennzeichen (Name!) sind sogenannte „Dornästchen", mit denen sich die Art an anderen Algen festklammern kann.

Lebensraum und Verbreitung: Im Infralitoral, vor allem im Flachwasser bis ca. 10 m Tiefe (an Küsten mit sehr klarem Wasser auch tiefer). Westliches Mittelmeer, entlang der spanischen Küste, punktuell auch an der nordafrikanischen und türkischen Küste, in der Straße von Messina sowie bei Korsika, im angrenzenden Atlantik vom Golf von Biskaya bis Marokko.

Wissenswertes: Die Art kommt ursprünglich aus Neuseeland und Australien und wurde 1925 zufällig nach Europa eingeschleppt.

2 Gallert-Rotalge *Halymenia floresia*
Familie *Grateloupiaceae*

Kennzeichen: Bis 30 cm hoher, gelatinöser Thallus. Hauptäste bis 2 cm breit, fiedrig bis annähernd gabelig (dichotom) verzweigt. Zweige stielrund, abgeflacht bis blattartig. Meistens lebhaft rot gefärbt, manchmal fleischfarben.

Lebensraum und Verbreitung: Auf Hartsubstraten, an beschatteten Stellen vom Flachwasser bis ca. 30 m Tiefe. Westliches Mittelmeer und Adria.

3 Knorpeltang *Laurencia obtusa*
Familie *Rhodomelaceae*

Kennzeichen: Bis 15 cm aufrecht wachsende Rotalge mit stielrunden Ästen und kurzen, gegenständigen bis wirteligen, keulenförmigen Ästchen. Färbung rötlich, gelblich bis olivgrün.

Verwechslungsmöglichkeiten: Keine. Zwei weitere Arten der Gattung *Laurencia* (*L. pinnatifida*; *L. papillosa*) unterscheiden sich durch ihre üppigere Wuchsform und andersartige Verzweigung vom Knorpeltang, der durch seine stummelförmigen Ästchen leicht zu erkennen ist.

Lebensraum und Verbreitung: Bevorzugt besonnte Bereiche (Infralitoral), auf Steinen und an *Cystoseira*-Stämmchen an mäßig exponierten Standorten nahe der Oberfläche bis in 40 m Tiefe. Im westlichen Mittelmeer entlang der spanischen und französischen Küste sowie bei Sardinien, Korsika, Italien und in der Nordadria, entlang der griechischen Küste, Nordtürkei, Libanon, Israel und Algerien sowie im angrenzenden Atlantik.

Wissenswertes: Die Wuchsform des Knorpeltangs ist genetisch nicht exakt fixiert. Die Art kann deshalb, je nach Hydrodynamik, sowohl Brandungsbereiche (gedrungene Wuchsformen) als auch ruhige Zonen (aufgelockerte Wuchsformen) besiedeln.

4 Spiralförmige Vidalia *Vidalia volubilis*
Familie *Rhodomelaceae*

Kennzeichen: Bis zu 20 cm aufrecht wachsende Rotalge mit bandförmigem, am Rand gezähntem und schraubenförmig gedrehtem Thallus. Seitlich verzweigt, Thallus mit Mittelrippe.

Lebensraum und Verbreitung: Schattenliebende (sciaphile) Art des Circalitorals. Auf sandigen und sandig schlammigen Böden zwischen 30 und 80 m Tiefe, stets auf Schalenresten festgeheftet, seltener auf Felsböden. Im westlichen Mittelmeer entlang der spanischen Küste, Côte d'Azur, Sardinien, Korsika, Süditalien sowie in der Nordadria, Algerien und Türkei.

Wissenswertes: Die Spiralförmige Vidalia ist eine der verbreitetsten adriatischen Algen, die stellenweise massenhaft und bestandsbildend vorkommen kann.

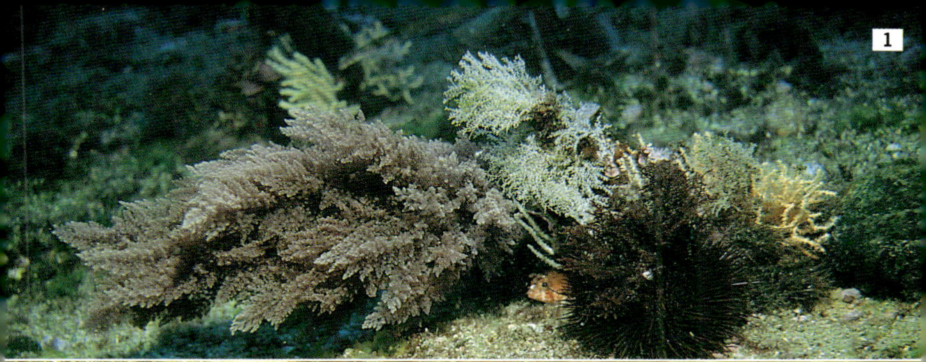
1

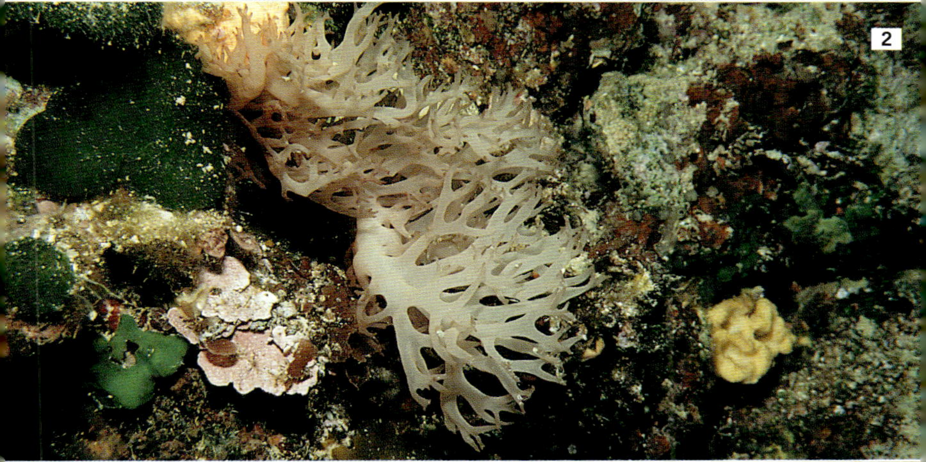
2

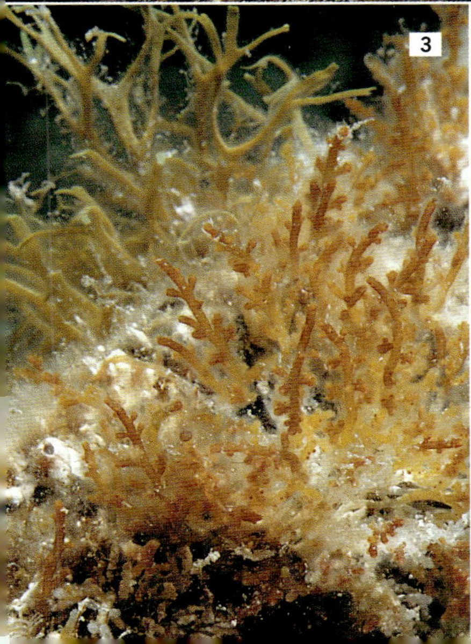
3

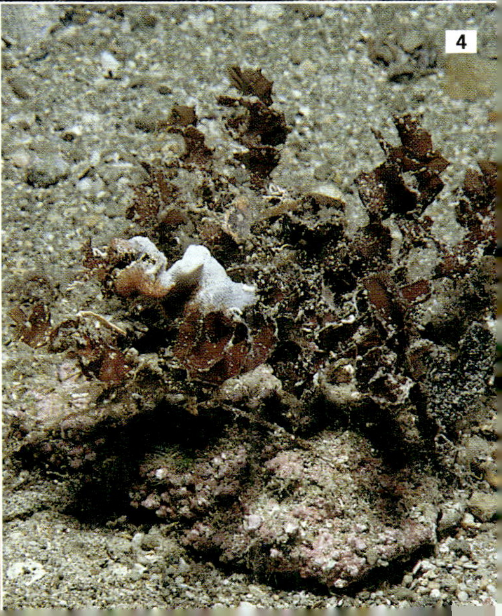
4

1 Kriechende Rotalge *Fauchea repens*
Familie *Rhodymeniaceae*

Kennzeichen: Kriechender oder teilweise aufrechter Thallus bis 10 cm Größe. Thallus abgeflacht und bandförmig bis 8 mm breit, stets gabelig verzweigt.

Lebensraum und Verbreitung: Schattenliebende Tiefenalge im Circalitoral, vor allem in der Lebensgemeinschaft des Koralligens und auf Kalkrotalgen-Böden zwischen 35 und 80 m Tiefe.

2 Schuppenblatt *Peyssonnelia sqamaria*
Familie *Peyssonneliaceae*

Kennzeichen: Blattförmige, bis zu 5 cm große Thalli, horizontal ausgebreitet. Thallus haftet nur partiell mittels Wurzelfäden (Rhizoiden) am Substrat. „Blättchen" nierenförmig, am Rand eingeschnitten bis gelappt. Färbung dunkelrot (**2a**), braunrot bis gelblich (**2b**).

Lebensraum und Verbreitung: Schattenliebende Art des Circalitorals (Präkoralligen), auf Steinen und Algen, vor allem im Koralligen. Im Flachwasser nur an stark beschatteten Standorten.

Wissenswertes: Zahlreiche Vertreter der Rotalgen werden, wie das Schuppenblatt, auch als sogenannte „Schwachlichtalgen" bezeichnet. Die Fotosynthese betreiben sie mit einem bestimmten, in der Tiefe noch vorhandenen Spektralbereich des Sonnenlichts, dem engbandigen Blaulicht oder dem Grünlicht im trüberen Küstenwasser. Arten der Gattung Peyssonnelia siedeln in der Karibik bis 189 m Tiefe (!), wo nicht einmal 0,05 % des Oberflächenlichts hingelangen.

3 Gabel-Rotalge *Amphiroa rigida*
Familie *Corallinaceae*

Kennzeichen: Bis zu 8 cm hohe Kalkrotalge mit aufrecht wachsendem, stielrunden Thallus, gabelförmig (dichotom) verzweigt. Zweigdurchmesser zwischen 0,2 und 0,8 mm. Zweige stark verkalkt und zerbrechlich, eher undeutlich gegliedert. Zweigenden rundlich.

Verwechslungsmöglichkeiten: Die Gattung Amphiroa ist im Mittelmeer mit zwei schwer zu unterscheidenden Arten vertreten, die jedoch unterschiedliche Standortansprüche besitzen: Die lichtliebende *Amphiroa rigida* besiedelt gut besonnte Flachwasserbereiche. Die schattenliebende *Amphiroa cryptarthrodia* lebt dagegen in beschatteten Uferzonen.

Lebensraum und Verbreitung: Beide Amphiroa-Arten siedeln in Flachwasserzonen zwischen 0 und 5 m Tiefe, vor allem an geschützten Standorten.

Wissenswertes: Die Arten der Gattung Amphiroa besitzen einen Verbreitungsschwerpunkt in den tropischen Zonen des West- und Ostatlantiks (Karibik). Die tropische Gabel-Rotalge kommt nicht nur im Mittelmeer, sondern auch in der Karibik vor.

4 Derbes Korallenmoos *Corallina elongata*
Familie *Corallinaceae*

Kennzeichen: Kalkrotalge mit 2–12 cm hohen Thalli. Glieder 1–4 mm lang und 1–2 mm dick. Gegenständig fiedrige Zweige des Thallus stark verkalkt und hart, gegliedert und dadurch nicht zerbrechlich. Zweigenden mit einem Scheitelporus. Färbung rosa oder gelblich.

Verwechslungsmöglichkeiten: Die Art kann mit der im Atlantik häufigeren *Corallina officinalis* verwechselt werden, deren Glieder jedoch zylindrisch und nicht zusammengedrückt sind.

Lebensraum und Verbreitung: Auf Hartsubstraten im unteren Infralitoral. Bildet an mäßig exponierten Stellen nahe der Wasseroberfläche einen kompakten Gürtel. Im westlichen Mittelmeer, in der Adria sowie punktuell im östlichen Mittelmeer. Auch im angrenzenden Atlantik.

Wissenswertes: Vertreter der Gattung Corallina werden in der Heilkunde verwendet.

1 Feines Korallenmoos *Jania rubens*
Familie *Corallinaceae*

Kennzeichen: Aufrecht wachsende, bis 4 cm große Rotalge mit stielrundem, zylindrisch bis keulenförmigem, gegliedertem und gabelförmig (dichotom) verzweigtem Thallus. Zweigspitzen mit Scheitelporus. Glieder verkalkt. Rasenartige oder büschelförmige Wuchsform. Färbung rosenrot.

Lebensraum und Verbreitung: Im Infralitoral meist epiphytisch auf anderen Algen, vor allem an ruhigen Standorten nahe der Wasseroberfläche bis max. 20 m Tiefe. Im westlichen Mittelmeer und in der Nordadria, entlang der griechischen Küste, Nordtürkei, Libanon, Israel und Algerien sowie im angrenzenden Atlantik.

Wissenswertes: Das Feine Korallenmoos wird in einigen Mittelmeerregionen per Hand gesammelt und in der traditionellen Heilkunde eingesetzt.

2 Gewelltes Steinblatt *Mesophyllum lichenoides*
Familie *Corallinaceae*

Kennzeichen: Kalkrotalge, deren Thallus bis zu 20 cm groß werden kann. Thalli bestehen aus dünnen, scheibenförmigen, am Rand häufig gewellten und übereinanderwachsenden Lagen. Sehr zerbrechlich. Färbung rosarot bis gelblich.

Verwechslungsmöglichkeiten: Das Gewellte Steinblatt kann sehr leicht mit dem Ausgebreiteten Steinblatt (*Pseudolithophyllum expansum*) verwechselt werden. Die mehrlagige Wuchsform sowie der gewellte Thallusrand des Gewellten Steinblatts sind jedoch gute Bestimmungsmerkmale.

Lebensraum und Verbreitung: Schattenliebende (sciaphile) Art des Circalitorals. Auf Steinen, besonders an vertikalen Wänden, unter Überhängen sowie im Koralligen.

Wissenswertes: Kalkrotalgen, wie zum Beispiel das Gewellte Steinblatt, nennt man zu Recht die „Korallen der Algenwelt", da sie Calciumcarbonat (auch Magnesiumcarbonat) in der Kristallform von Calcit in ihre Zellwände einbauen. Zahlreiche Vertreter dieser Algenfamilie sind in den tropischen Meeren neben den Steinkorallen die Hauptbildner des tropischen Korallenriffs. Auch im Mittelmeer sind Kalkrotalgen an der Bildung von sekundären, organisch verfestigten Hartsubstraten wie dem Koralligen beteiligt (siehe auch Ausgebreitetes Steinblatt *Pseudolithophyllum expansum*).

3 Ausgebreitetes Steinblatt *Pseudolithophyllum expansum*
Familie *Corallinaceae*

Kennzeichen: Kalkrotalge mit bis zu 20 cm großen, schuppenförmigen, rundlichen und flächig ausgebreiteten Thalli. Nur mit dem kleineren Teil der Unterseite am Substrat angeheftet. Ränder der Thalli frei vom Substrat, gelappt, selten wellenförmig, Oberseite glatt.

Verwechslungsmöglichkeiten: Das Ausgebreitete Steinblatt kann sehr leicht mit dem Gewellten Steinblatt (*Mesophyllum lichenoides*) verwechselt werden, das stets eine mehrlagige Wuchsform sowie gewellte Thallusränder besitzt.

Lebensraum und Verbreitung: Schattenliebende Art des Circalitorals, auf Felsen und Steinen an stark beschatteten Standorten mit sehr ruhigem Wasser. Typische „Schwachlichtalge" in Tiefen bis zu 60 m. Auch in Höhlen und Grotten nahe der Wasseroberfläche. Charakterart des Koralligens.

Wissenswertes: Das Ausgebreitete Steinblatt ist maßgeblich an der Bildung des Koralligens beteiligt. Hierunter versteht man bis zu mehrere Meter große Blöcke aus organisch verfestigtem Material („sekundäres Hartsubstrat"), die sich wie Inseln aus Weichsubstratflächen erheben. Koralligen-Blöcke bestehen aus Schalenresten und Kalkgehäusen verschiedener Tiergruppen wie Moostierchen, Gorgonien, Stachelhäuter und Röhrenwürmer, die von Kalkrotalgen regelrecht zementiert werden. Dieses biogene Substrat, dessen Name irrtümlicherweise von der Edelkoralle (*Corallium rubrum*) abgeleitet wurde, entsteht je nach Sichttiefe ab ca. 30 m Tiefe.

1 Knollen-Kalkrotalgen *Lithothamnium fruticulosum, Lithophyllum racemus*
Familie *Corallinaceae*

Kennzeichen: Kalkrotalgen, die oft am Meeresgrund frei liegende Knollen bilden. Thallus häufig mit vielen stielrunden, bis zu ca. 3 mm dicken, korallenförmigen, kurzen Ästchen.

Verwechslungsmöglichkeiten: Im Mittelmeer treten verschiedene frei liegende, knollenförmige Kalkrotalgen auf, die meist nur von Spezialisten eindeutig bestimmt werden können. *Lithothamnium fruticulosum* besitzt eher kleine und kurze, dörnchenförmige Auswüchse, während *Lithophyllum racemus* größere, knollige Auswüchse trägt.

Lebensraum und Verbreitung: Auf tiefen (Circalitoral) Weichböden, stellenweise massenhaft zwischen 30 und 100 m Tiefe. Knollen-Kalkrotalgen sind Bestandsbildner der „Fazies der freien (lose aufliegenden) Squamariaceae der Biozönose des Küstendetritus". Zur Vereinfachung wird diese Fazies mit dem Begriff „Kalkrotalgen-Böden" bezeichnet.

Wissenswertes: Die verzweigten und frei auf tieferen Sandböden liegenden Knollen-Kalkrotalgen bilden eine eigene, ganz besondere Lebensgemeinschaft. Diese Kalkrotalgen-Böden werden, wie die vor der Küste der Bretagne vorkommenden Böden, mit dem französischen Namen „Maerl" bezeichnet. Knollen-Kalkrotalgen meiden sedimentreiche Küstenabschnitte, da sie nur sehr langsam wachsen und sonst schnell unter Sand begraben werden würden. Maerl-Böden beherbergen eine spezielle Flora aus Tiefenalgen und eine Fauna aus verschiedenen sessilen Filtrierern.

2 Knollenalge *Colpomenia sinuosa*
Familie *Scytosiphonaceae*

Kennzeichen: Thallus blasenförmig, hohl, nuss- bis faustgroß (max. 20 cm), an der Oberfläche gefaltet. Färbung olivgelb.

Lebensraum und Verbreitung: Lichtliebende (fotophile) Braunalgen-Art des oberen Infralitorals. Auf Steinen und Algen an eher geschützten Standorten nahe der Wasseroberfläche, auch in Fluttümpeln, bis ca. 8 m Tiefe. Mittelmeer, weltweit verbreitet.

3 Cystoseira *Cystoseira sp.*
Familie *Cystoseiraceae*

Kennzeichen: Aufrechte, baum- bis strauchartige Wuchsformen. Thallus häufig aus einer Hauptachse bestehend, von der zahlreiche Seitenzweige abgehen. Einige Arten mit Luftblasen (Auftriebskörper) oder mit kurzen zahn- bis dornenförmigen Ästchen („Dornästchen").

Verwechslungsmöglichkeiten: Im Mittelmeer sind insgesamt 30 Arten und zusätzlich ca. 10 Ökotypen vertreten. Die genaue Artbestimmung ist anhand von Fotos meist unmöglich.

Lebensraum und Verbreitung: Lichtliebende Arten des oberen Infralitorals auf Felsen unmittelbar unter der Wasseroberfläche. Häufig bestandsbildend: *Cystoseira stricta* und *Cystoseira mediterranea* bilden eine charakteristische Lebensgemeinschaft auf gut durchsonnten Felsen bei starker bis mittlerer Hydrodynamik. *Cystoseira crinita*, *C. barbata* und *C. adriatica* (endemisch in der Adria) dominieren bei starker Besonnung, aber an wellengeschützten Standorten. Die Gattung *Cystoseira* ist im gesamten Mittelmeer verbreitet, wobei der Schwerpunkt im westlichen Becken liegt. Arten der Gattung *Cystoseira* findet man von der südbritischen Küste bis Mauretanien. Etwa zwei Drittel der Arten sind im Mittelmeer endemisch.

Wissenswertes: *Cystoseira*-Arten sind die charakteristischen Algen des oberen Infralitorals. Sie nehmen im Mittelmeer somit die Rolle der Deckalgen ein, die in kaltgemäßigten Regionen des Atlantiks und Pazifiks von den Tangen (Laminarien) eingenommen werden. *Cystoseira*-Arten enthalten neben einem hohen Alginat-Anteil (bis zu 35 % der Trockenmasse) zahlreiche Inhaltsstoffe wie Sterole, Terpene, Diterpene und Phenole. Die Arten werden deshalb regional abgeerntet.

1 Weichhäutiger Tang *Dictyopteris membranacea*
Familie *Dictyotaceae*

Kennzeichen: Bis zu 30 cm langer Thallus, bandförmig, gabelig verzweigt, mit deutlich hervortretender Mittelrippe. Spitzen abgerundet. Thallus zur Basis hin stängelig. Haftorgan scheibenförmig und filzartig. Färbung: Junge Individuen gelblich; ältere Individuen dunkelbraun.
Lebensraum und Verbreitung: Auf Hartsubstraten im Infralitoral und Circalitoral, von 1 m bis in ca. 80 m Tiefe. Im westlichen Mittelmeer, in der Nordadria, entlang der griechischen Küsten, Nordägäis, Libyen und Ägypten. Kosmopolit.
Wissenswertes: Der Weichhäutige Tang wird regional zu Heilzwecken (Lungenerkrankungen) sowie als Dünger für die Landwirtschaft gesammelt.

2 Gabelzunge *Dictyota dichotoma*
Familie *Dictyotaceae*

Kennzeichen: Bis 15 cm langer Thallus, bandförmig, mehrmals gabelig (dichotom) verzweigt, ohne Mittelrippe, zart und durchscheinend (Thallus besteht nur aus drei Zellschichten).
Lebensraum und Verbreitung: Lichtliebende Art des Infralitorals, auf Steinen und anderen Algen, an ruhigen Stellen nahe der Wasseroberfläche, bis max. 80 m (!) Tiefe. Stellenweise mit dem Weichhäutigen Tang (*Dictyopteris membranacea*) bestandsbildend. Im gesamten Mittelmeer, außer Südadria und Südtürkei. Im angrenzenden Atlantik, Kosmopolit.
Wissenswertes: Die Gabelzunge wird zu verschiedenen Zwecken gesammelt: für die menschliche Ernährung (asiatische Küche), zur Gewinnung von Kolloiden und antibiotischer Substanzen.

3 Schmale Gabelzunge *Dictyota linearis*
Familie *Dictyotaceae*

Kennzeichen: Thallus, bis 20 cm, reichlich gabelig (dichotom), manchmal auch etwas unregelmäßig verzweigt. Gabelungen bis 2 mm breit, eng anliegend, häufig verdreht, Enden spitz.
Lebensraum und Verbreitung: Lichtliebende Art. Lebt bevorzugt epiphytisch auf anderen Algen. Vom Flachwasser bis in 30 m Tiefe.

4 Trichteralge *Padina pavonica*
Familie *Dictyotaceae*

Kennzeichen: Bis zu 15 cm hoher, tütenförmiger Thallus. An der Basis stängelig und keilförmig, oben fächerförmig eingerollt. Blättchen mit weißlichen (Kalkinkrustierung) und dunkleren, konzentrisch verlaufenden Zonen.
Lebensraum und Verbreitung: Lichtliebende Alge des Infralitorals. Auf Steinen und Felsen, auf horizontalen und vertikalen Flächen, von der Oberfläche bis in ca. 20 m Tiefe. Auf horizontalen Flächen tritt die Art in Konkurrenz zur Schirmalge (*Acetabularia acetabulum*). Nahezu im gesamten Mittelmeer sowie im angrenzenden Atlantik. Pantropische Art.

5 Pinselförmige Braunalge *Sporochnus pedunculatus*
Familie *Sporochnaceae*

Kennzeichen: Bis 45 cm langer Thallus, fadenförmig, glatt, seitlich reich verzweigt. In der Reifezeit (Juni–August) seitlich dicht mit 1–3 mm langen, Fruchtkörper tragenden Ästchen besetzt.
Lebensraum und Verbreitung: Schattenliebende Art des Circalitorals auf tiefen, sandig kiesigen Gründen und Hartsubstraten, von 10–60 m Tiefe.

1 Beerentang   *Sargassum sp.*
Familie *Sargassaceae*

Kennzeichen: Baumartiger, massiver, bis 80 cm hoher Thallus (**1b**). Von einer Basalscheibe entwickelt sich ein aufrecht wachsender Langspross mit zahlreichen Verzweigungen (Kurzsprosse), die entweder blattförmig oder stengelig sind. Manche Kurzsprosse zu Schwimmblasen entwickelt (**1a**). Blätter meistens lanzettlich bis eiförmig, mit Mittelrippe. Färbung hellbraun bis braun.

Verwechslungsmöglichkeiten: Gattung mit mindestens fünf sehr ähnlichen Arten.

Lebensraum und Verbreitung: Eher schattenliebende Arten des unteren Infralitorals und Circalitorals. Auf primären und sekundären Hartsubstraten sowie auf Weichböden, von mäßig exponierten Flachwasserzonen bis in große Tiefen (*S. hornschuchii*: bis ca. 200 m). Im Mittelmeer und im angrenzenden Atlantik. Sargassum vulgare ist eine pantropische Art.

Wissenswertes: Der Name der Gattung *Sargassum* ist von einer westatlantischen tropischen Region, dem Sargassomeer, abgeleitet. In einem Areal von ca. 2500 Seemeilen Durchmessser leben zwei frei an der Wasseroberfläche treibende *Sargassum*-Arten (*S. fluitans* und *S. natans*, die schon Kolumbus im Jahr 1492 registrierte: „Es war ein Kraut, das Felsen bewohnt, und kam aus Westen. Man glaubt in Landnähe zu sein …" Das Sargassomeer befindet sich im windarmen Zentrum der großen Kreisströmungen von Golfstrom und Nordatlantikstrom und des entgegengerichteten Nordäquatorialstroms. Die Tangmassen sind durch diese Strömungen sozusagen gefangen. Die Fortpflanzung erfolgt überwiegend vegetativ, wodurch riesige „Felder" in windausgerichteten Reihen entstehen. Beide Sargassum-Arten wurden bisher nicht fest sitzend an den Küsten gefunden. Man vermutet deshalb, dass sich diese Arten schon vor sehr langer Zeit isoliert und somit zu eigenen Arten entwickelt haben.

2 Gelber Fingertang   *Laminaria ochroleuca*
Familie *Laminariaceae*

Kennzeichen: Bis zu 3 m großer Thallus, der funktionell in drei Bereiche eingeteilt wird: Der Fuß verankert die Alge am Substrat, der stammartige Stiel (Cauloid) trägt das Blatt, und das weit ausladende Blatt (Phylloid) ist der Ort der Lichtaufnahme (Fotosynthese) und der Fortpflanzungsorgane. Fuß bis zu 20 cm, gelblich gefärbt mit zahlreichen Ausläufern (Haftorganen, Hapteren), glatter, bräunlicher Stiel, zwischen 3–5 cm an der Basis und 1 cm am Blattansatz. Blatt zwischen 1–2,5 m lang, mit herzförmiger Basis, gelblich braun. Blatt häufig in mehrere Streifen zerschlitzt.

Verwechslungsmöglichkeiten: Mehrere Vertreter der Ordnung Laminariales (Tange) sind im Mittelmeer vertreten: *Laminaria rodriguezii, Laminaria japonica, Saccorhiza polyschides* sowie zwei Vertreter der Gattung Phyllaria. Die typische Blattstruktur des Gelben Fingertangs ist in jedem Fall ein eindeutiges Erkennungsmerkmal.

Lebensraum und Verbreitung: Im Infra- und Circalitoral, stellenweise (Straße von Messina) bis in 90 m Tiefe. Auf Hartböden. Nur punktuell im westlichen Mittelmeer: Straße von Messina, entlang der marokkanischen Küste, Südspanien, Straße von Gibraltar sowie angrenzender Atlantik von den Britischen Inseln (Kanalküste) bis Marokko.

Wissenswertes: Große Blatt-Tange prägen die Unterwasserlandschaften kalter Meere. Umso erstaunlicher ist deren Präsenz im warmgemäßigten bis subtropischen Mittelmeer. Dennoch stellt dies keine Ausnahme von der Regel dar, da die Arten in Küstenzonen siedeln, wo sie das ganze Jahr „atlantische" Temperaturen vorfinden. Im Sommer darf sich das Wasser nicht über 20 °C (Letalgrenze der Laminarien) und im Winter nicht über 15 °C (Max.grenze zur Reifung der Gametophyten) erwärmen. Diese Bedingungen finden die Tange ausschließlich im westlichen Becken und dort unterhalb der Sprungschicht oder an Küsten, an denen durch ablandige Winde oder Strömungen kaltes Tiefenwasser nach oben gelangt. Man bezeichnet das Phänomen des „Hinabtauchens" von wärmeempfindlichen Arten in kältere Tiefen auch als „isothermische Submergenz".

1 Tanggras   *Cymodocea nodosa*
Familie *Potamogetonaceae, Laichkrautgewächse*

Kennzeichen: Blütenpflanze mit bis zu 30 cm langen, bandförmigen Blättern. Blätter bis zu 4 mm breit, mit 7–9 parallel verlaufenden Nerven. Dünne Wurzelsprosse ohne faserige Blattreste.

Verwechslungsmöglichkeiten: Die Familie der Laichkräuter (*Potamogetonaceae*) ist im Mittelmeer mit insgesamt 3 Gattungen und 4 Arten vertreten. Alle Arten besitzen bandförmige Blätter. Sie unterscheiden sich jedoch hinsichtlich Größe, Blattlänge, Rhizome sowie Standortansprüche. Die größte und häufigste Art ist das Neptunsgras (*Posidonia oceanica*) mit bis zu 120 cm langen und 1 cm breiten Blättern. Eher selten sind die beiden Vertreter der Gattung Zostera: Das Kleine Seegras (*Zostera marina*) lebt auf sandig schlammigen Böden, oft im Brackwasser und in Lagunen. Es besitzt grasartige Blätter mit 3–7 nicht randständigen Nerven. *Zostera noltii* besitzt schmale, linealförmige Blätter, mit einem Mittelnerv und 2 randständigen Nerven. Auch dieses Kleine Seegras siedelt bis in Brackwasserzonen und Flussmündungen.

Lebensraum und Verbreitung: Auf geschützten, sandig schlammigen Böden im Infralitoral, vom Flachwasser bis in 10 m Tiefe. Stellenweise mit *Zostera* weite Wiesen bildend. Im gesamten Mittelmeer sowie im angrenzenden Atlantik von der südspanischen Küste bis zu den Kanaren.

Wissenswertes: Auf Sandböden mit einem bestimmten Anteil an organischen Feinmaterialien kann sich das Tanggras entwickeln. In einer typischen Zonierung siedelt diese Art zwischen der Küste und den Wiesen des Neptunsgrases (*Posidonia oceanica*). Das Tanggras ist eine Pionierart. Sie breitet sich im Gegensatz zu Posidonia nur in horizontaler Richtung aus und bietet der Sedimentfauna mit ihrem dichten Rhizom-Teppich nur wenig Siedlungsfläche.

2 Neptunsgras   *Posidonia oceanica*
Familie *Potamogetonaceae, Laichkrautgewächse*

Kennzeichen: Blütenpflanze mit bis zu 120 cm langen, bandförmigen Blättern. Blätter bis zu 1 cm breit, mit 13–17 parallel verlaufenden Nerven. Dicke Wurzelsprosse mit faserigen Blattresten.

Verwechslungsmöglichkeiten: Das Neptunsgras kann aufgrund seiner Größe und dem Besitz faseriger Blattreste an den Rhizomen leicht von den anderen Seegräser-Arten unterschieden werden (siehe auch Tanggras *Cymodocea nodosa*).

Lebensraum und Verbreitung: Lichtliebende Art des Infralitorals, vom Flachwasser bis in ca. 50 m Tiefe. Im gesamten Mittelmeer (endemisch) verbreitet. Tethys-Relikt.

Wissenswertes: Die Blütenstände des Neptunsgrases sind eher unscheinbar: Sie sind grün und zwischen den Blättern nur schwer zu erkennen. Blüten werden außerdem nicht jedes Jahr ausgebildet, wobei eine hohe Wassertemperatur die Blütenbildung zu stimulieren scheint. Die Vermehrung erfolgt vor allem ungeschlechtlich (vegetativ) durch Ableger. Das Neptunsgras besteht aus kriechenden oder aufrecht wachsenden Wurzelsprossen (Rhizomen), aus denen kleine Wurzeln hervortreten. Die Rhizome enden in Büscheln von 4–8 bandförmigen Blättern. Die vertikale Tiefenausdehnung wird nach oben durch die Hydrodynamik und nach unten durch den Faktor Licht bestimmt: In geschützten Buchten gedeiht die Art bis dicht unter der Wasseroberfläche und kann mancherorts echte Riffe bilden. In Gebieten mit sehr klarem Wasser kann das Neptunsgras bis in 50 m Tiefe vordringen. Dem Neptunsgras kommt eine übergeordnete ökologische Bedeutung im Mittelmeer zu. Aus dem horizontalen Wachstum (5–10 cm/Jahr) der Wurzelsprosse und dem vertikalen Wachstum der Blätter entstehen durch Sedimentation von Sand sekundär verfestigte Bänke, deren vertikales Wachstum 1 Meter im Jahrhundert erreichen kann. Seegraswiesen sind hochproduktive Lebensräume, die neben organischer Biomasse pro Quadratmeter zwischen 1 und 14 Liter Sauerstoff am Tag produzieren und durch ihre Oberflächenvergrößerung einer Vielzahl an Lebewesen Siedlungsfläche und Schutzraum bieten. Insgesamt wurden bisher in den Seegraswiesen bis zu 400 Algenarten und mehrere Tausend Tierarten gezählt.

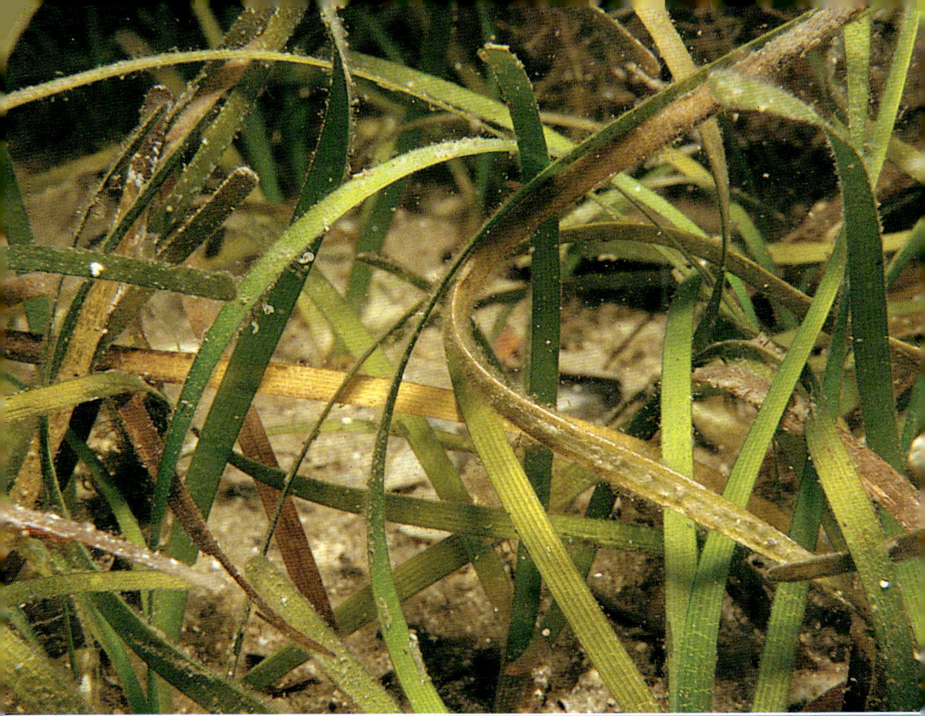

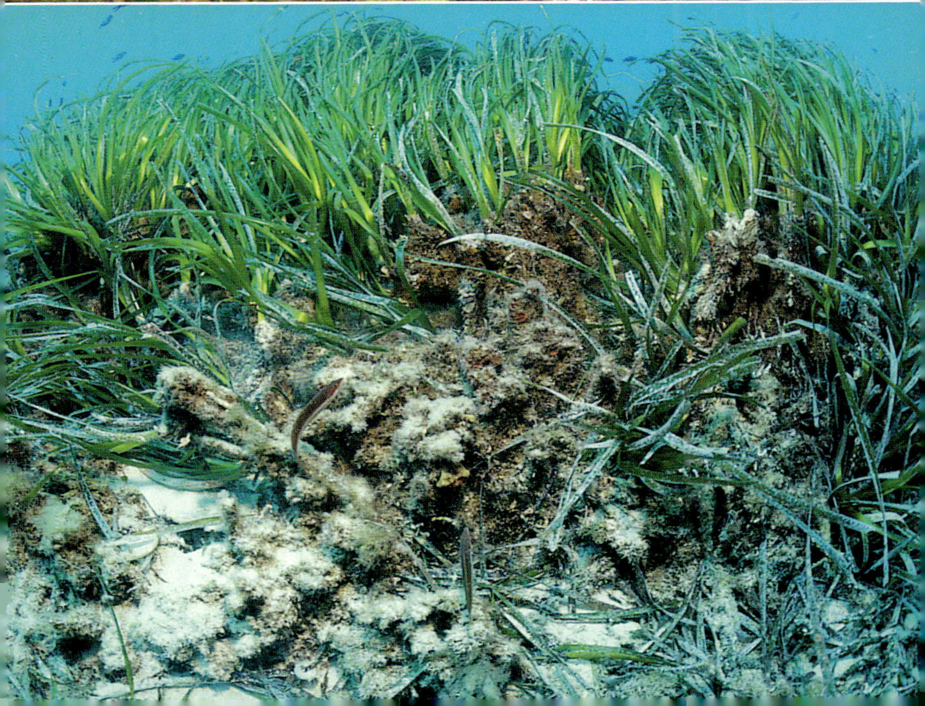

1 Gelber Gitter-Kalkschwamm *Clathrina clathrus*
Familie *Clathrinidae*

Kennzeichen: Größe bis etwa 10 cm. Der Schwammkörper besteht aus einem polsterförmigen Geflecht weicher Röhren, die vielfach miteinander vernetzt sind. Die Ausströmöffnungen werden jeweils von mehreren größeren, zusammenlaufenden Röhren gebildet. Färbung: zitronengelb.

Verwechslungsmöglichkeiten: Aufgrund der lebhaften Färbung unterscheidet sich diese Art auffällig von anderen, ebenfalls Röhrennetze bildenden Kalkschwämmen des Mittelmeers.

Lebensraum und Verbreitung: Auf Hartgrund. In beschatteten Zonen (Circalitoral) wie in Höhleneingängen, Spalten oder unter Überhängen. Meist zwischen 5 und 20 m Tiefe, an ruhigen, stark beschatteten Stellen bereits ab dem Flachwasser. Die Art ist regelmäßig, gebietsweise auch häufig anzutreffen.

Wissenswertes: Es gibt zwei Formen, die sich im Röhrendurchmesser unterscheiden: Die eine hat sehr feine Netze aus lediglich 0,5–1 mm starken Röhren, die andere bildet bis zu 3 mm dicke, leicht transparente Röhren aus. Beide Modifikationen können unmittelbar nebeneinander vorkommen. Sehr selten sind Exemplare, die beide Röhrenformen aufweisen (s. Abb.).

2 Weiße Gitter-Kalkschwämme *Clathrina spp.*
Familie *Clathrinidae*

Kennzeichen: Größe je nach Art bis etwa 10 cm. Diese Schwämme bestehen aus feinen, engmaschigen Geflechten von Röhren, die immer wieder miteinander verwachsen und so ein dichtes Netz bilden. Die Konsistenz ist weich, die Wuchsform polsterartig bis massig und sehr unregelmäßig. Färbung: weiß.

Verwechslungsmöglichkeiten: Es gibt weitere weiße Kalkschwämme mit *Clathrina*-artigen Röhrengeflechten, beispielsweise den Gestielten Gitter-Kalkschwamm (*Guancha lacunosa*). Dieser bildet jedoch ein kugeliges Röhrengeflecht, das mit einem charakteristischen, dünnen Stiel am Substrat festhaftet.

Lebensraum und Verbreitung: Auf Hartgrund. In beschatteten Bereichen stellenweise häufig. An geeigneten Standorten können diese Schwämme mit zahlreichen Exemplaren auffällige Ansammlungen bilden. Siedeln auch nahe der Wasseroberfläche in Zonen bewegteren Wassers.

Wissenswertes: Diese Arten besitzen wie alle Kalkschwämme (*Calcarea*) Kalknadeln als Skelettelemente. Dagegen besteht das Skelett bei Horn-Kiesel-Schwämmen (*Demospongiae*) aus Kieselnadeln und/oder Sponginfasern.

3 Kragen-Kalkschwamm *Sycon elegans*
Familie *Sycettidae*

Kennzeichen: Größe bis etwa 3 cm. Kugel- bis eiförmige Gestalt. Die Oberfläche wird von einem dichten Filz aus Kalknadeln bedeckt. Die oben gelegene Ausströmöffnung ist von einem doppelten Nadelkranz umgeben, wobei der innere eine senkrechte Röhre bildet, der äußere mehr oder weniger schräg absteht. Färbung: Schmutzig gelbbraun bis weißbräunlich.

Verwechslungsmöglichkeiten: Der gebietsweise relativ häufige Borstige Kalkschwamm (*S. raphanus*) besitzt nur einen Nadelkranz. Weitere Arten dieser Gattung sind äußerst ähnlich und nur von Spezialisten zu unterscheiden.

Lebensraum und Verbreitung: Auf Hartgrund. In manchen Gebieten des Mittelmeers ist diese Art recht selten, in anderen dagegen regelmäßig bis häufig anzutreffen. An beschatteten Standorten bereits ab dem Flachwasser, aber auch im Koralligen sowie auf den Wurzelstöcken von Posidonien.

Wissenswertes: Der Kragen-Kalkschwamm siedelt teils einzeln, häufig jedoch in kleinen Gruppen.

1 Fleischschwamm   *Oscarella sp.*
Familie *Plakinidae*

Kennzeichen: Durchmesser bis 20 cm. Diese Art wächst in Form einiger Zentimeter dicker Krusten mit zahlreichen halbkugeligen bis lappigen Wölbungen. Die Ausströmöffnungen liegen am Ende solcher abgerundeter Erhebungen. Glatte Oberfläche, leicht fleischige, sehr weiche Konsistenz. Färbung sehr variabel: Von blassgrünlich Gelb (**1a**) über Rosa, Bräunlich, Bläulich bis zu Dunkelblauviolett (**1b**).

Verwechslungsmöglichkeiten: Trotz der stark variierenden Färbung aufgrund der charakteristischen Wuchsform praktisch nicht vorhanden.

Lebensraum und Verbreitung: Auf Hartgrund. Häufig an beschatteten Standorten wie Höhleneingänge oder unter Überhängen, teils aber auch an exponierten Stellen. Kleine Exemplare auch zwischen den Wurzelstöcken von Seegräsern.

Wissenswertes: Die Art besitzt weder Kieselnadeln noch Sponginfasern, worauf ihre sehr weiche Konsistenz zurückzuführen ist. Neben der sexuellen Fortpflanzung ist häufig eine asexuelle Form der Vermehrung zu beobachten: Dazu bildet dieser Schwamm strang- bis tropfenförmige Auswüchse, die nicht am Untergrund haften, sondern frei ins Wasser herabhängen. Bei starker Wasserbewegung pendeln solche „Anhängsel" herum und können auch abreißen. Diese können an geeigneter Stelle wieder am Untergrund festwachsen und so neue Individuen begründen. Oftmals finden diese Stränge jedoch schon wieder Grundkontakt, bevor sie abreißen. Entsprechend bilden sie dann Bereiche kurzer Überbrückungen innerhalb des Schwammkörpers.

2 Gelber Bohrschwamm   *Cliona celata*
Familie *Clionidae*

Kennzeichen: Vom Schwammkörper sind nur die ganz überwiegend einzeln stehenden Ein- und Ausströmöffnungen sichtbar. Erstere sind etwa schalenförmig und netz- bis siebartig durchlöchert, Letztere bilden deutlich sichtbare, kreisrunde Öffnungen mit leicht erhabenen Rändern, die sich nach oben etwas verjüngen können. Der Durchmesser von Ein- und Ausströmpapillen beträgt etwa 1–3 mm. Färbung in der Regel blass bis intensiv gelb.

Verwechslungsmöglichkeiten: Bohrschwämme sind weltweit mit mehreren Gattungen und zahlreichen Arten vertreten, wovon nicht wenige auch im Mittelmeer vorkommen. Wie bei den meisten Schwämmen ist eine sichere Artbestimmung nur durch Spezialisten möglich.

Lebensraum und Verbreitung: In Kalksubstrate wie Kalkgestein, Kalkrotalgen oder Muschelschalen bohrend. Vom Flachwasser bis in größere Tiefen. Mittelmeer; Teile des Ostatlantiks, Nordsee, Ostsee.

Wissenswertes: Bohrschwämme können prinzipiell in 3 verschiedenen Wuchsformen auftreten. Bei der sogenannten a-Form sind nur die voneinander getrennten Ein- und Ausströmpapillen sichtbar, während der größte Teil des Schwammkörpers im Kalksubstrat verborgen bleibt. Bei der krustig wachsenden Oberflächenform, der b-Form, sind Ein- und Ausströmöffnungen auf der Substratoberfläche durch Gewebe miteinander verbunden. Schließlich gibt es die massig über dem Substrat wachsende g-Form. Nicht jede Bohrschwamm-Art kann alle 3 Formen ausbilden, manche erreichen nicht einmal die b-Form. Vom Gelben Bohrschwamm wird im Mittelmeer nur die a-Form beobachtet. Aus dem Atlantik sind dagegen auch die b- und d-Form bekannt. Letztere kann dort bis über 50 cm Durchmesser erreichen. Die Art bohrt auch in Muschelschalen und kann in Austernkulturen beträchtliche wirtschaftliche Schäden anrichten. In Frankreich sind die winzigen Bohrlöcher des Gelben Bohrsschwamms in Austernschalen als maladie du pain d'épice („Pfefferkuchenkrankheit") bekannt.

1 Grüner Bohrschwamm *Cliona viridis*
Familie *Clionidae*

Kennzeichen: Sichtbar von dieser in Kalkgestein bohrenden Art sind meist nur die Ein- und Ausström-papillen, die getrennt voneinander aus dem Untergrund hervorwachsen. Die Einströmpapillen erscheinen als flache Warzen, während die Ausströmpapillen deutlich sichtbare Öffnungen von einigen Millimetern Durchmesser mit mehr oder weniger erhabenem Rand bilden. Außer in dieser recht unscheinbaren Form kann diese Art krustenförmig bis polsterartig außerhalb der Bohrgänge wachsen. In dieser Wuchsform bildet sie mit schalenförmigen Einströmpapillen übersäte, fleischig weiche Massen (**1a**), aus denen sich die Ausströmöffnungen als kegelförmige Schlote teils deutlich über den Untergrund erheben (**1b**). Diese Oberflächenform kann Flächen bis zu mehreren Dezimeter Durchmesser überziehen. Zu den möglichen Wuchsformen von Bohrschwämmen siehe auch beim Gelben Bohrschwamm (*C. celata*). Färbung: olivgrün bis bräunlich, Ränder der Schlotöffnungen heller bis weißlich.
Verwechslungsmöglichkeiten: In der charakteristischen frei wüchsigen Form keine.
Lebensraum und Verbreitung: In kalkige Substrate bohrend, im Mittelmeer insbesondere in Kalkgestein sowie in Kalkrotalgen (Koralligen); auch auf den Rhizomen von Seegräsern. Vom flachen Felslitoral, wo er auch besonnte, horizontale Flächen besiedeln kann, bis etwa 50 m Tiefe. Wird in der bohrenden Form leicht übersehen, ist aber sehr häufig. Im gesamten Mittelmeer und weltweit in warmen Meeren.
Wissenswertes: Bei Bohrschwämmen ist typischerweise nur ein sehr kleiner Teil des gesamten Schwammkörpers äußerlich sichtbar. Wie ein Pilz durchwuchern sie das Substrat und bilden unter der Oberfläche ein weitverzweigtes Tunnelsystem, wobei sie in Abständen mit Papillen zur Oberfläche durchbrechen, um frisches Wasser einzustrudeln bzw. verbrauchtes nach außen zu befördern. Bohrschwämme besitzen sogenannte Ätzzellen, welche auf chemischem Weg winzige Kalkpartikel von nur etwa einem zwanzigstel Millimeter Kantenlänge aus Kalksubstraten herauslösen. Dabei werden jedoch nur wenige Prozentanteile des Kalks chemisch gelöst, der überwiegende Teil wird als Partikelchen über die Ausströmöffnungen ins Wasser abgegeben. Gebietsweise tragen Bohrschwämme erheblich zum Abbau von Kalk bei, was als Bioerosion bezeichnet wird. In Korallenriffen gehören sie zu den effektivsten Zerstörern der von Steinkorallen und anderen Organismen aufgebauten Kalkstrukturen.

2 Roter Bohrschwamm *Cliona schmidti*
Familie *Clionidae*

Kennzeichen: Ein- und Ausströmöffnungen, die typischerweise getrennt voneinander im Kalksubstrat hervorwachsen. Erstere sind netz- bis siebartig durchlöchert und rundlich bis unregelmäßig geformt, Letztere bilden deutlich sichtbare, kreisrunde Öffnungen mit leicht erhabenen Rändern. Färbung: dunkelrot.
Verwechslungsmöglichkeiten: Wie bei den meisten Schwämmen ist eine sichere Artbestimmung nur durch Spezialisten möglich.
Lebensraum und Verbreitung: Bohrt wie andere Arten seiner Gattung im Kalksubstrat.
Wissenswertes: Die Bioerosion von Kalksubstraten durch Bohrschwämme ist ein initialer und äußerst wichtiger Faktor bei der Rückführung von Kalkstrukturen in den geochemischen Kreislauf. Sie können nicht nur in Kalkgestein bohren, sondern ebenso in verschiedensten organischen Kalkbildungen wie Steinkorallen, Muschelschalen oder Kalkrotalgen. Sie erhalten keine Nährstoffe aus ihrer Bohrtätigkeit, vielmehr dient ihnen ihr Gangsystem als schützendes Gehäuse. Weiteres zur Lebensweise siehe bei *Cliona viridis* und *C. celata*.

1 Nierenschwamm *Chondrosia reniformis*
Familie *Chondrillidae*

Kennzeichen: Bildet mehrere Zentimeter dicke, im Durchmesser bis über 40 cm große Krusten. Polster- bis kissen- oder knollenartig, kleine Exemplare oft feigen- bis nierenförmig. Konsistenz sehr fest und zäh. Glatte Oberfläche ohne sichtbare Einströmöffnungen. Vereinzelte größere Ausströmöffnungen. Färbung: an belichteten Stellen dunkelbraun und meist mit hellerer Marmorierung, in schattigen Bereichen von Dunkelviolett mit weißen Flecken bis einheitlich Cremeweiß.
Verwechslungsmöglichkeiten: Bei Exemplaren mit der charakteristischen Marmorierung ist eine Verwechslung kaum möglich.
Lebensraum und Verbreitung: Auf Hartsubstraten. Vom Flachwasser bis in etwa 30 m Tiefe. An sehr dunklen ebenso wie an etwas helleren Standorten; bevorzugt jedoch leicht schattige Stellen.
Wissenswertes: Diese Art besitzt keine Skelettnadeln, dafür jedoch eine relativ mächtige, kollagenreiche Rindenschicht, die ihr die derb-zähe Konsistenz verleiht. Eine asexuelle Vermehrung geschieht gelegentlich auf die bei dem Fleischschwamm (*Oscarella lobularis*) beschriebene Weise. In vorderen Höhlenbereichen sind gelegentlich Exemplare anzutreffen, die auf der lichtzugewandten Seite pigmentiert und an der Schattenseite weiß sind.

2 Einsiedler-Korkschwamm *Suberites domuncula*
Familie *Suberitidae*

Kennzeichen: Bis etwa faustgroße Art. Massig und kompakt wachsend, meist kugelförmig. Oberfläche glatt, oft mit nur einer Ausströmöffnung. Färbung: häufig kräftig orange (**2b**) oder blaugrau marmoriert (**2a**).
Verwechslungsmöglichkeiten: Kann mit anderen kugelförmig wachsenden, ebenfalls orange gefärbten Arten dieser Gattung verwechselt werden.
Lebensraum und Verbreitung: Oft auf Schneckengehäusen, insbesondere auch solchen, die vom Augenfleck-Einsiedler (*Paguristes eremita*) bewohnt werden; auch auf Felsgrund und im Wurzelbereich von Seegräsern. Vom Flachwasser bis in größere Tiefe.
Wissenswertes: Für den Schwamm ist das Zusammenleben mit dem Krebs nicht obligatorisch, da er auch auf Hartböden angetroffen werden kann. Auf jeden Fall profitiert der Einsiedlerkrebs von dieser Lebensgemeinschaft: Der Schwamm bedeckt das Schneckengehäuse vollständig und wächst weiter, wobei er die Öffnung für den Krebs frei lässt. So braucht dieser im Lauf seines eigenen Wachstums nicht regelmäßig ein neues Gehäuse zu suchen, wie es für Einsiedlerkrebse eigentlich typisch ist.

3 Orangener Hornschwamm *Agelas oroides*
Familie *Agelasidae*

Kennzeichen: Größe bis etwa 20 cm. Massige, unregelmäßige Formen mit kurzen breiten Auswüchsen oder rundlichen Schloten, die große endständige Ausströmöffnungen tragen. Sehr feste, zähe Konsistenz. Oberfläche mehr oder weniger höckerig, aber relativ glatt. Die Schlote und lappigen Ausstülpungen ragen meist nur einige Zentimeter über den kompakten Körper empor. Färbung: kräftig orange bis blass ockerfarben.
Verwechslungsmöglichkeiten: Kann dem Gelben Höhlenschwamm (*Aplysina carvernicola*) zum Verwechseln ähnlich sehen.
Lebensraum und Verbreitung: Auf Hartgrund im Circalitoral. Eine häufige Art, die oft in schattigen Bereichen des Felslitorals anzutreffen ist. Vom Flachwasser bis in größere Tiefen.
Wissenswertes: Die ausgesprochen zähe Konsistenz dieses Schwamms beruht darauf, dass er ein sehr mächtiges Sponginskelett besitzt.

S C H W Ä M M E

1 Roter Krusten-Stachelschwamm *Raspaciona acuelata*
Familie *Raspailiidae*

Kennzeichen: Unregelmäßig gelappte, krusten- bis leicht kissenförmige, teils warzige Überzüge. Die Oberfläche ist ausgesprochen nadelig struppig. Färbung: leuchtend rot.

Verwechslungsmöglichkeiten: Kann mit weiteren krustenförmigen, ähnlich gefärbten Arten verwechselt werden.

Lebensraum und Verbreitung: Auf Hartgrund. Alle Bereiche des Felslitorals, bevorzugt an lichtarmen Stellen, aber auch an halb schattigen Standorten. Vom Flachwasser bis in größere Tiefen, oft auch in Koralligen. Nicht selten, gebietsweise regelmäßig.

Wissenswertes: Bei diesem Schwamm durchstoßen einzelne größere Nadeln die Oberfläche, wobei jede Nadel von einem Büschel kleinerer feiner Nadeln umgeben ist. Diese bilden die für die Familie typische nadelige Oberfläche.

2 Blauer Krustenschwamm *Phorbas tenacior*
Familie *Anchinoidae*

Kennzeichen: Durchmesser meist nicht größer als 10–15 cm. Weiche, nur einige Millimeter dünne Krusten. Die großen Venen des Wasserabflusssystems sind deutlich auf der Oberfläche sichtbar. Große Ausströmöffnungen. Zwischen dem Venensystem befinden sich zahlreiche kraterförmige Porenfelder. Färbung: milchig blau.

Verwechslungsmöglichkeiten: Nicht vorhanden.

Lebensraum und Verbreitung: Auf Hartgrund im Präkoralligen und im Circalitoral. Schattige Felsbereiche wie Überhänge oder Höhleneingänge. Vom Flachbereich bis über 40 m Tiefe.

Wissenswertes: Gebietsweise wird diese Art häufig von kleinen Polypen der Scyphozoe *Nausithoe punctata* besiedelt. Die schlank trichterförmige Hülle (Theca) des Polypen ist im oberen Schwammgewebe eingewachsen und scheint vom Schwamm als Skelettelement genutzt zu werden. Dabei handelt es sich wohl nicht um Parasitismus, sondern möglicherweise um eine für beide Seiten vorteilhafte Beziehung (siehe: Rosa-Weißer Stachelschwamm, *Dysidea avara*).

3 Roter Krustenschwamm *Crambe crambe*
Familie *Crambidae*

Kennzeichen: Durchmesser der Krusten oft einige Dezimeter, teils bis über 1 m² (**3a**). Bildet sehr dünne, höchstens einige Millimeter dicke Überzüge. Oberfläche mit strahlenförmig angeordneten Ausfuhrkanälen (**3b**). Färbung: leuchtend rot bis orangerot.

Verwechslungsmöglichkeiten: Kann sehr leicht mit dem Orangenen Strahlenschwamm (*Spirastrella cunctatrix*) verwechselt werden. Einfache und praktisch einzige Methode zur Unterscheidung unter Wasser ist das Anfassen: Die Oberfläche von *C. crambe* fühlt sich weich, die von *S. cunctatrix* dagegen rau an.

Lebensraum und Verbreitung: Auf Hartsubstraten, sowohl auf völlig abgeschatteten als auch halb schattigen Flächen sowie im Unterwuchs von Seegraswiesen. Vom Flachwasser bis in etwa 30 m Tiefe. Die Art gilt als endemisch im Mittelmeer.

Wissenswertes: Der Rote Krustenschwamm ist eine sehr häufige, in vielen Gebieten vielleicht die häufigste Schwammart überhaupt. Er überwächst oftmals auch die Gehäuse noch lebender Muscheln, wie z. B. die der Archenmuschel (*Arca noae*). Die Larven des Roten Krustenschwamms sind relativ zahlreich, kugelförmig und orange gefärbt. Sie schwimmen nach dem Verlassen des Schwammkörpers sofort davon und können schon 5 Minuten danach bis etwa 20 m weit entfernt sein. Entsprechend kommen adulte Exemplare kaum in Ansammlungen, sondern annähernd gleichmäßig verstreut vor. Diese Art erweist sich im Toxizitätstest als besonders toxisch.

58

1

2

3a

3b

S C H W Ä M M E

1 Rosa Kraterschwamm *Hemimycale columella*
Familie *Phoriospongiidae*

Kennzeichen: Durchmesser meist bis etwa 10, max. bis 30 cm. Diese Art bildet sehr weiche, etwa ein bis wenige Zentimeter dicke Krusten. Die Oberfläche ist übersät mit kraterförmigen, siebartigen Strukturen, deren Ränder leicht erhaben sind. Nur vereinzelt ragen dagegen die kurzen, konischen Ausströmöffnungen auf der Oberfläche empor, die in ihrem Innern oft deutlich sichtbare, dünne vertikale Wände erkennen lassen. Die Färbung reicht von Blassrosa bis Orange.
Verwechslungsmöglichkeiten: Im Mittelmeer nicht vorhanden.
Lebensraum und Verbreitung: Auf Felsböden. Ab dem Flachwasser bis mindestens 40 m Tiefe. An beschatteten, nicht selten auch an besonnten Standorten sowie im Unterwuchs von Seegraswiesen.
Wissenswertes: Bei den kraterartigen Strukturen handelt es sich um die in Gruppen zusammengefassten Einströmöffnungen. Diese Art verträgt auch direktes Sonnenlicht und kann sich oftmals an durchlichteten Standorten zwischen Algenbewuchs behaupten. Die Fortpflanzung soll im Juli erfolgen. Aus dem Wasser geholt, verbreitet dieser Schwamm bei Luftkontakt einen chlorartigen Geruch.

2 Orangener Stachelschwamm *Acanthella acuta*
Familie *Axinellidae*

Kennzeichen: Größe bis etwa 10 cm. Etwas strauchförmiger Wuchs mit kurzen, breiten und teils miteinander verwachsenen Ästen, die an leicht verdickten Enden kleine, spitz auslaufende Papillen tragen. Knorpelartige Konsistenz. Färbung: hell bis kräftig orange.
Verwechslungsmöglichkeiten: Aufgrund des kakteenartigen Erscheinungsbilds in Verbindung mit der orangefarbenen Färbung relativ gut zu erkennen.
Lebensraum und Verbreitung: Auf Hartgrund im Circalitoral. An halb schattigen Stellen des Felslitorals, von einigen Metern Wassertiefe bis etwa 40 m Tiefe.
Wissenswertes: Diese Art besitzt lange Kieselnadeln, die durch elastische Sponginfäden zu großen Faserbündeln verkittet sind. Manche dieser Nadelstränge stoßen weit durch die Körperoberfläche und geben diesem Schwamm das charakteristische, an einen Kaktus erinnernde Aussehen.

3 Verwachsener Geweihschwamm *Axinella damicornis*
Familie *Axinellidae*

Kennzeichen: Kann etwa 10–15 cm Höhe erreichen. In der typischen Wuchsform mit kurzer, stielförmiger Basis und flachen, fächerförmig ausgebreiteten, leicht welligen Ästen, die oberseits größtenteils wieder miteinander verwachsen. Daneben kann diese Art auch, vor allem in Nischen, massig krustenförmig mit unregelmäßig gewellter Oberfläche auftreten. Die Schwammoberfläche ist durch hervortretenden Nadelfilz sehr rau. Färbung: blass- bis kräftig orangegelb.
Verwechslungsmöglichkeiten: In der typischen, aufrecht fächerfömigen Wuchsform relativ gut zu erkennen.
Lebensraum und Verbreitung: Auf Hartgrund. In beschatteten Bereichen wie Höhlen und Spalten bereits ab dem Flachwasser; bis in größere Tiefen. Nicht selten auch auf Felsböden mit stärkerer Ablagerung von Feinsediment.
Wissenswertes: Dieser Schwamm wird oftmals von der Gelben Krustenanemone (*Parazoanthus axinellae*) besiedelt. In der Regel sind Schwämme frei von derartigen Aufwuchsorganismen (*Epibionten*). Die Krustenanemone scheint jedoch nicht schädlich für den Schwamm zu sein, auch wenn sie gelegentlich in größerer Zahl und sehr dicht auf dessen Oberfläche siedelt.

60

1 Löchriger Geweihschwamm   *Axinella polypoides*
Familie *Axinellidae*

Kennzeichen: Meist bis 50 cm hohe Stämme mit zylindrischen und meist reich verzweigten Ästen. Wuchsform häufig strauch- oder geweihartig. Oberfläche ohne Höcker und Erhebungen, leicht rau, aber nicht filzig. Die sehr kleinen Ausströmöffnungen sind als narbenartige, sternförmig angeordnete Vertiefungen relativ gleichmäßig über die Oberfläche verteilt. Färbung: leuchtend gelb oder orange.
Verwechslungsmöglichkeiten: Kann beispielsweise mit dem Glatten Geweihschwamm (*A. verrucosa*) verwechselt werden. Bei diesem fühlt sich die Oberfläche jedoch samtig glatt an.
Lebensraum und Verbreitung: Auf Felsböden. Unterhalb von etwa 15 m bis mindestens 100 m Tiefe. Typischerweise an ruhigen Standorten des Circalitorals.
Wissenswertes: Wie auf dem Verwachsenen Geweihschwamm (*A. damicornis*) siedelt auch auf dieser Art gelegentlich die Gelbe Krustenanemone (*Parazoanthus axinellae*).

2 Glatter Geweihschwamm   *Axinella verrucosa*
Familie *Axinellidae*

Kennzeichen: Bis etwa 50 cm hoch. Stämme mit kurzer Achse und strauchförmig verzweigtem Wuchs, wobei die einzelnen Äste teilweise wieder miteinander verwachsen sein können. Mit bloßem Auge sind keine Öffnungen des Wasserkanalsystems zu erkennen. Oberfläche samtig glatt. Färbung: leuchtend orangegelb.
Verwechslungsmöglichkeiten: Kann mit anderen Arten dieser Gattung verwechselt werden.
Lebensraum und Verbreitung: Meist auf Felsböden. Unterhalb von 15 m Tiefe, in Höhlen auch flacher.
Wissenswertes: Auch diese Art kann mit der Gelben Krustenanemone (*Parazoanthus axinellae*) bewachsen sein.

3 Pinselschwamm   *Ciocalypta penicillus*
Familie *Halichondriidae*

Kennzeichen: Höhe durchschnittlich 5 cm. Bildet aufrechte, schlanke, am Ende zugespitzte Säulen. Etwas knorpelige Konsistenz. Eine zentrale Achse mit kurzen Seitenästchen schimmert durch den halbtransparenten Schwammkörper. Färbung: beige.
Verwechslungsmöglichkeiten: Keine.
Lebensraum und Verbreitung: Mit Sand oder Feinsediment überdeckte Hartböden. Meist erst unterhalb von 10 m bis über 40 m Tiefe.
Wissenswertes: Diese Art siedelt meist in kleinen Gruppen aus etwa 5–10 Exemplaren.

4 Rosafarbener Zylinderschwamm   *Haliclona mediterranea*
Familie *Chalinidae*

Kennzeichen: Fleischig polsterförmige, bis etwa 20 cm im Durchmesser große Überzüge mit zahlreichen schlotförmigen Auswüchsen. Diese können bis etwa 10 cm Höhe und einen Durchmesser bis 2 cm erreichen. Oberfläche mit deutlichen Poren. Weiche Konsistenz. Färbung: rosa.
Verwechslungsmöglichkeiten: Relativ gut an der charakteristischen Form und Färbung zu erkennen.
Lebensraum und Verbreitung: Auf Felsböden. Meist an Wänden oder unter Überhängen. Unterhalb von 10 m bis etwa 50 m Tiefe.
Wissenswertes: Keine artspezifischen Besonderheiten bekannt.

1 Orangener Polsterschwamm   *Reniera fulva*
Familie *Chalinidae*

Kennzeichen: Polsterförmig wachsende Art. Die Ausströmöffnungen befinden sich am Ende von kleinen, kegelförmigen Erhebungen. Gesamte Oberfläche netzartig mit zahlreichen gut sichtbaren Poren übersät. Zähe Konsistenz. Färbung: orangegelb bis leuchtend orange.
Verwechslungsmöglichkeiten: Kann wie die meisten Schwämme allein aufgrund von Färbung und Form nicht sicher bestimmt werden.
Lebensraum und Verbreitung: Auf Felsböden. An schattigen Standorten wie Höhlenwänden. Von geringen bis in größere Tiefen.
Wissenswertes: Keine artspezifischen Besonderheiten bekannt.

2 Feigenschwamm   *Petrosia ficiformis*
Familie *Petrosiidae*

Kennzeichen: Durchmesser meist bis 20 cm bei mehreren Zentimetern Höhe, kann aber Flächen bis über 1 m² bedecken und bis über 10 cm Höhe erreichen. Sehr variable Wuchsform. Kleine Exemplare häufig rundlich, teils feigenförmig. Größere Individuen meist von unregelmäßiger, massiger Gestalt. Die runden, unterschiedlich großen Ausströmöffnungen sind annähernd gleichmäßig auf der Oberfläche verteilt. Harte und feste Konsistenz. Oberfläche eben, fühlt sich rau an. Färbung extrem belichtungsabhängig: in fast völlig dunklen Arealen weißlich, an lichtarmen Stellen hellbräunlich, an ausreichend besonnten Standorten rost- bis violettbraun.
Verwechslungsmöglichkeiten: Relativ sicher anhand der Form und Färbung zu erkennen.
Lebensraum und Verbreitung: Auf Hartgründen. Von einigen Metern bis über 50 m Tiefe. Sowohl in völlig dunklen Höhlen als auch an mehr oder weniger besonnten Stellen. Regelmäßig bis häufig.
Wissenswertes: Für die Leopardenschnecke (*Peltodoris atromaculata*) stellt dieser Schwamm die fast ausschließliche Nahrung dar. Entsprechend wird sie, nicht selten auch gleich mit mehreren Exemplaren, regelmäßig beim Abweiden ihres Nahrungsschwamms angetroffen. Die hohe Farbvarianz des Feigenschwamms rührt von seinem Gehalt symbiontischer Cyanobakterien (Blaualgen). Diese fotosynthetisch aktiven Bakterien fehlen bei völliger Dunkelheit und entwickeln sich umso zahlreicher, je günstiger die Beleuchtungsverhältnisse sind. Diese Symbionten sind nur in den obersten Schichten des Schwammkörpers enthalten, tiefer liegende Bereiche sind stets weißlich. Daher hinterlässt die Leopardenschnecke beim Abraspeln oberer Schichten bei Schwämmen mit dunkler Färbung auffällige, weißliche Fraßspuren (**2b**).

3 Variabler Kelchschwamm   *Spongia agaricina*
Familie *Spongiidae*

Kennzeichen: Massige, meist 50 cm, selten bis 100 cm im Durchmesser erreichende Art. Form variabel: oftmals kelchförmig mit kurzer Basisachse (**3a**), teils auch flach tellerförmig oder von unregelmäßig gewundenem, aufrecht plattenartigem Wuchs (**3b**). Ausströmöffnungen als regelmäßig verteilte, kreisrunde Löcher mit mehr oder weniger deutlich erhabenem Rand gut zu erkennen, jedoch nur auf einer Seite der Oberfläche vorhanden, z. B. bei der Kelchform auf der Innenseite. Färbung: grau, hellbraun oder dunkelbraun.
Verwechslungsmöglichkeiten: Abhängig von der Wuchsform kann diese Art mehr oder weniger gut erkannt werden.
Lebensraum und Verbreitung: Auf Hartböden. Ab etwa 5 m bis in größere Tiefen.
Wissenswertes: Das Fasergerüst aus Spongin ist bei dieser Gattung besonders weit entwickelt. Aufgrund ihrer Gewebeeigenschaften wurde diese Art früher kommerziell und industriell genutzt.

1 Variabler Lederschwamm *Ircinia variabilis*
Familie *Irciniidae*

Kennzeichen: Wuchsform: fleischig krustenartig, polsterförmig oder massig. Oberfläche mit kegelförmigen Erhebungen. Große Ausströmöffnungen. Konsistenz extrem zäh (Name!). Färbung variabel: weiß rötlich, grünlich, braun oder braunviolett.
Verwechslungsmöglichkeiten: Kann besonders mit anderen *Ircinia*-Arten verwechselt werden.
Lebensraum und Verbreitung: Auf Hartböden. An beleuchteten und schattigen Standorten. Vom Flachwasser bis in größere Tiefen.
Wissenswertes: Diese Art enthält mehr oder weniger zahlreiche Cyanobakterien (Blaualgen), was ebenfalls zu den Farbvariationen beiträgt.

2 Krustenlederschwamm *Ircinia fasciculata*
Familie *Irciniidae*

Kennzeichen: Durchmesser bis etwa 30 cm. Massig bis krustenförmige Art. Oberfläche mit zahlreichen kleinen, kegelförmigen Erhebungen. Große Ausströmöffnungen. Färbung variabel: grünlich braun bis violett.
Verwechslungsmöglichkeiten: Kann insbesondere mit anderen *Ircinia*-Arten verwechselt werden.
Lebensraum und Verbreitung: Auf Hartböden. An schattigen und helleren Standorten.
Wissenswertes: Schwämme dieser Gattung haben typischerweise ein ledrig zähes Gewebe, das sogar schwer zu schneiden ist. Diese Konsistenz beruht auf dicht verwobene Sponginfasern.

3 Grauer Lederschwamm *Ircinia oros*
Familie *Irciniidae*

Kennzeichen: Wuchsform variabel: fleischig krustenförmig, oft mit knolligen Auswüchsen, auch massig kugelig. Oberfläche mit kleinen konischen Erhebungen, die teilweise durch netzartige Leisten miteinander verbunden sind. Große Ausströmöffnungen. Färbung: hell- bis dunkelgrau.
Verwechslungsmöglichkeiten: Kann besonders mit anderen *Ircinia*-Arten verwechselt werden.
Lebensraum und Verbreitung: Auf Hartböden. Im Flachwasser ebenso wie im Koralligen, oft an leicht beschatteten Standorten.

4 Brauner Lederschwamm *Sarcotragus cf. muscarum*
Familie *Irciniidae*

Kennzeichen: Massig wachsende, bis etwa 50 cm im Durchmesser erreichende Art. Oberfläche mit knotenartigen Erhebungen übersät. Unregelmäßig verteilte Ausströmöffnungen. Bräunlich.
Verwechslungsmöglichkeiten: Kann mit ähnlichen Schwammarten verwechselt werden.
Lebensraum und Verbreitung: Auf Hartböden. An halb schattigen und auch belichteten Stellen. Bereits ab dem Flachwasser.

5 Schwarzer Lederschwamm *Sarcotragus spinulosus*
Familie *Irciniidae*

Kennzeichen: Bis 100 cm im Durchmesser erreichende, massige Art. Oberfläche mit zahlreichen kleinen kegelförmigen Erhebungen bedeckt. Kleine Ausströmöffnungen. Färbung: dunkelbraun bis schwärzlich.
Verwechslungsmöglichkeiten: Kann mit ähnlichen Schwammarten verwechselt werden.
Lebensraum und Verbreitung: Auf Hartböden. Ab dem Flachwasser. An belichteten Stellen.

1 Rosa-weißer Stachelschwamm   *Dysidea avara*
Familie *Dysideidae*

Kennzeichen: Durchmesser bis 15 cm. Krustenförmiger Wuchs mit vielen spitzkegeligen, hohen Auswüchsen; diese sind durch ein dichtes Netz feiner Stränge miteinander verbunden. Relativ wenige, große Ausströmöffnungen. Färbung: meist rosa und weiß mit fließenden Übergängen.
Verwechslungsmöglichkeiten: Keine.
Lebensraum und Verbreitung: Auf schattigen Hartböden. Ab 5 m bis in größere Tiefe.
Wissenswertes: Diese Art wird häufig von Polypen der Scyphozoe *Nausithoe punctata* besiedelt. Die im oberen Schwammgewebe eingewachsenen Polypenhüllen werden wohl als Skelettelemente genutzt. Die Scyphozoe dürfte mehrere Vorteile genießen: mechanischen Schutz; leichtere Nahrungsbeschaffung, da sich ihre Tentakel im Bereich des in den Schwamm einströmenden Wassers befinden; chemischen Schutz gegenüber Fressfeinden, da der Schwamm Giftstoffe enthält.

2 Schwefelgelber Stachelschwamm   *Aplysilla sulphurea (?)*
Familie *Darwinellidae*

Kennzeichen: Krustenförmig wachsende Art. Oberfläche mit zahlreichen spitzen Erhebungen. An deren Ende ragt jeweils eine Sponginfaser heraus. Färbung: schwefelgelb.
Verwechslungsmöglichkeiten: Leicht mit Arten der Gattung Darwinella zu verwechseln.
Lebensraum und Verbreitung: Auf Hartböden. An stärker beschatteten Standorten. Vom Flachwasser bis in größere Tiefen.
Wissenswertes: Vertreter der Gattung Aplysilla sind häufig lebhaft gelblich oder rötlich gefärbt.

3 Weißer Stachelschwamm   *Pleraplysilla spinifera*
Familie *Darwinellidae*

Kennzeichen: Krustenförmige Art mit vielen spitzen Erhebungen, aus deren Enden jeweils eine Faser hervorragt. Erinnert an eine über frei stehende Stützen gespannte Zeltkonstruktion. Färbung: weißlich cremefarben bis gelblich weiß.
Verwechslungsmöglichkeiten: Einige ähnliche Arten vorhanden.
Lebensraum und Verbreitung: Auf Hartböden. An schattigen Standorten, oft an senkrechten Flächen oder an den Unterseiten von Überhängen. Von einigen Metern bis in größere Tiefe.
Wissenswertes: Über ihre gesamte zentrale Längsachse sind die Skelettfasern dieser Art u. a. mit Sandkörnchen, Skelettnadeln anderer Schwämme und Panzern von Kieselalgen gefüllt.

4 Goldschwamm   *Aplysina aerophoba*
Familie *Aplysinidae*

Kennzeichen: Durchmesser meist bis 20 cm, max. bis über 50 cm. Massige, unregelmäßig geformte Basis mit kurzen zylindrischen Auswüchsen; diese mit großen endständigen Ausströmöffnungen. Die Oberfläche erscheint etwas runzelig, ist jedoch schleimig glatt. Färbung: schwefelgelb bis grünlich gelb.
Verwechslungsmöglichkeiten: Sieht dem Gelben Höhlenschwamm (*Aplysina cavernicola*) ähnlich, der jedoch nur an stark schattigen Standorten siedelt.
Lebensraum und Verbreitung: Besonntes Felslitoral, besonders häufig bis 10 m Tiefe, auch zwischen Seegrasbeständen; bis etwa 30 m Tiefe.
Wissenswertes: Dieser Schwamm enthält in seinen äußeren Gewebeschichten Cyanobakterien (Blaualgen). Seinen wissenschaftlichen Artnamen (griech.: *aerophoba*, „die Luft fürchtend") verdankt er der Tatsache, dass er sich, aus dem Wasser geholt, bei Luftkontakt schwarzgrün verfärbt.

1 Tannenbäumchenpolyp   *Halecium halecinum*
Familie *Haleciidae*

Kennzeichen: Bis über 10 cm große Hydropolypen-Kolonie (Thecaphora). Kräftig entwickelter Stamm (Hydrocaulus), an dem wechselständig und in einer Ebene die Äste (Cladien) entspringen. Stöcke meist gelb gefärbt. Polypen an den Ästen zu beiden Seiten und am Stamm vorhanden, mit tellerförmiger Hülle.
Verwechslungsmöglichkeiten: Eindeutige Artbestimmung der Hydropolypen meist nur mithilfe eines Binokulares möglich.
Lebensraum und Verbreitung: Auf sekundären Hartböden, im Koralligen, meist ab 25 m Tiefe. Gesamtes Mittelmeer und Atlantik.
Wissenswertes: Die Stöcke sind relativ starr und richten sich frontal zur Strömung aus. Dieses Verhalten zur Optimierung des Nahrungserwerbs ist auch von den Gorgonien bekannt.

2 Zwergmoos   *Sertularella sp.*
Familie *Sertulariidae*

Kennzeichen: Koloniebildende Hydrozoe, wird bis zu 6 cm groß. Polypen in Theken (*Thecaphora*), mit seitlichem Blindsack. Polypen stehen wechselständig an den Ästen.
Verwechslungsmöglichkeiten: Eindeutige Artbestimmung der Hydropolypen meist nur mithilfe eines Binokulares möglich.
Lebensraum und Verbreitung: An beschatteten Stellen exponierter Felsen, Seetonnen und Muschelbänken, sehr häufig bis massenhaft.
Wissenswertes: Arten der Gattung Sertularella leben als typische Aufsitzerorganismen auf anderen Wirbellosen-Kolonien, um deren Standortvorteile wie z. B. günstigere Strömungsexposition und somit leichterer Nahrungserwerb auszunutzen. Bevorzugte „Substrate" sind verschiedene Gorgonien, z. B. die Farbwechselnde Gorgonie (*Paramuricea clavata*), aber auch diverse Schwämme. Hydrozoen sind bei diesem Konkurrenzkampf um den besten Platz nicht die einzigen Organismen, die sich als Aufsitzer betätigen. Manche Gorgonien sind über und über mit einem Konglomerat aus Seescheiden (z. B. *Clavelina sp.*), Polychaeten (z. B. *Salmacina sp.*), Vogelmuscheln (*Pteria hirundo*) und anderen Lebewesen überzogen. Dieses Verhalten bezeichnet man auch als Raumparasitismus, da sich die Aufsitzer in Nahrungskonkurrenz zu dem „lebenden Substrat" befinden.

3 Federpolyp   *Aglaophenia sp.*
Familie *Plumulariidae*

Kennzeichen: Federförmige Stöcke, meist gelblich gefärbter Stamm (Hydrocaulus), an dem wechselständig und in einer Ebene die Äste (Cladien) entspringen. Polypen ohne Hüllen (Hydrotheken) nur an den Ästen vorhanden. Die Stöcke erreichen Größen zwischen 3 und 15 cm.
Verwechslungsmöglichkeiten: Eindeutige Artbestimmung der Hydropolypen meist nur mithilfe eines Binokulares möglich.
Lebensraum und Verbreitung: Die Arten der Gattung Aglaophenia bevorzugen schattige Standorte wie Spalten und Höhleneingänge. Sie siedeln auf Felsböden und sekundären Hartsubstraten. Häufig im Koralligen. Gesamtes Mittelmeer und Atlantik.
Wissenswertes: Federpolypen bevorzugen größere Tiefen (Circalitoral), gewöhnlich an gut beströmten Stellen. Aus der Polypengeneration entsteht durch ungeschlechtliche Vermehrung die Medusengeneration, deren planktisch lebende Medusen sich geschlechtlich fortpflanzen und über ein Larvenstadium (frei schwimmende Planula-Larve) wieder Polypenstöcke hervorbringen. Die Arten der Gattung Aglaophenia gehören zu einer systematischen Gruppe von Hydropolypen, den Thecaphora (Polypen mit Hülle), deren kleine Medusen an Schirmquallen erinnern.

1

2

3

1 Weißer Fiederpolyp *Antenella sp.*
Familie *Plumulariidae*

Kennzeichen: Unverzweigte Äste der Kolonien entspringen direkt aus dem Wurzelgeflecht. Polypen und Geschlechtsorgane stets zu einer Seite an den Ästen orientiert.

Verwechslungsmöglichkeiten: Eindeutige Bestimmung nur mithilfe eines Binokulares möglich.

Lebensraum und Verbreitung: Häufig als Aufsitzer von Algen und Gorgonien in größerer Tiefe.

Wissenswertes: Der Weiße Fiederpolyp siedelt bevorzugt an strömungsexponierten Stellen. Deswegen sucht sich diese Art meist Algen oder Gorgonien (*Paramuricea clavata*) als Standort aus, die sie mit ihrem Wurzelgeflecht überzieht.

2 Philippinen-Farn *Macrorhynchia philippina*
Familie *Plumulariidae*

Kennzeichen: Bis 30 cm hohe Zweige. Bildet mehrfach fiederartig verzweigte Kolonien. Stamm und Hauptzweige schwarz, die feinen Seitenzweige, an denen die Polypen sitzen, sind weiß.

Verwechslungsmöglichkeiten: Keine.

Lebensraum und Verbreitung: Auf Hartgrund, meist an gut beströmten Standorten. Ab 0,5 m bis etwa 20 m. Zirkumtropisch; ins Mittelmeer über den Sueskanal, evtl. aus dem Atlantik eingewandert.

Wissenswertes: Die Kolonien sind sehr widerstandsfähig und mit wurzelartigen Ausläufern auf dem jeweiligen Substrat verankert. Ernährt sich von Mikroplankton. Kann bei Berührung nesseln und dabei allergische Reaktionen auslösen.

3 Antennenpolyp *Nemertesia antennina*
Familie *Plumulariidae*

Kennzeichen: Koloniebildende Hydrozoe mit bis zu 25 cm hohen Stämmchen. Aufrecht wachsende, hornartige Stämmchen in Büscheln entspringen einer filzigen und faserigen Masse, die der Anheftung dient. Polypen in vasenförmigen, glattrandigen Theken.

Verwechslungsmöglichkeiten: Eindeutige Bestimmung nur mithilfe eines Binokulares möglich.

Lebensraum und Verbreitung: Weichböden mit Steinen und Schalentrümmern sowie auf sekundären Hartsubstraten und Wracks, von 30 bis 100 m Tiefe. Im westlichen Mittelmeer sowie im angrenzenden Atlantik von Island bis Nordafrika.

Wissenswertes: Die Kolonien des Antennenpolypen bilden Büschel mit bis zu 50 Stämmchen. Dies scheint das Ergebnis des Schwarmverhaltens der Planula-Larven zu sein, die sich am selben Standort festsetzen. Die verwandte *Nemertesia ramosa* unterscheidet sich dadurch, dass ihre verzweigten Stämmchen isoliert stehen, statt sich zu Büscheln zusammenzufinden.

4 Großer Fiederpolyp *Thecocaulus sp.*
Familie *Plumulariidae*

Kennzeichen: Koloniebildende Hydrozoe mit bis zu 15 cm hohen Stämmchen und kriechenden Ausläufern. Fiederförmige Kolonie. Stämmchen mit wechselständigen, leicht nach unten gebogenen Seitenästchen, an denen oberseits die Polypen sitzen. Polypen in Theken (Thecapohora), auch am Stämmchen. Färbung der Kolonie: gelb.

Verwechslungsmöglichkeiten: Eindeutige Bestimmung nur mithilfe eines Binokulares möglich.

Lebensraum und Verbreitung: Schattenliebende Art auf sekundären Hartsubstraten, im Koralligen sowie im Eingangsbereich von Höhlen, meist an der Decke.

Wissenswertes: Der Große Fiederpolyp bildet häufig dichte, rasenartige Bestände, die durch die kriechenden Ausläufer (Stolone) erzeugt werden.

1 Strauchförmiger Bäumchenpolyp *Eudendrium rameum*
Familie *Eudendriidae*

Kennzeichen: Hydropolypen, deren Polypen keine Hülle besitzen (Athecata). Art mit strauchförmigem Wuchs, derbe Stöcke bis 18 cm Größe. Polypen mit keulenförmigem Mundkegel, darunter deutlich sichtbarer Tentakelkranz.

Verwechslungsmöglichkeiten: Eindeutige Artbestimmung der Hydropolypen meist nur mithilfe eines Binokulares möglich.

Lebensraum und Verbreitung: Im Felslitoral und im Koralligen zwischen 5 und 30 m Tiefe. Besonders unter exponierten Überhängen und in Höhleneingängen. Gesamtes Mittelmeer.

Wissenswertes: Die stockförmigen Bäumchenpolypen bilden stellenweise ganze „Miniaturwäldchen", die eine beliebte Futterquelle für andere Wirbellose wie Nacktschnecken und Gespensterkrebschen darstellen. Bei den Bäumchenpolypen ist die Medusengeneration vereinfacht: Sie geben Eier und Samen ins freie Wasser ab, woraus sich die Planula-Larve entwickelt. Aus dieser entsteht der Primärpolyp, der durch seitliche Sprossung eine neues Stöckchen bildet. Auf *Eudendrium*-Stöcken findet man häufig Nacktschnecken der Gattungen Flabellina und Cratena.

2 Traubenförmiger Bäumchenpolyp *Eudendrium racemosum*
Familie *Eudendriidae*

Kennzeichen: Hydropolypen, deren Polypen keine Hülle besitzen (Athecata). Art mit bäumchenförmigem Wuchs, bis 15 cm Größe (**2a**). Polypen mit keulenförmigem Mundkegel, darunter deutlich sichtbarer Tentakelkranz (**2b**).

Verwechslungsmöglichkeiten: Eindeutige Artbestimmung der Hydropolypen meist nur mithilfe eines Binokulares möglich.

Lebensraum und Verbreitung: Im Felslitoral und im Koralligen zwischen 5 und 30 m Tiefe. Regelmäßig in der Lebensgemeinschaft der schattenliebenden (sciaphilen) Algen. Gesamtes Mittelmeer.

Wissenswertes: Drei eher häufige Arten leben im Mittelmeer; sie unterscheiden sich unter anderem durch die Wuchsform: Eudendrium ramosum bildet zarte Stöcke und ist am wenigsten verzweigt. *E. racemosum* bildet buschige Stöcke und *E. rameum* derbe, reich verzweigte Stöcke. In der Reifezeit zwischen Juli und August erscheinen die Stöcke des Bäumchenpolypen oft leuchtend orange. Der Grund liegt in den massenhaft entwickelten Gonophoren.

3 Seebrennnessel *Halocordyle disticha*
Familie *Halocordylidae*

Kennzeichen: Derbe Stöcke, bis 20 cm groß, meist dichte Populationen bildend. Dunkelbraun bis schwarz gefärbter Stamm (Hydrocaulus), an dem wechselständig und in einer Ebene die Äste (Cladien) entspringen. Weiße Polypen ohne Hüllen (Hydrotheken) nur an den Ästen auf einer Seite vorhanden. Deutliche Abstände zwischen den Polypen, die mehrere Wirtel knopfartiger Tentakel sowie einen Wirtel fadenförmiger Tentakel besitzen.

Verwechslungsmöglichkeiten: Obwohl die eindeutige Artbestimmung der meisten Hydropolypen oft nur mithilfe eines Binokulares möglich ist, kann diese Art jedoch durch Form, Färbung, Polypenstellung sowie Standort auch ohne Hilfsmittel leicht bestimmt werden.

Lebensraum und Verbreitung: Schattenliebende Art an Nordwänden und Höhleneingängen, dicht unter der Wasseroberfläche. Tropische Art, vor allem im westlichen Mittelmeer mit deutlicher Zunahme von Norden nach Süden (wärmeliebend).

Wissenswertes: Die Polypen verfügen über ein starkes Nesselgift. Die Berührung verursacht einen unmittelbar einsetzenden, brennenden Schmerz. Die Betroffenen Hautpartien zeigen in Folge Hautrötungen, Quaddeln und Schwellungen, die meistens einige Tage anhalten.

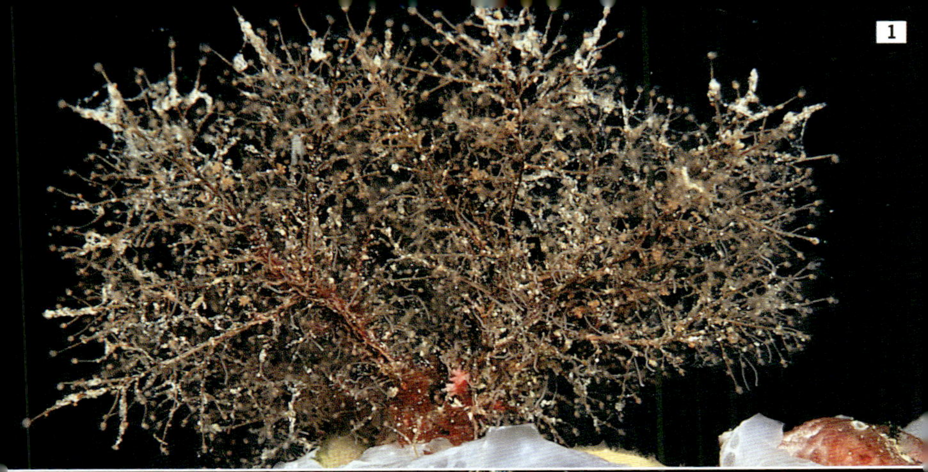
1

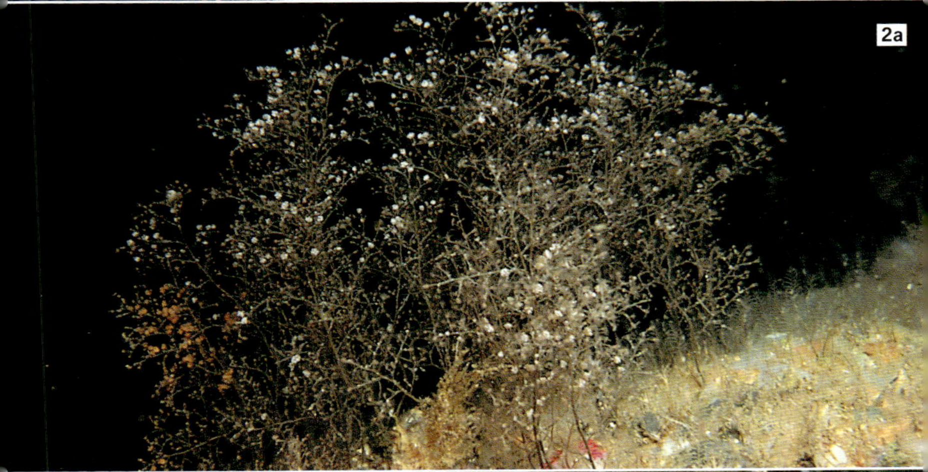
2a

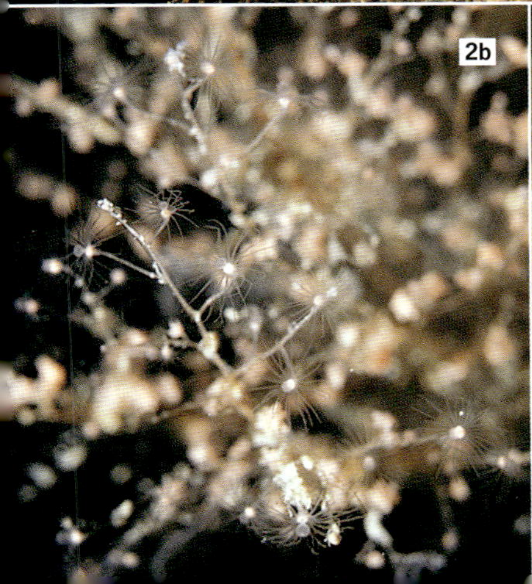
2b

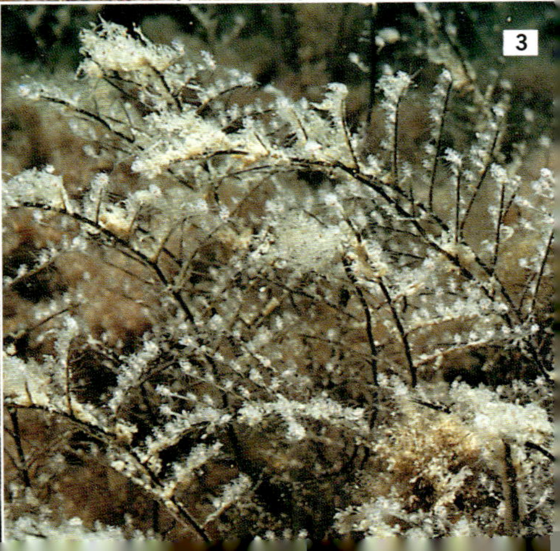
3

1 Segelqualle   *Velella velella*
Familie *Velellidae*

Kennzeichen: Frei schwimmende Hydrozoen-Kolonie mit einem Durchmesser (Schwimmscheibe) von 8 cm. Hornartige, ovale Schwimmscheibe, die einen Schwimmkörper einschließt und ein halbmondförmiges Segel trägt. Schwimmscheibe und Segel von weichem Gewebe überzogen. Scheibenunterseite mit einem großen Fresspolypen, von einem inneren Kranz von Geschlechtspolypen und einem äußeren Kranz tentakelartiger Fangpolypen umgeben.

Lebensraum und Verbreitung: Wasseroberfläche der Hochsee. Nach Stürmen im Oktober auch in Küstennähe. Westliches Mittelmeer, tropische Hochsee.

Wissenswertes: Die Segelqualle ist eine hoch entwickelte Hydrozoen-Kolonie, deren einzelnen Polypen spezialisierte Aufgaben zukommen. Der Nährpolyp schwimmt sozusagen stieloben auf dem Wasser und trägt anstelle des Stiels das Segel, das eine Ausfaltung der oberen Körperdecke darstellt, und anstelle der Fußplatte das eingestülpte chitinige Atmungssystem. Die um den Nährpolypen angeordneten Geschlechtspolypen erzeugen männliche und weibliche Medusen in großer Anzahl. Sie sinken bis in 1000 m Tiefe ab und geben dort ihr einziges Ei und den Samen ab. Nach der Befruchtung gelangt der Keim durch eingelagerte Fetttropfen wieder zur Oberfläche, wo er sich zu einer erwachsenen Segelqualle umwandelt. Dank der enormen Zahl an ungeschlechtlich produzierten Hydromedusen entstehen mitunter riesige Schwärme von Segelquallen, die an der Wasseroberfläche treiben. Im Mittelmeer wurden nach starken und lang anhaltenden auflandigen Winden bis zu 50 cm hohe und breite Spülsäume an den Küsten gefunden, die sich bis zu einem Kilometer in die Länge streckten. Im Atlantik wurden schon Schwärme von über 260 km Länge gesichtet. Die Segelqualle kann sich selbst nicht aktiv vorwärtsbewegen. Sie lässt sich wie ein Segelboot vom Wind treiben, wobei sie das Segel in einen Winkel von ca. 40° zur Windrichtung stellt. Segelquallen ernähren sich wahrscheinlich von kleinsten Planktonorganismen.

2 Rotgepunktete Staatsqualle   *Forskalia edwardsi*
Familie *Forskaliidae*

Kennzeichen: Frei schwimmende Hydrozoen-Kolonie. Stamm sehr lang, mit zahlreichen Schwimmglocken in mehreren Reihen, dicht gedrängt, wie Schuppen eines Tannenzapfens. Stark nesselnd.

Lebensraum und Verbreitung: Obere Wasserschichten der Hochsee. Wahrscheinlich im gesamten Mittelmeer sowie in allen tropischen und subtropischen Meeren.

Wissenswertes: Die Stöcke der Staatsquallen bestehen aus meist zahlreichen, morphologisch und funktionell stark spezialisierten Individuen, sodass eine Kolonie einem Gesamtorganismus vergleichbar ist. Staatsquallen sind echte Dauerschwimmer, die sich sowohl ohne aktive Bewegung im Schwebezustand halten können, als auch schwimmend Nahrung aufsuchen und dabei Vertikalwanderungen durchführen können. Die Rotgepunktete Staatsqualle kann bei Hautkontakt relativ stark nesseln und einen intensiven, jedoch nur kurz anhaltenden Schmerz verursachen. Staatsquallen erzeugen ihren Auftrieb im Allgemeinen durch einen gasflaschenartigen Auftriebskörper sowie durch die stark wasserhaltige Gallerte der Schwimmglocken. Manche Arten können durch Auspressen des Gasinhalts der Gasflasche bzw. durch Neubildung von Gas ihr spezifisches Gewicht und damit die Tiefeneinstellung verändern. Beim aktiven Schwimmen sind die erzielten Geschwindigkeiten sehr unterschiedlich. Von *Forskalia contorta* weiß man, dass sie mittels 120 Kontraktionen pro Minute eine Geschwindigkeit von 50 cm pro Minute erreicht. Arten der Gattung Nanomia werden bis zu 12–18 m/min „schnell". Aktive Schwimmphasen wechseln sich mit Schwebphasen ab. Dieses in der Dauer und der Frequenz artspezifische Verhalten ist im Rahmen des Nahrungserwerbs zu sehen, da während der Schwebphasen die Tentakel wie ein Stellnetz ausgerichtet werden. Die Nahrung besteht aus tierischem Plankton, hauptsächlich Kleinkrebsen und Würmern, aber auch zahlreiche Larven und kleine Fische werden erbeutet.

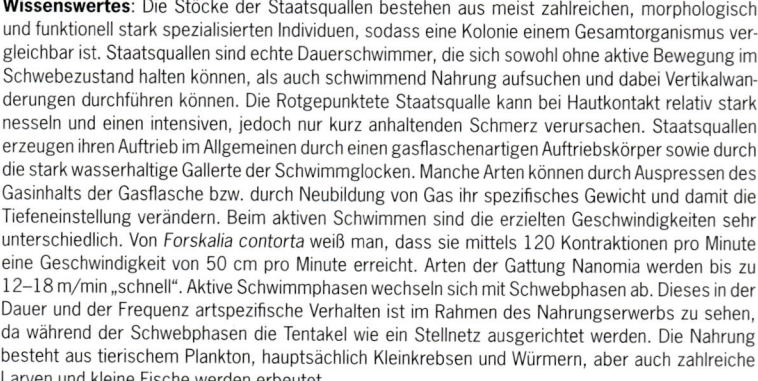

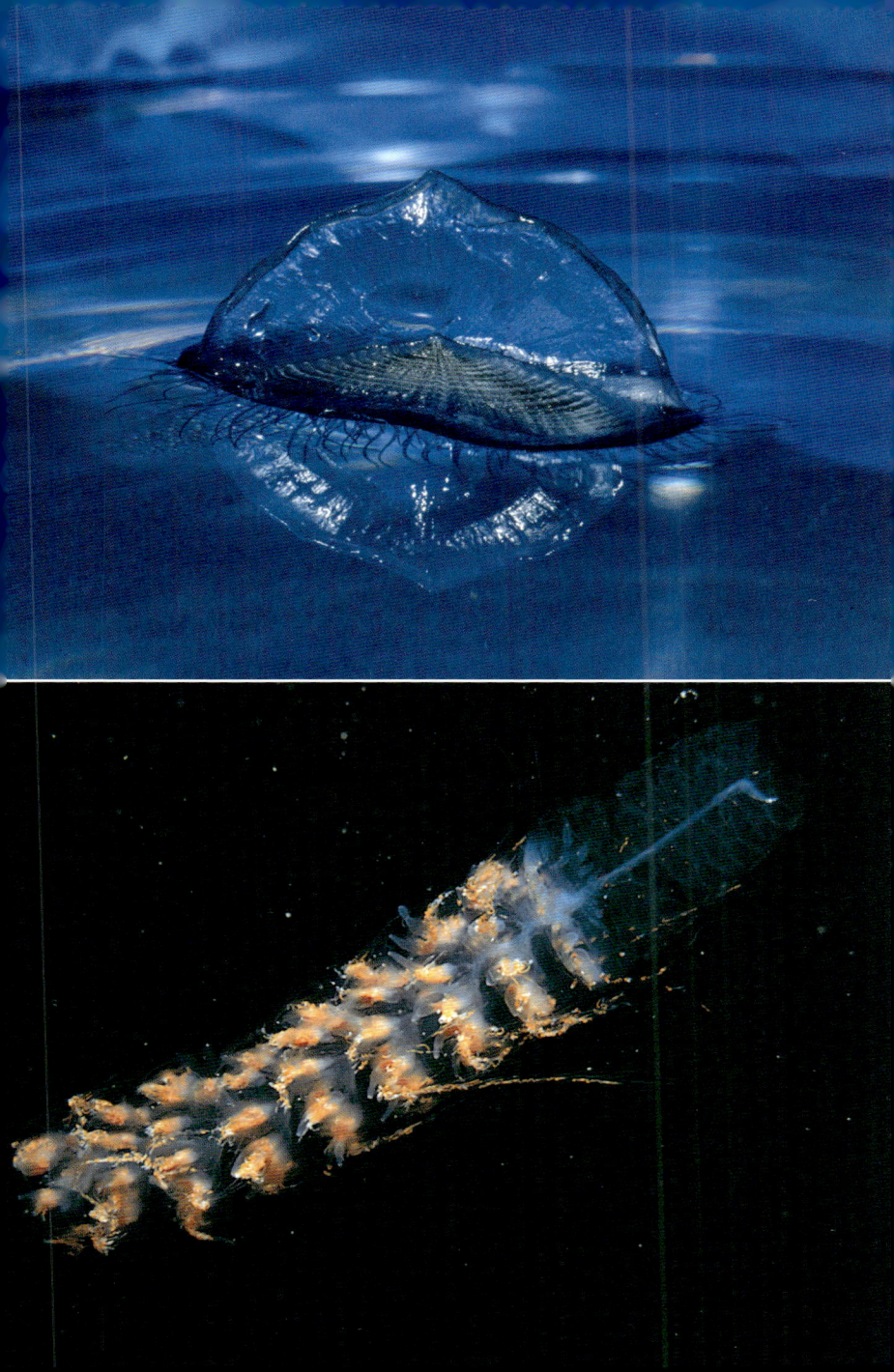

1 Kettenförmige Staatsqualle *Apolemia uvaria*
Familie *Apolemiidae*

 Kennzeichen: Frei schwimmende Hydrozoen-Kolonie mit bis zu 3 m langen Kolonien. Tentakel der Nährpolypen unverzweigt. Stark nesselnd.
Lebensraum und Verbreitung: Obere Wasserschichten der Hochsee. Wahrscheinlich im gesamten Mittelmeer sowie in allen tropischen und subtropischen Meeren.
Wissenswertes: Durch Anhäufungen in bestimmten Tiefenzonen gehören Staatsquallen zu den Organismen, die bei der Tiefenmessung mit dem Echolot die sogenannte Tiefenstreuschicht (scattering layer) verursachen. Anhand derartiger Messungen lässt sich auch verfolgen, dass diese Kolonien den tagesperiodischen Vertikalwanderungen des Zooplanktons folgen. Das Foto der Kettenförmigen Staatsqualle wurde in ungefähr 50 m Tiefe aufgenommen.

2 Ohrenqualle *Aurelia aurita*
Familie *Ulmaridae*

 Kennzeichen: Fahnenqualle (*Semaeostomea*) mit flachem Schirm und 16 primären und mehreren sekundären Randlappen. Schirmdurchmesser bis 40 cm. Schirm transparent, 4 ohrenförmige Geschlechtsorgane sichtbar (bei männlichen Tieren weiß bis orange, bei weiblichen Tieren violett).
Lebensraum und Verbreitung: Von April bis Oktober in Küstennähe, z. B. in Lagunen und Häfen, manchmal sehr zahlreich. Gesamtes Mittelmeer, stellenweise häufig in der Adria. Kosmopolit.
Wissenswertes: Die Ohrenqualle ist das klassische Beispiel zur Erklärung des Generationswechsels. Die getrenntgeschlechtliche Medusengeneration gibt ihre Geschlechtsprodukte ins Wasser ab. Nach Befruchtung der Eizelle entwickelt sich eine pelagisch lebende Planula-Larve, die vor der Umwandlung zum Grund wandert, um sich dort in einen Scyphopolypen zu verwandeln. Durch aufeinanderfolgende „Einschnürungen" (Strobilation) bildet der Scyphopolyp scheibenförmige Segmente, die sich nacheinander ablösen und zu jungen, frei schwimmenden Medusen (Scyphomedusen) entwickeln. Somit ist der Wechsel von der geschlechtlichen Medusengeneration zur ungeschlechtlichen Polypengeneration vollzogen. Die Populationen der Ohrenquallen schwanken von Jahr zu Jahr sehr stark. Untersuchungen in der Ostsee haben ergeben, dass die Ohrenquallen einen enormen Einfluss auf das Ökosystem ausüben: Die Medusen sind Zooplanktonräuber, die alle Tiere fressen, die kleiner als 1 cm sind (von Einzellern bis Fischlarven). Der hohe Nahrungsbedarf der Ohrenquallen führt in Jahren mit hoher Quallendichte zu starken Bestandseinbrüchen bei den Zooplanktonorganismen, deren Häufigkeit bis auf 1/5 der Werte sinkt, die normalerweise in quallenarmen Jahren beobachtet werden.

3 Kompassqualle *Chrysaora hyoscella*
Familie *Pelagiidae*

 Kennzeichen: Fahnenqualle (*Semaeostomea*). Schirm sehr flach, tellerförmig mit 32 Randlappen und 24 kurzen, kräftigen Tentakeln. Schirmdurchmesser bis 25 cm, max. bis 35 cm. Gelblich weiß mit 16 gelb-braunen Bändern, die an eine Kompassrose erinnern (Name).
Lebensraum und Verbreitung: Zwischen März und Mai tritt die pelagisch lebende Meduse manchmal in Schwärmen im offenen Meer auf. Im gesamten Mittelmeer, Atlantik, Nordsee und Ostsee.
Wissenswertes: Medusen sind Zwitter, wobei sie meist zuerst nur männliche, dann männliche und weibliche und abschließend nur weibliche Geschlechtsorgane besitzen. Dadurch ist auch eine Selbstbefruchtung in der mittleren Phase nicht ausgeschlossen. Die Eier werden nicht ins freie Wasser abgegeben, sondern im „Muttertier" befruchtet, das dann die Planula-Larven entlässt. Die weitere Entwicklung zur geschlechtlichen Medusengeneration verläuft über einen am Grund lebenden Scyphopolypen (ungeschlechtliche Generation) und die Bildung von Ephyra-Larven.

1 Leuchtqualle *Pelagia noctiluca*
Familie *Pelagiidae*

Kennzeichen: Fahnenqualle (*Semaeostomea*). Hochgewölbter, annähernd halbkugeliger Schirm, bis 10 cm Durchmesser. 4 lange, an den Außenkanten gekrauste Mundarme. Am Schirmrand 8 fadenförmige, bis über 1 m lange Tentakel. Schirmoberseite und Mundarme mehr oder weniger zahlreich mit großen Nesselwarzen bedeckt. Körperfärbung variabel, oft blauviolett, aber auch mit Rosatönen; Nesselwarzen an Schirm und Mundarmen intensiv gefärbt.

Lebensraum und Verbreitung: Weltweit in tropischen und gemäßigten Meeren.

Wissenswertes: Bei der Mehrzahl der Schirmquallen gibt es einen Generationswechsel, d. h., ein Polypenstadium wechselt mit einem Medusenstadium ab. Bei der Leuchtqualle fehlt jedoch die Polypengeneration; die junge Meduse entwickelt sich direkt aus der Schwimmlarve. Wie schon der Name verrät, vermag diese Art zu leuchten (*noctiluca* bedeutet „nachts leuchtend"). Als Nahrung dienen ihr Plankton und kleine Fische. Mundarme und Tentakel sind reichlich, der Schirm weniger mit Nesselkapseln bewehrt. Das Gift ist ein Gemisch aus Eiweißen. Durch ihr regelmäßiges Auftreten an Küsten und ihre weite Verbreitung kommt es vergleichsweise häufig zu Vernesselungen. Ein Kontakt mit den Nesselkapseln verursacht augenblicklich einen starken stechenden Schmerz. An den Kontaktstellen bilden sich Quaddeln, evtl. auch Bläschen. Die Hautverletzungen heilen nur langsam. Intensive Vernesselungen können durch Narbenbildung und Pigmenteinlagerung bleibende Spuren hinterlassen. Insbesondere bei großflächigem Kontakt sind allgemeine Symptome wie Übelkeit, Erbrechen, Schwäche, Kopfschmerzen und selten sogar Bewusstlosigkeit beschrieben worden. Die meisten Vernesselungen sind jedoch eher leichter Natur. Durch wiederholten Kontakt scheint eine Sensibilisierung möglich. Tipps zur Ersten Hilfe: Wasser sofort verlassen. Zur Inaktivierung von an der Haut haftenden, noch nicht entladenen Nesselkapseln wird das Abwaschen mit Magnesiumsulfatlösung empfohlen. Diese dürfte jedoch meist nicht zur Verfügung stehen. Als Behelf dient das Auftragen von trockenem Sand und anschließendes vorsichtiges Abschaben. An der Haut haftende Tentakelreste vorsichtig mit Pinzette entfernen.

2 Spiegelei-Qualle *Cotylorhiza tuberculata*
Familie *Cepheidae*

Kennzeichen: Wurzelmundqualle (*Rhizostomea*). Schirm flach, weiß-gelb, mit einer spiegeleiartigen Erhebung in der Mitte. Schirmdurchmesser bis 35 cm. Zwischen den wurzelförmigen 8 Mundarmen befinden sich zahlreiche krausige Anhänge, die in kleinen blauviolett, knopfartigen Warzen enden. Eine große zentrale Mundöffnung fehlt.

Lebensraum und Verbreitung: Häufige Meduse in der Hochsee des Mittelmeers, aber auch in Küstennähe. Meist direkt unterhalb der Wasseroberfläche treibend. Zwischen Juli und November werden in manchen Jahren in der Adria regelrechte Schwärme beobachtet.

Wissenswertes: Die 5–10 mm großen Polypen beginnen im Frühjahr mit der ungeschlechtlichen Produktion der Medusen, die als kleine Larven (Ephyra-Larve) abgeschnürt werden. Die Befruchtung erfolgt in der weiblichen Meduse, die vor ihrem Tod zahlreiche Planula-Larven freilässt. Diese Larven wandern zum Meeresgrund und vollziehen dort die Metamorphose zum Polypen. Der Polyp besteht aus einem Stiel und einem Polypenköpfchen, von dem 16 nesselkapselbewehrte Tentakel abgehen, die dem Beutefang dienen. Die Polypen können sich ebenfalls vermehren: Durch ungeschlechtliche Knospung entsteht unterhalb des Polypenköpfchens ein birnenförmiger Auswuchs, der sich nach 48 Stunden vom Mutterpolyp löst und nach einer kurzen Schwimmphase als neuer Polyp am Grund festsetzt. Die Meduse besitzt nur ein sehr schwaches Nesselgift und stellt für den Menschen keine Gefahr dar. Oft suchen kleine Fische (*Trachurus, Boops* und *Seriola*) zwischen den Tentakeln der Meduse Zuflucht.

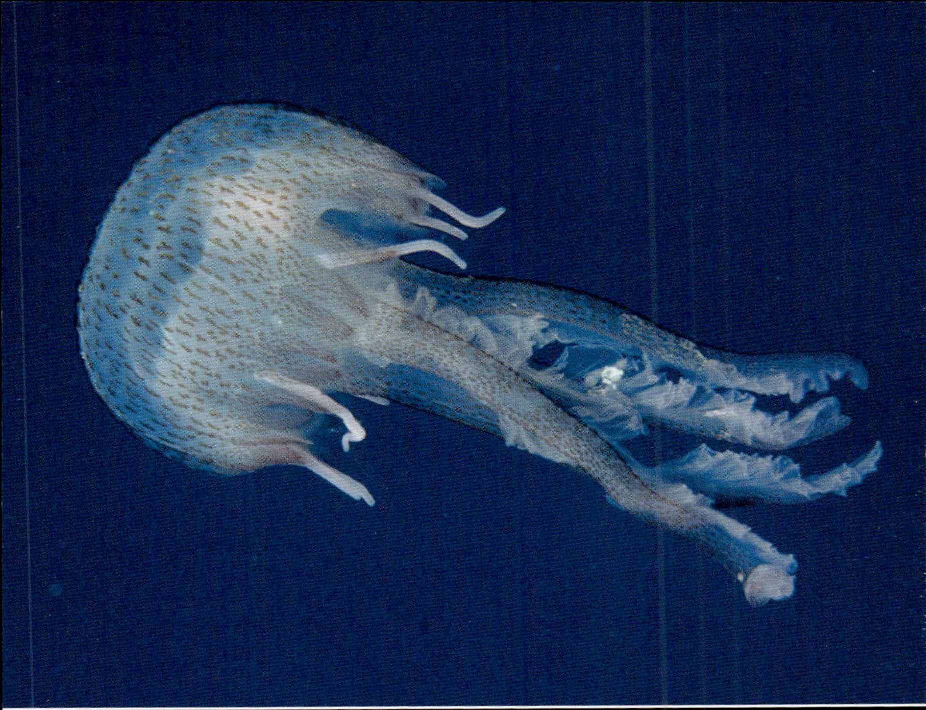

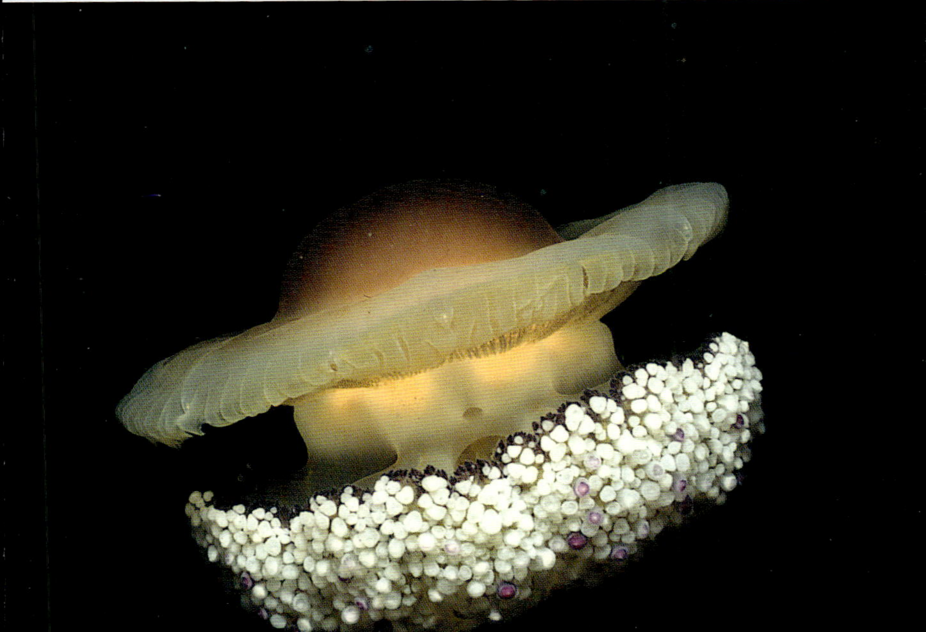

1 Lungenqualle *Rhizostoma pulmo*
Familie *Rhizostomatidae*

Kennzeichen: Wurzelmundqualle (*Rhizostomea*). Schirm stark gewölbt, Färbung milchig weiß, gelblich bis rosa; Schirmdurchmesser 60 cm, maximal sogar bis 100 cm. Schirmrand ohne Tentakel, von 80–90 bläulichen Lappen gesäumt. Acht lange, klöppelförmige Mundarme, die nur im oberen Bereich verwachsen sind; im mittleren Bereich mit blumenkohlartigen Auswüchsen.
Verwechslungsmöglichkeiten: Keine.
Lebensraum und Verbreitung: Gesamtes Mittelmeer, Atlantik und Nordsee.
Wissenswertes: Die Lungenqualle ist die größte Meduse im Mittelmeer. Sie ist nur schwach nesselnd und stellt deshalb keine Gefahr für den Menschen dar. Da diese Art keine zum Beutefang tauglichen Tentakel besitzt, bedient sie sich einer anderen Ernährungsweise: Sie saugt das Plankton durch die acht klöppelförmigen Mundarme an. Unter ihrem Schirm und zwischen den Mundarmen kann man häufig junge Fische der Gattungen *Trachurus, Boops* und *Seriola* beobachten. Die Natur dieser Lebensgemeinschaft – Parasitismus oder Symbiose – ist bisher noch unklar: Verschiedenen Untersuchungen zufolge sollen diese Jungfische beim Putzen der Meduse, aber auch beim Fressen der Gonaden beobachtet worden sein. Wahrscheinlich handelt es sich jedoch um eine sogenannte Probiose, bei der eine Art bevorteilt wird, ohne die andere Art zu schädigen. Die am Meeresgrund lebenden Polypen der Lungenqualle beginnen im Frühjahr mit der ungeschlechtlichen Produktion der Medusen, die erst als kleine Larven (Ephyra-Larve) abgeschnürt werden. Die sternförmigen Larven besitzen bereits zarte Muskelstränge, die Kontraktionen und somit eine frei schwimmende Lebensweise ermöglichen. Im Lauf des Wachstums nimmt die Larve eine runde Gestalt an, der Schirm wird massiger, das Mund-Darm-System differenzierter und die Geschlechtsorgane werden gebildet. Die Befruchtung erfolgt in der weiblichen Meduse, die vor ihrem Tod zahlreiche Planula-Larven freilässt. Diese Larven wandern wieder zum Meeresgrund und vollziehen dort die Metamorphose zum Polypen. Lungenquallen können zu bestimmten Zeiten in riesigen Schwärmen auftreten. Bei Triest wurden über 40.000 Quallen beobachtet, die sich auf einem Gebiet von etwa einem Quadratkilometer zusammenfanden.

2 Zylinderrose *Cerianthus membranaceus*
Familie *Cerianthidae*

Kennzeichen: Der Körper befindet sich in einer geschmeidigen, pergamentartigen Röhre (Name) und wird bis zu 40 cm hoch. Die Mundscheibe wird von je 2 Kreisen unterschiedlich langer und gefärbter Tentakel umgeben. Die Zylinderrose hat eine sehr variable Färbung: von Weiß über Gelb, Grün, Braun, Violett bis hin zu Schwarz.
Verwechslungsmöglichkeiten: Eine Verwechslung mit Anemonen ist aufgrund der unterschiedlichen Tentakel unmöglich.
Lebensraum und Verbreitung: Die Art lebt auf sandig schlammigen Böden in Stillwasserzonen und erträgt geringe Verschmutzung (Hafengebiete). Typischer Standort sind Detritusböden an Eingängen von Höhlen und Grotten. Die Zylinderrose siedelt in Tiefen zwischen 1 m (nur in Höhlen) und 40 m. Endemische Mittelmeerart.
Wissenswertes: Bei der geringsten Gefahr ziehen sich die Tiere in ihre weiche Röhre zurück, die bis zu einem Meter tief im Sediment vergraben sein kann. Die Röhre besteht aus einem Geflecht von Nesselfäden mit antibakterieller Eigenschaft. Zylinderrosen haben keine Fußscheibe. Der Fuß ist zugespitzt und besitzt ein Loch, durch das beim Zusammenziehen das im Körper enthaltene Wasser ausgespritzt werden kann. So können sich Zylinderrosen frei in ihrer Höhle bewegen. Sie ernähren sich von Plankton, das mit den langen Fangtentakeln eingefangen wird. Die Art vermehrt sich geschlechtlich. Die frei schwimmenden Larven gehen nach längerer Zeit zum Bodenleben über. Zylinderrosen können (in Aquarien) ein Alter von über 50 Jahren erreichen.

1 Pferdeaktinie *Actinia equina*
Familie Actiniidae

Kennzeichen: Die Pferdeaktinie wird bis zu 6 cm groß. Die Tentakelkrone trägt 192 spitze Tentakel, die 2 cm lang werden können. Die Pferdeaktinie wird im Mittelmeer in zwei Formen untergliedert: *Actinia equina mediterranea* Form 1 und *Actinia equina mediterranea* Form 2. Die größere Form 1 besitzt einen Fußscheibendurchmesser bis zu 7,5 cm, ein bis zu 4,5 cm hohes Mauerblatt und einen Mundscheibendurchmesser von bis zu 6 cm. Die Mundscheibe ist einheitlich karminrot, aber etwas heller als das ebenfalls einheitlich karminrote Mauerblatt. Die kleinere *Form 2* besitzt einen Fußdurchmesser bis zu 3 cm, ein bis zu 2,2 cm hohes Mauerblatt und einen Mundscheibendurchmesser von bis zu 2,7 cm.

Verwechslungsmöglichkeiten: Die Pferdeaktinie kann mit der Gürtelrose (*Actinia cari*) verwechselt werden. Diese Art besitzt jedoch einen braunen Körper (Mauerblatt oder Scapus) mit konzentrischen, schwarzbraunen Linien und besiedelt außerdem einen anderen Lebensraum (Infralitoral).

Lebensraum und Verbreitung: Form 1 gehört zur Lebensgemeinschaft der unteren Gezeitenzone (unteres Mediolitoral) auf Felsen. Bevorzugt werden schattige Felsnischen und Höhlen (**1a**), aber auch sonnige Stellen. Die nachtaktive Form 1 ist hochgradig resistent gegen Turbulenzen und haftet fest am Untergrund. Form 2 gehört zur Lebensgemeinschaft der unteren und teilweise oberen Gezeitenzone (unteres und oberes Mediolitoral) auf Felsen an. Sie haftet nicht so fest wie Form 1, besiedelt zudem auch Standorte mit stärkerem Bewuchs, ist aber wie Form 1 bei höherer Hydrodynamik ebenfalls geöffnet. Geografische Verbreitung: Mittelmeer und Atlantik.

Wissenswertes: Dank des hohen, wasserspeichernden Schleimgehalts kann die Art bei Ebbe trockenfallen. In dieser Situation schützt sich die Pferdeaktinie zusätzlich, indem sie ihre Tentakel einzieht und sich wie eine kleine Tomate abrundet (**1b**). Die stark nesselnden blauvioletten Randsäckchen werden im Kampf um Besiedlungsflächen auch gegen Artgenossen eingesetzt. Die größere Form 1 vermehrt sich ovipar. Die kleinere *Form 2* vermehrt sich dagegen lebend gebärend (larvipar), wodurch diese Form dichte, individuenreiche Bestände bilden kann. Von Pferdeaktinien in Aquarien ist ein hohes Lebensalter von über 60 Jahren bekannt.

2 Gebänderte Zylinderrose *Arachnanthus oligopodus*
Familie Arachnanthidae

Kennzeichen: Tentakel in zwei Kreisen (äußere Marginaltentakel, innere Labialtentakel) angeordnet. Tentakel auffallend braun-grau gebändert. Röhre dünn, nicht sklerotisiert.

Verwechslungsmöglichkeiten: Die Gebänderte Zylinderrose ist recht selten und kann höchstens mit der häufigen Zylinderrose (*Cerianthus membranaceus*) verwechselt werden. Im Gegensatz zu dieser Art siedelt die Gebänderte Zylinderrose relativ locker im Weichsubstrat, wobei ihre Röhre häufig u-förmig gebogen im Sediment verläuft.

Lebensraum und Verbreitung: Kosmopolit und Tethys-Relikt, im östlichen und westlichen Mittelmeer sowie in der Adria vorkommend. Außerhalb des Mittelmeers auch aus der Karibik, dem Pazifik (Neukaledonien) und dem Roten Meer bekannt (nach Angaben von H. Schmidt, unveröffentlicht). Von 10 bis 80 m Tiefe. Die nachtaktive Art besiedelt ausschließlich sandig schlammige Weichböden und Küstendetritus, wobei sie bis 40 cm aus dem Substrat herausragen kann. Sie reagiert sofort auf Belichtung (Blitz oder Unterwasserlampe), indem sie die Tentakel schnell einrollt.

Wissenswertes: Die Art bildet zwei Formen aus (nach Angaben von H. Schmidt, unveröffentlicht): Eine Tiefenform und eine Oberflächenform; Letztere kommt in Seegraswiesen (*Posidonia oceanica*) vor und besitzt weniger Tentakel. Möglicherweise ist die Gebänderte Zylinderrose zum Standortwechsel fähig. Der Bestand unterschiedlicher Nesselkapseltypen – das sogenannte Cnidom – lässt eine enge Verwandtschaft zu den Aktinien erkennen. Die Art ist definitiv mit der in den Tropen beschriebenen *Arachnanthus oligopodus* synonym.

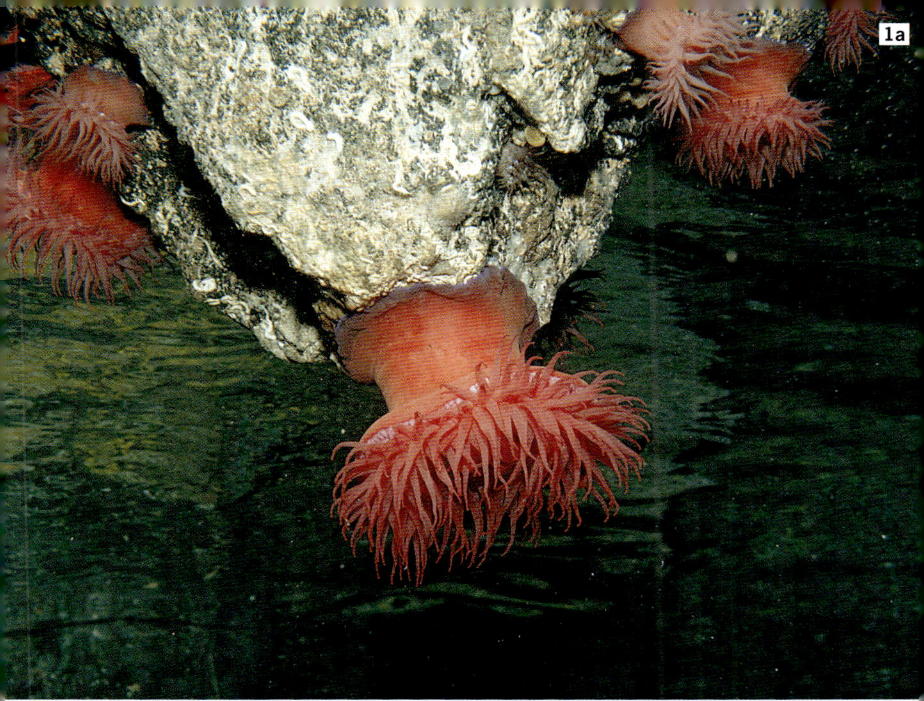
1a

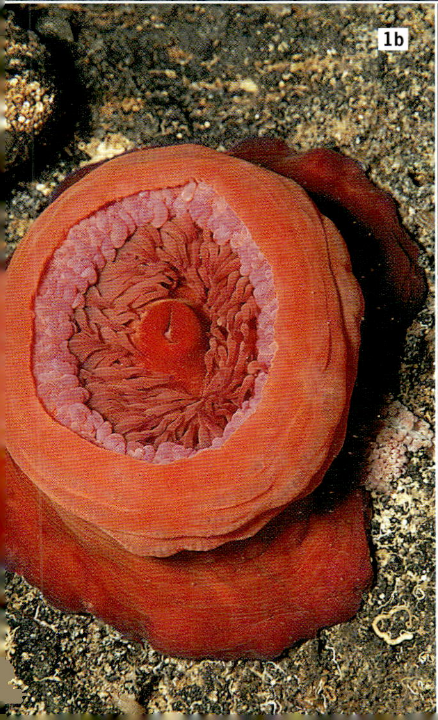
1b

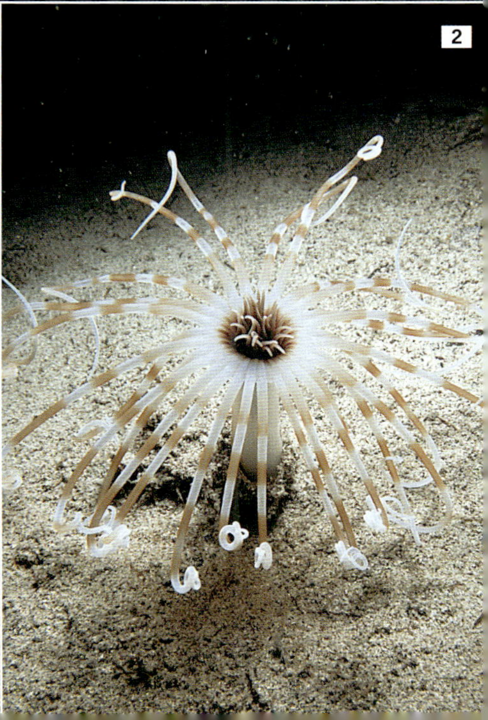
2

1 Wachsrose   *Anemonia sulcata*
Familie *Actiniidae*

Kennzeichen: Bis zu 20 cm große Anemone (Synonym *Anemonia viridis*), die durch 150 bis 200 nicht einziehbare, bis 15 cm lange, stark nesselnde Tentakel gekennzeichnet ist. In Oberflächennähe sind die Tentakel von symbiontischen Algen grünlich oder rosa gefärbt (**1a**). Tentakelspitzen oft violett. In tieferen Zonen (weniger symbiontische Algen) findet man nur graue Exemplare (**1b**).

Lebensraum und Verbreitung: Lichtliebende (fotophile) Art der flachen Küstenzonen (Infralitoral). In ruhigen Buchten und geschützten Häfen kann sie in Ufernähe Rasen von mehreren Quadratmetern bilden. Verträgt stark verschmutztes Wasser. Geografische Verbreitung: im gesamten Mittelmeer und Ostatlantik bis Schottland.

Wissenswertes: Von der Wachsrose gibt es zwei unterschiedliche Ökotypen. Die kleinere Form 1 besitzt zwischen 70 und 192 Tentakel und die Fußscheibe hat einen Durchmesser von 2–5 cm (**1b**). Diese Form besiedelt in dichten Kolonien, sogar bei stärker bewegtem Wasser, Felsspalten in Oberflächennähe bis maximal 5 m Tiefe. Die größere Form 2 ist durch den Besitz von 192–384 Tentakel gekennzeichnet (**1a**). Der Fußscheibendurchmesser kann bis 15 cm betragen. Diese Form besiedelt in Einzelexemplaren ebenfalls lichtexponierte Standorte, jedoch in Tiefen von 3–25 m. Die Wachsrose betätigt sich beim Nahrungserwerb als sogenannter „Fänger". Dabei werden die nesselkapselbewehrten Tentakel zum Beutefang eingesetzt. Sie packen die Opfer, lähmen sie und bringen sie zum Mund. Im Magenraum solcher als „Fänger" tätigen Aktinien fand man schon kleine Fische, Reste von Weichtieren und Kleinkrebsen. Mit der Wachsrose leben zahlreiche Tiere, die gegen die Nesselreaktion der Tentakel immun sind, in einer mehr oder weniger engen Lebensgemeinschaft: Unter anderem findet man Schwebgarnelen (*Leptomysis mediterranea*), Anemonen-Seespinnen (*Inachus phalangium*) und die Anemonengrundel (*Gobius bucchichii*). Die Wachsrose kann sehr heftig nesseln. Deshalb ist bei Berührung der Tentakel Vorsicht geboten. Zwar können die Nesselfäden nicht die menschliche Hornhaut der Hände durchschlagen; die Tentakel reißen jedoch bei Berührung leicht ab und können deshalb aus Versehen an empfindlichen Hautpartien (z. B. im Gesicht) ihre Wirkung entfalten. Die Behandlung der vernesselten Stellen erfolgt mit 5%iger Essiglösung oder 40–70%igem Alkohol.

2 Goldfarbige Seerose   *Condylactis aurantiaca*
Familie *Actiniidae*

Kennzeichen: Stattliche Anemone mit einem Fußdurchmesser bis 7 cm, Mundscheibe bis 12 cm (mit Tentakeln bis 30 cm). Insgesamt 96 Tentakel, die in fünf Kreisen um die Mundöffnung angeordnet sind. Weißliche bis graugelbe Tentakel bis 8 cm lang, dick, mit violetten, rundlichen Enden. Mundsaum ebenfalls violett gefärbt. Färbung variiert je nach Gehalt an symbiontischen Algen (Zooxanthellen) in unterschiedlichen Tiefen: In flachen, klaren Gewässern kann der Zooxanthellengehalt so hoch sein, dass die Aktinien einheitlich braun oder braungrün gefärbt sind. In größeren Tiefen (geringerer Algengehalt) dominieren hellere Farbtöne.

Verwechslungsmöglichkeiten: Große Ähnlichkeit mit der Felsengoldrose (*Cribrinopsis crassa*), die jedoch in Weichböden mit ihrem Fuß stets an Hartsubstraten festheftet.

Lebensraum und Verbreitung: In Sand-, Kies- und Detritusböden des Infra- und Circalitorals, stets mit dem Fuß eingegraben, jedoch nicht festgeheftet. Die Mundscheibe mit den Tentakeln liegt dabei frei dem Substrat auf. Von 5–80 m Tiefe. Ausschließlich im Mittelmeer vorkommend.

Wissenswertes: Die Goldfarbige Seerose ist getrenntgeschlechtlich und sowohl ovipar als auch arvipar. Bei dieser Art handelt es sich vermutlich um ein Relikt einer ursprünglich borealen oder arktischen Gattung, obwohl ihre heute lebenden Verwandten in den Tropen und Subtropen beheimatet sind.

1 Felsengoldrose *Cribrinopsis crassa*
Familie *Actiniidae*

Kennzeichen: Große Seeanemone mit einem Mundscheibendurchmesser bis 7,5 cm und einem Fußdurchmesser bis 5,5 cm. 96 Tentakel (bis 5 cm lang) in 5 Kreisen um die Mundöffnung angeordnet. Mundscheibe grüngrau bis blaugrau, Tentakel mit hellem Ring im unteren Drittel sowie violetter Spitze. Goldgelb gefärbter Fuß (Mauerblatt) mit 48 Warzenreihen. Warzen rot mit gelber Umrandung.

Verwechslungsmöglichkeiten: Nicht zu verwechseln mit der ähnlich gefärbten Goldrose (*Condylactis aurantiaca*). Diese besitzt längere Tentakel und lebt im Sand vergraben, wobei der Fuß nicht am Substrat festgeheftet ist.

Lebensraum und Verbreitung: Diese Art lebt in Felsspalten des primären oder sekundären Hartsubstrats im Koralligen. Die Art siedelt auch in Grobsedimenten, jedoch stets mit dem Fuß an Hartsubstrat befestigt. Meist in Tiefen zwischen 30 und 40 m, maximal bis in 80 m Tiefe. Endemische Mittelmeerart arktischen Ursprungs, allerdings nur aus dem Westmediterran und der Adria bekannt.

Wissenswertes: Die Felsengoldrose ist ovipar und getrenntgeschlechtlich. Bei dieser Art handelt es sich um ein Relikt einer ursprünglich arktischen Gattung. Diese geschichtliche Beziehung zeigt die Mittelmeerart noch heute durch den Zeitpunkt der Fortpflanzung zur Zeit des Temperaturminimums. Manchmal kann man auf ihr die Partnergarnele *Periclimenes sagittifer* beobachten, die von der Felsengoldrose nicht genesselt wird.

2 Einsiedler-Seerose *Calliactis parasitica*
Familie *Hormathiidae*

Kennzeichen: Bis zu 10 cm hohe Seeanemone mit einem Durchmesser von 4 cm und 768 Tentakeln, die in 8 Kreisen um die Mundöffnung angeordnet sind. Tentakelkrone schmutzig hellgrau, selten gelblich orange. Fuß gelblich weiß und braun, längs gestreift mit zahlreichen braunen Flecken. Besitzt weiße bis violette Nesselfäden (Akontien), die bei geringster Reizung ausgestoßen werden.

Verwechslungsmöglichkeiten: Aufgrund der Lebensweise (s. u.) keine.

Lebensraum und Verbreitung: Man findet diese Art im Infralitoral und Circalitoral auf Detritus- und sandig bis schlammigen Böden in 3–130 m Tiefe, insbesondere auf Schneckengehäusen von Einsiedlerkrebsen. Geografische Verbreitung: im gesamten Mittelmeer sowie im angrenzenden Atlantik von der nordafrikanischen Küste bis zur Nordsee (hier auf dem Einsiedlerkrebs *Eupagurus bernhardus*).

Wissenswertes: Die Art besiedelt meist zu mehreren Exemplaren die Gehäuse von *Murex*-Schnecken, die häufig von Einsiedlerkrebsen der Gattung *Dardanus*, aber auch von mehreren Vertretern der Gattung Paguristes bewohnt werden. Obwohl der wissenschaftliche Artname („*parasitica*") eine eher schmarotzende Lebensweise beschreibt, ist die Verbindung zwischen Seeanemone und Einsiedlerkrebs jedoch eine echte Symbiose, die für beide Partner Vorteile hat: Der Einsiedlerkrebs transportiert *Calliactis* bei seiner Nahrungssuche von einem Festmahl zum anderen. Die Seeanemone schützt den Krebs bei Gefahr mit ihren Nesselfäden (Akontien), die schon bei geringer Reizung ausgestoßen werden. Untersuchungsergebnisse über den Grad der Verbindung beider Partner differieren sehr stark. Einige Beobachter sehen eine sehr enge Beziehung verwirklicht, die sogar so weit gehen soll, dass der Einsiedlerkrebs seine Anemonen beim Wechsel in ein größeres Schneckengehäuse mitnimmt. Andere Autoren sehen darin eher ein Zufallsprodukt, da die Aktinie auch allein lebensfähig ist und sogar leere Schneckengehäuse besiedelt; denn es wurde auch beobachtet, dass der Krebs beim Umzug sein zu klein gewordenes Gehäuse mit der Aktinie achtlos zurücklässt (siehe auch Großer Einsiedlerkrebs, *Dardanus arrosor*).

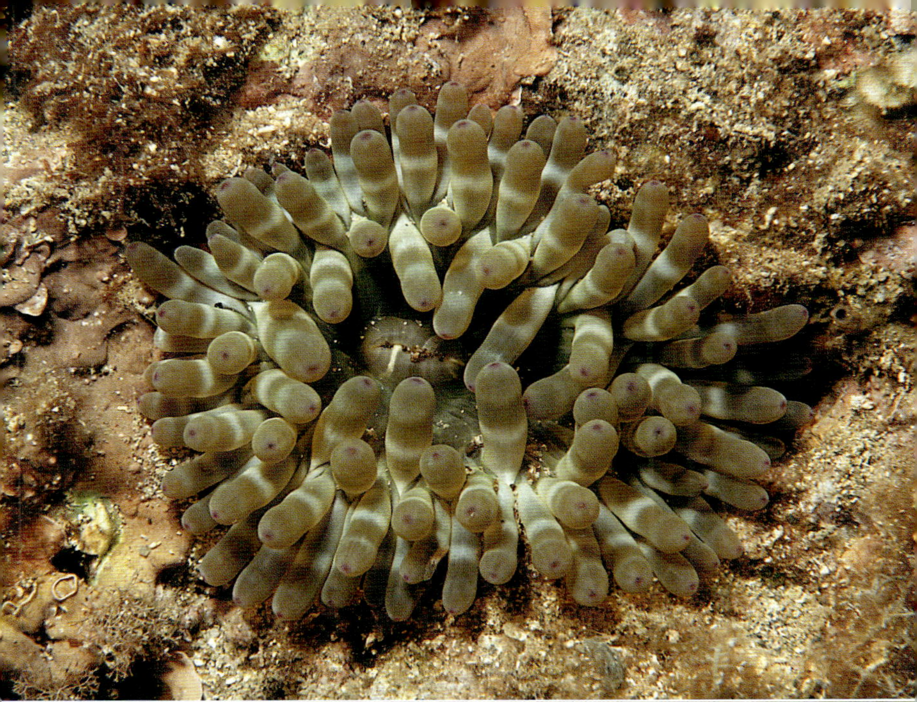

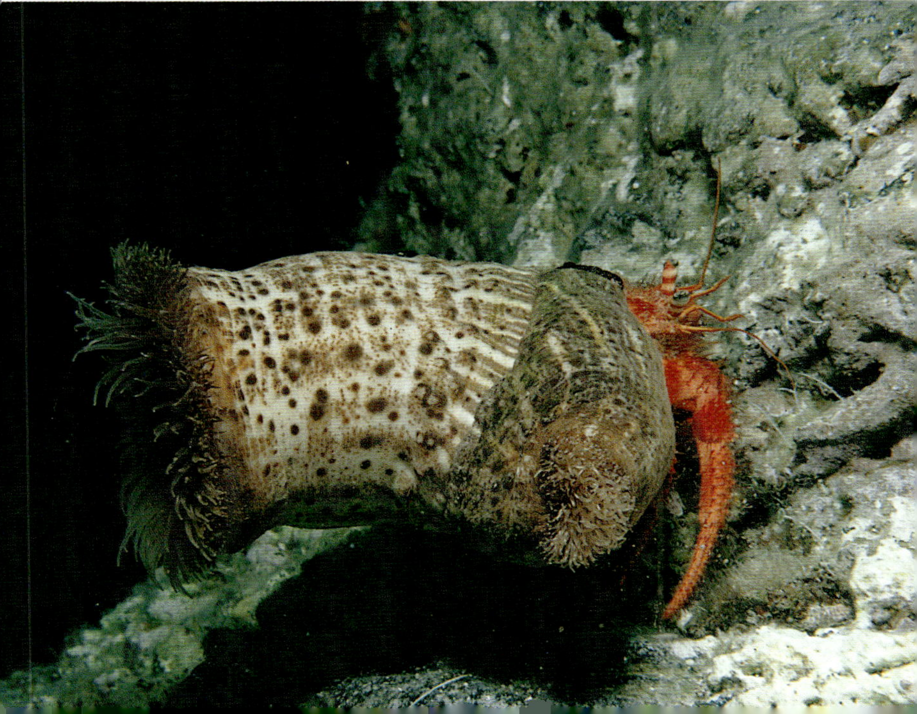

1 Mantelaktinie   *Adamsia palliata*
Familie *Hormathiidae*

Kennzeichen: Die Basis erreicht einen Durchmesser von 10 cm, die quer liegende Tentakelkrone maximal 5 cm. Schmutzig weiß mit charakteristischen violetten Flecken. Unterseite heller, Tentakel kurz. Besitzt violette bis rosa gefärbte Nesselfäden (Akontien), die bei Gefahr ausgeschleudert werden können.

Verwechslungsmöglichkeiten: Keine.

Lebensraum und Verbreitung: Die Art lebt ausschließlich auf Sand- und Detritusböden, von der Oberfläche bis in 200 m Tiefe. Sie ist im Infralitoral innerhalb der Lebensgemeinschaft der feinen Sande und des schlammigen Sandes flacher geschützter Gewässer sowie im Circalitoral innerhalb der Lebensgemeinschaft des Küstendetritus verbreitet. Die Mantelaktinie ist im westlichen Mittelmeer und in der Adria recht häufig. Im Atlantik von den Kapverden bis Norwegen.

Wissenswertes: Diese Art befestigt sich auf Schneckengehäusen (*Gibbula*, *Naticarius*), in denen Einsiedlerkrebse (*Pagurus prideauxi* oder *P. alatus*) leben. Diese Symbiose ist wesentlich intensiver als zwischen der Einsiedler-Seerose und zum Beispiel dem Einsiedler *Dardanus arrosor*. Dabei bildet die an der Oberseite mit ihren Rändern zusammenstoßende Fußscheibe einen „Mantel", der durch Abgabe eines chitinösen Sekrets dem Wachstum des Krebses entsprechend mitwachsen kann. Die quer liegende Tentakelkrone kehrt bei der Wanderung des Krebses wie ein Besen über den Boden und sucht diesen dabei nach Nahrung ab. Einzigartig sind auch die Beobachtungen, dass der Krebs die Aktinie aktiv füttert, diese beim Umzug in ein neues Schneckenhaus aktiv loslöst und so lange auf dem neuen Gehäuse festhält, bis sich die Aktinie wieder festgeheftet hat. Die Mantelaktinie ist ovipar und getrenntgeschlechtlich.

2 Siebanemone   *Aiptasia mutabilis*
Familie *Aiptasiidae*

Kennzeichen: Fußdurchmesser 3 cm, Mauerblatt 10 cm hoch, Mundscheibendurchmesser bis zu 6 cm; 136 spitze und marmorierte Tentakel von 6 cm Länge in 6 Kreisen, die eine charakteristische Krause bilden. Durch symbiontische Algen meist bräunlich gefärbt. Bei Lichtmangel (dadurch Mangel an Symbionten) auch weiß gefärbt. Die Siebanemone kommt in zwei Formen vor, die sich in Größe, Farbmuster und Ökologie unterscheiden. Die kleinere Form 1 (**2b**) ist vorwiegend einfarbig hyalinweiß, hellrötlich bis dunkelbraun. Die größere Form 2 (**2a**) ist hellgrau, rötlich gelb, braungrün bis weiß. Die Tentakel sind meist unregelmäßig weiß gebändert oder von einem weißen Netz überzogen.

Verwechslungsmöglichkeiten: Die Art kann mit der Aiptasie (*Aiptasia diaphana*) verwechselt werden, die jedoch ausschließlich in stark verunreinigten Gewässern (Lagunen, Häfen) vorkommt.

Lebensraum und Verbreitung: Im gesamten Mittelmeer vorkommende Art, die in Spalten und Löchern der Felsgründe zwischen der Oberfläche und 5 m Tiefe siedelt. Form 1 kommt ausschließlich im obersten Infralitoral, selten tiefer als 5 m vor. Sie siedelt dort innerhalb der Lebensgemeinschaft der lichtliebenden (fotophilen) Algen. Form 2 lebt ebenfalls innerhalb der Lebensgemeinschaft der lichtliebenden Algen, aber auch im Koralligen bis in 50 m Tiefe.

Wissenswertes: Die Färbung der Siebanemone beruht vorwiegend auf dem Gehalt an symbiontischen Algen (Zooxanthellen). Insbesondere bei der im flacheren Wasser lebenden Form 1 kann die Färbung je nach Jahreszeit stark variieren: Im Winter ist die Form 1 eher dunkelbraun gefärbt und kaum transparent, im Sommer dagegen nimmt die Transparenz deutlich zu und die Färbung ab. Der Grund hierfür liegt in der Anpassung der Aktinie an die unterschiedliche Fotosyntheseaktivität der Algen, deren Gehalt innerhalb der Aktinie je nach Jahreszeit reguliert wird.

1 Alicia *Alicia mirabilis*
Familie *Aliciidae*

Kennzeichen: Große, frei stehende Seeanemone, die bis zu 50 cm Höhe erreichen kann. Bis 96 lange, haarförmig auslaufende Tentakel mit deutlichen, zahlreichen Nesselkapselbatterien. Breite Fußscheibe. Körper (Scapus) mit charakteristischen blumenkohlartigen Auswüchsen.

Verwechslungsmöglichkeiten: Keine.

Lebensraum und Verbreitung: Im Koralligen und in Seegraswiesen in Tiefen zwischen 10 und 40 m. Auf Hartsubstraten, Felsen, Hornkorallen und *Posidonia*-Blättern. Verbreitungsschwerpunkt: Golf von Neapel (Capri, Ischia), Sizilien und in der Straße von Gibraltar. Wahrscheinlich im gesamten westlichen Mittelmeer vorkommend.

Wissenswertes: Alicia ist ausschließlich nachtaktiv. Bereits bei der geringsten Störung oder Belichtung (Lampe, Blitzlicht) werden die Tentakel korkenzieherartig eingerollt. Am Tag schrumpft das Tier sogar ganz in sich zusammen und ist dadurch kaum mehr als Aktinie erkennbar (**1b**). In diesem Zustand erinnert nur noch ein bräunlicher, mit nesselnden Blasen bedeckter Kegel an die stattliche Gestalt während der Nacht. Die Art wählt stets exponierte Strukturen für den nächtlichen Standort aus. Kleine Exemplare sitzen manchmal auch auf Seegrasblättern. Alicia gehört zu den am stärksten nesselnden Aktinien und besitzt mit die größten Nesselkapseln dieser Ordnung. Die Art ist getrenntgeschlechtlich und ovipar. Verletzte Tiere besitzen ein enormes Regenerationsvermögen: Im Aquarium wurde beobachtet, dass Teilstücke aus halber Mundscheibe und halbem Körper bereits nach wenigen Tagen zum vollständigen Tier regenerierten. Bei dieser Art handelt es sich um ein Relikt einer ursprünglich tropischen Gattung. Diese geschichtliche Beziehung zeigt Alicia noch heute durch ihre Fortpflanzungsaktivität zur Zeit des Temperaturmaximums.

2 Zwergaktinie *Bunodeopsis strumosa*
Familie *Boloceroididae*

Kennzeichen: Kleine Aktinie; Fuß maximal 0,4 cm, Mauerblatt 0,6 cm hoch und Mundscheiben-durchmesser maximal 0,4 cm. Körper (Mauerblatt) in unteren Abschnitt (Scapus) und oberen Abschnitt (Scapulus) unterteilt. Scapus braungrün mit großen goldgelben, blasenartigen Ausstülpungen. Scapulus transparent mit Nesselkapselbatterien. 28 transparente und konische Tentakel, bis zu vierfachem Mundscheibendurchmesser, fein bräunlich gesprenkelt, deutlich mit Nesselkapselbatterien besetzt. Die Färbung der Art ist durch die unterschiedliche Anzahl an symbiontischen Algen (Zooxanthellen) variabel.

Verwechslungsmöglichkeiten: Die charakteristischen Blasen am Scapus sind ein eindeutiges Merkmal dieser Art. Obwohl Alicia ebenfalls derartige Blasen besitzt, ist jedoch aufgrund der extrem unterschiedlichen Größen beider Arten eine eindeutige Unterscheidung möglich.

Lebensraum und Verbreitung: Die Art ist stellenweise Leitform der Lebensgemeinschaft des schlammigen Sandes geschützter Gewässer sowie wechselnd warmer und wechselnd salzhaltiger Lagunen. In den Sommermonaten findet man die Zwergaktinie oft massenhaft auf den Blättern kleiner Seegräser (*Zostera, Cymodocea*). Die Art ist bisher ausschließlich aus dem Mittelmeer bekannt. Hier beschränken sich die Vorkommen auf das westliche Becken (Neapel, Banyuls, Korfu).

Wissenswertes: Im Sommer bevölkert diese Aktinie die Blätter unterschiedlicher Grünalgen und Samenpflanzen. Bei sinkender Temperatur beginnt *Bunodeopsis* sich im Schlamm zu verkriechen und dort den Winter zu überdauern. In dieser Phase verlieren die Aktinien ihre symbiontischen Algen und werden deshalb vollständig farblos. Im Frühjahr, bei ansteigenden Temperaturen, kriecht *Bunodeopsis* aus dem „Winterquartier" hervor, um sich einen erhabenen Platz auf einer Alge zu erobern. Mit zunehmendem Zooxanthellengehalt stellt sich bald auch wieder die typische graugrüne bis bräunlich grüne Grundfärbung ein. Bei dieser Art handelt es sich um ein Relikt einer ursprünglich tropischen Gattung.

1a

1b

2

1 Grabende Anemone   *Andresia partenopea*
Familie *Andresiidae*

Kennzeichen: Diese Seeanemone wird bis 20 cm groß. Die 48 Tentakel sind in 4 Kreisen angeordnet. Ihre Länge übertrifft den Durchmesser der Mundscheibe. Die rötlich braunen, an der Spitze helleren Tentakel liegen stets auf dem sandig schlammigen Sediment. Anemone ohne Fußscheibe, deren Unterteil (Scapus) stets im Sediment vergraben ist. Die Färbung dieser Anemone variiert nach Standort und Alter, wobei junge Individuen heller und transparenter sind.

Verwechslungsmöglichkeiten: Keine. *Paranemonia cinerea* hat eine gewisse Ähnlichkeit durch ihre ebenfalls langen Tentakel, besiedelt aber ein völlig anderes Biotop.

Lebensraum und Verbreitung: Im gesamten Mittelmeer. Mediterrane Art, die auch im Atlantik z. B. bei Roscoff und Cherbourg vorkommt. Die Grabende Anemone lebt in Weichböden vergraben. Sie gehört im Infralitoral zur Lebensgemeinschaft des schlammigen Sandes flacher geschützter Gewässer und der feinen Sande. Im Circalitoral siedelt sie eher in der Lebensgemeinschaft des schlammigen Detritus. Die Art meidet bewachsene Böden und siedelt deshalb stets oberhalb (6–15 m Tiefe) und unterhalb der Posidonienwiesen (35–55 m Tiefe).

Wissenswertes: Diese Aktinie ist bis zu 25 cm tief im Substrat vergraben. Ihre äußeren Tentakel liegen in ruhigen Gewässern flach auf dem Grund, während die inneren Tentakel senkrecht nach oben und schräg zur Mundscheibe gerichtet sind. Die Tentakel reißen an einer Schwachstelle an der Tentakelbasis recht leicht ab. Bei ungünstigen Lebensbedingungen (z. B. Aquarium) kann das Tier sämtliche Tentakel abwerfen. Die Grabende Anemone ist getrenntgeschlechtlich und ovipar. Sie pflanzt sich im Juli und August im Infralitoral bei Temperaturen von 22–24 °C fort. Im Circalitoral ist die Fortpflanzungsperiode entsprechend dem späteren Temperaturmaximum auf September bis Oktober verschoben.

2 Seemannsliebchen   *Cereus pedunculatus*
Familie *Sagartiidae*

Kennzeichen: Große Seeanemone (Durchmesser bis 10 cm). Insgesamt 768 kurze Tentakel, die in 8 Kreisen an der überhängenden und weit ausladenden Mundscheibe angeordnet sind. Farbe der Mundscheibe und Tentakel sehr variabel: Weißgrau, rötlich gelb bis bräunlich, oft grob gescheckt bis fein gezeichnet.

Verwechslungsmöglichkeiten: Hinsichtlich ihrer Größe, der Zahl und Anordnung der Tentakel sowie des Habitus gibt es keine ähnlichen Arten.

Lebensraum und Verbreitung: Diese Art lebt festgeheftet auf Schalen, Felsen oder Steinen, wobei der Körper meistens im Sediment vergraben ist. Das Seemannsliebchen hat eine weite Verbreitung im Infralitoral und Circalitoral: Im obersten Infralitoral siedelt die Aktinie innerhalb der Lebensgemeinschaft der lichtliebenden (fotophilen) Algen wie *Cystoseira*. Sie fehlt in *Posidonia*-Wiesen und kommt in tieferen Regionen in der Lebensgemeinschaft des Küstendetritus bis 80 m Tiefe vor. Geografische Verbreitung: westliches Mittelmeer, Adria sowie im Atlantik bis zur westschottischen Küste.

Wissenswertes: Seemannsliebchen besiedeln häufig sedimentgefüllte Spalten oder Detritusböden; es scheint, als sei die Färbung dem Untergrund angepasst. Sie haften sehr fest am Untergrund und schließen sich bei starker Besonnung. Die Art kann den Gehalt an symbiontischen Algen (Zooxanthellen) den jeweiligen Standortbedingungen anpassen: An dunklen Standorten kann sie infolge fast vollständigen Zooxanthellenmangels ein einheitlich grauweißes Aussehen erhalten. Das Seemannsliebchen besitzt ein breites Spektrum an Fortpflanzungsmöglichkeiten: Es gibt getrenntgeschlechtliche und zwittrige Exemplare, eierlegende (ovipare) und lebend gebärende (larvipare) Individuen.

1 Warzenanemone *Phymanthus pulcher*
Familie *Phymantidae*

Kennzeichen: Fußdurchmesser 3 cm, Mauerblatt bis 7 cm hoch, Mundscheibendurchmesser bis 7,5 cm. 96 Tentakel in fünf Kreisen angeordnet. Die inneren beiden Tentakelkreise sind um das Zentrum der Mundscheibe eingerückt, die übrigen Tentakel sitzen randständig. Tentakel graubraun bis hellgrau, kürzer als der Mundscheibendurchmesser. Mundscheibe mit warzenartigen Auswüchsen, grünlich grau über graubraun bis schokoladenbraun. Die Färbung von *Phymanthus* variiert sehr stark.
Verwechslungsmöglichkeiten: Keine.
Lebensraum und Verbreitung: Die Art ist ein typischer Bewohner der Lebensgemeinschaft des Küstendetritus, am häufigsten am Rand des Koralligens im schalen- und skeletttrümmerreichen Weichsubstrat. Sie wächst niemals frei auf Hartsubstrat. Die Fußscheibe haftet entweder an Schalenresten oder an sekundären Hartsubstraten, auch in detritusgefüllten Felsspalten zwischen 20 und 50 m Tiefe, maximal 70 m. Die Warzenanemone ist eine endemische Mittelmeerart.
Wissenswertes: Diese Aktinie lebt mit dem Fuß im Sediment vergraben, wobei die Mundscheibe dem Substrat aufliegt. Die Tentakel der beiden inneren Kreise stehen meistens senkrecht auf der Mundscheibe, während die äußeren Tentakel weit ausgebreitet dem Substrat aufliegen. Obwohl es sich völlig schließen kann, trifft man dieses Tier stets geöffnet an. Dabei muss man schon genau hinsehen, da sich viele Individuen farblich kaum vom Untergrund abheben. Die Warzenanemone ist ovipar und getrenntgeschlechtlich. Bei dieser Art handelt es sich um ein Relikt einer ursprünglich tropischen Gattung. Diese geschichtliche Beziehung zeigt die Mittelmeerart noch heute durch den Zeitpunkt der Fortpflanzung zur Zeit des Temperaturmaximums.

2 Zieranemone *Sagartia elegans*
Familie *Sagartiidae*

Kennzeichen: Der Fuß hat einen Durchmesser von maximal 3,5 cm; das Mauerblatt wird maximal 4,5 cm hoch. Die Färbung der Fußscheibe ist hellbräunlich rot, das Mauerblatt braunrot, weißlich braun bis orange mit zahlreichen unterschiedlichen großen, grauweißen Warzen, die unregelmäßig angeordnet sind. 184 konisch zulaufende Tentakel in 6 Kreisen, etwa so lang wie der Mundscheibendurchmesser.
Verwechslungsmöglichkeiten: Die Art variiert sehr stark in Form und Färbung. Dennoch ist eine Verwechslung mit der verwandten *Sagartia troglodytes* aufgrund unterschiedlicher Standortansprüche auszuschließen. Die im Mittelmeer sehr seltene *Sagartia troglodytes* siedelt bevorzugt in flachen wechselwarmen Lagunen, während *S. elegans* die tiefer gelegene Lebensgemeinschaft des Küstendetritus bevorzugt. Eine Verwechslungsmöglichkeit ist außerdem noch mit dem Seemannsliebchen (*Cereus pedunculatus*) möglich. Diese Art besitzt jedoch eine deutlich höhere Tentakelzahl.
Lebensraum und Verbreitung: Die Vorkommen der Art konzentrieren sich auf das westliche Mittelmeer und die Adria. Viel häufiger ist die Zieranemone im Atlantik und in der Nordsee. Die Art siedelt bevorzugt innerhalb der Lebensgemeinschaft des Küstendetritus als Aufsitzer auf der Seescheide *Microcosmus sulcatus* zwischen 40 und 60 m Tiefe.
Wissenswertes: Die Zieranemone betätigt sich beim Nahrungserwerb als sogenannter „Teilchenesser“. Kleinlebewesen und organischer Detritus, welches an der Aktinie anstößt, wird in Schleim gepackt und von Wimpern zum Mund befördert. Wie alle Aktinien kann die Zieranemone dabei sehr gut zwischen organisch verwertbaren Teilchen und anorganischem Unverwertbarem unterscheiden. Die Verdauung erfolgt sehr schnell durch Enzyme, und schon nach kurzer Zeit werden die unverdaulichen Reste über den Mund ausgestoßen. Anders als die „Teilchenesser“ betätigen sich die sogenannten „Fänger“, wie zum Beispiel die Wachsrose (siehe dazu *Anemonia sulcata*). Bei dieser Art handelt es sich um ein Relikt einer ursprünglich borealen Gattung.

1 Längsgestreifte Anemone *Actinia striata*
Familie *Actiniidae*

Kennzeichen: Die Fußscheibe dieser Aktinie misst im Durchmesser bis zu 6 cm. Standortbedingt kann die Färbung leicht variieren. Mauerblatt, Tentakel und Mundscheibe sind vorwiegend rotbraun gefärbt und leicht transparent. Auffälliges Kennzeichen sind die 96 dunkelbraunen Längsstreifen, die teilweise auch als unterbrochene Fleckenlinie sichtbar sind.

Verwechslungsmöglichkeiten: Die Art kann mit der ebenfalls bräunlich gefärbten Gürtelrose (*Actinia cari*) verwechselt werden, die jedoch konzentrische, schwarzbraune Ringe am Mauerblatt besitzt. In der Gestalt sehr ähnlich ist auch die Pferdeaktinie (*Actinia equina*). Deutliches Unterscheidungsmerkmal ist jedoch deren leuchtend karminrote Farbe sowie deren Lebensraum im Mediolitoral.

Lebensraum und Verbreitung: *Actinia striata* kommt entweder mit einzelnen Individuen oder in kleinen Gruppen von zwei bis drei Tieren vor. Sie besiedelt ausschließlich das obere Infralitoral als Bestandteil der Lebensgemeinschaft der lichtliebenden Algen. An hellen Standorten werden Unterseiten von größeren, unbewachsenen Steinen oder überhängende Felsen bevorzugt. An Höhleneingängen und anderen schattigen Standorten lebt sie auf der freien Felsoberfläche. Geografische Verbreitung: Sporadisch im gesamten Mittelmeer vorkommend, nicht selten in der Adria und bei Banyuls (Frankreich). Im Atlantik wurde sie bei den Azoren nachgewiesen.

Wissenswertes: *Actinia striata* ist getrenntgeschlechtlich und lebend gebärend (vivipar). Die Larven werden im September abgegeben. *Actinia striata* galt lange Zeit als Varietät der Pferdeaktinie (*Actinia equina*), von der sie sich in ihrer Ökologie, ihrer Anatomie und ihrem Bestand an Nesselkapseln (Cnidom) deutlich unterscheidet. Übergangsformen beider Arten sind zudem unbekannt.

2 Keulen-Aktinie *Telmatactis forskalii*
Familie *Isophelliidae*

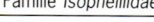

Kennzeichen: Relativ kleine, bis zu 4 cm hohe und bis zu 3,5 cm durchmessende Anemone mit 96 keulenförmigen Tentakeln, die typischerweise für die Familie Isophelliidae in sechs Kreisen angeordnet sind. Die Färbung variiert je nach Standort, wobei orangerote und braunrote Farbtöne dominieren. Aber auch rosa und weiße Individuen kommen vor.

Verwechslungsmöglichkeiten: Einzige Art der Gattung Telmatactis im Mittelmeer. Die konischen, keulenförmigen Tentakel machen diese Art unverwechselbar.

Lebensraum und Verbreitung: Im flachen Wasser besiedelt diese Art vorwiegend sonnenexponierte Felsspalten und Vertiefungen innerhalb der Lebensgemeinschaft der lichtliebenden Algen wie *Cystoseira*. Standorte können auch im Präkoralligen oder unter Felsen im Mediolitoral sein. Eher selten besiedelt sie tiefere Zonen im Circalitoral. Dort bevorzugt die Art steil abfallende sekundäre Hartböden, wo sie dank fehlender Wasserbewegung weniger versteckt siedelt. Die Keulen-Aktinie ist im gesamten Mittelmeer verbreitet. Der Schwerpunkt scheint im westlichen Mittelmeer und in der Adria zu liegen. Vorkommen dieser Art werden außerdem im Atlantik beschrieben, z. B. an der französischen Atlantikküste.

Wissenswertes: In Anpassung an ihre Lebensweise in oberflächennahen Bereichen, in denen sie starken Wasserbewegungen ausgesetzt ist, haftet die Art sehr fest am Substrat. Sie besitzt deshalb kurze Tentakel und kann sich in Spalten und Nischen zurückziehen. Häufig findet man kleine Gruppen von zwei bis drei Individuen, die teilweise in enger Nachbarschaft mit Siebanemonen (*Aiptasia mutabilis*) oder Seemannsliebchen (*Cereus pedunculatus*) leben. *Telmatactis forskalii* ist ovipar und getrenntgeschlechtlich. Die Art pflanzt sich im Zeitraum September bis November fort.

1 Warzenkoralle *Balanophyllia europaea*
Familie *Dendrophyllidae*

Kennzeichen: Große, solitäre Steinkoralle, deren Kelche zwischen 1 und 2,5 cm hoch werden. Die Kelche sind meist breiter als hoch und oval geformt. Tentakel mit Warzen (Name!).

Verwechslungsmöglichkeiten: Es gibt im Mittelmeer zahlreiche solitäre Steinkorallen, die jedoch alle schattenliebend sind und deshalb andere Zonen besiedeln.

Lebensraum und Verbreitung: Im Infralitoral und oberen Circalitoral (Präkoralligen), auf harten Untergründen (Felsen, Steine, Gehäuse). Von der Oberfläche bis in etwa 15 m Tiefe. Endemische, im gesamten Mittelmeer weitverbreitete Art.

Wissenswertes: Wie riffbildende Korallen, so besitzt auch die solitär lebende Warzenkoralle symbiontische Algen, sogenannte Zooxanthellen, in ihrem Gewebe. Dadurch ist die Koralle an gut besonnte Standorte gebunden und in der Tiefenausbreitung begrenzt.

2 Gelbe Steinkoralle *Leptopsammia pruvoti*
Familie *Dendrophyllidae*

Kennzeichen: Solitär lebende Steinkoralle, deren Skelette bis zu 17 mm breit und bis zu 60 mm hoch werden. Im Querschnitt rund, Kelch zur Basis leicht verjüngt.

Verwechslungsmöglichkeiten: Hinsichtlich der Färbung besteht eine Verwechslungsmöglichkeit mit der Krustenanemone (*Parazoanthus axinellae*), die jedoch kein Kalkskelett ausbildet und Kolonien formt, sowie mit der Sternkoralle (*Astroides calycularis*), die jedoch stets Kolonien mit orangefarbenen Polypen bildet.

Lebensraum und Verbreitung: Schattenliebende Art des Circalitorals, die unter Überhängen und in Höhlen dichte Populationen bilden kann. Meist unterhalb von 10 m bis in größere Tiefen. Mittelmeer und Atlantikküsten bis zu den Britischen Inseln.

Wissenswertes: Am Kelch sowie am Rand der Mundscheibe siedelt sich teilweise die Korallenseepocke (*Megatrema anglicum*) an.

3 Sternkoralle *Astroides calycularis*
Familie *Dendrophyllidae*

Kennzeichen: Halbkugelförmige (Oberflächenkolonien) oder rasenförmige (tiefer siedelnde Kolonien), bis 12 cm große Kolonien, deren 1 cm große Polypenkelche aneinandergepresst stehen. Die Septen der Kelche sind alle gerade und sehr schmal.

Verwechslungsmöglichkeiten: Die Sternkoralle ähnelt aufgrund ihrer Färbung tropischen Arten der Gattung Tubastrea. Im Mittelmeer kann die Sternkoralle mit der Gelben Krustenanemone (*Parazoanthus axinellae*), die jedoch kein Kalkskelett abscheidet, und der Gelben Steinkoralle (*Leptopsammia pruvoti*), deren Polypen jedoch gelb gefärbt sind und ausschließlich solitär wachsen, verwechselt werden.

Lebensraum und Verbreitung: Diese Art siedelt bevorzugt an beschatteten Steilwänden und Überhängen im Präkoralligen. Häufig an Höhleneingängen, von der Oberfläche bis 30 m Tiefe. Die Sternkoralle kommt nur in den südlichen Bereichen des westlichen Mittelmeerbeckens vor: Straße von Gibraltar, Malta bis Golf von Neapel, an den nordwestafrikanischen Küsten und in Spanien bis Cabo de Palos. Nördliche Verbreitungsgrenze sind die Pontinischen Inseln.

Wissenswertes: Die Sternkoralle ist für das Präkoralligen im Flachwasser bestimmter Küsten charakteristisch: An vertikalen Nordwänden (Vulcano, Liparische Inseln) siedelt die Art massenhaft zwischen 5 und 12 m, ausschließlich an der Unterseite von Überhängen. Dabei ist die Koralle mit weiteren sciaphilen Arten des Präkoralligens wie dem Schwamm *Spirastrella* und den Grünalgen *Halimeda* und *Udotea* vergesellschaftet.

1 Gelbe Baumkoralle *Dendrophyllia cornigera*
Familie *Dendrophyllidae*

Kennzeichen: Koloniebildende Steinkoralle mit bäumchenförmiger Gestalt, bis 15 cm hoch. Die Äste sind dünn und unregelmäßig angeordnet. Die Polypen ragen an den Enden der Äste seitlich hervor und sind leuchtend gelb gefärbt.

Verwechslungsmöglichkeiten: Die verwandte Baumkoralle (*Dendrophyllia ramea*) wird bis zu 1 m groß. Die Kolonien sind strauchförmig, gedrungen und nach allen Seiten hin verzweigt. Ihre Polypen befinden sich an den Ästen meist in einer Ebene und stehen weit auseinander. Die Färbung der Polypen reicht von Weiß bis Gelb.

Lebensraum und Verbreitung: Schattenliebende Steinkoralle, die in größeren Tiefen (unteres Circalitoral) auf Felsen vorkommt. Im westlichen Mittelmeer und in der Adria.

Wissenswertes: Diese sehr auffällige Koralle wird von Tauchern nur selten beobachtet, da ihr Vorkommen unterhalb der Tiefengrenzen für Sporttaucher liegt. In Ausnahmefällen, sofern die Standorteigenschaften wie Substrat, Strömung und Nahrungsangebot es zulassen, kann die Gelbe Baumkoralle bis auf 60 m Tiefe hochkommen.

2 Baumkoralle *Dendrophyllia ramea*
Familie *Dendrophylliidae*

Kennzeichen: Bis 1,5 m große Kolonien. Baumförmig verzweigte Kolonien mit kräftig derbem Stamm. Äste ocker bis gelb, Polypen weiß.

Verwechslungsmöglichkeiten: Keine; *D. cornigera* wird nur bis 15 cm hoch und hat gelbe Polypen.

Lebensraum und Verbreitung: Auf Hartgrund im unteren Circalitoral, meist erst unterhalb von 30 m bis in mehrere Hundert Meter Tiefe; gelegentlich in vorderen Höhlenbereichen auch in geringeren Tiefen, dann meist kleinere Kolonien. Mittelmeer; im Ostatlantik von Portugal bis zum Golf von Guinea.

Wissenswertes: Diese ausgesprochen prächtige und eindrucksvolle Koralle gehört zu den Steinkorallen (Scleractinia). Bei diesen unterscheidet man zwei Gruppen: Hermatypische Arten besitzen symbiontische Algen, die den Kolonien typischerweise eine bräunlich grünliche Farben verleihen; aufgrund des regen Nährstoffaustausches zwischen Algen und Polypen haben diese Arten eine so hohe Kalkbildungsrate, dass sie zur Riffbildung befähigt sind. Dagegen haben ahermatypische Korallen, wie die Baumkorallen, keine symbiontischen Algen. Sie sind also nicht riffbildend und können, aufgrund des Fehlens grüner Algenpigmente, prächtig gefärbt sein.

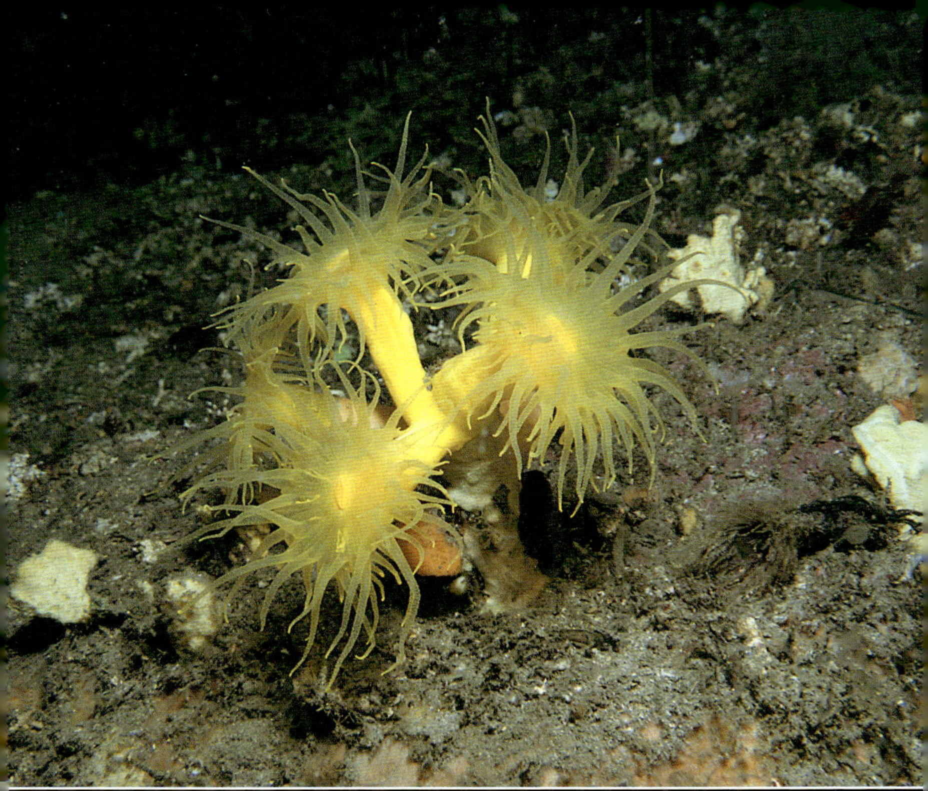

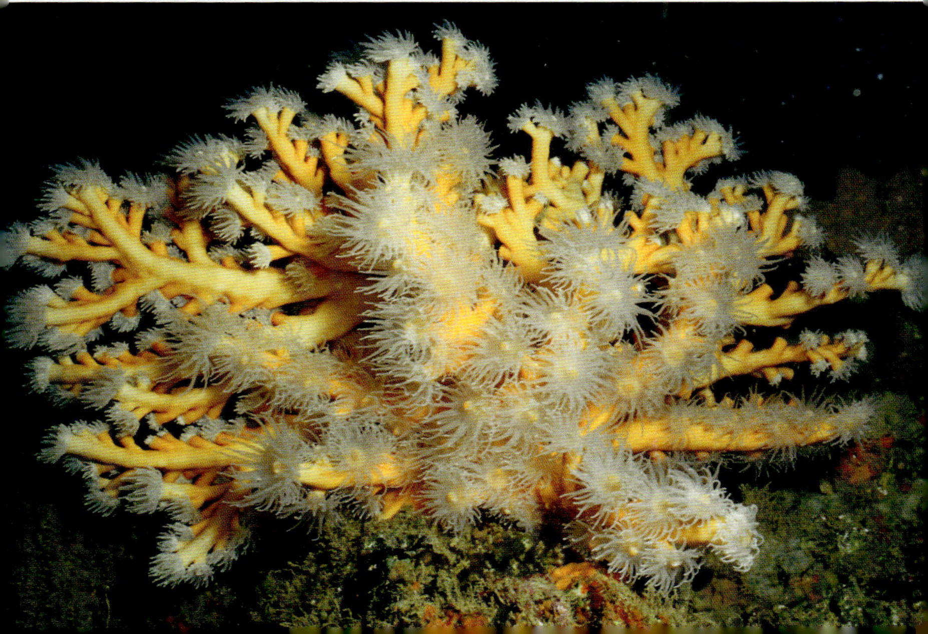

1 Nelkenkorallen *Caryophyllia inornata & Cariophyllia smithii*
Familie *Caryophylliidae*

Kennzeichen: Solitäre Steinkorallen, deren Skelette bis 25 mm (*C. smithii* 35 mm) hoch werden (Durchmesser 10–12 mm). Annähernd runder, bei C. smithii runder bis ovaler Querschnitt, Basis bei *C. inornata* nicht verjüngend, bei *C. smithii* verjüngend. Die Rippen der Kelche sind bei *C. inornata* flach und aus stumpfen Höckern zusammengesetzt, während diese bei *C. smithii* erhaben sind und sich aus spitzen Höckern zusammensetzen (auf dem Foto rechts unten). Polypen bräunlich, weißlich oder rosa gefärbt.

Verwechslungsmöglichkeiten: Verwechslung mit der Zwergkoralle (*Hoplangia durotrix*) sowie mit *Polycyathus muellerae* möglich; diese bilden jedoch im Gegensatz zu beiden *Caryophyllia*-Arten stets Kolonien.

Lebensraum und Verbreitung: Im gesamten Mittelmeer häufig. Schattenliebende Arten des Circalitorals, vor allem unter Überhängen und in Höhlen. Vom Flachwasser bis in größere Tiefen.

Wissenswertes: Sowohl die Runde Nelkenkoralle (*C. inornata*) wie auch die Ovale Nelkenkoralle (*C. smithii*) sind lebend gebärende Arten, deren Eier im Körper des Muttertiers befruchtet werden. Nelkenkorallen der Gattung Caryophyllia werden häufig von Korallenseepocken (*Megatrema anglicum*) besiedelt. Es ist jedoch nicht bekannt, ob diese Seepocken der Koralle Schaden zufügen (Parasitismus).

2 Zwergkoralle *Hoplangia durotrix*
Familie *Hoplangiidae*

Kennzeichen: Die Kolonien sind zwischen 10 und 80 mm groß und können sich aus 100 bis 200 Polypen zusammensetzen. Der Durchmesser der Kelche beträgt nur einige Millimeter (in Ausnahmefällen 6 mm); sie können eine Höhe von 30 mm erreichen. Die Septen enden frei (Columella fehlt). Polypen hellbraun mit langen Tentakeln.

Verwechslungsmöglichkeiten: Die exakte Artbestimmung ist nur anhand der Kelche möglich, deren Septen frei enden und nicht durch eine Columella im Zentrum des Kelches miteinander verbunden sind. Dies ist bereits bei näherer Betrachtung gut zu erkennen.

Lebensraum und Verbreitung: Schattenliebende Art, die sich besonders unter Überhängen entwickelt, selten mit der Gelben Steinkoralle (*Leptosammia pruvoti*) und der Edelkoralle (*Corallium rubrum*) vergesellschaftet. Häufig in Tiefen zwischen 15 und 35 m, maximal bis 60 m Tiefe. Wahrscheinlich im gesamten Mittelmeer vorhanden, im Atlantik von den Kanaren bis zur Kanalküste.

3 Kleine Koloniekoralle *Madracis pharensis*
Familie *Pocilloporidae*

Kennzeichen: Koloniebildende Steinkoralle mit kleinen, 2–3 mm großen Polypen. Die Kolonien bestehen aus maximal 50 Polypen.

Verwechslungsmöglichkeiten: Keine.

Lebensraum und Verbreitung: Schattenliebende Art, die man an Höhleneingängen und unter Überhängen findet. Im gesamten Mittelmeer, tropischer und subtropischer Atlantik.

Wissenswertes: Im Mittelmeer sind sowohl sciaphile Formen ohne Zooxanthellen bekannt, als auch Formen mit Zooxanthellen, die eher lichtliebend (fotophil) sind und deshalb auch belichtete Standorte besiedeln. Arten der Gattung Madracis sind in den Tropen wichtige Riffbildner.

1 Rasenkoralle *Cladocora cespitosa*
Familie *Faviidae*

Kennzeichen: Halbkugelförmige, krustenbildende, manchmal auch baumförmige oder verzweigte Kolonien, die über 50 cm groß werden können. Kelche (Durchmesser 4 bis 5 mm) besitzen außen dünne, parallel verlaufende Längsrippen. Polypen sind zart und bräunlich durchscheinend.

Verwechslungsmöglichkeiten: Hinsichtlich Standort und Größe der Kolonien gibt es keine Verwechslungsmöglichkeiten.

Lebensraum und Verbreitung: Lichtliebende Art des Infralitorals. Im ganzen Mittelmeer häufig, auf allen Hartsubstraten wie Felsen, Steinen und Schalenresten. Bewachsene Blockgründe und Posidoniawiesen. Vom Flachwasser bis maximal 40 m Tiefe.

Wissenswertes: Die bräunliche Färbung der Kolonien rührt von dem Besitz symbiontischer Algen im Gewebe. Somit ist diese Art die einzige koloniale Steinkoralle, die potenziell zur Riffbildung befähigt wäre. Riffbildende Korallen der Tropen sind meistens durch den Besitz symbiontischer Algen gekennzeichnet. Die Wuchsform der Rasenkoralle ist sehr stark von der Hydrodynamik abhängig, wobei drei verschiedene Wuchsformen unterschieden werden: 1. Die hemisphärische Wuchsform, die ausschließlich in geschützten Bereichen wächst und sogenannte *Cladocora*-Bänke bildet. 2. Die rasenförmige Wuchsform, die in strömungs- und brandungsexponierten Bereichen wächst. 3. Die locker verzweigte und zerbrechliche Wuchsform, die im ruhigen Wasser unterhalb von 15 m Tiefe wächst. Korallenbänke, die nicht nur aus *Cladocora* bestehen, erreichen eine Höhe über 3 m, eine Breite über 4 m und eine Länge über 5 m. Diese Bänke stellen im Mittelmeer den Übergang zu den tropischen Korallenriffen dar. Herausragendes Beispiel und mit 650 m² die größte Korallenbank des Mittelmeeres existiert in einem Salzwassersee auf der Insel Mljet (Kroatien) und breitet sich dort in einer Tiefe zwischen 4 und 18 m aus (siehe Foto). Sie befindet sich in unmittelbarer Nähe eines Kanals, der den unter Naturschutz stehenden See mit dem offenen Meer verbindet. An dieser Engstelle treten starke Gezeitenströmungen auf, die das Wachstum der Korallenbank fördern. Das „Riff" ist wie in tropischen Korallenriffen durch eine Vielzahl von Löchern, Höhlen und Spalten durchzogen, wodurch sich eine artenreiche Flora und Fauna ansiedeln konnte.

2 Große Kelchkoralle *Phyllangia mouchezii*
Familie *Caryophylliidae*

Kennzeichen: Steinkoralle, die meistens krustenförmige, seltener aufgerichtete Kolonien bildet, die bis zu 10 cm groß werden. Der Durchmesser der Kelche beträgt etwa 1 cm, die Tentakel sind ebenfalls 1 cm lang. Die Polypen erscheinen durchsichtig bräunlich. Die Tentakel sind weißlich durchsichtig, weshalb sich die zahlreichen Nesselkapselbatterien als deutlich erkennbare weiße Punkte abheben.

Verwechslungsmöglichkeiten: Die Kelche von *Phyllangia* sind größer und kräftiger entwickelt als die Kelche der Arten der Gattungen Polycyathus und Hoplangia.

Lebensraum und Verbreitung: Die Große Kelchkoralle ist eine schattenliebende Art des Koralligens. Sie siedelt bevorzugt am unteren Rand von Überhängen. Westliches Mittelmeer.

Wissenswertes: Arten der Gattung Phyllangia bilden kleine Kolonien mit wenigen, ziemlich großen Polypen. Der Kontakt zwischen den Einzelpolypen kann sekundär verloren gehen. Die Arten sind vorwiegend in tropischen Meeren verbreitet.

1 Schmuckanemone *Corynactis viridis*
Familie *Corallimorphariidae*

Kennzeichen: Mundscheibendurchmesser maximal 1 cm. Tentakel mit geschwollenen, kugelförmigen Spitzen. Solitär lebend. Extrem hohe Farbvariabilität: violett, orange, gelb, grün und braun.

Verwechslungsmöglichkeiten: Die Schmuckanemone kann lediglich mit kleinen Individuen der Pferdeaktinie (*Actinia equina*) verwechselt werden, wobei diese Art jedoch nie kugelförmige Tentakelspitzen besitzt.

Lebensraum und Verbreitung: Die Art bevorzugt den Schwingungsbereich beschatteter Felsküsten (häufig an vertikalen Felswänden) und relative Dunkelheit. Auch an Grotteneingängen oder unter Überhängen. Im Mittelmeer ist die Art nicht selten, aber nur punktuell verbreitet, häufiger kommt die Schmuckanemone im Atlantik vor.

Wissenswertes: Die Schmuckanemone ist ein Vertreter der Korallenanemonen, die, wie der Name sagt, Merkmale der Steinkorallen (Madreporaria) besitzen, aber nie Kalkskelette ausbilden.

2 Gelbe Krustenanemone *Parazoanthus axinellae*
Familie *Faviidae*

Kennzeichen: Dichte, auffällig goldgelbe Kolonien, deren Polypen bis maximal 4 cm lang werden und über eine gemeinsame Körpermasse miteinander verbunden sind. Polypen mit 34 Tentakeln, in zwei Kreisen um die Mundöffnung angeordnet. Kolonien bilden häufig Massenbestände.

Verwechslungsmöglichkeiten: Einzige Art der Gattung Parazoanthus im Mittelmeer. Verwechslung mit Arten der Gattung Epizoanthus (acht, nicht gelb gefärbte Arten im Mittelmeer) möglich. Die Gelbe Steinkoralle (*Leptopsammia pruvoti*) unterscheidet sich eindeutig durch ihr solitäres Kalkskelett von der Gelben Krustenanemone.

Lebensraum und Verbreitung: Die schattenliebende Krustenanemone besiedelt vertikale Felswände, Überhänge, Höhleneingänge und andere beschattete, sedimentfreie Hartsubstrate, die beständig umströmt sind (Nahrung); von 1 m Tiefe bis über 200 m, dort jedoch selten und stets auf Schwämmen. Die Art lebt auch als Aufwuchs auf Seescheiden der Gattung Microcosmus und Schwämmen der Gattung Axinella (Name!). Im Mittelmeer sowie im angrenzenden Atlantik.

Wissenswertes: Abhängig vom Nahrungsangebot sieht man die Polypen entweder eingezogen oder wenig entfaltet bis völlig ausgestreckt. Da das Angebot an Plankton in der Nacht eher etwas üppiger ist, kann man die Polypen der Krustenanemone dann auch am weitesten entfaltet beobachten. Die Vermehrung erfolgt geschlechtlich oder ungeschlechtlich. Dabei werden tropfen- bis fadenförmige, nach unten hängende Ausläufer gebildet, die sich bald von der Mutterkolonie lösen, durch die Strömung fortgetragen werden und so zur Vermehrung beitragen. Die Polypen der Krustenanemonen können kein Kalkskelett aufbauen. Sie verwenden als Ersatz jedoch zahlreiche andere Baustoffe wie Schwammnadeln, Sandkörner und Schalen von Foraminiferen.

1 Schwarze Koralle *Antipathes subpinnata*
Familie *Antipathariidae*

Kennzeichen: Große strauchförmige, koloniebildende Dörnchenkoralle. Schwarzes, chitinöses, unverkalktes Achsenskelett von einer dünnen, weichen Rinde überzogen. Kleine weiße, senkrecht zur Achse stehende Polypen mit 6 kurzen, stummelförmigen Tentakeln (**1b**). Polypen über gemeinsame Grundmasse (Coenosark) verbunden. Dornen des Achsenskeletts sind 0,1 mm hoch. Die reich verzweigten, aufrecht stehenden Kolonien werden bis zu 2 m hoch und sind fest mit dem Untergrund verwachsen.
Verwechslungsmöglichkeiten: Keine.
Lebensraum und Verbreitung: Schattenliebende Art des unteren Circalitorals, ab 50 m bis in größere Tiefe auf primären und sekundären Hartböden. Seltene und nur lokal vorkommende Art des westlichen Mittelmeers und der Adria.
Wissenswertes: Die Schwarze Koralle stellt sehr hohe Ansprüche an ihren Standort, vor allem hinsichtlich der Strömung und des Nahrungsangebots. Die Polypen sind getrenntgeschlechtlich. Es können jedoch im gleichen Stock männliche und weibliche Tiere auftreten. Die Stockbildung erfolgt asexuell durch Knospung. Hauptverbreitungsgebiet der Dörnchenkorallen sind die tropischen Meere, wo sie mit über 100 verschiedenen Arten vertreten sind. Schwarze Korallen wie auch andere Vertreter der tropischen Dörnchenkorallen werden vielerorts eifrig gefischt, da das schwarze Achsenskelett zu Schmuck verarbeitet wird oder ganze Stöcke als Reiseandenken verkauft werden. Die Schwarze Koralle wurde in früheren Zeiten in Europa und noch heute in Asien als Heilmittel oder als Amulett gegen Krankheiten eingesetzt (daher der wissenschaftliche Gattungsname !). Die Nahrung der Schwarzen Korallen setzt sich aus kleinstem Plankton zusammen.

2 Strauchkoralle *Gerardia savaglia*
Familie *Savaliidae*

Kennzeichen: Die Polypen dieser Krustenanemone sind bis zu 3 cm groß, die Kolonie kann höher als 1 m werden. Polypen gelb gefärbt. Kolonie mit auffällig großer basaler Scheibe am Substrat befestigt.
Verwechslungsmöglichkeiten: Einzige Art der Gattung. Die Strauchkoralle kann nur mit gelben Kolonien der Farbwechselnden Gorgonie (*Paramuricea clavata*) verwechselt werden. Bei dieser Art sind jedoch meist die basalen Teile der Kolonie noch rötlich gefärbt, während die Strauchkoralle völlig gelb gefärbt ist und deutlich größere Polypen besitzt.
Lebensraum und Verbreitung: Kosmopolit und Tethys-Relikt. Schattenliebende Art des Circalitorals. Auf Hartböden im Koralligen, sehr selten. Die Strauchanemone lebt in Tiefen über 30 m. Im westlichen Mittelmeer und in der Adria.
Wissenswertes: Die Strauchkoralle ist nahe verwandt mit den Dörnchenkorallen (Schwarze Korallen), da die Skelettproteine der Strauchkoralle die gleichen Aminosäuresequenzen wie die Dörnchenkorallen besitzen. Während Krustenanemonen üblicherweise kein Skelett besitzen, bildet *Gerardia* eine Ausnahme, indem die Arten dieser Gattung ein Hornskelett haben. Wissenschaftler untersuchten *Gerardia*-Kolonien, die vom Forschungstauchboot „Alvin" in über 600 m Tiefe gesammelt wurden, und entdeckten konzentrische Ringe in den Skelettquerschnitten. Möglicherweise handelt es sich dabei um Jahresringe, die eine Altersbestimmung möglich machen würden. Ausnahmen bestätigen die Regel: So große, prächtige Kolonien wie auf den Fotos (**2a** und **2b**) gedeihen üblicherweise erst ab etwas größeren Tiefen, doch diese hier wachsen im Zehnmeterbereich im Südosten Korsikas, im Schutzgebiet der Lavezziinseln.

1 Mittelmeer-Meerhand *Alcyonium acaule*
Familie *Alcyoniidae*

Kennzeichen: Die Gattung bildet frei stehende, massive Stöcke. Die Kolonie erreicht eine maximale Größe von 10–15 cm. Art mit sehr veränderlicher Farbe: von Blassgelb über Rosa bis Rotorange, Rotbraun und Weinrot. Polypen gelb, bis 5 mm, Kolonie niemals durchscheinend.

Verwechslungsmöglichkeiten: *Alcyonium acaule* kann mit der Großen Meerhand (*Alcyonium palmatum*) verwechselt werden, die jedoch 11–13 Fiedern an jeder Tentakelseite besitzt und deren Polypen weißlich durchscheinend sind.

Lebensraum und Verbreitung: Schattenliebende Art des Circalitorals. Diese Art lebt auf Felsgestein und im Koralligen in Tiefen zwischen 12 (selten) und 120 m (auch tiefer).

Wissenswertes: Diese sogenannten Lederkorallen besitzen kein festes Achsenskelett, sondern ein Hydroskelett, das durch Einsaugen von Wasser durch spezielle „Pumppolypen" in die Kolonie erzeugt wird (siehe Große Meerhand).

2 Große Meerhand *Alcyonium palmatum*
Familie *Alcyoniidae*

Kennzeichen: Frei stehende, massive Stöcke, deren Polypen zwischen 11–13 Fiederchen an jeder Tentakelseite besitzen. Die bis zu 1 cm großen Polypen sind weißlich. Die Kolonie kann weiß, gelb bis dunkelrot gefärbt sein.

Verwechslungsmöglichkeiten: Leicht zu verwechseln mit der Mittelmeer-Meerhand (*Alcyonium acaule*), da bei beiden Arten eine sehr variable Färbung vorkommen kann. Die Große Meerhand besitzt jedoch stets weiße Polypen. Beide Arten unterscheiden sich u. a. auch in der Anzahl der Fiederchen an den Tentakeln (s. o.).

Lebensraum und Verbreitung: Circalitorale Art, auf Steinen, Schalen und sekundären Hartsubstraten sowie im Küstendetritus, von 20–200 m Tiefe.

Wissenswertes: Vertreter der Gattung Alcyonium, besitzen zwei verschiedene Polypentypen: Autozooide sind gut entwickelte, nesselkapselbewehrte Polypen, die dem Beutefang dienen. Siphonozooide sind reduzierte Polypen mit einer besonders stark entwickelten Wimperrinne. Sie können die Kolonie aktiv aufpumpen.

3 Krustenbildende Lederkoralle *Parerythropodium coralloides*
Familie *Alcyoniidae*

Kennzeichen: Die krustenbildenden Kolonien siedeln auf Hornkorallen, die sie teils vollständig überziehen. Die Krustenbildende Lederkoralle fühlt sich rau an, da zahlreiche Skelettnadeln (Spiculae) im gemeinsamen Gewebe und in den Polypen eingelagert sind. Kolonie meistens rot, seltener rosa, gelb oder weiß, Polypen weiß bis gelblich. Größe der Polypen bis ca. 5 mm.

Verwechslungsmöglichkeiten: Größere Kolonien können mit der Farbwechselnden Gorgonie (*Paramuricea clavata*) verwechselt werden, bei der jedoch Polypen und deren Tentakel sowie die Achse stets gleich gefärbt sind.

Lebensraum und Verbreitung: Im Circalitoral überwuchert die Art Gorgonien-Skelette der Gattungen Eunicella, Paramuricea und Lophogorgia. Man findet sie aber auch im Präkoralligen flächig auf Felsgestein und auf Seescheiden der Gattung Microcosmus wachsen.

Wissenswertes: Die Krustenbildende Lederkoralle ist ein sogenannter Raumparasit, der die strömungsgünstige (und damit nahrungsreiche) Position der Gorgonie ausnutzt: Sobald sich eine Larve der Lederkoralle an einer Stelle der Gorgonie festheften kann, beginnt der Verdrängungswettkampf. Das Gewebe der Gorgonie wird nach und nach von der Lederkoralle zurückgeschoben, so lange, bis der „Wirt" vollständig zurückgedrängt ist.

1 Große Clavularia *Clavularia carpediem*
Familie *Clavulariidae*

Kennzeichen: Die Kolonien bestehen aus 35 bis 150 eng aneinandergerückten, bis 24 mm großen Polypen, die dichte Büschel bilden. Die Stolonen bilden Flächen von 2 bis 20 mm Breite.

Verwechslungsmöglichkeiten: Die Ordnung der stolonenbildenden Achtstrahligen Korallen (*Stolonifera, Octocorallia*) stellt im Mittelmeer insgesamt zwei Familien mit fünf Arten, die einander sehr ähnlich sind und nur von Spezialisten unterschieden werden können.

Lebensraum und Verbreitung: Circalitorale Art, auf Felsgestein, an mit Kalkalgen bedeckten Felsen und auf Resten von Hornkorallenachsen in Tiefen zwischen 15 und 200 m.

Wissenswertes: Die Gattung zeigt Ansätze zur Bildung einer gemeinsamen Mittelgallerte (Coenenchym). Bei verschiedenen Arten verschmelzen diese Gallerthüllen des Wurzelgeflechts miteinander und bilden eine vom äußeren Keimblatt überzogene Platte, aus der sich die Polypen erheben.

2 Braune Lederkoralle *Paralcyonium spinulosum*
Familie *Maasellidae*

Kennzeichen: Lederkoralle, die 2–5 cm hohe Kolonien bildet. Gemeinsamer Stamm mit 5 bis 15 Polypen.

Lebensraum und Verbreitung: Westliches Mittelmeer. Diese Art lebt auf Felsgestein, insbesondere auf koralligenen Böden und bevorzugt horizontale, sedimentreiche Flächen, in Tiefen zwischen 2 und 35 m.

Wissenswertes: Die Kolonien sind aufgrund ihrer braunen Färbung und der geringen Größe schwierig zu entdecken. Untersuchungen bei Banyuls-sur-Mer haben ergeben, dass bis zu 32 Kolonien pro Quadratmeter siedeln können. Die Kolonien sind mit wurzelartigen Ausläufern, sogenannte Stolonen, miteinander verbunden. Berührt man eine Kolonie, kann man deshalb sehen, dass sich andere, benachbarte Kolonien einziehen. Die Grundfärbung der Tiere rührt von symbiontischen Grünalgen (Zooxanthellen) her.

3 Füllhornkralle *Cornularia cornucopiae*
Familie *Cornulariidae*

Kennzeichen: 1 cm hohe, weiße Polypen mit 8 deutlich sichtbar gefiederten Tentakeln. Basis der Polypen in weiß-bräunlicher Hülle, in die sie sich vollständig zurückziehen können. Polypen einer Kolonie stehen über röhrenförmige Ausläufer (Stolonen) miteinander in Verbindung.

Verwechslungsmöglichkeiten: Die Ordnung der stolonenbildenden Achtstrahligen Korallen (*Stolonifera, Octocorallia*) stellt im Mittelmeer insgesamt 2 Familien mit 5 Arten, die einander sehr ähnlich sind. Kennzeichen der Füllhornkoralle im Gegensatz zu den anderen Arten wie z. B. der Großen Clavularia (*Clavularia carpediem*) ist das Fehlen von Skelettnadeln in den Stolonen und den Polypen.

Lebensraum und Verbreitung: Man findet diese schattenliebende Art auf exponierten Felsen, Kieselsteinen oder *Posidonia*-Rhizomen, zwischen der Oberfläche und 5 m Tiefe. Nicht selten siedelt die Füllhornkoralle auf dem Orangefarbenen Strahlenschwamm. Sie bevorzugt gut umströmte Nischen und Höhleneingänge.

Wissenswertes: Die röhrenförmigen Stolonen ermöglichen der Füllhornkoralle die rasche Besiedlung neuer Substrate, da sich die Kolonie über diese kriechenden Ausläufer viel schneller ausbreiten kann als durch Knospung. Die Ausbreitung durch Stolonen ermöglicht es auch, einem Überwachsenwerden durch andere Raumkonkurrenten zu entgehen. Notfalls kann die Füllhornkoralle einzelne Individuen aufgeben und dafür neue Polypen an anderer Stelle ausbilden.

1 Edelkoralle *Corallium rubrum*
Familie *Coralliidae*

Kennzeichen: Hornkoralle, deren Kolonien zwischen 5 und 30 cm groß werden. Die Endzweige sind 3–15 mm dick. Die Kolonien sind spärlich und unregelmäßig verzweigt. Die Polypen sind weiß gefärbt und stehen im deutlichen Kontrast zur dunkelroten harten Kalkachse. Sehr selten kommen weiße Kolonien vor (**1b**).

Verwechslungsmöglichkeiten: Kann mit der Krustenbildenden Lederkoralle (*Parerythropodium coralloides*) verwechselt werden. Diese Art bildet jedoch kein eigenes Achsenskelett, sondern überzieht abgestorbene Gorgonien. Eine weitere Verwechslungsmöglichkeit besteht mit der Hunds- oder Trugkoralle (*Myriapora truncata*), einem Vertreter der Moostierchen (Bryozoa). Diese Art siedelt am gleichen Standort, ist jedoch leuchtend orange gefärbt, und die Astenden wirken wie abgeschnitten.

Lebensraum und Verbreitung: Diese ausgesprochen schattenliebende Art findet man in Spalten, an Höhlendecken und unter Überhängen von Felswänden und im Koralligen (Circalitoral). In großen Tiefen (ab 80 m) wachsen die Kolonien auch aufrecht auf freien Flächen. Die Art besiedelt ein großes Tiefenspektrum: Von der Oberfläche (im Schutze von Höhlen) bis in über 100 m Tiefe, meist unterhalb von 40 m. Westliches Mittelmeer und Adria.

Wissenswertes: Die Stöcke der Edelkoralle sind in der Regel getrenntgeschlechtlich. Die Eier werden im mütterlichen Körper befruchtet und entwickeln sich dort weiter, bis sie als längliche Planula-Larven entlassen werden. Nach wenigen Tagen setzen sich die Larven an einer festen Unterlage ab und wandeln sich in einen Primärpolypen um, der dann durch Knospung eine neue Kolonie bildet. Das Achsenskelett der Edelkoralle wird schon seit vorchristlicher Zeit zu Schmuck verarbeitet. Es entwickelte sich eine kleine Industrie, bei der zahlreiche Taucher ihr Leben für das „rote Gold" riskieren. Die Fundgebiete sind Korsika, Sardinien und Tunesien, während die korallenverarbeitende Industrie vor allem in Torre del Greco (Neapel) angesiedelt ist. Vor Jahrzehnten wurden im Mittelmeer noch Kolonien von 1 m Größe und 30 kg (!) Gewicht gehoben. Durch die rücksichtslose Ausbeutung und das langsame Wachstum (2–8 mm pro Jahr) sind solche Riesenkolonien jedoch selten geworden.

2 Warzige Gorgonie *Eunicella verrucosa*
Familie *Plexauridae*

Kennzeichen: Die Kolonien dieser Gorgonie erreichen eine Höhe von 25–50 cm. Skelettachse dunkelbraun bis schwarz, von einer weißen, schmutzig weißen bis lachsrosafarbenen Rinde überzogen. Die Kelche der Polypen ragen extrem stark hervor, wodurch das warzenartige Aussehen der Äste entsteht. Die Farbe der Polypen reicht von Lachsrosa oder Blassorange bis (selten) Weiß.

Verwechslungsmöglichkeiten: Siehe Weiße Gorgonie sowie Orangene Fächerkoralle.

Lebensraum und Verbreitung: Atlantische, schattenliebende Art des Circalitorals, auf primären und sekundären Hartböden, vor allem im Koralligen, ausnahmsweise auch auf Sedimentböden, hier jedoch stets auf einer festen Unterlage (Stein oder Kalkrotalgen) befestigt. Häufig in Tiefen über 100 m. In Ausnahmefällen wurden Einzelexemplare in Tiefen bis 50 m gefunden. Im Mittelmeer selten und nur bis Westkorsika vorkommend. Verbreitungsschwerpunkt im Atlantik von Schottland bis Angola.

Wissenswertes: Gorgonien oder Rindenkorallen der Unterordnung Holaxonia besitzen eine innere Skelettachse aus einem hornähnlichen Stoff, dem sogenannten Gorgonin. Diese Substanz verbindet faserartig die kleinen Kalknadeln (Sklerite). Umhüllt wird die biegsame und elastische Achse durch eine weiche Rinde, in die die Polypen eingebettet sind. Die im Mittelmeer vorkommenden Kolonien der Warzigen Gorgonie sind häufig schneeweiß gefärbt. Zwei farblich perfekt an diese Art angepasste Schnecken ernähren sich von den Polypen dieser Hornkoralle: Es handelt sich hierbei um die Spelzenschnecke *Simnia patula* und die Nacktschnecke *Tritonia nilsodhneri*.

1a

1b

2a

2b

1 Gelbe Gorgonie *Eunicella cavolinii*
Familie *Plexauridae*

Kennzeichen: Gorgonie, deren Kolonien eine Höhe bis 50 cm erreichen. Durchmesser der Endzweige 1 bis 3 mm. Die entfalteten Polypen messen etwa 4 mm. Die Wachstumsgeschwindigkeit beträgt 0,5–2 cm pro Jahr. Die Kolonien besitzen unregelmäßig und reich verzweigte Äste, die meistens eine vollkommen ebene Fläche bilden, die senkrecht zur vorherrschenden Strömung ausgerichtet ist. Färbung: ockergelb bis orangerot, Polypen auf hervortretenden Höckern, weiß bis gelblich, ohne symbiontische Algen.

Verwechslungsmöglichkeiten: Zu verwechseln mit der seltenen Warzigen Gorgonie (*Eunicella verrucosa*), die jedoch meist weißgrau gefärbt ist und deren Polypen auf stark hervortretenden Höckern sitzen. Eine Verwechslung ist auch mit der Orangene Fächerkoralle (*Lophogorgia ceratophyta*) möglich. Ausschließlich bei dieser Art werden die Äste nach außen kontinuierlich dünner.

Lebensraum und Verbreitung: Schattenliebende Art, die felsige Gründe mit starkem Gefälle wie Steilwände und Überhänge in Tiefen zwischen 5 und 100 m besiedelt. Sie ist eine der häufigsten Gorgonien im gesamten Mittelmeer, kann aber regional fehlen.

Wissenswertes: In der vertikalen Abfolge der Lebensgemeinschaften siedelt die Gelbe Gorgonie meist oberhalb der Farbwechselnden Gorgonie (*Paramuricea clavata*). Als Filtrierer von Planktonorganismen orientieren sich die fächerförmigen Kolonien stets senkrecht zur vorherrschenden Strömung. Vermag die Art an beschatteten Standorten nahe der Wasseroberfläche zu siedeln, richten sich deren Fächer parallel zur Oberfläche aus. Der vorherrschende „Wasserstrom" wird hier durch die Auf- und Abwärtsbewegung der Wellen hervorgerufen. In tieferen Zonen richten sich die Fächer senkrecht zur Oberfläche aus, da hier meist eine parallel zum Grund gerichtete Strömung vorherrscht. Wie alle Hornkorallen ist auch diese Art ein bevorzugter Untergrund für Aufsitzerorganismen (Epibionten). Da sich diese Gorgonie gut trocknen lässt und sie dabei ihre Färbung behält, wird sie mancherorts gesammelt und in Souvenirläden zum Kauf angeboten. Hinsichtlich des Artenschutzes wird vom Kauf solcher toten Kolonien dringend abgeraten.

2 Weiße Gorgonie *Eunicella singularis*
Familie *Plexauridae*

Kennzeichen: Gorgonie, deren Kolonien eine Höhe von 30–70 cm erreichen. Rutenförmige Gestalt; die wenigen parallel angeordneten Äste verzweigen sich bereits an der Basis. Durchmesser der Endzweige 2–3 mm. Die entfalteten Polypen messen 3 mm. Kolonien weiß gefärbt, Polypen auf Höckern, durchscheinend braun. Die Farbe der Polypen rührt vom Besitz symbiontischer Algen.

Verwechslungsmöglichkeiten: Die Weiße Gorgonie kann nur mit der Warzigen Gorgonie (*Eunicella verrucosa*) verwechselt werden, bei der sich die Polypen aus erheblich größeren Höckern entfalten. Außerdem bildet *E. verrucosa* reich verzweigte, flächige Kolonien.

Lebensraum und Verbreitung: Die Weiße Gorgonie besiedelt horizontale Felsgründe, aber auch Weichböden mit Steinen und Schalentrümmern in Tiefen zwischen 5 und 60 m. Lichtliebende Art im Präkoralligen sowie im oberen Bereich des Circalitorals. Häufig im westlichen Mittelmeer und in der Adria.

Wissenswertes: Zwischen Ende Juni und Ende Juli stoßen die Polypen der weiblichen Kolonien riesige Mengen von rosafarbenen, tropfenförmigen Larven (Planula) aus, die eine Länge von etwa 2,5 mm haben. Das planktische Larvenstadium endet nach wenigen Wochen. Von etwa 60.000 Larven überlebt nur eine, die als junge Kolonie mit einigen Millimetern Größe zum Bodenleben übergeht. Die Wachstumsgeschwindigkeit beträgt 1,5–4,5 cm pro Jahr. Da sich diese Gorgonie gut trocknen lässt, wird sie mancherorts gesammelt und in Souvenirläden zum Kauf angeboten. Hinsichtlich des Artenschutzes wird vom Kauf solcher toten Kolonien dringend abgeraten.

1

2a

2b

1 Farbwechselnde Gorgonie *Paramuricea clavata*
Familie *Paramuriceidae*

Kennzeichen: Fächerförmige Kolonie, überwiegend in einer Ebene unregelmäßig und reich verzweigt. Polypen auffallend, bis ca. 8 mm groß und dicht um den Ast stehend. Färbung: kräftig dunkelrot, teils mit leuchtend gelben Partien, die anteilsmäßig auch dominieren können. Polypen deutlich gefiedert (Kennzeichen der *Octocorallia*), stets in der Farbe ihres zugehörigen Rindengewebes. Stöcke bis 100 cm hoch.

Verwechslungsmöglichkeiten: Die Edelkoralle (*Corallium rubrum*) ist spärlicher und strauchförmig verzweigt und hat durchscheinend weiße Polypen. Die Polypen der Gelben Gorgonie (*Eunicella cavolinii*) sind weiß bis gelblich und stehen auf deutlich hervortretenden Höckern. Die Falsche Edelkoralle (*Parerythropodium coralloides*) kann, wenn sie Kolonien der Weißen Gorgonie (*Eunicella singularis*) überwächst, ebenfalls gewisse Ähnlichkeit aufweisen; sie ist meist rot gefärbt, Polypenkörper und Tentakel sind dagegen stets weißlich bis gelblich.

Lebensraum und Verbreitung: Stellenweise massenhaft vorkommend; auf Felsen und an Steilwänden ab ca. 10 m bis in Tiefen über 100 m. Schattenliebende Art des Circalitorals. Im Koralligen und an schattigen Standorten tiefer liegender Wracks. Endemisch im Mittelmeer, im westlichen Becken und in der Adria. Bedeutende Vorkommen an der Costa Brava (Spanien), an der Côte Vermeille und an der Côte d'Azur (Frankreich), bei Korsika und Sardinien, an der ligurischen Küste (Italien), bei den Inseln Elba, Giglio, Giannutrie, Monte Christo, Capri, Ischia sowie im Bereich der Straße von Messina. Die Art fehlt an den Küsten von Malta und Gozo.

Wissenswertes: Gorgonien oder Rindenkorallen der Unterordnung Holaxonia besitzen eine innere Skelettachse aus einem hornähnlichen Stoff, dem sogenannten Gorgonin. Diese Substanz verbindet faserartig die kleinen Kalknadeln (Sklerite). Umhüllt wird die biegsame und elastische Achse durch eine weiche Rinde, in die die Polypen eingebettet sind. Die prächtig gefärbten und stellenweise meterhohen Farbwechselnden Gorgonien bilden die für Taucher attraktivste Lebensgemeinschaft des Mittelmeers, die an Farbenpracht jeder tropischen Lebensgemeinschaft standhalten kann. Der Artname "Farbwechselnde Gorgonie" wie auch der alte wissenschaftliche Artname „*chamaeleon*" beziehen sich auf die unterschiedlichen Farbvarianten: Mancherorts findet man ausschließlich rot gefärbte Kolonien, während man an anderen Küsten durchweg rot-gelbe Kolonien vorfindet. Meeresbiologen sehen in diesem Farbwechsel das Ergebnis eines unterschiedlichen Nahrungsangebots. Die Farbwechselnde Gorgonie ernährt sich wie alle Gorgonien von Plankton, das mithilfe der nesselkapselbewaffneten Polypen aus dem Wasserstrom gefangen wird. Die Polypen sind in Abhängigkeit der Strömung und somit des Nahrungsangebots mehr oder weniger stark entfaltet. An strömungsexponierten Standorten siedeln oft zahlreiche Kolonien, die ihre Fächer stets senkrecht zur vorherrschenden Strömung ausrichten. Die Wachstumsgeschwindigkeit der Kolonie wird mit 1–6 mm pro Jahr angegeben. Die Farbwechselnde Gorgonie dient zahlreichen Aufsitzerorganismen als Siedlungsgrundlage. Man findet häufig Kalkröhrenwürmer (*Filograna sp.*), Vogelmuscheln (*Pteria hirundo*) und zahlreiche Hydrozoen, die sich über die Gorgonie in eine strömungsgünstige und somit nahrungsreiche Position erheben. Auf den Ästen der verschiedenen Gorgonien-Arten kann man bei näherer Betrachtung manchmal die winzige, 15 mm große Gorgonien-Porzellanschnecke (*Simnia spelta*) entdecken. Diese an die Gorgonie perfekt angepasste Schnecke ist ein ausgesprochener Nahrungsspezialist, der sich vom lebenden Achsengewebe und von den Polypen ernährt.

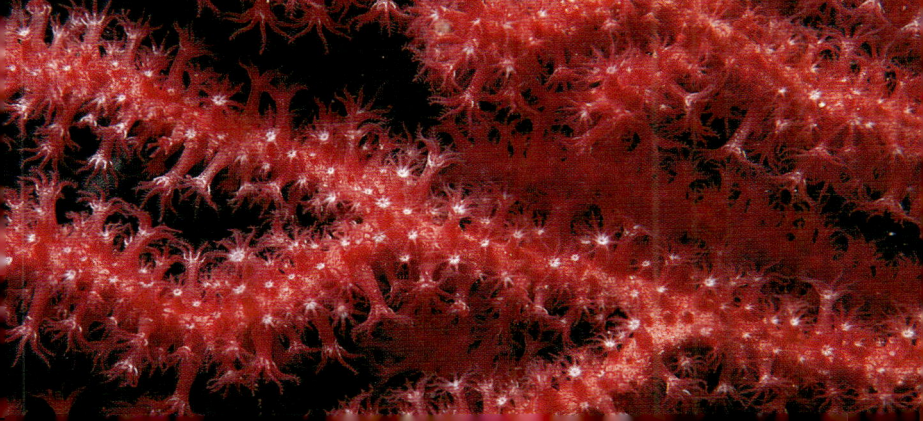

1 Orangene Fächerkoralle *Lophogorgia ceratophyta*
Familie *Gorgoniidae*

Kennzeichen: Gorgonie, deren Kolonien eine Höhe von 20–80 cm erreichen. Die Endverzweigungen haben einen Durchmesser von 1 mm. Die Polypen sind wie deren Kelche sehr klein (1 bis höchstens 1,5 mm). Die Färbung variiert von Zitronengelb über Rot bis Violett, meist ist diese Art jedoch orange gefärbt. Die Art ist aufgrund der filigranen Verzweigungen leicht zu erkennen.

Verwechslungsmöglichkeiten: Die Äste der Orangenen Fächerkoralle enden im Gegensatz zu anderen Gorgonien des Mittelmeers fein und spitzlich.

Lebensraum und Verbreitung: Diese schattenliebende Art lebt überwiegend aufrecht wachsend, vor allem auf sedimentbedeckten Hartsubstraten im Koralligen. Sie kommt in Tiefen zwischen 10 und 250 m vor. Im westlichen Becken des Mittelmeers sowie im angrenzenden Atlantik von Sables-d'Olonne (Frankreich) bis Agadir (Marokko).

Wissenswertes: Die Orangene Fächerkoralle wächst 2,5–5 cm pro Jahr.

2 Stachelige Seefeder *Pteroeides spinosum*
Familie *Pteroeididae*

Kennzeichen: Federförmige Kolonie mit gedrungenem Stiel; Polypen sitzen in Querreihen. Die Seitenblätter sind durch Skelettstrahlen verstärkt und ragen deutlich sichtbar wie Stacheln über den Rand der Blätter hinaus. Kolonie weißlich, graugelb bis bräunlich. Polypen heller, Stiel braun.

Verwechslungsmöglichkeiten: Einzige Art der Gattung im Mittelmeer.

Lebensraum und Verbreitung: Sandig schlammige Weichböden zwischen 35 und 250 m Tiefe.

Wissenswertes: Die Seefeder-Kolonie besitzt unterschiedlich spezialisierte Polypen, die miteinander in Verbindung stehen: Ein stark vergrößerter Gründungspolyp bildet die Hauptachse, von der in symmetrischer Anordnung zahlreiche weitere Polypen abgehen. Einige dieser Polypen dienen dem Beutefang, andere sind in der Lage, Wasser in die Kolonie zu saugen und wieder hinauszubefördern. In der Nacht sind die Kolonien maximal mit Wasser gefüllt und somit auch voll entfaltet. Tagsüber liegen die Seefedern meist schlaff auf dem Sediment. Seefedern können sich im Weichsubstrat aktiv verankern: Das fußartige Ende der polypenfreien Hauptachse kann durch Einströmen von Wasser vergrößert und durch Zusammenziehen der Ring- und Längsmuskeln verkleinert werden. Wenn sich eine Seefeder eingraben will, so krümmt sie das Ende ihres Stiels im rechten Winkel zum Untergrund. Durch An- und Abschwellen der Spitze schafft sie eine kleine Mulde, die nach und nach vertieft wird, bis sich das Stielende vergraben hat. Abschließend richtet sich die Kolonie endgültig auf.

3 Zylindrische Seefeder *Veretillum cynomorium*
Familie *Veretillidae*

Kennzeichen: Einzige Art der Gattung im Mittelmeer. Vollgesogene Kolonien können eine Höhe bis 80 cm erreichen. Die Art besteht aus einem polypenfreien Fußteil und einem zentralen Skelettstab, auf dem sich bis zu 500 Polypen mit acht Tentakeln radiär anordnen. Die Polypen können bis zu 8 cm lang werden.

Lebensraum und Verbreitung: Die Zylindrische Seefeder lebt auf sandig schlammigen Böden zwischen 20 und 120 m Tiefe. Geografische Verbreitung: westliches Mittelmeer, Atlantik von Südafrika bis zum Golf von Biskaya.

Wissenswertes: Die Kolonie kann zusammengezogen, wurmförmig oder aufgepumpt und hoch aufragend sein (meistens in der Nacht). Wie alle Seefedern kann sie diesen Entfaltungszustand aktiv verändern, indem entweder Wasser hinausgepumpt oder eingesogen wird. Man bezeichnet diese Art und Weise der Körperstabilisierung mit dem treffenden Begriff „Hydroskelett".

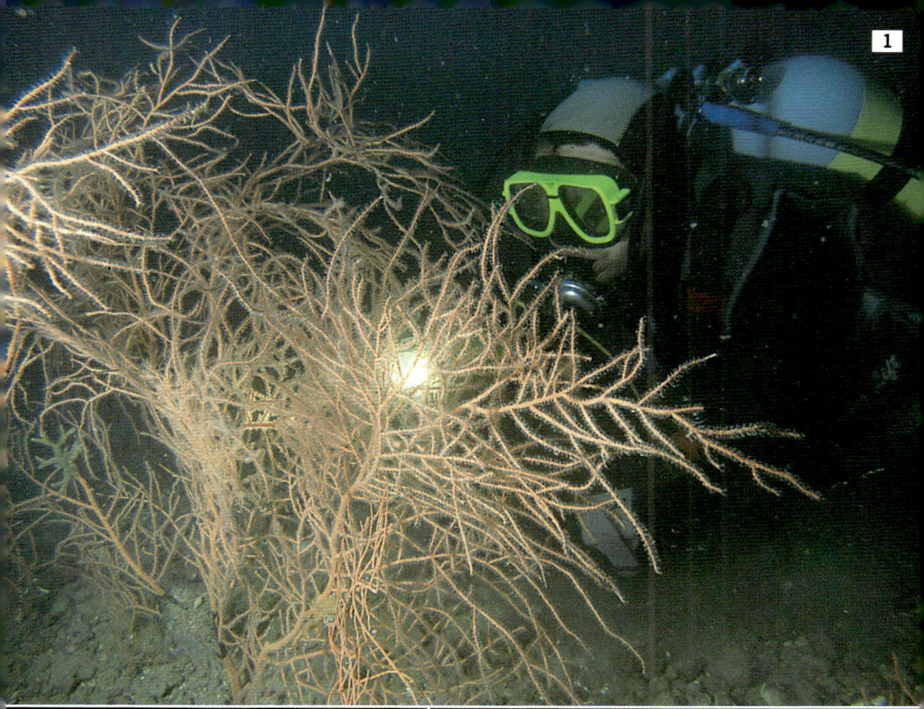
1

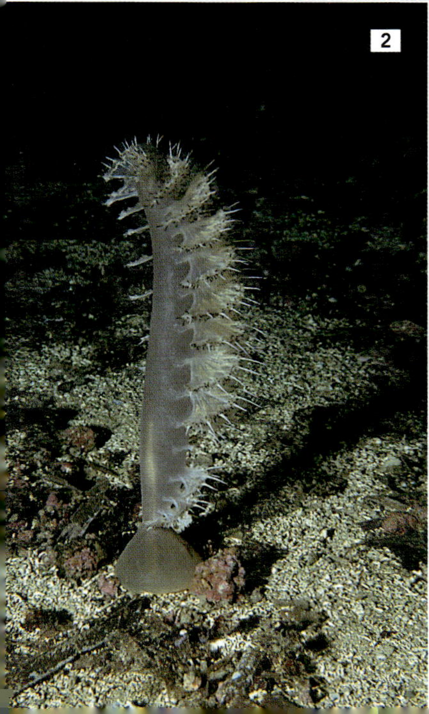
2

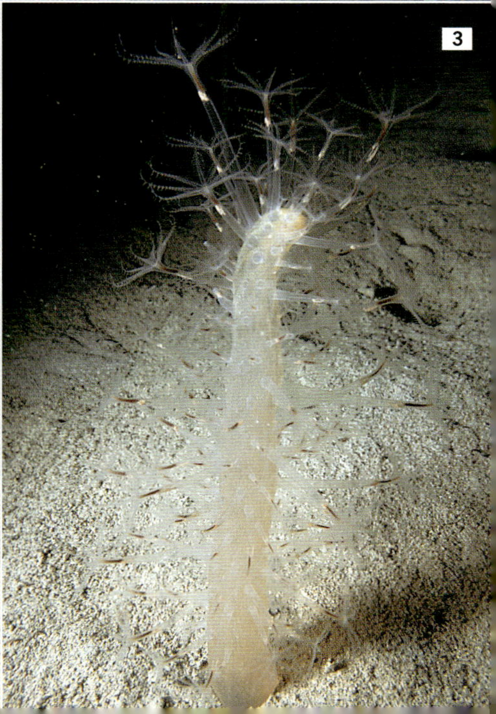
3

M O O S T I E R C H E N

1 Neptunsschleier *Sertella septentrionalis*
Familie *Phidoloporidae*

Kennzeichen: Größe bis etwa 10 cm. Die Kolonien dieser Art bilden aufrecht stehende, netzartige, gewellte Flächen von filigraner Struktur. Färbung: lebende Kolonien lachsrosa bis blassgelblich.

Verwechslungsmöglichkeiten: Aufgrund der charakteristischen, netzartigen Fächerstrukturen kaum mit anderen Mittelmeerformen zu verwechseln.

Lebensraum und Verbreitung: Schattenliebende Form des Circalitorals. Gesamtes Mittelmeer, im Norden häufiger vorkommend; auch in Teilen des Ostatlantiks.

Wissenswertes: Moostierchen bevorzugen Überhänge, Nischen, Spalten und dunkle Eingangsbereiche von Höhlen als Siedlungsplätze; verschiedene Formen siedeln auch im Wurzelstockbereich von Seegräsern oder wachsen als dünne Überzüge auf den Blättern. Große Exemplare finden sich in geringeren Tiefen in geschützten, schattigen Bereichen und sind auch regelmäßiger Bestandteil der Höhlenfauna. Erst etwa unterhalb von etwa 25 m rücken sie zunehmend aus den stark beschatteten Standorten hervor. Die auffälligen Großformen des Mittelmeers besitzen einen häufig gelborangen bis rötlichen Farbton. Sie sind stark verkalkt und sehr brüchig, weshalb die Standorte großer, attraktiver Stöcke stets auch durch nicht zu starke Wasserbewegungen gekennzeichnet sind.

2 Zierliches Fächer-Moostierchen *Reteporella elegans*
Familie *Phidoloporidae*

Kennzeichen: Größe meist bis 5 cm. Fächerförmige Kolonie mit rundlichen, in einer Ebene verzweigten Ästen. Färbung: blassgelblich weiß.

Verwechslungsmöglichkeiten: Es gibt eine Reihe von Arten aus anderen Gattungen mit ähnlicher Wuchsform, die schwer unterschieden werden können.

Lebensraum und Verbreitung: Circalitorale Art schattiger Bereiche des Felslitorals. Gesamtes Mittelmeer, in Höhlen bei Malta recht häufig.

Wissenswertes: Moostierchen gehören zum Ernährungstyp der aktiven Filtrierer. Mithilfe ihrer Tentakel können sie einen leichten Wasserstrom erzeugen. Die einzelnen Tentakel sind mit einer Vielzahl feiner Wimpern besetzt, die durch schlagende Bewegungen den notwendigen Wasserstrom erzeugen. Dieser fließt in den Trichter hinein und seitlich zwischen den Tentakeln wieder heraus. Auf diese Weise herbeigestrudelte und an den Tentakeln hängen gebliebene Nahrungspartikel werden durch weitere Wimpern zum zentral an der Basis der Tentakelkrone gelegenen Mund befördert.

3 Verwachsenes Moostierchen *Frondipora verrucosa*
Familie *Frondiporidae*

Kennzeichen: Größe bis etwa 5 cm. Die Art bildet kleine gedrungene Kolonien mit rundlichen, meist gabelig verzweigten Ästen, die im unteren Bereich vielfach miteinander verwachsen sind. Färbung: hellgelblich braun bis gelblich grün.

Verwechslungsmöglichkeiten: Diese Art ist relativ sicher an der Kolonieform zu erkennen.

Lebensraum und Verbreitung: Auf Felsböden unterhalb von 25 m Tiefe. Gesamtes Mittelmeer, jedoch nur gebietsweise regelmäßig; in Teilen des Ostatlantiks.

Wissenswertes: Moostierchen bilden Kolonien aus einer Vielzahl von Individuen: Einzeltiere (Autozooide) einer Kolonie mit einer Tentakelkrone zum Fang von Nahrungspartikeln, tentakellose Individuen mit einer geißelartigen Borste (Vibracularien), die Ablagerungen wegfegen. Ebenfalls der Reinigung des Stocks dienen die greifzangenartigen Avicularien, die Larven oder kleine Tiere ergreifen und entfernen. Dieses „Säubern" ist notwendig, damit die Kolonie nicht von Aufwuchsorganismen überwuchert wird. Einige Arten haben Kenozooide, die als Verankerungsorgane für den Stock fungieren. Schließlich kommen noch Geschlechtstiere (Gonozooide) vor. Deren Aufgabe besteht in der sexuellen Fortpflanzung.

1 Trugkoralle *Myriapora truncata*
Familie *Myriaporidae*

Kennzeichen: Meist bis 10 cm, seltener bis über 20 cm. Strauchig wachsende Kolonie mit gleichmäßig verzweigten Ästen und zahlreichen, gut erkennbaren, porenförmigen Löchern, die die Öffnungen der Einzeltiere darstellen. Durch ihre unverwechselbaren stumpfen Enden erscheinen die Äste wie abgestutzt. Färbung: lebend leuchtend orangerot, abgestorbene Bereiche schmutzig gelblich weiß.
Verwechslungsmöglichkeiten: Die Art wird aufgrund der Färbung und korallenartigen Wuchsform oft mit der Edelkoralle (*Corallium rubrum*) verwechselt. Diese kann jedoch u. a. leicht anhand der unregelmäßig knotig verdickten und in dünne Enden auslaufenden Zweige, der tiefroten Färbung und bei ausgestreckten Polypen an deren weißer Färbung unterschieden werden.
Lebensraum und Verbreitung: Circalitorale Art der schattigen Bereiche des Felslitorals. Gesamtes Mittelmeer und in Teilen des Ostatlantiks.
Wissenswertes: Bei allen Moostierchen erfolgt das Wachstum einer Kolonie asexuell durch Knospung. Am Anfang steht ein einzelnes, aus der sexuellen Vermehrung hervorgegangenes Individuum. Dieses als Ancestrula bezeichnete primäre Einzeltier (Primärzooid) hat sich aus einer Larve entwickelt. Durch Knospung des Primärzooiden entstehen Tochterindividuen, welche ihrerseits wieder knospen, sodass die Kolonie heranwächst. Schließlich erfolgt wieder eine geschlechtliche Vermehrung der überwiegend zwittrigen Tiere, aus der eine Larve hervorgeht.

2 Elchgeweih-Moostierchen *Schizotheca serratimargo*
Familie *Phidoloporidae*

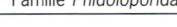

Kennzeichen: Durchmesser bis über 20 cm, selten bis 30 cm bei einer Höhe von etwa 20 cm. Die Äste der Kolonie sind stark abgeflacht und erinnern durch ihre kompakte Wuchsform, die Verzweigungen und die abgerundeten Astenden an ein Elchgeweih. Färbung: blass lachsfarben bis kräftig orangerot.
Verwechslungsmöglichkeiten: Diese Art wird häufig mit dem Blättrigen Moostierchen (*Pentapora fascialis*) verwechselt, das gelegentlich ebenfalls Elchgeweih-Moostierchen genannt wird. Das Blättrige Moostierchen hat breitere Äste und ist weit weniger gabelig verzweigt, sondern blattartig geformt.
Lebensraum und Verbreitung: Schattige Bereiche des Felslitorals. Die Art bevorzugt wärmere Gebiete. Gesamtes Mittelmeer und hier endemisch.
Wissenswertes: Moostierchen sind winzige, koloniebildende Tiere. Die einzelnen Individuen, Zooide genannt, sind in den meisten Fällen weniger als 0,5 mm groß. Die Tentakelkrone kann durch einen Muskel zurückgezogen und die Gehäuseöffnung zusätzlich bei vielen Arten mit einem kleinen Deckel verschlossen werden. Der hintere Abschnitt des Einzeltiers bildet das kastenartige Gehäuse und wird Cystid genannt, der ausstreckbare Vorderkörper mitsamt der Tentakelkrone wird als Polypid bezeichnet.

3 Röhrenbusch-Moostierchen *Margaretta cereoides*
Familie *Margarettidae*

Kennzeichen: Größe bis etwa 10 cm. Buschige Kolonien mit unregelmäßig verzweigten, röhrenförmigen Ästen. Färbung: gelblich oder rötlich braun.
Verwechslungsmöglichkeiten: Diese Art ist aufgrund der charakteristischen Wuchsform kaum mit anderen Moostierchen zu verwechseln.
Lebensraum und Verbreitung: Auf Felsböden und häufig im Wurzelstockbereich von Seegraswiesen. Gesamtes Mittelmeer; in Teilen des Ostatlantiks.
Wissenswertes: Fast alle der heute lebenden Moostierchen kommen im Meer vor, im Süßwasser sind nur wenige vertreten. Viele Arten bilden krustenförmige Überzüge, die zwar nur entfernt an Moospolster erinnern, aber der gesamten Gruppe den Namen Moostierchen einbrachte, wovon sich auch die wissenschaftliche Bezeichnung ableitet (griech.: bryon = Moos, zoa = Tiere).

M OOSTIERCHEN

1 Strauch-Moostierchen *Adeonella calveti*
Familie *Adeonidae*

Kennzeichen: Größe bis etwa 15 cm, meist jedoch kleiner. Strauchförmige Kolonien mit abgeflachten, verzweigten und unregelmäßig gebogenen Ästen. Oberfläche mit porenförmigen Löchern. Färbung: cremegelb, abgestorbene Bereiche oft durch Algenbewuchs grünlich.
Verwechslungsmöglichkeiten: Sehr ähnlich und nur von Spezialisten zu unterscheiden ist die Art *A. polystomella*.
Lebensraum und Verbreitung: Auf Hartböden. Typischer Bewohner halb schattiger Höhlenbereiche ab wenigen Metern Tiefe. Gesamtes Mittelmeer und hier endemisch.
Wissenswertes: Aufgrund ihrer geringen Größe benötigen Moostierchen kein spezielles inneres Transportsystem, d. h., Blutgefäße ebenso wie Exkretionsorgane fehlen. Die Tiere verfügen auch über keine speziellen Atmungsorgane. Vielmehr erfolgt der gesamte Gas- und Stofftransport über Diffusion. Dies ist nur möglich, wenn wie bei Moostierchen die Körperoberfläche der einzelnen Individuen im Verhältnis zum Körpervolumen sehr groß ist. Dadurch sind alle Strecken von einem beliebigen Punkt im Körperinneren zur Außenseite sehr kurz. Der Gasaustausch erfolgt vor allem über die Tentakelkrone mit ihrer relativ sehr großen Oberfläche.

2 Violettes Krusten-Moostierchen *Reptadeonella violacea (?)*
Familie *Adeonidae*

Kennzeichen: Die Art bildet dünne Krusten auf verschiedensten, auch exponierten Substraten. Färbung: dunkelbräunlich mit leicht violettem Schimmer.
Verwechslungsmöglichkeiten: Kann leicht mit weiteren krustenförmigen Moostierchen verwechselt werden.
Lebensraum und Verbreitung: Überwächst unterschiedlichste Hartsubstrate. Siedelt auch an gut belichteten Standorten. Vom Flachwasser bis in größere Tiefen. Gesamtes Mittelmeer; in Teilen des Ostatlantiks.
Wissenswertes: Diese Art ist nicht häufig und wird zudem auch aufgrund der unauffälligen Krustenform selten von Tauchern wahrgenommen. Allgemeines zur Lebensweise siehe bei den anderen Moostierchen.

3 Fächer-Moostierchen *Hornera frondiculata*
Familie *Horneridae*

Kennzeichen: Größe meist bis 7 cm. Fächerförmige Kolonie mit rundlichen, ganz überwiegend in einer Ebene verzweigten Ästen. Die Äste erscheinen durch die etwas vorstehenden Gehäuse der Einzeltiere wie mit kleinen Höckern bedeckt.
Verwechslungsmöglichkeiten: Es gibt einige Arten auch aus anderen Gattungen mit recht ähnlicher Wuchsform (siehe Zierliches Fächer-Moostierchen, *Reteporella elegans*).
Lebensraum und Verbreitung: Auf Hartböden. Im nördlichen und westlichen Mittelmeer in größeren Tiefen; im südlichen Mittelmeer kommt diese Art dagegen an flacher gelegenen Standorten vor. Gesamtes Mittelmeer; in Teilen des Ostatlantiks.
Wissenswertes: Neben dem asexuellen Wachstum einer Kolonie durch Knospung vermehren sich Moostierchen auch sexuell. Die meisten Arten sind Zwitter (Hermaphroditen) und produzieren sowohl Eier als auch Samen. In speziellen Brutkammern entwickeln sich die befruchteten Eier, bis sie als Larven entlassen werden. Diese haben oft eine mützenartige Körperform. Sie leben eine Zeit lang planktisch, wobei sie weit verdriftet werden können. Am Ende der planktischen Phase lassen sie sich auf ein geeignetes Siedlungssubstrat nieder. Durch aufeinanderfolgende Knospungen wächst schließlich wieder eine neue Kolonie heran.

1 Schwarzer Gelbrand-Plattwurm *Prostheceraeus splendidus*
Familie *Euryleptidae*

Kennzeichen: Länge bis etwa 5 cm. Blattförmiger, längs ovaler, stark abgeplatteter Körper, dessen Ränder relativ stark gewellt sind. Färbung: schwarz bis dunkelblauschwarz mit gelborangefarbenem Randsaum, der auf der Außenseite von einer feinen schwarzen Kante begrenzt ist.
Verwechslungsmöglichkeiten: Nicht bekannt.
Lebensraum und Verbreitung: Verschiedenste Hartsubstrate, auf unterschiedlichem Aufwuchs, unter Steinen, im Spalten- und Lückensystem der Felsgründe. Von wenigen Metern bis über 50 m Tiefe. Gesamtes Mittelmeer; in Teilen des Ostatlantiks.
Wissenswertes: Strudelwürmer (*Turbellaria*) sind eine etwa 3000 Arten umfassende Klasse innerhalb des Stammes der Plattwürmer (*Plathelminthes*). Bei den weitaus meisten Strudelwürmern handelt es sich um sehr kleine Formen mit Längen im Millimeterbereich. Es gibt jedoch auch größere Formen, wie die für Taucher interessanten Vertreter der Ordnung Polycladida, zu denen alle hier vorgestellten Strudelwürmer gehören. Der Name bezieht sich auf den reich verzweigten Darm dieser Tiere (*gr. polys* = viel, *klados* = Zweig). Diese fast ausschließlich marinen Strudelwürmer sind relativ groß. Sie erreichen mehrere Zentimeter Länge, selten jedoch mehr als 8 cm und sind oftmals prächtig gefärbt. Sie sind vor allem im Litoralbereich anzutreffen und weltweit verbreitet, in den Tropen ebenso wie in kühleren Meeren. Viele dieser marinen Großformen werden oftmals etwas missverständlich als Planarien bezeichnet, bei denen es sich jedoch um Strudelwürmer der Ordnung *Tricladida* handelt, so benannt nach ihrem in drei Zweige geteilten Darm. Nicht selten werden Strudelwürmer auch mit Nacktschnecken verwechselt. Von diesen lassen sie sich jedoch leicht durch ihren extrem flachen Körper unterscheiden; selbst relativ flache Formen unter den Nacktschnecken sind stets deutlich dicker. Zudem besitzen Strudelwürmer keinerlei Kiemenanhänge, während solche bei Nacktschnecken stets vorhanden und meist gut sichtbar sind.

2 Variabler Plattwurm *Prostheceraeus giesbrechtii*
Familie *Euryleptidae*

Kennzeichen: Länge bis 3 cm. Blattförmiger, längs ovaler, stark abgeplatteter Körper. Mit zwei, durch Faltung des vorderen Körperrandes geformten Kopftentakeln. Vom Variablen Plattwurm sind zwei Farbvarianten bekannt. Form 1 (**2a**): rosarot bis pinkfarben mit schmalem weißem Randsaum und feinen weißen Längslinien. Form 2: Bläulich mit weißen Längslinien und einem gelben Streifen entlang der Mittellinie (**2b**). Weiße, durchscheinende Form mit kräftig weißer Mittellinie (**2c**).
Verwechslungsmöglichkeiten: Aufgrund der charakteristischen Färbung mit weißen Längsstreifen nicht vorhanden.
Lebensraum und Verbreitung: Verschiedenste Hartsubstrate, auf unterschiedlichem Aufwuchs, unter Steinen, im Spalten- und Lückensystem der Felsgründe. Von wenigen Metern bis über 50 m Tiefe. Gesamtes Mittelmeer; in Teilen des Ostatlantiks, Madeira.
Wissenswertes: Von manchen Autoren werden die zwei Farbvarianten als unterschiedliche Arten angesehen: Die rosafarbene heißt dann *Prostheceraeus roseus*, die bläuliche *P. giesbrechtii*. Wie die übrigen Strudelwürmer haben die Vertreter der Polycladen, zu denen die hier aufgeführten Arten gehören, einen bilateral symmetrischen, sehr weichen Körper, der mit winzigen, mit bloßem Auge nicht zu erkennenden Wimpern bedeckt ist. Mithilfe dieses Wimpernflaums gleiten die Tiere sehr elegant und teils erstaunlich schnell über den Boden. Gerade manche größere Formen können auch durch wellenförmige Bewegungen des gesamten Körpers und insbesondere der Seitenränder über kürzere Strecken durchs freie Wasser schwimmen. Dies ist jedoch nur recht selten zu beobachten.

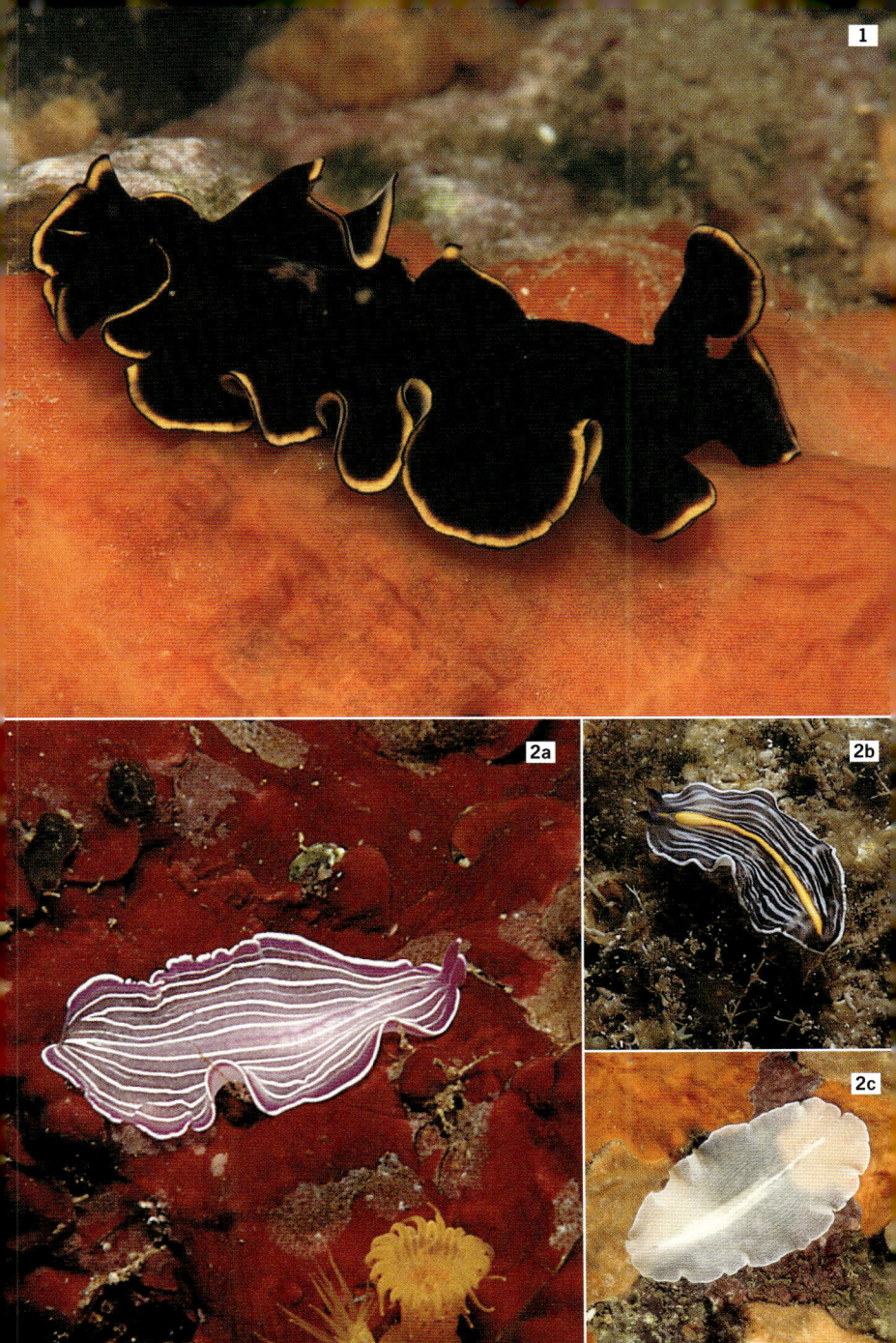

1 Weißer Plattwurm   *Prostheceraeus vittatus*
Familie *Euryleptidae*

Kennzeichen: Länge meist bis 3 cm. Blattförmiger, längs ovaler, stark abgeplatteter Körper. Vorderrand des Körpers zu 2 Tentakeln hochgewölbt. Färbung: milchig weiß bis cremefarben mit feinen dunklen Längsstreifen und schmalem weißen Rand.
Verwechslungsmöglichkeiten: Keine.
Lebensraum und Verbreitung: Auf Hartsubstraten und unterschiedlichem Aufwuchs. Vom Flachwasser bis über 50 m Tiefe. Gesamtes Mittelmeer; in Teilen des Ostatlantiks, Ärmelkanal, Nordsee.
Wissenswertes: Polycladen, zu denen auch diese Art gehört, ernähren sich typischerweise räuberisch, wobei sie ihre Beute über chemische Reize aufspüren. Auf ihrem umfangreichen Speisezettel stehen wirbellose Tiere wie z. B. Schwämme, Moostierchen, Muscheln oder Seescheiden, aber auch frei bewegliche kleine Wirbellose. Sie kriechen über die Beute und stülpen den vorstreckbaren Schlund, der bauchseits meist in Körpermitte liegt, darüber. Da sie keinen After besitzen, werden unverdaute Nahrungsreste wieder über den Mund ausgeschieden. Der Schlund geht bei den Polycladen in einen äußerst stark verzweigten Darm über, dessen Verästelungen bis in alle Körperregionen reichen. So ist auch bei diesen relativ großen Strudelwürmern kein Gewebe weit vom Darmtrakt entfernt, was die Verteilung der Nährstoffe über Diffusion ermöglicht.

2 Großer Horn-Plattwurm   *Pseudoceros maximus*
Familie *Pseudocerotidae*

Kennzeichen: Länge bis etwa 4 cm. Blattförmiger, längs ovaler, stark abgeplatteter Körper. Vorderrand des Körpers mit 2 tentakelartigen Auffaltungen. Färbung: bräunlich mit zahlreichen hellen Flecken und einem weißlichen Randsaum; zumindest aus dem Ostatlantik (Madeira) ist eine zweite Farbvariante bekannt, die heller bräunlich ist und neben vielen hellen auch dunkle Flecken und kurze Streifen sowie einen sehr feinen dunklen Randsaum hat.
Verwechslungsmöglichkeiten: Trotz Farbvariationen ist diese Art relativ gut zu erkennen.
Lebensraum und Verbreitung: Auf Hartsubstraten und unterschiedlichem Aufwuchs. Gesamtes Mittelmeer, in Teilen des Ostatlantiks, Madeira.
Wissenswertes: Selbst die größeren Formen unter den marinen Strudelwürmern werden von Tauchern nur sehr sporadisch beobachtet. Dies mag auch daran liegen, dass sie leicht im Labyrinth der Spalten und Höhlungen des Felslitorals „untertauchen". Da sie kein festigendes Skelett besitzen, sind sie äußerst flexibel und schlüpfen dank ihrer Flachheit selbst durch kleinste Ritzen. Sie scheuen sich aber auch nicht, tagsüber frei umherzustreifen. Dabei werden sie von räuberischen Fischen, für die sie eigentlich eine leichte Beute wären, gemieden. Offenbar verfügen sie ähnlich den Nacktschnecken über abschreckende oder giftige Stoffe. Die auffällige Färbung vieler Arten mag in diesem Zusammenhang möglicherweise als Warnsignal dienen.

3 Gefleckter Plattwurm   *Stylochus pilidium*
Familie *Stylochidae*

Kennzeichen: Länge bis 3,5 cm. Blattförmiger, längs ovaler, stark abgeplatteter Körper mit 2 aus dem Vorderrand gefalteten Tentakeln. Grundfärbung: milchig weiß mit zahlreichen dunklen Sprenkeln und mehr oder weniger ausgeprägten weißen Längsstreifen, Tentakel violett, Körperrand mit schmalem gelbem Saum.
Lebensraum und Verbreitung: Auf Hartsubstraten und unterschiedlichem Aufwuchs. Vom Flachwasser bis etwa 20 m Tiefe. Gesamtes Mittelmeer; in Teilen des Ostatlantiks.
Wissenswertes: Der Gefleckte Plattwurm ist ein gefürchteter Fraßfeind in Austernkulturen; er dringt durch die Schalenöffnung in die Muscheln ein und ernährt sich von diesen.

1 Schwarzer Plattwurm   *Pseudoceros sp.*
Familie *Pseudocerotidae*

Kennzeichen: Größe des abgebildeten Exemplars: etwa 5 cm.
Lebensraum und Verbreitung: Dieses Exemplar wurde bei der Insel Brac, Kroatien, in 10 m Tiefe entdeckt.
Wissenswertes: Zur genauen Bestimmung von Plattwürmern bedarf es häufig eingehender Untersuchungen. Auf der Körperunterseite befinden sich der Mund mit vorstülpbarem Schlund, männliche und weibliche Genitalapparate und bei der Unterordnung *Cotylea* in Körpermitte ein Saugnapf. Diese Merkmale sind in ihrer Anordnung und genauen Ausprägung jedoch nur bei Vergrößerung und praktisch nur an toten, präparierten Tieren erkennbar. Wissenschaftlern dienen diese Merkmale zur Artbestimmung. Zudem werden immer öfter molekulargenetische Methoden angewandt. Eine sichere Artbestimmung ist nur durch Spezialisten möglich, die dazu Labormethoden benötigen. Ansonsten zeigen die Tiere keine ohne Weiteres erkennbaren Unterscheidungsmerkmale. So wird vor allem von Laien gern – und zwangsweise – das Farbmuster zur Identifizierung herangezogen. Das ist für viele Arten leider völlig unzureichend. Doch funktioniert es gerade bei *Pseudoceros*- und *Pseudobiceros*-Arten oft relativ gut. Prinzipiell ist das Bestimmen nach Farbmustern allein sehr unsicher. So können manche Arten mit fast identischem Farbmuster sogar unterschiedlichen Familien angehören. Auf der anderen Seite zeigen einige Arten eine hohe Variabilität im Farbmuster.

2 Gesprenkelter Plattwurm   *Eurylepta sp.*
Familie *Euryleptidae*

Kennzeichen: Größe des abgebildeten Exemplars: etwa 2,0 cm.
Lebensraum und Verbreitung: Dieses Exemplar wurde bei den Aeolischen Inseln (Italien) in 4 m Tiefe auf Vulkangestein entdeckt.
Wissenswertes: Der Kopfbereich der Strudelwürmer ist mit Nerven- und Sinneszellen angereichert. Lichtempfindliche Zellen sind in zahlreichen Augenflecken im Kopfbereich und auf den Pseudotentakeln zusammengefasst. Zusätzlich kann ein cerebraler Augenfleck vorn auf der Kopfmitte ausgebildet sein. Die Augen besitzen jedoch keine Linsen, es sind lediglich einfache Fotorezeptoren, die ein Erkennen von Hell-Dunkel und der Lichtrichtung ermöglichen. Für die Orientierung ist der chemische Sinn am wichtigsten. Die chemosensitiven Zellen konzentrieren sich ebenfalls im Kopfbereich und auf den Pseudotentakeln.

3 Transparenter Plattwurm   *Planoceros sp.*
Familie *Planoceridae*

Kennzeichen: Größe des abgebildeten Exemplars: etwa 2,5 cm.
Lebensraum und Verbreitung: Das Exemplar wurde bei den Aeolischen Inseln (Italien) in 3 m Tiefe auf Vulkangestein entdeckt.
Wissenswertes: Die Regenerationsfähigkeit nach Verletzungen von Plattwürmern ist unter Biologen berühmt. Eindrucksvoll sind die Versuche an Süßwasserarten der Gattung Dugesia (Ordnung Tricladida): Ein Exemplar kann z. B. quer in fünf Teile zerschnitten werden – und jedes einzelne Teilstück regeneriert sich zu einem kompletten Tier. Ein mittig durchgeführter Längsschnitt im vorderen Körperbereich führt zur Ausbildung von zwei Köpfen. Die großen marinen Polycladida-Arten (wie alle hier aufgeführten Plattwürmer) besitzen dagegen eine weitaus geringere Fähigkeit zur Regeneration. Dennoch können auch sie größere Verletzungen durch rasche Gewebeneubildung heilen. Auf der anderen Seite sind große Strudelwürmer äußerst zarte, fragile Wesen. Das Anfassen der Tiere führt sehr leicht zu Verletzungen, z. B. zum Einreißen vom Körperrand aus. Auch Druckverletzungen können zur Degeneration der Tiere führen.

1 Zotten-Plattwurm *Thysanozoon brochii*
Familie *Pseudocerotidae*

Kennzeichen: Länge bis 5 cm. Stark abgeplatteter Körper, jedoch etwas weniger flach als die anderen vorgestellten Strudelwürmer. Mit zwei aus dem vorderen Körperrand hochgewölbten Tentakeln. Körperoberseite mit zahlreichen, dicht an dicht stehenden Papillen bedeckt. Färbung: variabel, meist gelblich braun (**1a**) bis rötlich braun, selten schwärzlich (**1b**).
Verwechslungsmöglichkeiten: Keine.
Lebensraum und Verbreitung: Auf Hartsubstraten und unterschiedlichem Aufwuchs. Von wenigen Metern bis über 80 m Tiefe. Gesamtes Mittelmeer; in Teilen des Ostatlantiks.
Wissenswertes: In die zahlreichen Rückenzotten dieser Art ziehen feine Endverzweigungen des Darmes hinein. Strudelwürmern fehlt nicht nur ein inneres Zirkulations- oder Blutgefäßsystem, sie besitzen auch keine speziellen Atmungsorgane. Der Gasaustausch erfolgt über die gesamte Körperoberfäche. Dies ist nur aufgrund ihres extrem flachen Körpers möglich, bei dem keine Zelle weit von der Oberfläche entfernt ist und daher die Wege für einen Gasaustausch über Diffusion stets kurz genug sind. Mitglieder der hier vorgestellten Ordnung *Polycladida* tragen am Vorderende zahlreiche winzige Augen, die jedoch nur bei starker Vergrößerung zu sehen sind. Viele haben Kopftentakel, die entweder Auffaltungen des vorderen Körperrandes darstellen oder in Form echter kleiner Hörnchen dem zentralen Kopfbereich entspringen. Die meisten Strudelwürmer sind Zwitter (simultane Hermaphroditen), besitzen also sowohl weibliche als auch männliche Geschlechtszellen. Bei den meisten Strudelwürmern erfolgt die Entwicklung direkt, d. h., aus den Eiern schlüpfen Jungtiere. Bei den Polycladen, zu denen alle hier aufgeführten Strudelwürmer gehören, kommt jedoch auch eine indirekte Entwicklung vor. Dabei entsteht aus dem Embryo zunächst eine bewimperte Larve, die sich eine kurze Zeit im freien Wasser aufhält, bevor sie zum Bodenleben übergeht und dann allmählich die Körperform des erwachsenen Tiers annimmt.

2 Grüner Igelwurm *Bonellia viridis*
Familie *Echiuridae*

Kennzeichen: Weibchen: Länge des Rumpfs bis 15 cm, Länge des Rüssels bis 150 cm; Rumpf eiförmig (**2b**), Rüssel bandartig dünn, am Ende gegabelt (**2a**). Färbung: lebhaft smaragdgrün bis schwärzlich grün. Männchen andersartig gebaut und nur bis 3 mm lang (Zwergmännchen).
Verwechslungsmöglichkeiten: Die Zwergbonellia (*B. minor*) ist von gleicher Gestalt, bleibt aber mit nur 2–3 cm Rumpflänge deutlich kleiner. Die Unterscheidung ist nur durch Spezialisten möglich. Von dieser zweiten, kleineren Art abgesehen, ist der Grüne Igelwurm im Mittelmeer unverwechselbar.
Lebensraum und Verbreitung: In Felslöchern und zwischen Steinen der Geröllböden. Vom Flachwasser bis in größere Tiefen. Gesamtes Mittelmeer; auch in Teilen des Ostatlantiks.
Wissenswertes: Der Grüne Igelwurm ist überwiegend nachtaktiv. Dann streckt sich der außerordentlich flexible Rüssel weit hervor, wobei er auch um Biegungen und Ecken verspannt sein kann. Mit seinem typischerweise T-förmig ausgebreiteten Vorderende gleitet der Rüssel mithilfe feiner Wimpern über den Grund und zieht dabei den langen, bandförmigen Teil nach. Aufgenommene Nahrungspartikel werden mit Schleim umhüllt und über eine Förderrinne entlang des gesamten Rüssels bis zum Mund transportiert. Bei Bonellia ist das Geschlecht nicht von vornherein festgelegt. Die Larven leben nur kurze Zeit planktisch, bevor sie sich auf den Boden niederlassen. Treffen sie auf ein Weibchen, setzen sie sich auf dem Rüssel fest, entwickeln sich zu Zwergmännchen und wandern schließlich in den Darm des Weibchens oder weiter bis zu den Geschlechtsgängen, wo sie schließlich die Eier besamen können. In einem Weibchen halten sich oft zahlreiche Zwergmännchen auf: In einem Tier wurden bis zu 85 Stück gezählt. Larven, die kein Weibchen finden, entwickeln sich überwiegend zu Weibchen.

1a

1b

2a

2b

1 Feuerwurm *Hermodice carunculata*
Familie *Amphinomidae*

Kennzeichen: Länge bis 30 cm. Lang gestreckter Körper mit bis über 100 Segmenten. Diese tragen beiderseits je ein rostrotes, verzweigtes Kiemenbüschel und ein Bündel weißer, dünner Borsten. Färbung der Segmentoberseite metallisch grünlich, rötlich oder bräunlich, Segmentgrenzen als dünne weißliche Querbänder zu erkennen.

Verwechslungsmöglichkeiten: Keine.

Lebensraum und Verbreitung: Auf allen Hartböden, auch zwischen Seegras. Vom Flachwasser bis etwa 30 m Tiefe. Gesamtes Mittelmeer; Ostatlantik; Karibik; Indopazifik.

Wissenswertes: Der Mund des Feuerwurms ist als Schaborgan ausgebildet und mit scharfen, vorstülpbaren Leisten versehen. Als Nahrung dienen ihm verschiedene fest sitzende Tiere sowie Aas. Die Borstenbüschel können bei Beunruhigung ruckartig ausgefahren werden. Die Borsten sind hohl, glashart und brüchig. Sie dringen leicht in die menschliche Haut ein und brechen dann ab. In die Haut eingedrungene Borsten verursachen lokal einen brennenden Schmerz, Rötung und leichte Schwellung. Zum Entfernen der Borsten empfiehlt sich das behutsame Auflegen und Abziehen eines Klebebands. Desinfizieren Sie anschließend die betroffenen Stellen mit Alkohol (40–70-prozentig).

2 Polymnie *Eupolymnia nebulosa*
Familie *Terebellidae*

Kennzeichen: Länge der Röhre bis 30 cm, die jedoch vollständig im Substrat verborgen ist. Sichtbar sind nur die fadenförmigen, bis etwa 25 cm langen Kopftentakel. Färbung der Tentakel: weiß, cremefarben oder blassrosa.

Verwechslungsmöglichkeiten: Sehr ähnlich sind Vertreter der Gattungen Polycirrus und Amphitrite. Bestimmung nur durch Spezialisten möglich.

Lebensraum und Verbreitung: Meist in Felsspalten oder unter Steinen. Ab dem Flachwasser, selten tiefer als 15 m. Gesamtes Mittelmeer.

Wissenswertes: Die schleimig gelatinöse Wohnröhre ist mit Sandkörnern, feinem Muschelgrus und Steinchen verfestigt. An den klebrigen Fäden, die zum Nahrungserwerb ausgestreckt und wieder eingezogen werden können, bleiben Nahrungspartikel wie an Leimruten hängen.

3 Schraubensabelle *Sabella spallanzanii*
Familie *Sabellidae*

Kennzeichen: Länge bis 40 cm, Durchmesser der Tentakelkrone bis 15 cm. Pergament- bis gummiartige Wohnröhre. Die spiralig gewundene Tentakelkrone besitzt bei Jungtieren nur eine, bei Erwachsenen bis zu sechs Windungen. Färbung: Röhre meist grau; Tentakelkrone variabel, einfarbig weißlich (**3a**), gelblich (**3b**), orangebraun, oft auch mehrfarbig gebändert, z. B. in Orange, Weiß und Bläulich.

Lebensraum und Verbreitung: Auf Hartböden, seltener auf Sand- oder Weichgrund. Vom Flachwasser bis etwa 40 m Tiefe. Gesamtes Mittelmeer; im Ostatlantik bei Westfrankreich, den Kanaren, Azoren sowie in der Nordsee; weitere Nachweise von Rio de Janeiro, Java und Australien.

Wissenswertes: Die Schraubensabelle war lange der Gattung *Spirographis* zugeordnet, gehört aber seit Kurzem in die Gattung *Sabella*. Die bemerkenswerte Verbreitung der ursprünglich wohl im Mittelmeer heimischen Schraubensabelle geht vermutlich auf die Verschleppung durch Schiffe zurück, möglicherweise indem die Larven im Ballastwasser die weiten Strecken zurücklegen konnten. Zumindest liegen die heutigen Nachweisorte in etwa auf den früheren Segelrouten der Handelsschiffe nach Asien und Südamerika.

1 Fächerröhrenwurm *Bispira volutacornis*
Familie *Sabellidae*

Kennzeichen: Länge bis 15 cm. Gummiartige Wohnröhre. Die Tentakelkrone besteht aus zwei, jeweils einen eigenen Trichter bildenden Tentakelträgern. Die beiden Einzeltrichter können jeweils mehrere Windungen aufweisen. Färbung: Röhre grau; Tentakelkrone variabel, oft orangerot bis rostrot, vielfach auch lebhaft quer gebändert.

Verwechslungsmöglichkeiten: Sehr gut an den beiden gleich großen, jeweils trichterförmigen Hälften der Tentakelkrone zu erkennen.

Lebensraum und Verbreitung: Auf Felsböden, oft in schattigen Bereichen wie Spalten, auch zwischen Steinen. Vom Flachwasser bis in größere Tiefen. Gesamtes Mittelmeer; im Ostatlantik von Gibraltar bis zum Ärmelkanal.

Wissenswertes: Borstenwürmer der Familien *Sabellidae* und *Serpulidae* haben ihre frei bewegliche Lebensweise zugunsten einer fest sitzenden aufgegeben, da sie sich auf den Planktonfang speziali- siert haben. Die hierfür entwickelte Tentakelkrone ist in der Regel das Einzige, was von den Würmern zu sehen ist. Der übrige, typisch wurmartige Körper ist vollständig in einer selbst gefertigten Röhre verborgen, die das Tier in den allermeisten Fällen zeitlebens nicht verlässt.

2 Pfauenfederwurm *Sabella pavonina*
Familie *Sabellidae*

Kennzeichen: Länge bis 25 cm, Durchmesser der Tentakelkrone bis 15 cm. Pergament- bis gummiartige Wohnröhre. Die Tentakelkrone besteht aus zwei halbkreisförmigen Tentakelträgern, die zusammen einen einfachen Trichter bilden. Färbung: Röhre sandfarben bis grau; Tentakelkrone variabel, weiß, rötlich, braun, violett, oft gebändert und nicht selten weißlich mit dunkelrotbraunen Querbändern.

Verwechslungsmöglichkeiten: Keine.

Lebensraum und Verbreitung: Auf sandigen und schlammigen Böden. Vom Flachwasser bis etwa 40 m Tiefe. Gesamtes Mittelmeer; im Ostatlantik von Nordafrika bis zu den Britischen Inseln, Nordsee.

Wissenswertes: Der größte Teil der Wohnröhre des Pfauenfederwurms liegt im Sediment verborgen, oftmals ragt sogar nur die Tentakelkrone über den Boden. Wie andere Röhrenwürmer zieht sich auch diese Art bei Störung blitzschnell in ihre Wohnröhre zurück.

3 Schlicksabelle *Myxicola infundibulum*
Familie *Sabellidae*

Kennzeichen: Länge bis 20 cm. Körper in der Regel bis auf die Tentakelkrone im Untergrund ver- borgen, allenfalls ragt die Röhre wenige Zentimeter heraus. Tentakelkrone bis 6 cm im Durchmesser; rund trichterförmig; die einzelnen Strahlen fast über ihre ganze Länge durch eine feine Membran miteinander verbunden, nur die Spitzen bleiben frei. Färbung der Tentakelkrone von Rostrot über Bräunlich bis Violettbraun.

Verwechslungsmöglichkeiten: Keine.

Lebensraum und Verbreitung: Eingegraben in Sand- oder Schlickgrund. Vom Flachwasser bis in größere Tiefen. Gesamtes Mittelmeer; im Ostatlantik von Gibraltar bis zum Ärmelkanal, Nordsee.

Wissenswertes: Die Schlicksabelle ist teils einzeln, teils aber auch in kleinen Ansammlungen an- zutreffen. Die gallertigen Röhren einzelner Tiere können bei dicht zusammenstehenden Individuen zusammenhängende Klumpen bilden. Bei ungünstigen Bedingungen kann der Wurm seine Röhre verlassen und sich an anderer Stelle wieder niederlassen.

1 Kleiner Kalkröhrenwurm *Serpula vermicularis*
Familie *Serpulidae*

Kennzeichen: Länge bis etwa 7 cm. Durchmesser der Tentakelkrone bis ca. 4 cm. Röhre aus Kalk, oft spiralig gewunden. Tentakelkrone zweiteilig, jeweils mit 30–40 Tentakeln, die an der Basis durch eine Membran verbunden sind. Zwischen den beiden Tentakelträgern ein trompetenförmiger Deckel (Operculum), dieser am oberen Rand fein gezähnt. Färbung der Tentakelkrone variabel, oft in Rottönen und teils mit heller Querbänderung.
Verwechslungsmöglichkeiten: Keine.
Lebensraum und Verbreitung: Auf Felsböden, bevorzugt in schattigen Bereichen wie unter Überhängen. Vom Flachwasser bis in große Tiefe. Gesamtes Mittelmeer; von dort im Ostatlantik bis zum Ärmelkanal und zur Nordsee.
Wissenswertes: Bei Bedrohung zieht sich diese Art blitzschnell in die Wohnröhre zurück und verschließt diese mit dem Operculum, wobei dieses nicht außen aufliegt, sondern ein kleines Stück in die Röhre hineingezogen wird.

2 Glatter Kalkröhrenwurm *Protula tubularia*
Familie *Serpulidae*

Kennzeichen: Länge der nahezu glattwandigen Kalkröhre bis etwa 15 cm, Durchmesser bis 10 mm. Hinterer Teil der Röhre typischerweise am Substrat haftend, vorderes Ende frei stehend. Tentakelkrone besteht aus zwei gleich gestalteten, trichterförmigen oder leicht spiraligen Hälften. Färbung variabel: weiß (**2b**), orange (**2a**), rot.
Verwechslungsmöglichkeiten: Diese Gattung enthält mehrere, nur vom Spezialisten zu unterscheidende Arten, wie beispielsweise *P. tubularia* und *P. intestinum*.
Lebensraum und Verbreitung: Auf felsigen Böden, Steinen und anderen Hartsubstraten. Vom Flachwasser bis in größere Tiefen. Gesamtes Mittelmeer; auch im Ostatlantik.
Wissenswertes: Die Borstenwürmer der Familien *Serpulidae* und *Sabellidae* lassen sich leicht am Röhrenbau unterscheiden. Die Sabelliden leben in einer weichen, pergament- bis gummiartigen Röhre, während die Serpuliden eine solide Kalkröhre herstellen. Beide ernähren sich von Plankton, das sie mit ihrer Tentakelkrone fangen. Diese wird von zwei am Kopf des Tieres ansitzenden Tentakelträgern gebildet und stellt einen feinmaschigen, trichterförmigen oder spiralig gewundenen Fangapparat dar.

3 Filigraner Röhrenwurm *Filograna implexa*
Familie *Serpulidae*

Kennzeichen: Koloniedurchmesser bis etwa 30 cm. Durchmesser der einzelnen Kalkröhren ca. 5 mm. Röhren vielfach miteinander verwachsen. Färbung: Kalkröhren reinweiß bis weißlich grau, Tentakelkrone weißlich, nur an der Basis gelborange (**3b**).
Verwechslungsmöglichkeiten: Bei der Gattung keine, die Artbestimmung ist jedoch nur durch Spezialisten möglich.
Lebensraum und Verbreitung: Art des Circalitorals. Auf Hartböden, oft an schattigen Felswänden und Überhängen, auch epizoisch auf den Fächern von Gorgonien. Besonders die größeren Kolonien meist erst unterhalb von 5 m, bis in größere Tiefen. Gesamtes Mittelmeer; in Teilen des Ostatlantiks.
Wissenswertes: Durch ungeschlechtliche Vermehrung kann diese sehr kleine Art die auffällig großen Kolonien bilden. Diese sind ebenso filigran wie zerbrechlich und bevorzugen daher geschützte Standorte. An geeigneten Stellen, wie z. B. Schattenwänden, kommen sie gelegentlich gehäuft vor.

1 Grüne Käferschnecke *Chiton olivaceus*
Familie *Chitonidae*, Käferschnecken

Kennzeichen: Größe bis 4 cm. Stark abgeflachter, längs ovaler Körper; auf dem Rücken 8 von vorn nach hinten dachziegelartig angeordnete Schalen.
Verwechslungsmöglichkeiten: Keine.
Lebensraum und Verbreitung: Nachtaktiver Weidegänger auf Hartböden und Steinen. Von der Brandungszone bis etwa 10 m Tiefe. Gesamtes Mittelmeer.
Wissenswertes: Käferschnecken sind gut an ein Leben in der Brandungszone angepasst.

2 Große Stachel-Käferschnecke *Acanthochitona communis*
Familie *Acanthochitonidae*

Kennzeichen: Breiter Mantelgürtel mit großen, kräftigen Stachelbüscheln, überragt die Plattenränder (Gattungsmerkmal). Bis 5 cm großes, meist grau, manchmal gelblich gefärbtes Tier.
Verwechslungsmöglichkeiten: Nur die Große Stachel-Käferschnecke besitzt rundliche Körnchen auf den seitlichen Feldern der Rückenplatten.
Lebensraum und Verbreitung: Vom Flachwasser (unter Steinen) bis in größere Tiefen, auch im Koralligen. Mittelmeer und Atlantik, von Britannien bis zu den Azoren.

3 Gewöhnliche Napfschnecke *Patella coerulea*
Familie *Patellidae*, Napfschnecken

Kennzeichen: Stark skulpturierte, flache Schale, die nach vorn etwas verschmälert ist. Zahlreiche verschieden große und gewellte Rippen. Rötlich braun bis grau, sehr variabel in Form und Färbung.
Verwechslungsmöglichkeiten: Die Unterscheidung verschiedener Napfschnecken ist schwierig.
Lebensraum und Verbreitung: Leitform des felsigen Mediolitorals.
Wissenswertes: Napfschnecken sind perfekt an das Leben in der Brandungszone angepasst. Mittels Säureausscheidungen passen sie sich in den Felsuntergrund perfekt ein.

4 Seeohr *Haliotis tuberculata lamellosa*
Familie *Haliotidae*, Meerohren

Kennzeichen: Größe bis 7 cm. Flaches, ohrförmiges Gehäuse mit einer Lochreihe nahe des Gehäuserandes. Gehäuseinnenseite mit Perlmuttglanz. Es raspelt Algenaufwuchs vom Gestein ab.
Verwechslungsmöglichkeiten: Keine. Einzige Mittelmeerart.
Lebensraum und Verbreitung: Nachtaktive Art auf Hartböden und unter Steinen. Vom Flachwasser bis etwa 15 m Tiefe. Gesamtes Mittelmeer.
Wissenswertes: Wegen ihres Perlmuttglanzes werden Seeohren gern als Zierstücke gesammelt.

5 Große Wurmschnecke *Serpulorbis arenaria*
Familie *Vermetidae*, Wurmschnecken

Kennzeichen: Länge des am Untergrund fest gewachsenen Kalkröhrchens bis 10 cm, Mündungsdurchmesser 10–15 mm.
Verwechslungsmöglichkeiten: Keine.
Lebensraum und Verbreitung: Auf Hartgründen und Steinen fest gewachsen. Vom Flachwasser bis über 50 m Tiefe. Gesamtes Mittelmeer; in Teilen des Ostatlantiks, Kanaren.
Wissenswertes: Die Art ernährt sich von Plankton und Detritus. Aus einer speziellen Fußdrüse stößt sie Schleimfäden aus, die im freien Wasser flottieren oder dem Grund aufliegen.

1 Spitzkreiselschnecke   *Calliostoma laugieri*
Familie *Trochidae, Kreiselschnecken*

Kennzeichen: Art mit kleiner Schale, die an der Spitze glatt und ungekörnt ist. Färbung: sehr variabel, meistens olivbraun oder rötlich mit helleren und dunkleren Farbfeldern.
Verwechslungsmöglichkeiten: Kann leicht mit weiteren Kreiselschnecken der Gattung Calliostoma verwechselt werden. Diese Art zeichnet sich durch das spitz zulaufende Gehäuse ohne dunkle Körnchen an der äußersten Spitze (im Gegensatz zu *C. conulum*) aus.

2 Rotbraune Kreiselschnecke   *Calliostoma conulum*
Familie *Trochidae, Kreiselschnecken*

Kennzeichen: Höhe bis 2,7 cm. Kegelförmiges Gehäuse an der Spitze gekörnt mit bis zu 10 Umgängen und vorspringenden Spiralstreifen. Färbung: orange, Spiralstreifen weiß und rot gefleckt.
Verwechslungsmöglichkeiten: Kann leicht mit weiteren Kreiselschnecken der Gattung Calliostoma verwechselt werden.
Lebensraum und Verbreitung: Insbesondere auf pflanzenbestandenen Hartböden. Meist unterhalb von 10 m Tiefe. Gesamtes Mittelmeer; in Teilen des Ostatlantiks, Madeira, Azoren.
Wissenswertes: Beim Zurückziehen in das Gehäuse verschließen die Tiere es mit einem kreisrunden, mehrfach gewundenen, hornigen Deckel.

3 Stachelschnecke   *Bolma rugosa*
Familie *Turbinidae*

Kennzeichen: Schalenlänge bis 45 mm. Die Schale ist sehr festwandig und kreiselförmig mit erhabenem Gewinde. Oben folgt eine Serie dicker faltiger Stachelfortsätze. Braune bis grünliche Färbung.
Lebensraum und Verbreitung: Sie kommt regelmäßig, aber nicht häufig auf Hartböden vor.
Wissenswertes: Die Deckel (Operculum) dieser Art findet man am Strand. Sie werden als Glücksbringer zu Schmuck verarbeitet. Volksmund: Gottesauge oder Naxosauge.

4 Nabelschnecke   *Naticarius hebraeus*
Familie *Naticidae, Nabelschnecken*

Kennzeichen: Gattung mit rundlicher Schale und offenem Nabel. Die Art hat eine bis zu 44 mm lange Schale und ist weiß bis hellgrau. Entweder viele unregelmäßige, fahlrote Flecken oder größere rotbraune Flächen in drei nicht sehr deutlich abgegrenzten Spiralbändern.
Verwechslungsmöglichkeiten: Insgesamt sind 18 (teils sehr ähnliche) Arten im Mittelmeer vertreten, die schwer zu bestimmen sind.
Lebensraum und Verbreitung: Auf Schlamm- und Sandböden, vom Flachwasser bis in größere Tiefe; jedoch nicht häufig.
Wissenswertes: Die Art ist nachtaktiv. Der Mantel wird bei der Nahrungssuche über die Schale gestülpt, wodurch die Schnecke an die Form eines Spiegeleis erinnert.

5 Turbanschnecke   *Monodonta turbinata*
Familie *Trochidae, Kreiselschnecken*

Kennzeichen: Abgerundete, kegelförmige, sehr festwandige Schale. Charakteristisch ist ein höckeriger Zahn an der Spindelbasis, welcher der Gattung den Namen Monodonta gegeben hat. Schale grau, gelblich oder grünlich mit rotbraunen bis violetten Flecken. Gebräuchliches Synonym: *Osilinus turbinatus*.
Lebensraum und Verbreitung: Sehr häufig im Felslitoral.

1 Persische Flügelschnecke *Strombus persicus*
Familie *Strombidae*

Kennzeichen: Gehäuse kegelförmig, bis 6 cm lang mit spaltartiger Öffnung. Tier mit langen Stielaugen und säbelartigem Fortsatz am Fuß (daher ist auch der Name Fechterschnecke gebräuchlich). Muster und Färbung des Gehäuses variabel, meist bräunliche Flecken auf weißem Grund.

Verwechslungsmöglichkeiten: Keine. Einzige Art der Gattung Strombus im Mittelmeer.

Lebensraum und Verbreitung: Bevorzugt in der Lebensgemeinschaft der lichtliebenden (fotophilen) Algen in 10 bis 30 m Tiefe. Bisher nur im östlichen Mittelmeer nachgewiesen, da es sich bei dieser Art um einen Einwanderer aus dem Roten Meer handelt.

Wissenswertes: Die Persische Flügelschnecke hat sich stellenweise massenhaft vermehrt. So wurden Bestände mit bis zu 100 Tieren pro Quadratmeter gezählt. Als Nahrungsgrundlage dient Detritus und pflanzliches Material. Mithilfe des säbelförmigen Fortsatzes können sich die Tiere rasch umdrehen und sich stelzenartig vorwärtsschieben.

2 Herkuleskeule *Haustellum brandaris*
Familie *Muricidae, Leistenschnecken*

Kennzeichen: Große, keulenförmige Schale mit langem und geradem Siphonalkanal sowie auffälligen Stacheln an den äußeren Umgängen. Gelblich weiß, Mündung orangegelb.

Verwechslungsmöglichkeiten: Die Form des Gehäuses ist unverwechselbar.

Lebensraum und Verbreitung: Regelmäßig auf sandigen bis schlammigen Weichböden, auch in verschmutzten Bereichen.

Wissenswertes: Als Purpurschnecken bezeichnet man üblicherweise solche Vertreter der Leistenschnecken, wie die Herkuleskeule Haustellum brandaris sowie die Purpurschnecke Hexaplex trunculus (beide Arten waren früher in der Gattung Murex zusammengefasst), die zur Farbgewinnung verwendet wurden. Diese Schnecken sondern aus einer Drüse in der Atemhöhle einen gelblichen Schleim ab, der sich im Sonnenlicht von Grün nach Blau und schlussendlich scharlachrot verfärbt und dabei einen üblen Geruch abgibt. Purpurschnecken wurden bereits von den Phöniziern zum Färben gesammelt. Die Herkuleskeule ernährt sich von Aas, aber auch räuberisch von anderen Mollusken, deren Schalen sie mithilfe ihrer Raspelzunge (Radula) und einem sauren Drüsensekret anbohren.

3 Kammförmige Herkuleskeule *Murex forskoehlii*
Familie *Muricidae, Leistenschnecken*

Kennzeichen: Bis zu 8 (maximal 11) cm großes, kammförmig bestacheltes Gehäuse. Längste Stacheln entsprechen dem maximalen Gehäusedurchmesser. Bestachelung auch auf dem langen Siphonalkanal. Färbung: cremeweiß mit braunen Flecken.

Verwechslungsmöglichkeiten: Kann mit der Herkuleskeule Haustellum brandaris verwechselt werden, deren Bestachelung aber deutlich kürzer und geringer ausfällt und nicht kammartig angeordnet ist.

Lebensraum und Verbreitung: Auf Weichböden, vom Flachwasser bis in größere Tiefen. Rotmeer-Einwanderer.

Wissenswertes: Erster Nachweis erfolgte bereits 1905 aus Port Said. Die Art hat sich seitdem über die Küsten von Israel und Libanon ausgebreitet.

1 Gorgonien-Eischnecke *Neosimnia spelta*
Familie *Ovulidae*, Eischnecken

Kennzeichen: Länge des Gehäuses bis etwa 15 mm. Die Mündung auf der Unterseite erstreckt sich über die gesamte Schalenlänge. Gehäuse spindelförmig, an den Enden zugespitzt.

Verwechslungsmöglichkeiten: Im Mittelmeer leben drei weitere Arten mit unterschiedlichen Nahrungs- und damit Wirtspräferenzen. So lebt die etwas kugelförmigere Edelkorallen-Eischnecke (*Pseudosimnia carnea*) vorwiegend auf der Edelkoralle, gelegentlich auch auf anderen Gorgonienarten.

Lebensraum und Verbreitung: Auf Gorgonien in Felsarealen. Vom Flachwasser bis etwa 80 Meter Tiefe. Nur im westlichen Mittelmeer und in der Adria.

Wissenswertes: Die Gorgonien-Eischnecke ernährt sich von den Gorgonien, auf denen sie lebt. Im Mittelmeer bevorzugt diese Eischnecke *Eunicella*- und *Paramuricea*-Gorgonien, während sie bei den Kanaren auf *Lophogorgia*-Arten anzutreffen ist. Körper und Mantel sind bei den Eischnecken variabel gefärbt und abhängig vom Wirt, auf dem sie leben. Vermutlich lagern sie die beim Fressen aufgenommenen Pigmente der Wirtsgorgonien in ihren eigenen Körper ein.

2 Braune Kauri *Luria lurida*
Familie *Cypraeidae*, Kaurischnecken

Kennzeichen: Größe bis 5 cm. Eiförmiges Gehäuse mit glatter, porzellanartiger Oberfläche. Färbung: dunkelbraun bis graubraun mit zwei helleren Querbinden, am Vorder- und Hinterende leicht orangefarben mit je 2 schwarzen Flecken. Mantel glatt, durchscheinend und mit zahlreichen, dicht aneinanderliegenden, aber farblich kaum auffallenden helleren Flecken übersät.

Verwechslungsmöglichkeiten: Keine.

Lebensraum und Verbreitung: Auf Fels- und Sandböden. Vom Flachwasser bis mindestens 40 m Tiefe. Endemische Art, im gesamten Mittelmeer.

Wissenswertes: Kaurischnecken sind getrenntgeschlechtlich. Nach der Begattung legen die Weibchen bis über 1000 Eikapseln mit jeweils etwa 500 Eiern an Hartsubstraten ab (**2b**). Das Gelege der Braunen Kauri besteht aus mehreren Hundert sackförmigen Eikapseln, die bei der Ablage noch hellgelb gefärbt sind. Im Lauf ihrer Entwicklung nehmen sie eine braune Farbe an (**2c**).

3 Variable Kauri *Erosaria spurca*
Familie *Cypraeidae*, Kaurischnecken

Kennzeichen: Größe bis etwa 4 cm. Eiförmiges Gehäuse mit glatter, porzellanartiger Oberfläche. Mantellappen mit zahlreichen verzweigten Auswüchsen. Färbung: cremeweiß bis braun mit mehr oder weniger ausgeprägten dunkleren Flecken.

Verwechslungsmöglichkeiten: Anhand der charakteristischen Mantelfortsätze gut zu erkennen.

Lebensraum und Verbreitung: Auf felsigen Böden. Vom Flachwasser bis in größere Tiefen. Gesamtes Mittelmeer.

Wissenswertes: Kaurischnecken werden auch Porzellanschnecken genannt. Das Porzellan erhielt seinen Namen von den Schnecken, nicht umgekehrt. Ihrer rundlichen Form wegen wurden sie „porcellana" (vom lat. porcella = Schweinchen) genannt. Als das erste Porzellan von China nach Europa kam, führte seine Ähnlichkeit mit der glasierten Oberfläche der Kaurischnecken zu dem Irrglauben, es sei aus deren Gehäusen hergestellt. Mit den beidseitigen lappenartigen Auswüchsen ihres Kriechfußes können Kaurischnecken ihr Gehäuse vollständig überdecken (**3b**). Die Mantellappen verhindern das Festsetzen von Aufwuchsorganismen und lagern fortwährend von außen neue, hauchdünne Kalkschichten auf die Gehäuseoberfläche ab, wodurch der makellose Porzellanglanz stets erhalten bleibt. Kaurischnecken sind überwiegend nachtaktiv und halten sich tagsüber meist in Felsspalten versteckt. Sie fressen Algen, verschiedene fest sitzende Tiere, aber auch Aas.

1 Knotige Helmschnecke *Phalium granulatum*
Familie *Cassididae, Helmschnecken*

Kennzeichen: Länge bis 10 cm, Durchmesser bis 6,5 cm. Dickwandiges Gehäuse mit schmaler, schräger Mündung. Mündungsrand verdickt, mit kräftigen Zahnfalten versehen.

Verwechslungsmöglichkeiten: Kann mit der Art *P. saburon* verwechselt werden. Diese hat eine feinere Spiralskulptur, knotige Erhebungen, eine weniger ausgedehnte Innenlippe; auf der Außenlippe sind nur die breiten Farbstreifen braun, nicht die Spiralstreifen.

Lebensraum und Verbreitung: Auf Sand- und Weichböden. Meist unterhalb von 15 m Tiefe. Gesamtes Mittelmeer; im Ostatlantik von Nordafrika bis Portugal.

Wissenswertes: Helmschnecken leben räuberisch, insbesondere von Stachelhäutern, und spüren auch im Sediment lebende irreguläre Seeigel auf. Beim Zurückziehen in ihr Gehäuse verschließen die Tiere es mit einem hornigen Deckel.

2 Tonnenschnecke *Tonna galea*
Familie *Tonnidae (Doliidae), Tonnenschnecken*

Kennzeichen: Größte Gehäuseschnecke des Mittelmeers mit fünf Umgängen. Schale dünn, gelblich braun. Tiere weißlich mit schwarzen Flecken. Auch unter dem Synonym *Dolium galea* bekannt.

Verwechslungsmöglichkeiten: Hinsichtlich Größe und Form unverkennbar.

Lebensraum und Verbreitung: Nur regional häufig, auf Weichböden und sekundären Hartböden.

Wissenswertes: Sie ernähren sich von Stachelhäutern und Muscheln. Ihr Speichel enthält 2–4 prozentige Schwefelsäure sowie Asparaginsäure. Diese Säuren werden in zwei großen Schlunddrüsen erzeugt. Sie dienen zur Lähmung der Beute und zur Aufweichung von deren Kalkskelett. Mithilfe hakenförmiger Kieferplatten und ihrer Raspelzunge können die Schnecken große Stücke aus der Beute reißen.

3 Echtes Tritonshorn *Charonia tritonis variegata*
Familie *Cymatiidae, Tritonshörner*

Kennzeichen: Größe bis 40 cm. Starkwandiges, spindelförmiges Gehäuse mit bis zu 9 Umgängen. Fühler gelb mit 2 schwarzen Binden.

Verwechslungsmöglichkeiten: Sehr ähnlich ist das Knotige Tritonshorn (*C. rubicunda lampas lampas*). Dieses ist jedoch etwas kompakter und trägt stumpfe Höcker auf der Gehäuseoberfläche.

Lebensraum und Verbreitung: Auf Fels- und Weichböden. Vom Flachwasser bis in größere Tiefen. Besonders im östlichen Mittelmeer verbreitet, im westlichen Becken nur stellenweise.

Wissenswertes: Das Große Tritonshorn ernährt sich räuberisch von Muscheln und Krebstieren. Zieht sich die Schnecke in ihr Gehäuse zurück, verschließt sie dieses mit einem dicken hornigen Deckel. Die Gehäuse wurden wegen ihrer attraktiven Größe bereits im Altertum gesammelt.

4 Knotiges Tritonshorn *Charonia lampas lampas*
Familie *Cymatiidae, Tritonshörner*

Kennzeichen: Größe bis 40 cm. Starkwandiges, spindelförmiges Gehäuse mit 8–9 Umgängen, insgesamt gedrungen, letzter Umgang deutlich abgestuft.

Verwechslungsmöglichkeiten: Sehr ähnlich, aber etwas lang gestreckter und ohne die auffälligen Knoten auf den Windungsumgängen ist das Echte Tritonshorn (*C. tritonis variegata*).

Lebensraum und Verbreitung: Auf Hart- und Weichböden, zwischen Seegras. Meist unterhalb von 15 m bis über 50 m Tiefe. Westliches Mittelmeer; im Ostatlantik von Portugal bis Irland.

Wissenswertes: Die Art ernährt sich wie das Echte Tritonshorn räuberisch. Auf dem Speisezettel stehen neben Weich- und Krebstieren auch Seesterne.

1 Purpurschnecke *Hexaplex trunculus*
Familie *Muricidae, Leistenschnecken*

Kennzeichen: Größe bis etwa 8 cm. Robustes, leicht kegelförmiges Gehäuse mit 6–7 Umgängen. Die ovale Mündung läuft in einen mäßig langen Siphonalkanal aus. Oberfläche mit zahlreichen Höckern. Färbung des Gehäuses graubeige, jedoch meist durch krustigen Aufwuchs überdeckt.
Verwechslungsmöglichkeiten: Das ebenfalls mit Höckern bedeckte Brandhorn (*Bolinus brandaris*) hat einen viel längeren Siphonalkanal.
Lebensraum und Verbreitung: Auf Hart-, Sand- und Weichböden. Vom Flachwasser bis über 50 m Tiefe. Gesamtes Mittelmeer; im Ostatlantik von Gibraltar bis Westportugal.
Wissenswertes: Leistenschnecken ernähren sich räuberisch oder von Aas. Insbesondere Muscheln stehen auf ihrem Speisezettel. Verschiedene Leistenschnecken dienten früher in der Purpurfärberei. Bereits in der Antike gewannen Griechen und Römer aus der Purpurschnecke den begehrten Farbstoff. Bis ins Mittelalter war Purpur der höchstbezahlte Farbstoff. Für ein Gramm mussten etwa 8000 Schnecken verarbeitet werden, was in Kombination mit dem aufwendigen Verfahren der Farbstoffgewinnung den extrem hohen Preis verursachte.

2 Marmorierter Seehase *Aplysia depilans*
Familie *Aplysiidae*

Kennzeichen: Länge bis 30 cm. Gestreckter, mäßig hochrückiger, sehr weicher Körper. Zwei abgeflachte, längs gerollte Kopftentakel und 2 hinter diesen ansetzende, ebenso geformte Rhinophoren. Fuß mit großen seitlichen Ausbuchtungen (Parapodien). Färbung: grünlich bis dunkelbraun.
Verwechslungsmöglichkeiten: Leicht mit anderen Seehasen zu verwechseln.
Lebensraum und Verbreitung: Algenbewachsene Hartböden, Seegraswiesen und Sandgrund. Vom Flachwasser bis etwa 20 m Tiefe. Gesamtes Mittelmeer; in Teilen des Ostatlantiks.
Wissenswertes: Seehasen besitzen eine dünne, blattförmige Schale, die jedoch meist vollständig vom Mantel überdeckt wird und daher nicht zu sehen ist. Die Tiere sind Zwitter und befruchten sich bei der Begattung gegenseitig. Der Marmorierte Seehase pflanzt sich vor allem im Frühsommer fort. Gelegentlich bilden dabei mehrere Tiere eine Paarungskette. Die Art kann vergleichsweise gut schwimmen.

3 Gepunkteter Seehase *Aplysia punctata*
Familie *Aplysiidae*

Kennzeichen: Länge meist bis 15 cm, maximal 20 cm. Gestreckter, mäßig hochrückiger, sehr weicher Körper. 2 abgeflachte, längs gerollte Kopftentakel und 2 hinter diesen ansetzende, ebenso geformte Rhinophoren. Fuß mit großen seitlichen Ausbuchtungen (Parapodien). Färbung: bräunlich bis grünbraun mit hellen Punkten und Flecken, Jungtiere rötlich.
Verwechslungsmöglichkeiten: Leicht mit anderen Seehasen zu verwechseln.
Lebensraum und Verbreitung: Algenbewachsene Hartböden, Seegraswiesen und Sandgrund. Vom Flachwasser bis etwa 20 m Tiefe. Gesamtes Mittelmeer; in Teilen des Ostatlantiks.
Wissenswertes: *Aplysia*-Arten ernähren sich von Rot-, Grün- und Braunalgen. Bei Bedrohung können Seehasen aus speziellen Drüsen ein milchiges oder blauviolettes Sekret ausstoßen, das zwar nicht giftig ist, aber der Verwirrung von Fressfeinden dienen mag. Daneben findet sich bei Seehasen auch das Aplysiatoxin. Diese Substanz wird mit der Nahrung aufgenommen und im Körpergewebe gespeichert. Produzenten sind Cyanobakterien (Blaualgen), die vom Seehasen bei seiner Weidetätigkeit mitgefressen werden. Für Fische ist Aplysiatoxin stark giftig und stellt somit einen effektiven Fraßschutz dar. Im Gegensatz zum Marmorierten Seehasen schwimmt der Gepunktete Seehase anscheinend kaum.

1 Warzige Schirmschnecke *Umbraculum umbraculum*
Familie *Umbraculidae, Schirmschnecken*

Kennzeichen: Länge meist bis 15 cm, maximal 20 cm. Oberfläche warzig. Sehr großer Fuß, vorn mit leichtem Einschnitt. Ein Paar längs gerollte, röhrenförmige Tentakel. Schale in Form eines flachen, rundlich ovalen Rückenschildes, viel kleiner als der Weichkörper und diesen daher nur schirmchenartig (Name!) zu einem kleinen Teil bedeckend.
Verwechslungsmöglichkeiten: Keine.
Lebensraum und Verbreitung: Auf Hart- und Weichböden. Meist von etwa 5 m bis über 50 m Tiefe. Gesamtes Mittelmeer; im Ostatlantik von Kapverden bis Portugal.
Wissenswertes: Über die Biologie dieser Art ist wenig bekannt. Sie soll sich von Schwämmen ernähren und eher nachtaktiv sein.

2 Schildkrötenschnecke *Pleurobranchus testudinarius*
Familie *Pleurobranchidae*

Kennzeichen: Länge bis etwa 20 cm. Rundlich ovaler, fleischiger, zur Mitte hin mäßig hochgewölbter Körper. Ein Paar längs gerollte Rhinophoren. Manteloberfläche netzartig mit ungleichmäßigen, polygonalen Feldern bedeckt. Auf dem Rücken mehrere große, bucklige bis kegelförmige Erhebungen.
Verwechslungsmöglichkeiten: Keine. Erinnert an den Panzer einer Schildkröte. Daher auch der Name (lat.: testudo = Schildkröte).
Lebensraum und Verbreitung: Nachtaktiv, meist auf Hartböden, auch in Seegraswiesen. Gesamtes Mittelmeer; im Ostatlantik von Portugal und den Azoren beschrieben.
Wissenswertes: Die Schildkrötenschnecke gehört zu den Seitenkiemenschnecken (Ordnung Notaspidea). Diese sind durch den Besitz einer großen doppelfiedrigen Kieme gekennzeichnet, die sich auf der rechten Körperseite zwischen Mantelrand und Fuß befindet. Die meisten Mitglieder der Familie Pleurobranchidae, wie auch diese Art, besitzen noch eine flache innere Schale.

3 Meckels Flankenkiemer *Pleurobranchea meckeli*
Familie *Pleurobranchidae*

Kennzeichen: Länge bis 15 cm. Gesamter Körper braun und blasscremefarben marmoriert.
Verwechslungsmöglichkeiten: Keine.
Lebensraum und Verbreitung: Auf sandigen und schlammigen Böden. Mittelmeer, Azoren und Kanaren.
Wissenswertes: Diese große, räuberische Art hat ein weites Beutespektrum. Neben Nesseltieren, Flohkrebsen, Seescheiden, Borsten- und Schnurwürmern frisst sie auch Nacktschnecken und kleine Fische.

4 Goldschwamm-Schnecke *Tylodina perversa*
Familie *Tylodinidae*

Kennzeichen: Länge des Körpers ausgestreckt bis etwa 4,5 cm; mit flacher, hütchenförmiger Schale. Das Tier ist einheitlich leuchtend gelb gefärbt.
Verwechslungsmöglichkeiten: Keine.
Lebensraum und Verbreitung: Meist auf dem Goldschwamm (*Aplysina aerophoba*) anzutreffen. Ab 5 m Tiefe. Mittelmeer, im Ostatlantik von Südengland bis St. Helena.
Wissenswertes: Ernährt sich vom Goldschwamm. Kann gebietsweise zahlreiche Schwämme befallen. Mit ihrer Färbung ist die Goldschwamm-Schnecke sehr gut getarnt und wird oft übersehen. Sie bevorzugt Goldschwämme aus flacheren Bereichen, da sie es auf die vom Sonnenlicht abhängigen, symbiontischen Cyanobakterien („Blaualgen") abgesehen hat, die in den äußersten Schwammbereichen leben.

1 Gestreifte Flügelschnecke *Thuridilla hopei*
Familie *Elysiidae*

Kennzeichen: Länge bis 2,5 cm. Schlanker Körper mit glatter Oberfläche, ohne Kiemenkrone und Körperanhänge. Ein Paar um die Längsachse gerollte, lange Rhinophoren. Relativ breite Fußlappen, diese stets hochgeschlagen. Färbung sehr variabel. Häufig Unterseite der Fußlappen, Kopf und Rhinophoren mit gelben, blauen und weißen Längsbändern. Die Augen sind auf dem Kopf als dunkle Punkte in einem weißlichen Bereich zu erkennen.
Verwechslungsmöglichkeiten: Keine.
Lebensraum und Verbreitung: Auf verschiedenen, besonders auch algenbewachsenen Hartböden. Vom Flachwasser bis mindestens 25 m Tiefe. Gesamtes Mittelmeer.
Wissenswertes: Es wird vermutet, dass sich die gestreifte Flügelschnecke von Algen ernährt, wie es für Schlundsackschnecken (Saccoglossa), zu denen sie gehört, typisch ist.

2 Grüne Samtschnecke *Elysia viridis*
Familie *Elysiidae*

Kennzeichen: Länge meist bis 3 cm, maximal 5,5 cm. Körper schlank, mit glatter Oberfläche. Ein Paar um die Längsachse gerollte, lange Rhinophoren. Die seitlichen Ausbuchtungen des Fußes (Parapodien) sind meist über den Rücken gefaltet. Färbung: variabel, von blassweißlich grün bis satt schwarzgrün.
Verwechslungsmöglichkeiten: Trotz der variablen Färbung: keine.
Lebensraum und Verbreitung: Auf verschiedenen, meist algenbewachsenen Hartböden, auch in Seegraswiesen. Vom Flachwasser bis mindestens 20 m Tiefe. Gesamtes Mittelmeer.
Wissenswertes: Die Grüne Samtschnecke ernährt sich von Algen, insbesondere von solchen der Gattungen Bryopsis, Codium und Acetabularia. Die Chloroplasten der Futteralgen werden zwar aufgenommen, aber nicht gleich verdaut und bleiben nach der Aufnahme noch etwa 24 Stunden aktiv. Die flachen, spiralig gewundenen, weißen Gelege messen etwa 1 cm im Durchmesser. Sie werden meist schon im März abgelegt.

3 Orange Berthella *Berthella aurantiaca*
Familie *Pleurobranchidae*

Kennzeichen: Länge bis 5 cm. Gesamter Körper einheitlich mehr oder weniger blassorange.
Verwechslungsmöglichkeiten: Die Pfirsichschnecke *Berthellina edwardsii*, die bei den Azoren, Madeira, Kanaren, Kapverden und im westlichen Mittelmeer vorkommt, ist zum Verwechseln ähnlich. Sie hat eine kleine, bei Berührung der Schnecke kaum fühlbare innere Schale, während *B. aurantica* eine größere, fühlbare Schale besitzt. Sicher zu unterscheiden sind die beiden Arten jedoch nur von Experten, vor allem anhand der Radulazähne.
Lebensraum und Verbreitung: Mittelmeer.
Wissenswertes: Eine relativ seltene Art, über die bisher wenig bekannt ist.

4 Gefleckte Berthella *Berthella ocellata*
Familie *Pleurobranchidae*

Kennzeichen: Länge bis 3,5 cm.
Verwechslungsmöglichkeiten: Keine. Färbung: rötlich braun, mit großen, helleren Flecken.
Lebensraum und Verbreitung: Auf Hartböden, ab wenigen Metern Tiefe. Westliches Mittelmeer, Kanaren.
Wissenswertes: Diese Art ernährt sich von Schwämmen.

1 Gefleckte Sternschnecke *Chromodoris luteorosea*
Familie *Chromodorididae*

Kennzeichen: Länge meist 2–3, maximal 6 cm. Meist kräftig purpurrot mit großen gelben Flecken. Gelber Mantelsaum, oft beidseitig von feiner weißer Linie abgesetzt.
Verwechslungsmöglichkeiten: Ähnlich ist *C. luteopunctata* (westliches Mittelmeer, im Ostatlantik an der baskischen Küste Spaniens), hat deutlich kleinere Flecken.
Lebensraum und Verbreitung: Auf Hartböden von 5–60 Meter Tiefe. Westliches Mittelmeer, im Ostatlantik von der Biskaya bis Ghana.
Wissenswertes: Die Art ernährt sich von Schwämmen, besonders von *Aplysilla rosea* und *Spongionella pulchella*.

2 Krohn-Doris *Chromodoris krohni*
Familie *Chromodorididae*

Kennzeichen: Länge bis 3 cm. Kiemenbüschel aus 3–7 einfach gefiederten Kiemen. Grundfärbung: cremeweiß bis rosafarben. Mantelrand gelb. Auf dem Rücken drei gelbe, teils unterbrochene Längsstreifen. Kiemen und Rhinophoren purpurviolett.
Verwechslungsmöglichkeiten: Keine.
Lebensraum und Verbreitung: Auf Felsböden und in Seegraswiesen. Westliches Mittelmeer und Adria.
Wissenswertes: Das Gelege mit weißen Eiern wird in einem für Sternschnecken typischen flachen Band spiralförmig auf festen Untergrund geheftet. Vermutlich ernährt sich die Krohn-Doris von verschiedenen Schwämmen, insbesondere der Gattung Ircinia.

3 Britois Sternschnecke *Chromodoris britoi*
Familie *Chromodorididae*

Kennzeichen: Länge bis 3 cm. Färbung: einigermaßen variabel, typischerweise kräftiger bis blassviolett mit umlaufendem gelbem Band auf dem Rücken, Mantelsaum gelb und weiß abgesetzt.
Verwechslungsmöglichkeiten: Im Mittelmeer keine. Exemplare aus dem Atlantik zeigen etwas abweichende Färbung.
Lebensraum und Verbreitung: Auf Felsböden von 2–15 Meter Tiefe. Mittelmeer; Gibraltar, Azoren, Madeira, Kanaren, Azoren.
Wissenswertes: Diese Art ernährt sich wohl von Schwämmen der Gattung Ircinia.

4 Gelb-violette Sternschnecke *Hypselodoris elegans*
Familie *Chromodorididae*

Kennzeichen: Länge bis 19 cm. Körper lang gestreckt und durch den hoch gebauten Fuß annähernd so hoch wie breit. Grundfärbung variiert von grünlich grau zu schwarzviolett, oft übersät mit gelben Längslinien, Punkten und Kringeln.
Verwechslungsmöglichkeiten: Keine.
Lebensraum und Verbreitung: Auf Hartböden, bereits ab dem Flachwasser. Gesamtes Mittelmeer, nicht selten, zeit- und stellenweise regelmäßig anzutreffen.
Wissenswertes: Diese Art ist die größte Nacktschnecke im Mittelmeer. Als Nahrung sollen ihr Schwämme der Gattung Ircinia dienen. In manchen Gebieten wird oft nur eine Farbvariante beobachtet, in anderen kommen dagegen mehrere vor. Bei Störung zieht sie nicht nur Kiemen und Rhinophoren ein, sondern rollt sich ähnlich einem Igel zu einer Kugel zusammen, indem sie den Fuß in Längsrichtung stark krümmt. Das Gelege wird als spiraliges weißes Gallertband an Hartsubstraten befestigt.

1 Fontandraus Sternschnecke *Hypselodoris fontandraui*
Familie *Chromodorididae*

Kennzeichen: Länge bis 3 cm. Körper lang gestreckt, schlank. Kriechfuß gut sichtbar, das spitz zulaufende Ende nicht vom Mantel bedeckt. Rhinopohoren im oberen Bereich lamelliert. Grundfärbung: dunkelblau, mehr oder weniger breite, helle, teils gezackte und verzweigte Mittellinie, Mantelrand mit schmalem gelbem Saum.
Verwechslungsmöglichkeiten: Kann leicht mit anderen blau-gelb-weißen Sternschnecken verwechselt werden.
Lebensraum und Verbreitung: Auf Hartböden, ab etwa 3 m bis über 30 m Tiefe. Mittelmeer; im Ostatlantik bei den Azoren und Kanaren (dort etwas abweichende Farbmuster).
Wissenswertes: Diese Sternschnecke ernährt sich von Schwämmen, besonders von Arten der Gattung Dysidea.

2 Nizza-Sternschnecke *Hypselodoris villafranca*
Familie *Chromodorididae*

Kennzeichen: Länge bis etwa 3,5 cm. Körper langgestreckt, schlank. Kriechfuß seitlich gut sichtbar, das spitz zulaufende Ende nicht vom Mantel bedeckt. Rhinophoren an den oberen beiden Dritteln lamelliert. Das 8-teilige, jeweils einfach gefiederte Kiemenbüschel kann eingezogen werden. Grundfärbung: blau bis grünblau; Längsmuster aus schmalen gelben Linien; Rhinophoren und Kiemenkrone hellbläulich.
Verwechslungsmöglichkeiten: Junge Exemplare wie das abgebildete sind anhand äußerer Merkmale nur schwer zu identifizieren, da Färbung und Muster deutlich variieren können.
Lebensraum und Verbreitung: Auf Hartböden und in Seegraswiesen. Ab dem Seichtwasser. Gesamtes Mittelmeer; im Ostatlantik von Ghana bis zur Biskaya, Kapverden.
Wissenswertes: Nacktschnecken besitzen kein Gehäuse, in das sie sich zurückziehen könnten. Dennoch sind sie keineswegs wehrlos, da sie über eine effektive chemische Abwehr verfügen. In ihrem Körpergewebe speichern sie Substanzen, die auf Fressfeinde, wie räuberische Fische oder Krebse, abschreckend, fraßhemmend und häufig toxisch wirken. In den meisten Fällen produzieren Nacktschnecken ihre Abwehrstoffe nicht selbst, sondern nehmen sie mit der Nahrung auf. Die bevorzugte Nahrung der Nizza-Sternschnecke ist jedoch nicht bekannt.

3 Dreifarbige Sternschnecke *Hypselodoris tricolor*
Familie *Chromodorididae*

Kennzeichen: Länge bis 3 cm. Gestreckter, leicht hochrückiger Körper. Kriechfuß seitlich gut sichtbar, der zugespitzte Schwanz wird nicht vom Mantel bedeckt. Die lamellierten Rhinophoren können ebenso wie das 8-teilige, jeweils einfach gefiederte Kiemenbüschel eingezogen werden. Grundfärbung: tief dunkelblau, ebenso die Kiemen und die Rhinophoren; in Rückenmitte verläuft ein weißer Längsstreifen vom Kopf bis hinter die Kiemen. Mantelrand weißlich gelb bis kräftig gelb.
Verwechslungsmöglichkeiten: Insbesondere für junge Exemplare von blau gefärbten Arten dieser Familie gibt es zahlreiche Verwechslungsmöglichkeiten.
Lebensraum und Verbreitung: Auf Hartböden und in Seegraswiesen. Ab etwa 5 m bis über 60 m iefe. Westliches Mittelmeer; im Ostatlantik von Ghana bis zur Biskaya.
Wissenswertes: Diese Art ist gebietsweise regelmäßig auf dunkelgraubraunen Schwämmen der Gattung Cacospongia anzutreffen, von denen sie sich vermutlich ernährt. Nicht selten weiden in entsprechenden Gebieten gleich mehrere Exemplare dieser sehr kleinen, aber attraktiven Nacktschnecke einen Schwamm ab.

1 Gefleckte Warzenschnecke   *Doris pseudoargus*
Familie *Archidorididae*

Kennzeichen: Länge bis 11 cm. Ovaler, sich fest anfühlender Körper, der Fuß wird vom Mantel bedeckt. Mantel ledrig, mit zahlreichen sehr kleinen, dicht stehenden, warzigen Auswüchsen übersät. Rhinophoren keulenförmig mit feinen Lamellen, ihre breite Basis jedoch unlamelliert. Der Kiemenkranz wird von 8–9 dreifach gefiederten Ästen gebildet. Färbung: Grundfärbung blassgelblich, ocker oder cremefarben, mit unterschiedlich großen, unregelmäßig verstreuten hellbräunlichen bis rotbraunen oder violettbraunen Flecken, seltener auch fast einheitlich ocker- oder violettbraun.
Verwechslungsmöglichkeiten: Keine.
Lebensraum und Verbreitung: Vom Flachwasser bis in größere Tiefen. Gesamtes Mittelmeer; im Ostatlantik regelmäßig an der europäischen Küste.
Wissenswertes: Die Gefleckte Warzenschnecke ist im Mittelmeer in manchen Gebieten häufig, z. B. in Südwestfrankreich, in anderen dagegen recht selten anzutreffen. Allgemein ist das Auftreten von Nacktschnecken in einem bestimmten Areal in der Regel ausgesprochen unregelmäßig und weitgehend unvorhersehbar. Mal können sie relativ zahlreich, dann wieder äußerst selten sein. Dies hängt natürlich auch mit der kurzen Lebensspanne zusammen. Nacktschnecken können sehr schnell wachsen und werden kaum älter als ein Jahr. Viele Arten leben sogar deutlich kürzer. Die Gefleckte Warzenschnecke tritt an der europäischen Atlantikküste oft in großer Zahl auf und gehört dort zu den am besten untersuchten Nacktschnecken. Nacktschnecken ernähren sich überwiegend räuberisch von fest sitzenden Wirbellosen. Viele Arten sind ausgesprochene Nahrungsspezialisten. Bei zahlreichen Sternschnecken (Unterordnung *Doridacea*), zu denen auch die Gefleckte Warzenschnecke gehört, stehen insbesondere Schwämme auf dem Speisezettel. Aber auch andere Siedler wie Seescheiden, Moostierchen und verschiedene Nesseltiere dienen Nacktschnecken als Nahrung. Von vielen Arten ist noch unbekannt, wovon sie sich genau ernähren bzw. welche Nahrung sie bevorzugen. Die Gefleckte Warzenschnecke ernährt sich vom Brotschwamm (*Halichondria panicea*). Ihr Gelege besteht aus einem spiralförmig abgelegten, blassgelblichen Band.

2 Leopardenschnecke   *Discodoris atromaculata*
Familie *Discodorididae*

Kennzeichen: Länge bis 12 cm, meist deutlich kleiner. Ovaler, sich fest anfühlender Körper, der Fuß wird vom Mantel bedeckt. Mantel ledrig, mit rauer Oberfläche. Rhinophoren keulenförmig, quer gerillt und in Scheiden zurückziehbar. Die ebenfalls zurückziehbare Kiemenkrone besteht aus 8, jeweils dreifach gefiederten Ästen. Färbung: milchig weiß mit unterschiedlich großen, mehr oder weniger rundlichen, dunkelbraunen Flecken.
Verwechslungsmöglichkeiten: Keine aufgrund der charakteristischen Färbung.
Lebensraum und Verbreitung: Auf Hartböden, regelmäßig auf dem Feigenschwamm (*Petrosia ficiformis*). Vom Flachwasser bis in größere Tiefen. Gesamtes Mittelmeer.
Wissenswertes: Die Leopardenschnecke gehört zu den am häufigsten von Tauchern beobachteten Nacktschnecken im Mittelmeer, zumal die Tiere relativ groß und sehr auffallend gefärbt sind. Wie viele Nacktschnecken ist auch diese Art ein Nahrungsspezialist. Sie ernährt sich vom Feigenschwamm, und nicht selten halten sich gleich mehrere Leopardenschnecken auf einem Schwamm auf. Sie hinterlassen charakteristische Fraßspuren, da nur die obersten Schwammschichten rotbraun gefärbt sind, die etwas tiefer liegenden jedoch eine gelblich weiße Färbung haben. Derart „angefressene" Feigenschwämme sind im Felslitoral gebietsweise nicht selten. Schon bei der geringsten Beunruhigung zieht die Leopardenschnecke Rhinophoren und Kiemenkranz ein. Das flache, hellgelbe Gelege besteht aus einem mehrfach spiralig gewundenen Laichband und kann bis über 10 cm im Durchmesser groß sein.

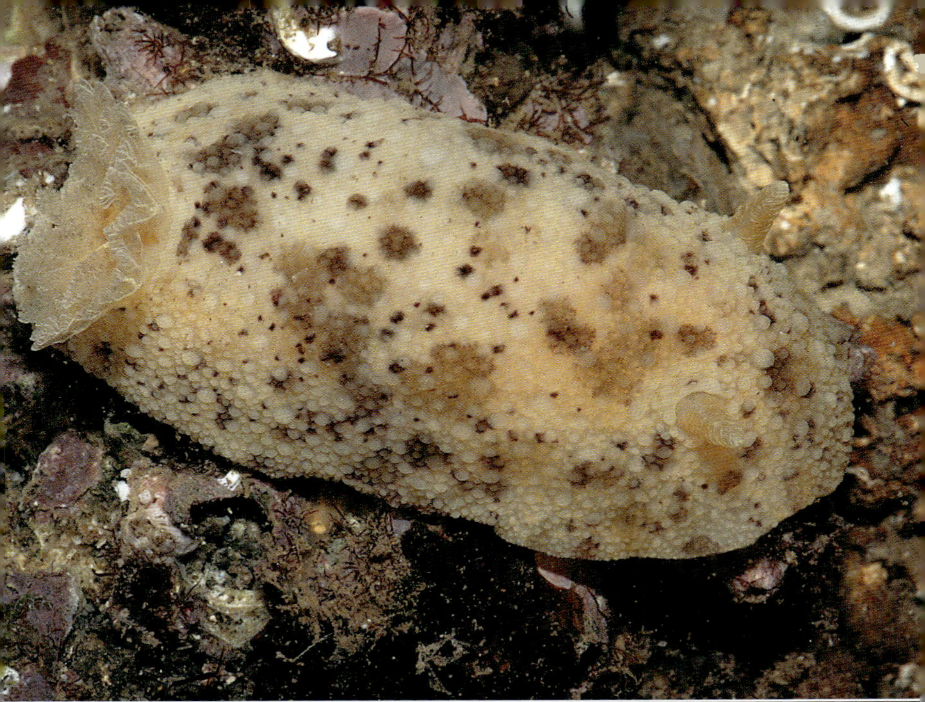

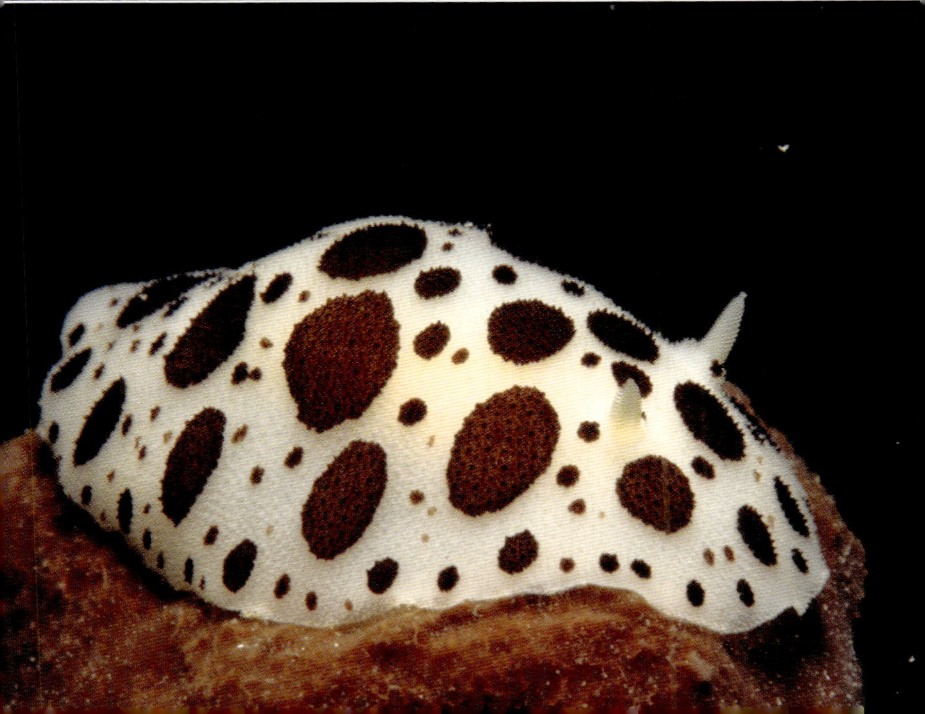

WEICHTIERE: SCHNECKEN

1 Rotbraune Lederschnecke *Platydoris argo*
Familie *Platydorididae*

Kennzeichen: Länge bis 10 cm. Färbung: hell- bis dunkelrotbraun. Körper ledrig fest. Der Fuß wird vom breiten Mantel überdeckt.
Verwechslungsmöglichkeiten: Keine.
Lebensraum und Verbreitung: Auf Hartböden, bereits ab geringen Tiefen. Mittelmeer, Atlantikküste Frankreichs bis Kanaren.
Wissenswertes: Ernährt sich von vielen verschiedenen Schwammarten, darunter auch der Badeschwamm Spongia officinalis. Tagsüber meist versteckt unter Steinen. Der gelbe, bandförmige Laich wird spiralförmig abgelegt und ist häufiger zu sehen als die Tiere selbst. Man sieht öfter zwei Tiere, die sich im engen Kontakt hintereinander im „Gänsemarsch" fortbewegen.

2 Blainvilles Bäumchenschnecke *Marionia blainvillea*
Familie *Tritoniidae*

Kennzeichen: Länge bis 5 cm. Färbung: blass durchscheinend orange bis kräftig rötlich braun, jeweils mit unregelmäßigen weißen Flecken, ein marmoriertes Netzmuster bildend.
Verwechslungsmöglichkeiten: Keine.
Lebensraum und Verbreitung: Bewohnt Hartböden, vom Flachwasser bis etwa 50 m Tiefe. Mittelmeer sowie im Ostatlantik von Portugal bis Kanaren und Azoren.
Wissenswertes: Diese Bäumchenschnecke ernährt sich von Octocorallia, z. B. *Alcyonium acaule*, *A. palmatum*, *Eunicella cavolini*, *E. singularis*, *Paramuricea clavata* und *Leptogorgia sarmentosa*. Bei Belästigung kann sie durch wellenförmige Körperbewegungen wegschwimmen.

3 Weißgepunktete Warzenschnecke *Phyllidia flava*
Familie *Phyllidiidae, Warzenschnecken*

Kennzeichen: Länge bis 4,5 cm. Färbung leuchtend gelb bis orange, gesprenkelt mit großen weißen Tuberkeln. Exemplare aus Höhlen sind meist sehr blass bis weiß.
Verwechslungsmöglichkeiten: Keine. Einzige Art dieser Gattung im Mittelmeer; wurde früher A. pulitzeri genannt.
Lebensraum und Verbreitung: Auf Felsböden, meist unterhalb von 20 m Tiefe. Mittelmeer, Kanaren.
Wissenswertes: Diese Art ist meist auf Schwämmen anzutreffen, besonders auf *Axinella cannabina* und *Acanthella acuta* (wie hier auf dem Foto), von denen sie sich ernährt. Dabei hinterlässt sie deutliche Fraßspuren. Stellenweise kommt sie in größerer Anzahl vor, sofern genügend Schwämme vorhanden sind.

1 Papillen-Schnecke *Diaphorodoris papillata*
Familie *Onchidorididae*

Kennzeichen: Länge bis 1 cm. Rücken weiß mit zitronengelb gesäumtem Mantelrand und sehr auffällig langen roten Papillen.
Verwechslungsmöglichkeiten: Keine aufgrund der sehr langen Papillen. Die verwandte Art *D. luteocincta* (Nordnorwegen bis westliches Mittelmeer) hat viel kürzere Papillen.
Lebensraum und Verbreitung: Auf Felsböden, meist an beschatteten Stellen, auch in vorderen Höhlenbereichen; bis über 40 m Tiefe. Mittelmeer und portugiesische Atlantikküste.
Wissenswertes: Diese Art ernährt sich von krustigen Moostierchen (Gattungen Hippodiplosia und Schizomavella).

2 Gefleckte Furchenschnecke *Arminia maculata*
Familie *Arminidae*

Kennzeichen: Länge bis 13 cm. Körper gelborange mit opakweißen, runden und leicht konischen Tuberkeln.
Verwechslungsmöglichkeiten: Keine. Weitere Arminia-Arten im Mittelmeer sind leicht an der Färbung zu unterscheiden.
Lebensraum und Verbreitung: Auf Sand- und Schlammböden.
Wissenswertes: Gräbt sich tagsüber in den Weichboden ein, kommt nachts zur Nahrungssuche hervor. Ernährt sich unter anderem von Seefedern (z. B. *Veretillum cynomorium*).

3 Gestreifte Dickkolbenschnecke *Janolus cristatus*
Familie *Janolidae*

Kennzeichen: Länge bis 8 cm. Der flache, gestreckte Körper ist durch die zahlreichen Fortsätze kaum zu sehen, sodass die Schnecke gedrungen erscheint. Auffälligstes Merkmal sind die großen, kolbenförmigen Fortsätze. Rhinophoren lamelliert. Grundfärbung: milchig durchscheinend, soll teils auch durchscheinend hellorange sein; Rhinophorenspitzen weißlich, auf dem Rücken 2 weißliche Längsstreifen; in den Kolben schimmern die Fortsätze der Mitteldarmdrüse jeweils als dünner, braunschwarzer Strich durch; Kolbenenden schwach bis leuchtend blau.
Verwechslungsmöglichkeiten: Es gibt eine weitere Art dieser Gattung im Mittelmeer, die Kleine Janolus (*J. hyalinus*). Diese wird nur bis 1 cm groß und besitzt keine Längsstreifen auf dem Rücken.
Lebensraum und Verbreitung: Auf Hartböden. Vom Flachwasser bis in größere Tiefe. Nach manchen Literaturangaben nur im westlichen Mittelmeer, wahrscheinlich aber im gesamten Gebiet verbreitet; im Ostatlantik von Marokko bis Südnorwegen, Madeira.
Wissenswertes: Die Gestreifte Dickkolbenschnecke ernährt sich von Moostierchen der Gattung Bugula.

1 Gabinieris Fadenschnecke *Piseinotecus gabinierei*
Familie *Piseinotecidae*

Kennzeichen: Länge bis 3 cm. Körper rein opakweiß, die Fortsätze der Mitteldarmdrüse in den Rückenanhängen erscheinen kastanienbraun, je nach Lichteinfall auch leicht sepia. Rückenanhänge in sieben Gruppen entlang jeder Seite, wobei sich die drei vorderen in je zwei kurze Äste gabeln können. Die Spitzen der Anhänge sind transparent mit durchscheinendem Cnidosack, in dem die Nesselkapseln gespeichert werden.
Verwechslungsmöglichkeiten: Die Art ist relativ sicher anhand der markanten Farbkombination und der Anordnung der Cerata (Rückenanhänge) zu erkennen.
Lebensraum und Verbreitung: Auf Hartböden, von wenigen Metern bis mindestens 30 m Tiefe. Mittelmeer.
Wissenswertes: Diese recht seltene Fadenschnecke ernährt sich von Hydrozoen. Sie wurde beim Abweiden des Traubenförmigen Bäumchenpolypen (*Eudendrium racemosum*) beobachtet. Die dabei aufgenommenen Nesselkapseln speichert die Schnecke zur eigenen Verteidigung in den Spitzen ihrer Rückenanhänge.

2 Weiße Flabellina *Flabellina babai*
Familie *Flabellinidae*

Kennzeichen: Länge bis 3,5 cm. Körper lang gestreckt. Mundtentakel doppelt so lang wie die Rhinophoren. Letztere sind in den beiden oberen Dritteln lamelliert. Die spindelförmigen Fortsätze stehen beidseits entlang des Rückens in meist sieben Gruppen. Grundfärbung: milchig weiß, kann durch opaken Belag je nach Lichteinfall stellenweise einen leicht bläulichen Schimmer aufweisen. Rhinophoren und Fortsätze am Ende blassorangegelb, die feinen Spitzen der Fortsätze jedoch farblos durchscheinend.
Verwechslungsmöglichkeiten: Keine.
Lebensraum und Verbreitung: Im Felslitoral bereits ab dem Flachwasser. Eine eher seltene Art.
Wissenswertes: Wie bei vielen Nacktschnecken ist auch von dieser Art die speziell bevorzugte Nahrung nicht bekannt. Fadenschnecken ernähren sich vielfach von Hydroidenkolonien, was auch für die Weiße Flabellina zutreffen dürfte.

3 Schwarzgepunktete Fadenschnecke *Caloria elegans*
Familie *Facelinidae*

Kennzeichen: Länge bis 15 mm. Sehr lange Mundtentakel, etwa doppelt so lang wie die glatten Rhinophoren. Die schlank zylindrischen, am Ende zugespitzten Rückenanhänge (Kolben) bedecken die ganze Oberseite, nur die Schwanzspitze bleibt frei. Gesamter Vorderrand und Spitzen der Mundtentakel, oberer Bereich der Rhinophoren sowie Schwanzspitze kräftig weiß gefärbt. Unmittelbar unterhalb der Kolbenspitzen ein weißer und kurz unter diesem ein schwarzer Bereich.
Verwechslungsmöglichkeiten: Keine aufgrund des markanten Farbmusters.
Lebensraum und Verbreitung: Im Felslitoral und zwischen Seegraswiesen bis über 50 m Tiefe. Westliches Mittelmeer; im Ostatlantik bis zu den Britischen Inseln sowie bei Madeira und den Azoren.
Wissenswertes: Diese kleine Fadenschnecke weidet die Polypenköpfchen von sehr kleinen, oft weniger als ein Zentimeter hohen Hydroiden der Gattung Perigonismus ab. Wie für Fadenschnecken charakteristisch, speichert sie die aufgenommenen Nesselkapseln zur Abwehr von Fressfeinden in ihren Rückenfortsätzen (siehe auch bei der Violetten Coryphella). Üblicherweise sind die Fortsätze schräg nach hinten zeigend dem Rücken angelegt. In der Literatur wird beschrieben, dass sie bei Störung aufgerichtet und auf die doppelte Länge gestreckt werden können.

1 Violette Coryphella   *Flabellina pedata*
Familie *Flabellinidae*

Kennzeichen: Länge bis 5 cm. Körper lang gestreckt, schlank. Kurze, nach hinten gekrümmte Fußtentakel. Mundtentakel lang, aber etwas kürzer als die Rhinophoren. Diese sind glatt, ohne Lamellen. Rückenanhänge schlank schlauchförmig, zugespitzt und jederseits in sieben Gruppen stehend. Der schmale, spitz zulaufende Schwanz trägt keine Anhänge und macht etwa ein Viertel der Körperlänge aus. Grundfärbung: rosa bis hellpurpuriolett. Spitzen der Anhänge, Mundtentakel und Rhinophoren weiß. In den Anhängen scheinen die Äste der Mitteldarmdrüse kräftig pinkfarben bis orangerot durch.

Verwechslungsmöglichkeiten: Kann mit der sehr ähnlich gefärbten Violetten Flabellina (*Flabellina affinis*) verwechselt werden. Diese unterscheidet sich jedoch unter anderem durch ihre ringförmig lamellierten Rhinophoren und das Fehlen weißer Spitzen an den Fortsätzen.

Lebensraum und Verbreitung: Bereits ab dem Flachwasser, häufig auf *Eudendrium*-Kolonien. Mittelmeer; in Teilen des Ostatlantiks.

Wissenswertes: Die Violette Coryphella gehört zu den Fadenschnecken. Diese Gruppe verfügt über eine besonders raffinierte Waffe zur Abwehr von Fressfeinden. Sie weiden kleinpolypige Nesseltiere ab, wobei die Nesselkapseln zum allergrößten Teil nicht explodieren und über den Magen bis in die Fortsätze der Mitteldarmdrüse transportiert werden. Dieses stark verästelte Organ reicht bis in die Spitzen der bei den Fadenschnecken stets vorhandenen Körperanhänge (Cerata), wo sie in kleinen Blindsäckchen enden. Hier werden die vollständig intakten Nesselkapseln der Futtertiere gespeichert. Bei mechanischer Reizung werden sie ausgestoßen. Beißt also ein Fisch in die vermeintlich schmackhaften Anhänge, explodieren die Nesselkapseln direkt in seinem Maul. Die von den Fadenschnecken über die Nahrung erworbenen Nesselkapseln werden treffend auch als Kleptocniden („gestohlene Nesselkapseln") bezeichnet. Die Violette Coryphella frisst die Polypenköpfchen von *Eudendrium*-Arten. Ihr Gelege wickelt diese Schnecke in Form eines langen weißen Bandes in zahlreichen unregelmäßigen Windungen um die Äste ihrer Futterhydroiden.

2 Wander-Fadenschnecke   *Cratena peregrina*
Familie *Facelinidae*

Kennzeichen: Länge bis knapp 5 cm. Körper lang gestreckt und schlank. Kleine, nach hinten gekrümmte Fußtentakel. Mundtentakel doppelt so lang wie die glatten Rhinophoren. Die schlauchförmigen, zugespitzten Fortsätze entspringen beidseits entlang des Rückens in je 8–10 Gruppen. Schwanz ohne Fortsätze, schmal und spitz auslaufend, nimmt etwa ein Drittel der Körperlänge ein. Grundfärbung: milchig weiß, stellenweise mit orangefarbenem Schimmer. Rhinophoren an der Basis, aber auch an der äußersten Spitze durchscheinend, dazwischen kräftig orange. Zwischen den Ansätzen der Mundtentakel und der Rhinophoren je ein länglicher orangefarbener Fleck. In den durchscheinenden Fortsätzen sind die Verzweigungen der Mitteldarmdrüse als orangefarbene bis bräunlich rote Bänder zu erkennen. Die Fortsätze zum Ende hin blauviolett und am den Spitzen weiß.

Verwechslungsmöglichkeiten: Kann aufgrund des charakteristischen Farbmusters nicht mit anderen Fadenschnecken verwechselt werden.

Lebensraum und Verbreitung: Häufig auf Hydroidenkolonien. Vom Flachwasser bis in größere Tiefe. Gesamtes Mittelmeer.

Wissenswertes: Die Wander-Fadenschnecke ernährt sich von Hydroidenpolypen der Gattung *Eudendrium*. Wie die anderen Fadenschnecken speichert sie die Nesselkapseln ihrer Futterpolypen in den Rückenanhängen. Die Eiablage kann ganzjährig erfolgen. Die lachsfarbenen Laichschnüre werden ebenfalls um die Hydroidenkolonien, die sie abweidet, gewickelt. Bei 16° warmem Wasser schlüpfen die frei schwimmenden Larven nach 7–8 Tagen.

172

1 Violette Flabellina   *Flabellina affinis*
Familie *Flabellinidae*

Kennzeichen: Länge 3 cm, max. 5 cm. Körper lang gestreckt. Schlauchförmige, am Ende zugespitzte Rückenfortsätze; Rhinophoren lamelliert und etwa gleich lang wie die Mundtentakel. Die beiden Fußecken sind vorn tentakelförmig ausgezogen. Färbung: leuchtend purpurviolett, die Spitzen der Fortsätze oftmals etwas kräftiger gefärbt. Insbesondere in den beiden unteren Dritteln der Fortsätze schimmern die orangeroten Äste der Mitteldarmdrüse durch.

Verwechslungsmöglichkeiten: Die ähnlich gefärbte Violette Coryphella (*Coryphella pedata*) unterscheidet sich unter anderem durch die weißen Enden ihrer Fortsätze sowie durch ihre glatten Rhinophoren.

Lebensraum und Verbreitung: Vom Flachbereich bis über 50 m Tiefe. Nicht selten, gebietsweise regelmäßig. Gesamtes Mittelmeer.

Wissenswertes: Diese Art frisst die Polypenköpfchen von Hydroidenkolonien, möglicherweise ausschließlich die von *Eudendrium*-Arten. Entsprechend ist sie vergleichsweise häufig beim Abweiden auf solchen Hydroidenstöcken anzutreffen. Sie wickelt auch ihre schnurförmigen, stark gewundenen Laichschnüre um die Äste der Eudendrium-Kolonien. Die Laichschnüre sind pinkfarben oder wie die Schnecke hellpurpurviolett. Die Eiablage kann von März bis Oktober beobachtet werden.

2 Orangene Godiva   *Donice banyulensis*
Familie *Facelinidae*

Kennzeichen: Länge bis 7 cm. Lang gestreckter Körper, spitz zulaufender, von Anhängen freier Schwanz. Vorderecken des Fußes mit auffallenden, nach hinten gekrümmten Fußtentakeln. Rhinophoren mit sehr feinen, ringförmigen Lamellen. Mundtentakel etwa ein Drittel so lang wie der Körper und mehr als doppelt so lang wie Rhinophoren. Die zahlreichen Rückenfortsätze (Kolben) sind jederseits in fünf oder, wie auf der Abbildung, in sechs Gruppen zusammengefasst, die sich jeweils genau gegenüberstehen. Grundfärbung: hellorange, Kolben unmittelbar unterhalb ihrer Spitze mit einem schmalen, kräftig orangefarbenen Band. Der darunterliegende Bereich lässt die orangebraune Mitteldarmdrüse durchscheinen. Auf der Körperoberseite ziehen über die ganze Länge drei auffallende weiße Linien: Eine erstreckt sich in Körpermitte vom Schwanzende bis zum Vorderrand des Kopfes, wo sie sich gabelt und ein Stück am Vorderrand der Mundtentakel weiterzieht. Die beiden anderen beginnen jeweils an der rückwärtigen Basis der Mundtentakel und ziehen entlang der Körperseiten, wobei sie Basen der einzelnen Kolbengruppen miteinander verbinden.

Verwechslungsmöglichkeiten: Die Art ist unter anderem anhand ihrer langen Mundtentakel von der meist ähnlich gefärbten Fadenschnecke *Coryphella lineata*, bei der Mundtentakel und Rhinophoren gleich lang sind, zu unterscheiden.

Lebensraum und Verbreitung: Endemisch im Mittelmeer. Auf Felsböden zwischen 10 und 30 m Tiefe.

Wissenswertes: Dieser Art soll sich von Hydroidenpolypen und Moostierchen ernähren. Nacktschnecken zeigen meist ein charakteristisches, arttypisches Farbmuster. In manchen Fällen ähnelt es zwar denen anderer Arten, lässt sich jedoch bei genauer Betrachtung meist gut unterscheiden. Auf der anderen Seite können innerhalb einer Art auch mehr oder weniger ausgeprägte Farbvariationen verbreitet sein. Bei der Orangefarbenen Godiva sind beispielsweise die weißen Längsbänder an der Basis der seitlichen Kolben bei Weitem nicht immer so ausgeprägt wie bei dem abgebildeten Exemplar; gelegentlich können die Bänder fast ganz fehlen.

1 Arche Noah   *Arca noae*
Familie *Arcidae*, Archenmuscheln

Kennzeichen: Größe meist 5–8 cm, selten bis 10 cm. Gleichklappige, längliche Schalen. Breite, ebene Rückenfläche mit weit voneinander entfernten, hochgewölbten Wirbeln im vorderen Teil. Langer, gerader Schlossrand. Schalenoberfläche mit strahlenförmigen Rippen und teils mit kurzen Borsten. Färbung: graubraun bis dunkelbraun, mit rötlich braunen Streifen. Schale meist bewachsen.
Verwechslungsmöglichkeiten: Keine.
Lebensraum und Verbreitung: Auf Hartböden und Steinen. Vom Flachwasser bis in größere Tiefen. Gesamtes Mittelmeer; im Ostatlantik von Angola bis Portugal.
Wissenswertes: Die Schale dieser Art ist häufig von Aufwuchsorganismen besiedelt. Das abgebildete Exemplar ist vollständig vom Roten Krustenschwamm (*Crambe crambe*) überwachsen, sodass die eigentliche Muschel nur anhand ihrer Umrisse und der geraden Spalte des nicht bewachsenen Schlossrandes zu erkennen ist. Die Art ist essbar und auf Fischmärkten zu kaufen.

2 Steindattel   *Lithophaga lithophaga*
Familie *Mytilidae*, Miesmuscheln

Kennzeichen: Größe bis etwa 10 cm. Lang gestreckte, gleichklappige Schale von annähernd walzenförmiger, nur am hinteren Ende zusammengedrückter Gestalt. Oberfläche mit sehr feinen, konzentrischen Radialstreifen. Färbung: Schale außen einheitlich rotbraun, innen milchig blau.
Verwechslungsmöglichkeiten: Nicht vorhanden.
Lebensraum und Verbreitung: Bohrt in Kalkgestein. Vom Seichtwasser bis etwa 10 m Tiefe. Gesamtes Mittelmeer; im Ostatlantik von Marokko bis Portugal.
Wissenswertes: Die Steindattel bohrt sich durch Ausscheidung eines sauren Sekrets in Kalkgestein hinein. Durch ihre Bohrtätigkeit trägt sie zur Erosion von Kalkgestein bei. Die Art ist im flachen Felslitoral oft häufig, wird jedoch aufgrund ihrer verborgenen Lebensweise selten wahrgenommen. Die Steindattel ist essbar und wird gelegentlich auf Märkten angeboten, muss jedoch beim Sammeln mühsam aus dem Gestein herausgeschlagen werden.

3 Essbare Miesmuschel   *Mytilus edulis*
Familie *Mytilidae*, Miesmuscheln

Kennzeichen: Größe variabel, 2–10 cm. Längliche, vorn zugespitzte, nach hinten verbreiterte und abgerundete, gleichklappige Schale. Oberfläche mit feinen, konzentrischen Streifen. Färbung der Schale außen blauschwarz bis bräunlich, innen perlmutterartig mit dunklem Rand.
Verwechslungsmöglichkeiten: Die Mittelmeer-Miesmuschel (*M. galloprovincialis*) ist sehr ähnlich, hat aber eine breitere Schale und einen schnabelartig vorgesetzten Wirbel. Manche Spezialisten betrachten diese jedoch nur als geografische Rasse von *M. edulis*.
Lebensraum und Verbreitung: Auf Felsböden, Steinen und anderen festen Untergründen. Im oberen Infralitoral bis etwa 10 m Tiefe. Wahrscheinlich gesamtes Mittelmeer; europäische Atlantikküsten, Nord- und Ostsee.
Wissenswertes: Miesmuscheln heften sich mit Byssusfäden am Untergrund fest und können auch in Brandungszonen siedeln. Gebietsweise bilden sie dichte Bestände (Miesmuschelbänke, **3b**) aus. Die Tiere sind getrenntgeschlechtlich und haben eine sehr hohe Vermehrungsrate. Eine Miesmuschel kann pro Jahr 2–3-mal jeweils 5–12 Millionen Eier produzieren. Nach der im Wasser stattfindenden Befruchtung treiben die Larven etwa 4 Wochen im Plankton, bevor sie sich an geeigneten Substraten festsetzen. Die Essbare Miesmuschel wird vielerorts kommerziell gezüchtet. Im Mittelmeer ist diese Art seltener und wahrscheinlich durch Aquakultur verbreitet. Die nah verwandte, ebenfalls intensiv gezüchtete Mittelmeer-Miesmuschel ist dagegen im gesamten Mittelmeer verbreitet.

1 Braune Venusmuschel *Callista chione*
Familie *Veneridae, Venusmuscheln*

Kennzeichen: Im Mittel zwischen 6 und 8 cm große Schalen, die sehr fein konzentrisch gestreift sind und nahezu glatt und glänzend erscheinen. Färbung: schmutzig braun bis rotbraun, mit konzentrischen Bändern, die durch dunkle Flecken markiert sind.

Verwechslungsmöglichkeiten: Die Familie der Venusmuscheln ist im Mittelmeer mit 18 Arten vertreten. Die vorliegende Art ist dank ihrer glänzenden Schale nahezu unverwechselbar.

Lebensraum und Verbreitung: Auf Sandböden, jedoch nicht eingegraben, vom Infralitoral bis in 200 m Tiefe. Gesamtes Mittelmeer (außer im Schwarzen Meer) sowie im angrenzenden Atlantik, von Marokko bis zu den Britischen Inseln.

Wissenswertes: Die Braune Venusmuschel findet man regelmäßig auf Fischmärkten in Spanien, Italien und Marokko. Neben den klassischen Fangmethoden (Schleppnetzfischerei mit Dredgen entlang des Gewässergrunds) wird diese Art in Italien auch in Aquakulturen gezüchtet. Verwendung überwiegend im frischen Zustand.

2 Gemeine Venusmuschel *Chamelea gallina*
Familie *Veneridae, Venusmuscheln*

Kennzeichen: Kleinere, bis maximal 5 cm große Venusmuschel mit aufgeblähter Schale und zahlreichen (ca. 80) dichten Spiralstreifen ohne Radialrippen. Grundfärbung: weiß mit braunen Radialbändern.

Verwechslungsmöglichkeiten: Häufigster Vertreter dieser Gattung, der durch zahlreiche Spiralstreifen erkennbar ist.

Lebensraum und Verbreitung: Lebt eingegraben in Sandgründen des Infralitorals und bildet dabei häufig größere Lebensgemeinschaften. Verbreitung erstreckt sich über das gesamte Mittelmeer inklusive Schwarzem Meer sowie im Atlantik, von Marokko bis Norwegen.

Wissenswertes: Essbare Muschel, die sowohl durch die regionale Küstenfischerei wie auch industriell und über Aquakulturen regelmäßig auf Fischmärkten zu finden ist. Verwendung frisch, mariniert, eingefroren oder als Konserve.

3 Rauhe Venusmuschel *Venus verrucosa*
Familie *Veneridae, Venusmuscheln*

Kennzeichen: Zwischen 3,5 und 5 cm (maximal 7 cm) große Venusmuschel mit weit vorstehenden Wirbeln. Auffällig sind die sehr erhabenen Spirallamellen, die vorn und hinten zusätzlich von warzigen Radialrippen gekreuzt werden. Färbung: weiß bis graugelb.

Verwechslungsmöglichkeiten: Keine. Diese Art ist an den hervorstehenden Lamellen und Rippen (Name!) eindeutig zu erkennen.

Lebensraum und Verbreitung: Auf sandigen und grobsandigen Gründen im Infralitoral sowie in Seegraswiesen. Im Mittelmeer weitverbreitete Art (nicht im Schwarzen Meer), auch im Atlantik, von den Britischen Inseln bis Angola sowie im Indischen Ozean bis Mosambik.

Wissenswertes: Essbare Muschel, die sowohl durch die regionale Küstenfischerei wie auch industriell und über Aquakulturen regelmäßig auf Fischmärkten vertreten ist. Verwendung frisch oder als Konserve.

1 Große Steckmuschel *Pinna nobilis*
Familie *Pinnidae, Steckmuscheln*

Kennzeichen: Größe maximal etwa 100 cm. Gleichklappige, länglich fächerförmige Schale. Der im Boden steckende Vorderrand läuft spitz zu, der ins Wasser ragende Hinterrand ist bogenartig abgerundet. Schalenoberfläche bei jungen Exemplaren durch rinnenförmige Schuppen sehr stark skulpturiert. Färbung: außen graubraun bis rötlich braun.

Verwechslungsmöglichkeiten: Vor allem junge Exemplare können leicht mit der Stacheligen Steckmuschel (*P. rudis*) verwechselt werden, bei der die schuppigen Auswüchse der Schalenoberfläche jedoch weniger zahlreich und größer sind.

Lebensraum und Verbreitung: Auf Sand- und Schlickgrund sowie zwischen Seegras. Von einigen Metern bis über 30 m Tiefe, seltener tiefer. Gesamtes Mittelmeer und hier endemisch.

Wissenswertes: Diese Art ist die größte Muschel des Mittelmeers überhaupt. Mit dem zugespitzten vorderen Ende steckt sie bis zu einem Drittel oder bis zur Hälfte im sandigen Grund. Zudem verankert sie sich mit Byssusfäden an kleinen Steinen oder anderen geeigneten Substraten. Zwischen den Schalen der Muscheln leben häufig als Muschelwächter bezeichnete kleine Krabben (*Pinnotheres pinnotheres* und *P. pisum*) sowie die Steckmuschelgarnele (*Pontonia pinnophylax*). Diese Krebstiere finden Schutz und Nahrungspartikel zwischen den Muschelschalen, schaden der Muschel aber nicht. Die Große Steckmuschel ist essbar und wird öfter auf Fischmärkten angeboten.

2 Stachelige Steckmuschel *Pinna rudis*
Familie *Pinnidae, Steckmuscheln*

Kennzeichen: Größe bis maximal 30 cm. Gleichklappige, länglich fächerfömige Schale. Der im Boden steckende Vorderrand spitz, der ins Wasser ragende Hinterrand bogenartig abgerundet. Schalenoberfläche mit großen, rinnenförmigen Schuppen. Färbung: oft rötlich braun.

Verwechslungsmöglichkeiten: Kann leicht mit jungen Exemplaren der Großen Steckmuschel (*P. nobilis*) verwechselt werden. Die Stachelige Steckmuschel hat jedoch größere und weniger zahlreiche Stachelschuppen als die Große Steckmuschel.

Lebensraum und Verbreitung: Sand- und Weichböden, besonders auch in kleinen Sandmulden des Felslitorals. Von wenigen Metern bis über 50 m Tiefe. Gesamtes Mittelmeer.

Wissenswertes: Diese Art ist wesentlich seltener als die Große Steckmuschel. Wie diese ist auch sie essbar, wird aber aufgrund ihrer geringen Bestände selten auf Märkten angeboten.

3 Vogelmuschel *Pteria hirundo*
Familie *Pteriidae, Flügelmuscheln*

Kennzeichen: Größe bis etwa 8 cm. Leicht ungleiche Schalenklappen, wobei die linke ein wenig bauchiger ist als die rechte. Schlossrand beidseitig mit sogenannten Ohren (plattenförmige Verbreiterungen). Stark asymmetrische Schalenform durch das viel länger ausgezogene hintere Ohr und eine rundliche Einbuchtung zwischem diesem und der übrigen Schale. Färbung: außen bräunlich, innen perlmutterartig mit breitem dunklem Randbereich.

Verwechslungsmöglichkeiten: Keine.

Lebensraum und Verbreitung: Auf Hart- und Weichböden, auf Letzteren an Steinen festgeheftet, oftmals auch epizoisch auf Gorgonien. Meist unterhalb von 15 m bis über 100 m Tiefe. Gesamtes Mittelmeer; im Ostatlantik von Marokko bis zu den Britischen Inseln, Kanaren, Azoren.

Wissenswertes: Die Flügelauster heftet sich mithilfe von Byssusfäden an Hartsubstraten fest, benutzt aber auch andere Organismus wie z. B. Gorgonien als Siedlungssubstrat, was Epizoismus genannt wird.

1 Schuppige Feilenmuschel *Lima lima*
Familie *Limidae, Feilenmuscheln*

Kennzeichen: Größe bis etwa 5 cm. Gleichklappige, asymmetrische Schale mit 18–24 deutlichen Radialrippen. Diese tragen stachelartig abstehende, in konzentrischen Reihen angeordnete Schuppen. Mantelrand mit auffälligen Tentakeln. Färbung von Schale und Weichkörper weißlich.
Verwechslungsmöglichkeiten: Keine.
Lebensraum und Verbreitung: Auf Hartböden. Vom Flachwasser bis über 50 m Tiefe. Gesamtes Mittelmeer; im Ostatlantik von Nordafrika bis zum südwestlichen Portugal.
Wissenswertes: Die Schuppige Feilenmuschel kann regelmäßig bis häufig auf allen Hartböden angetroffen werden, ist jedoch nicht selten zum Teil in kleinen Spalten und Höhlungen verborgen oder unter Steinen angeheftet.

2 Klaffende Feilenmuschel *Lima hians*
Familie *Limidae, Feilenmuscheln*

Kennzeichen: Größe bis etwa 3,5 cm. Gleichklappige, gewölbte, relativ dünne Schale mit über 50 sehr feinen Radialrippen. Färbung: Schale weißlich, Weichkörper leuchtend orangerot, mit sehr langen, klebrigen Tentakeln am Mantelrand.
Verwechslungsmöglichkeiten: Kann leicht mit der Bauchigen Feilenmuschel, *Lima inflata (exilis)*, verwechselt werden.
Lebensraum und Verbreitung: Auf Weich- und Hartböden, oft unter Steinen. Vom Flachwasser bis etwa 100 m Tiefe. Gesamtes Mittelmeer; in Teilen des Ostatlantiks.
Wissenswertes: Wie andere Feilenmuscheln kann sich auch diese Art mit sogenannten Byssusfäden am Untergrund festheften. Manchmal baut sie mithilfe des klebrigen Byssus ein schützendes Nest, das aus zusammengekitteten Algen, Seegrasmaterial, Steinchen und Muschelgrus besteht. Bei Störung kann sie durch rasches, wiederholtes Zusammenschlagen der Schalenklappen ein kleines Stück davonschwimmen.

3 Europäische Auster *Ostrea edulis*
Familie *Ostreidae, Austern*

Kennzeichen: Größe meist bis 10 cm, selten bis 15 cm. Dickwandige Schale von variabler Form, meist unregelmäßig eiförmig bis rundlich. Die untere (linke) Schalenklappe ist am Substrat festgewachsen und napfförmig vertieft; die obere (rechte) Klappe ist flach. Schalenoberfläche mehr oder weniger blätterteigartig skulpturiert. Färbung: Heller oder dunkler graubraun, oft mit violetten Stellen; Innenseite perlmutterartig glänzend. **3b**: Unterart *Ostrea edulis* forma *lamellosa*.
Verwechslungsmöglichkeiten: Diese Art kann leicht mit anderen Austernarten im Mittelmeer verwechselt werden, besonders mit *Crassus crassostrea*.
Lebensraum und Verbreitung: Auf Felsen und Steinen. Vom Seichtwasser bis etwa 50 m Tiefe. Gesamtes Mittelmeer, Schwarzes Meer; im Ostatlantik von Marokko bis Norwegen, Nordsee.
Wissenswertes: Die Europäische Auster kann in einer Fortpflanzungsperiode Spermien, in der nächsten Eier, dann wieder Spermien usw. produzieren und auf diese Weise abwechselnd als Männchen oder Weibchen fungieren. Pro Jahr kann eine Auster bis über 2 Millionen Eier produzieren. Die befruchteten Eier verbleiben bis zum Schlüpfen der Larven in der Mantelhöhle der Muschel. Die Larven leben etwa 1–2 Wochen planktisch, bevor sie sich an geeigneten Substraten festheften. Die Art ist eine geschätzte Delikatesse und wirtschaftlich bedeutend. Die meisten der großen natürlichen Austernbänke, die früher entlang der europäischen Westküsten bestanden, sind durch Raubbau längst verschwunden. Heute werden Austern auch im Mittelmeer in Austernfarmen gezüchtet und meist ab dem dritten Lebensjahr geerntet. Austern können bis zu 30 Jahre alt werden.

1
2
3a
3b

1 Gemeine Sepia   *Sepia officinalis*
Familie *Sepiidae, Sepien*

Kennzeichen: Länge des Körpers ohne ausgestreckte Fangarme bis 40 cm. Breiter, längs ovaler und abgeflachter Körper, an den Seiten mit Flossensäumen, die am Körperende fast zusammenstoßen, 8 kürzere Kopfarme und 2 verlängerbare Fangtentakel. Körperoberfläche meist glatt, durch Kontraktion von Hautmuskeln können aber auch kurze, zottige Fortsätze gebildet werden. Färbung sehr variabel, von Untergrund und Stimmung abhängig, kann sich in Sekundenschnelle ändern: Oft von hell sandfarben bis dunkler rötlich braun.

Verwechslungsmöglichkeiten: Es gibt 2 weitere Arten dieser Gattung im Mittelmeer, die bis 9 cm lange Kleine Sepia (*S. elegans*) und die bis 12 cm lange Dornsepia (*S. orbignyana*). Beide sind unter Wasser nur schwer von entsprechend kleinen Exemplaren der Gemeinen Sepia zu unterscheiden. Die Dornsepia besitzt am Körperende einen kleinen zipfelförmigen Fortsatz (Rostrum). Zu den sicheren Unterscheidungsmerkmalen gehören die Größe und Anordnung von Saugnäpfen auf den beiden langen Fangarmen.

Lebensraum und Verbreitung: Über Sedimentböden sowie über Seegraswiesen. Vom Flachwasser bis über 150 m Tiefe. Gesamtes Mittelmeer; im Ostatlantik von Marokko bis Norwegen.

Wissenswertes: Die Gemeine Sepia ist vorwiegend nachtaktiv, gelegentlich aber auch tagsüber zu beobachten. Sie frisst Garnelen, Krabben und kleine Fische. Die Beute wird mit den beiden weit vorschleuderbaren Fangtentakeln ergriffen. Die Fortpflanzungszeit erstreckt sich von Februar bis Oktober. Die dunkelbraunen bis schwarzen Eier werden meist in traubenförmigen Klumpen an unterschiedlichen Hartsubstraten, aber auch an Seegräsern oder Algen festgeheftet. Das Gelege wird von den Elterntieren nicht bewacht.

2 Gemeiner Kalmar   *Loligo vulgaris*
Familie *Loliginidae, Schließaugenkalmare*

Kennzeichen: Länge meist 15–30 cm, maximal 50 cm. Schlanker, spindelförmiger Körper. Die beiden dreieckigen Flossen setzen im hinteren Körperbereich seitlich am Rücken an. In der Aufsicht bilden sie gemeinsam eine rautenförmige Einheit, die etwa zwei Drittel des Mantels bedeckt. Acht kürzere Kopfarme und zwei verlängerbare Fangtentakel. Färbung variabel: bräunlich bis rotviolett.

Verwechslungsmöglichkeiten: Es gibt nur 2 Loligo-Arten im Mittelmeer. Die zweite Art ist *L. forbesi*. Diese kommt jedoch im Mittelmeer erst unterhalb von etwa 100 m Tiefe vor, während sie im Ostatlantik auch nahe der Oberfläche schwimmt. Einige Vertreter anderer Kalmargattungen ähneln dem Gemeinen Kalmar, leben aber mehr pelagisch oder in größeren Tiefen.

Lebensraum und Verbreitung: Neritische Art; im küstennahen Freiwasser, oft auch in Bodennähe. Von der Wasseroberfläche bis etwa 100 Meter Tiefe. Gesamtes Mittelmeer; im Ostatlantik bis zu den Britischen Inseln.

Wissenswertes: Der Gemeine Kalmar ist ein nachtaktiver Räuber. Oft schwimmt er in Gruppen oder kleinen Schwärmen (**2a**). Er ernährt sich von Fischen und Garnelen, wobei er auch bodenlebende Vertreter frisst. Der Gemeine Kalmar pflanzt sich im Frühsommer fort. Die Weibchen legen gallertige, schlauchförmige, weißliche Hülsen (**2b**) ab. Jeweils mehrere dieser Patronen, von denen jede etwa 30–50 Eier enthält, werden büschelartig an verschiedene feste Substrate geheftet. Der Gemeine Kalmar kann ein Alter von 12 bis 18 Monaten erreichen. Kalmare schwimmen nach dem Rückstoßprinzip, indem sie stoßweise Wasser aus dem Atemtrichter drücken. Durch Schwenken des Atemtrichters können sie die Schwimmrichtung ändern. Dieser Antrieb nach dem Rückstoßprinzip ist zwar relativ schnell, jedoch ausgesprochen energieaufwendig. Fische erreichen mit ihrem Flossenschlag gleiche oder höhere Geschwindigkeiten mit einem deutlich geringeren Energieeinsatz. Auf Fischerbooten werden Kalmare nachts mit starken Lampen angelockt und dann mit Netzen gefangen. Auf Fischmärkten werden sie regelmäßig angeboten.

1
2a
2b

1 Gewöhnlicher Krake *Octopus vulgaris*
Familie *Octopodidae*, Kraken

Kennzeichen: Länge bis 100 cm, Spannweite bei ausgebreiteten Armen bis 200 cm; meist jedoch deutlich kleiner. Sackförmiger Körper mit 8 großen Kopfarmen, diese jeweils mit 2 Reihen von Saugnäpfen auf der Unterseite. Körperoberfläche je nach Anspannung der Hautmuskulatur glatt, runzlig oder mit kurzen zottigen Auswüchsen. Färbung variabel, vom Untergrund und Erregungszustand abhängig, kann von einer Sekunde auf die andere wechseln: weißlich grau, sandfarben, hell- oder dunkelbraun, rötlich.

Verwechslungsmöglichkeiten: Vom selteneren, aber gelegentlich ebenfalls beobachteten Langarmigen Kraken (*O. macropus*) unterscheidet sich der Gewöhnliche Krake vor allem durch seine kürzeren Arme.

Lebensraum und Verbreitung: Meist auf Felsgrund im Infralitoral sowie auf Geröllböden, seltener auch auf sandigen Böden. Vom Flachwasser bis etwa 100 m Tiefe. Gesamtes Mittelmeer; im Ostatlantik weitverbreitet.

2 Schirm-Krake *Octopus salutii*
Familie *Octopodidae*, Kraken

Kennzeichen: Mit deutlicher Schirmhaut zwischen den Armen, die als Saum bis zu den Armspitzen ausläuft. Haut mehr oder weniger glatt, gelbbraun bis orangegelb mit dunkleren und helleren Flecken, bei Erregung hellblau. Begattungsarm (Hektokotylus) mit langem „Löffel" an der Spitze.

Verwechslungsmöglichkeiten: Schirm-Kraken sind Gewöhnlichen Kraken zum Verwechseln ähnlich. Dies gilt für die Gestalt wie auch für die Armlängen. Einziger Unterschied aus der Distanz ist der segelartige Saum zwischen und auf den Armen. Im ausgebreiteten Zustand erinnert *Octopus salutii* an ein Spinnennetz, wodurch auch der Name „Spinnen-Krake" gerechtfertigt ist.

Lebensraum und Verbreitung: Benthische Art der schlammigen Böden, zwischen 30 und 600 m Tiefe, meist jedoch zwischen 150 und 300 m vorkommend. Im Mittelmeer (außer nördliche Adria, nördliche Ägäis und Schwarzes Meer) sowie an der südspanischen Atlantikküste.

Wissenswertes: Schirm-Kraken werden regelmäßig mit Schleppnetzen gefangen. Sie ernähren sich überwiegend von Krebstieren.

3 Langarmiger Krake *Octopus macropus*
Familie *Octopodidae*, Kraken

Kennzeichen: Länge bis 100 cm, Spannweite bei ausgebreiteten Armen bis 200 cm; meist jedoch deutlich kleiner. Sackförmiger Körper mit 8 relativ sehr langen Kopfarmen, diese jeweils mit 2 Reihen von Saugnäpfen auf der Unterseite. Körperoberfläche je nach Anspannung der Hautmuskulatur glatt, runzlig oder mit kurzen zottigen Auswüchsen. Färbung variabel, vom Untergrund und Erregungszustand abhängig, kann von einer Sekunde auf die andere wechseln typischerweise jedoch kräftig rotbraun mit zahlreichen kleinen weißen Flecken.

Verwechslungsmöglichkeiten: Gut anhand der auffallend langen Arme und der meist rötlichen Färbung mit weißen Flecken zu unterscheiden.

Lebensraum und Verbreitung: Auf Fels-, Geröll- und Sandböden. Vom Flachwasser bis über 100 m Tiefe. Gesamtes Mittelmeer; auch im Ostatlantik.

Wissenswertes: Diese Art ist praktisch nur nachts zu beobachten, scheint also eine wesentlich stärker nachtorientierte Lebensweise zu führen als der Gemeine Krake. Im Allgemeinen ist der Langarmige Krake deutlich seltener als der Gewöhnliche Krake. In ihrer Lebensweise dürften sich die beiden Arten weitgehend ähneln.

1 Kerb-Seepocke *Balanus perforatus*
Familie *Balanidae*

Kennzeichen: Seepocken (Unterklasse Rankenfußkrebse) sind fest sitzende Krebse, die sich mit der Region im Bereich der 1. Antennen festheften und deren Rumpf von einem Mantel, in dem Kalkplatten eingelagert sind, völlig umschlossen ist. Die Laufbeine sind zu Rankenfüßen (Name dieser Tiergruppe!) umgebildet, die dem Nahrungserwerb dienen (**1b**). Größe der Kerb-Seepocke zwischen 15 und 30 mm, relativ große Art. Gehäuse oval und konisch, annähernd symmetrisch, mit 6 verkalkten Platten, die an der Spitze häufig getrennt sind und eine gezackte Kontur bilden.

Verwechslungsmöglichkeiten: Die Unterordnung der Seepocken ist mit einigen Arten im Mittelmeer vertreten, die sich durch die Form und Textur der Platten unterscheiden lassen. Die Seepockenarten besitzen außerdem unterschiedliche Standortansprüche und siedeln deshalb in verschiedenen Zonen.

Lebensraum und Verbreitung: Auf Felsen, Krebsen und Treibhölzern sowie an Grotteneingängen der Felsküste. Im gesamten Mittelmeer sowie im Atlantik bis 20 m Tiefe, jedoch unterschiedlich häufig verbreitet: In der Nordadria nur vereinzelt, im Golf von Neapel sehr häufig.

Wissenswertes: Die Kerb-Seepocke ist ein fest sitzender Filtrierer, der das Wasser mit rhythmischen Bewegungen der Rankenfüße nach Plankton und Schwebstoffen durchkämmt. Da Balanusarten auch Schiffsrümpfe besiedeln und deshalb die Fahrgeschwindigkeit drosseln, sind sie in der Schifffahrt nicht gern gesehene „Mitreisende". Bereits nach 3 Monaten können sich bis zu 400 Seepocken pro Quadratmeter an der Rumpffläche ansiedeln.

2 Entenmuscheln *Lepas anserifera & Lepas anatifera*
Familie *Lepadidae, Entenmuscheln*

Kennzeichen: Muschelähnlicher Rankenfüßer mit einer aus 5 Kalkplatten zusammengesetzten Schale (bis 5 cm Größe) die den Körper einhüllt. Bei *Lepas anserifera* (siehe 3, links unten) sind die Kalkplatten deutlich gefurcht, während diese bei *Lepas anatifera* (siehe 4, rechts unten) nur leicht gefurcht sind. Bis 10 cm langer, zusammenziehbarer Stiel. 6 Paar doppelästige Fangarme. Färbung: Stiel bei adulten Tieren dunkelgrau, bei Jugendformen hell durchsichtig. Kalkplatten weiß mit gelben bis braunen (*L. anserifera*) (**2a**) oder gelborangen (*L. anatifera*) (**2b**) Rändern.

Verwechslungsmöglichkeiten: Die Gattung Lepas ist im Mittelmeer mit 3 Arten vertreten, die sich recht ähnlich sind. Die Kalkplatten von *Lepas anserifera* sind im Gegensatz zu denen der beiden anderen Arten (*L. anatifera, L. pectinata*) deutlich gefurcht.

Lebensraum und Verbreitung: An festen, auf der Wasseroberfläche treibenden Gegenständen wie Treibholz, Kunststoffflaschen etc. Auch an Bootsrümpfen, Bojen und an Meeresschildkröten. Im gesamten Mittelmeer sowie im angrenzenden Atlantik.

Wissenswertes: Entenmuscheln gehören wie die Seepocken zu einer Gruppe von Krebstieren, den Rankenfüßern, die durch den Besitz von „rankenartigen" Fangfüßen gekennzeichnet ist (siehe auch Kerb-Seepocke, *Balanus perforatus*). Mit diesen umgewandelten Beinen werden Plankton und Detrituspartikel durch rhythmisches Schlagen filtriert. Eine Ähnlichkeit mit anderen Krebsen zeigen die Entenmuscheln nur noch während der planktischen Larvalphase. Entenmuscheln sind Zwitter, die ihre befruchteten Eier in der Mantelhöhle ablegen. Von dort werden sie als sogenannte Nauplius-Larven entlassen, die nach mehreren Stadien in das schalenumschlossene Cypris-Stadium übergehen. Beim Übergang von der planktischen zur sessilen Lebensweise bildet sich das Vorderteil zum Stiel um und die 1. Antennen werden zur Anheftung verwendet. Nach uralten Sagen werden aus den Entenmuscheln, die wie Pflanzen an Treibholz wachsen, kleine Enten. Im 12. Jahrhundert, so berichtet die „Topographia hibernia", scheuten sich einige Bischöfe und Geistliche nicht, diese „Vögel" zur Fastenzeit zu verspeisen, da sie ja weder Fleisch noch fleischlicher Herkunft waren. Es war schließlich Papst Innozenz, der diese Auslegung im Jahr 1215 verbot. Während die Entenmuscheln nur selten gekocht verzehrt werden, besitzen in Spanien vor allem Entenmuscheln der Gattung Pollicipes als sogenannte „Percebes" wirtschaftliche Bedeutung.

1a

1b

2a

2b

1 Gepunktete Garnele *Gnathophyllum elegans*
Familie *Gnathophyllidae*

Kennzeichen: Garnele mit einer Körperlänge bis 3 cm. Körper gedrungen und käferartig, auffallend bunt gefärbt. Rostrum sehr kurz. Die ersten beiden Schreitbeinpaare mit Scheren, wobei das 2. Paar deutlich kräftiger entwickelt ist. Färbung des Körpers: dunkel- bis schwarzbraun mit zahlreichen hellgelben Punkten. Antennen und Schreitbeine violett bis bläulich gefärbt.

Verwechslungsmöglichkeiten: Keine. Einzige Art der Gattung im Mittelmeer.

Lebensraum und Verbreitung: Auf primären und sekundären Hartsubstraten, an Felswänden wie auch auf Geröllböden und in Seegraswiesen (dort jedoch seltener), zwischen 20 und 40 m Tiefe.

Wissenswertes: Die Gepunktete Garnele ist hinsichtlich Form und Färbung eine der auffälligsten Garnelen des Mittelmeers. Abgesehen von höhlenbewohnenden Individuen ist diese Art wie die meisten Garnelen nachtaktiv, aber nicht besonders bewegungsfreudig. Im Juni und Juli sowie im September und Oktober kann man weibliche Exemplare mit braunvioletten Eiern beobachten.

2 Mittelmeer-Putzergarnele *Lysmata seticaudata*
Familie *Hippolytidae*

Kennzeichen: Garnele mit einer durchschnittlichen Körpergröße von 3,5 cm (maximal 6,5 cm). Charakteristisch sind die großen, schwarzen Augen, die langen, roten Antennen sowie die Zeichnung des Körpers mit schmalen weißen Längsstreifen auf rotem Grund.

Verwechslungsmöglichkeiten: Die 2. Art dieser Gattung, *Lysmata nilita*, erkennt man leicht am Fehlen der Längsbänderung sowie an der einheitlich rötlichen Bänderung.

Lebensraum und Verbreitung: Im Felslitoral in Löchern, Spalten und Höhlen, in Blockgründen und Seegraswiesen, von 4 bis 60 m Tiefe. Im gesamten Mittelmeer sowie im angrenzenden Atlantik. Tethys-Relikt.

Wissenswertes: Die Mittelmeer-Putzergarnele ist ein typischer nachtaktiver Bewohner von Höhlen, in denen sie mitunter in kleinen Trupps oder in großen Schwärmen angetroffen werden kann. Die Art ist lichtscheu und zieht sich bei Störung sofort in die hintersten Winkel der Höhle zurück. Den Namen „Putzergarnele" trägt sie zu Recht: Typischerweise reinigt sie Fische wie z. B. Muränen, Conger-Aale, aber auch Schleimfische und kleine Barsche, mit denen sie häufig das Versteck teilt.

3 Kleine Felsgarnele *Palaemon elegans*
Familie *Palaemonidae*

Kennzeichen: Bis 5 cm große Garnele. Gattungsmerkmal ist das lange, gezähnte und manchmal aufgebogene Rostrum. Die Art besitzt einen glasig durchscheinenden Körper mit kräftigen dunkelbraunen Linien an den Segmentgrenzen sowie schmalen, ebenfalls braunen Linien auf dem Rücken. Zahlreiche helle und irisierende sowie dunkle Flecken. Gelenke der Schreitbeine und des Scherenbeinpaars gelb und braun geringelt. Augen graugrün.

Verwechslungsmöglichkeiten: Die Gattung Palaemon ist mit 3 weiteren Arten, die sich durch die Färbung deutlich von der Kleinen Felsgarnele unterscheiden, im Mittelmeer vertreten: Die Große Felsgarnele (*P. serratus*) ist eher milchig glasig, helle Punkte auf dem Körper fehlen. *Palaemon adspersus* sowie *P. xiphias* besitzen keine dunkle Zeichnung auf dem Körper.

Lebensraum und Verbreitung: Im oberen Infralitoral sowie in Fluttümpeln, von der Oberfläche bis in 2 m Tiefe. Häufige Art, stellenweise sogar massenhaft vertreten. Bevorzugt algenbewachsenen Felsgrund. Im gesamten Mittelmeer sowie im angrenzenden Atlantik.

Wissenswertes: Die Kleine Felsgarnele lebt in unmittelbarer Nähe zum Spülsaum und ist deshalb optimal an die dort herrschende hohe Hydrodynamik angepasst. Sie lebt tagaktiv und ernährt sich von allem, was sie mit ihren kleinen Scheren greifen kann.

1 Große Felsgarnele *Palaemon serratus*
Familie *Palaemonidae*

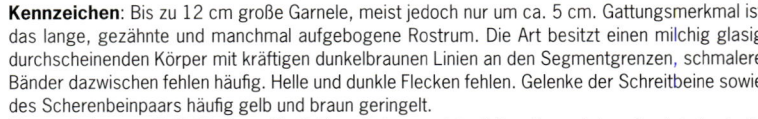

Kennzeichen: Bis zu 12 cm große Garnele, meist jedoch nur um ca. 5 cm. Gattungsmerkmal ist das lange, gezähnte und manchmal aufgebogene Rostrum. Die Art besitzt einen milchig glasig durchscheinenden Körper mit kräftigen dunkelbraunen Linien an den Segmentgrenzen, schmalere Bänder dazwischen fehlen häufig. Helle und dunkle Flecken fehlen. Gelenke der Schreitbeine sowie des Scherenbeinpaars häufig gelb und braun geringelt.

Verwechslungsmöglichkeiten: Die Gattung Palaemon ist mit 3 weiteren Arten, die sich durch die Färbung deutlich von der Großen Felsgarnele unterscheiden, im Mittelmeer vertreten: Die Kleine Felsgarnele (*P. elegans*) besitzt einen glasig durchscheinenden Körper mit hellen gelben und dunklen Punkten. Palaemon adspersus sowie *P. xiphias* besitzen keine dunkle Zeichnung auf dem Körper.

Lebensraum und Verbreitung: Die Große Felsgarnele bevorzugt algenbewachsene Felsen und Blockgründe, kommt aber auch in Seegraswiesen und in Höhlen, zwischen 2 und 10 m Tiefe, vor. Die Art meidet den Brandungsbereich. Im gesamten Mittelmeer sowie im angrenzenden Atlantik von Dänemark bis Nordafrika.

Wissenswertes: Die Große Felsgarnele lebt im Gegensatz zu der Kleinen Felsgarnele (*P. elegans*) ausschließlich nachtaktiv. Tagsüber kann man die Große Felsgarnele nur in Höhlen bei der Nahrungssuche beobachten. Diese Art ist von fischereiwirtschaftlicher Bedeutung und wird in vielen Mittelmeerländern gezielt gefischt. In Frankreich und Spanien versucht man sogar, diese Garnele zu züchten.

2 Einhorngarnele *Pleisionika narval*
Familie *Pandalidae*

Kennzeichen: Meist bis zu 9,5 cm (maximal 12 cm) große Garnele. Kennzeichen (Name!) ist das bis körperlange, rote, sehr fein gezähnte Rostrum. 3. bis 5. Schreitbeinpaar und Antennen ebenfalls sehr lang. Körper blassrosa durchscheinend, manchmal mit metallisch blaugrünem Schimmer, mit etwas breiteren dunkelroten und sehr feinen weißen Längsstreifen. Augen blaugrau. Extremitäten ebenfalls durchscheinend und fleischfarben, Antennen rot.

Verwechslungsmöglichkeiten: Im Mittelmeer sind mehrere ähnliche Arten der Gattung und nah verwandte Arten vertreten, die sich jedoch hinsichtlich der Färbung deutlich von der Einhorngarnele unterscheiden.

Lebensraum und Verbreitung: Tiefwasser- und Tiefseebewohner auf Sand-, Kies- und Felsböden zwischen 10 m und 900 m Tiefe. In flachen Küstenzonen überwiegend in Höhlen und dort in den hinteren Bereichen. Im westlichen Mittelmeer, in der südlichen Adria sowie in nördlichen Teilen des östlichen Beckens. Im angrenzenden Atlantik bis Angola, Madeira, Kanaren, auch im Roten Meer sowie im Indischen Ozean.

Wissenswertes: Die Einhorngarnele ist ein typischer Bewohner des tiefen Wassers, der in flachen Zonen ausschließlich in größeren Höhlen anzutreffen ist. Nur in diesem Lebensraum findet das Tier tiefseeähnliche Bedingungen wie Dunkelheit und ruhiges Wasser. Häufig kann man dort große Schwärme beobachten, die Ameisenstraßen gleichen. Bei Gefahr flüchten sich die Tiere des Schwarms nicht in Nebenspalten, sondern laufen an den Wänden hin und her. Der Schwarm teilt sich wie ein Fischschwarm in Gruppen auf, um sich irgendwann wieder zu vereinen. Die Einhorngarnele ist vor allem in Tiefen zwischen 200 und 400 m häufig und wird dort auch mit Grundnetzen und Reusen gefangen. In Spanien, Algerien und Marokko findet man diese Art auch häufig auf den Fischmärkten.

1 Scherengarnele *Stenopus spinosus*
Familie *Stenopodidae*

Kennzeichen: Bis 8 cm große, auffällig gefärbte Garnele. Der Körper ist mit zahlreichen Dornen übersät. 1. und 2. Schreitbeinpaar mit kleinen Scheren, 3. Schreitbeinpaar bedornt, mit auffällig großen Scheren, die ersteren deutlich überragend. Antennen deutlich mehr als körperlang. Färbung vom Körper: leuchtend gelborange, Dornen etwas dunkler, Extremitäten eher dunkelorange, Antennen weiß, Augen braunrot. Scherenspitzen häufig weiß gefärbt (**1b**). 3. Scherenbeinpaar befindet sich in einer rechtwinkligen Stellung zum Körper. Die Art wirkt deshalb breiter als lang.
Verwechslungsmöglichkeiten: Keine. Einzige Art dieser Gattung im Mittelmeer.
Lebensraum und Verbreitung: Auf primären und sekundären Hartsubstraten. Häufige Art im Koralligen sowie in Höhlen, vom Flachwasser bis in größere Tiefen.
Wissenswertes: Die nachtaktive Scherengarnele besiedelt Höhlen bis in flachere Küstenbereiche, wo man sie auch am Tag sehen kann. Typischerweise lebt sie jedoch tagsüber versteckt in Nischen und Spalten, zwischen Felsen oder im Koralligen. Nur in der Nacht wird dieser Schutz zum Nahrungserwerb verlassen. In Tiefen ab ca. 40 m kann man dann zahllose Scherengarnelen im „Freien" wandern sehen. Dabei bewegen sie sich langsam, geradezu majestätisch, und selbst bei Gefahr wird man ruckartige Bewegungen nicht beobachten können. Verwandte Arten der Scherengarnele leben vor allem in tropischen Meeren, wo sie sich häufig als Putzergarnelen betätigen.

2 Nika-Garnele *Processa sp.*
Familie *Processidae*

Kennzeichen: Garnelen von kleiner bis mittlerer Größe, maximal bis 8 cm. Kurzes, nach vorn gerichtetes Rostrum, das die Augen höchstens leicht überragt und bei fast allen Arten der Gattung in zwei Spitzen endet. Carapax glatt. 1. und 2. Schreitbeinpaar ungleich entwickelt: Die rechten Beine enden in einer kleinen spitzen Schere. Die linken Beine enden in einer kleinen Spitze. Färbung: durchscheinend fleischfarben, rötlich, braun oder grünlich, manchmal mit helleren Flecken.
Verwechslungsmöglichkeiten: Die Familie ist mit einer Gattung und 10 Arten im Mittelmeer vertreten. Die Arten sind nur schwer unterscheidbar und über ihre genaue Verbreitung ist bisher wenig bekannt. Bis 1957 waren nur zwei Arten beschrieben.
Lebensraum und Verbreitung: Auf Weichböden und in Seegraswiesen, vom Flachwasser bis in größere Tiefen. Nachtaktiv. Die meisten Arten der Gattung Processa besiedeln das gesamte Mittelmeer, einige davon auch den angrenzenden Atlantik bis zu den Britischen Inseln.
Wissenswertes: Zwei Arten der Gattung Processa haben fischereiwirtschaftliche Bedeutung und sind deshalb auf den Fischmärkten in Spanien, Sizilien, Marokko, an der ligurischen Küste und hin und wieder auch in Griechenland zu finden: *Processa canaliculata* und *P. edulis*. Der Artenreichtum der Zehnfußkrebse (*Decapoda*) ist mit dem der Vögel vergleichbar. Inzwischen sind mehr als 8500 Arten bekannt. Man unterscheidet die langschwänzigen Formen, wie z. B. die Europäische Languste, von den kurzschwänzigen, wie die Strandkrabbe. Zwischen beiden Gruppen vermitteln die sogenannten „Mittelkrebse" (z. B. Einsiedlerkrebse und Furchenkrebse), deren Hinterleib noch mit Schwimmbeinen versehen ist, dieser jedoch eingekrümmt unter den Vorderkörper gehalten wird. Die systematische Ordnung der Zehnfußkrebse unterscheidet fünf Unterordnungen: 1. Garnelenartige Langschwanzkrebse (*Natantia*), wie z. B. die Nika-Garnele (*Processa sp.*) oder die Scherengarnele. 2. Ritterkrebse (*Reptantia*), wie z. B. die Langusten und die Bärenkrebse. 3. Eigentliche Langschwanzkrebse (*Astacura*), wie z. B. den Europäischen Hummer. 4. Mittelkrebse (*Anomura*). 5. Echte Krabben (*Brachyura*), wie z. B. die Wollkrabbe (*Dromia personata*).

1 Gebänderte Partnergarnele *Periclimenes amethysteus*
Familie *Palaemonidae*

Kennzeichen: Bis zu 32 mm große Garnele mit auffälliger Rückenzeichnung: Drei große, unterschiedlich geformte Bänder, gefolgt von zwei kleinen Bändern, ocker bis rosa gefärbt mit violetten Punkten und hellem Saum. Vorderes Band spitz zum Rostrum zulaufend, drittes Band herzförmig. Bauchseite ebenfalls vier bis fünf Querbänder. Laufbeine und Scheren blau-weiß gebändert, Körper insgesamt durchscheinend.

Verwechslungsmöglichkeiten: Keine. Im Mittelmeer kommen insgesamt vier Arten der Gattung Periclimenes vor, die sich dank ihrer Zeichnung und Färbung leicht unterscheiden lassen.

Lebensraum und Verbreitung: Wie der Name „Partnergarnele" andeutet, lebt diese Art in Gemeinschaft mit verschiedenen Anemonen wie z. B. *Anemonia viridis*, *Cribrinopsis crassa* und *Condylactis aurantiaca*. Die Gebänderte Partnergarnele wurde darüber hinaus auch in Siebanemonen (Aiptasia mutabilis) gefunden. Die Art ist bisher nur im Mittelmeer nachgewiesen.

Wissenswertes: Partnergarnelen leben im Schutz der mit Nesselkapseln bewaffneten Anemonen. Nach jeder Häutung der Garnele muss der Schutz erneuert werden, wobei sie mit ihren Scheren den Schleim der Tentakel aufnimmt und auf ihrem Körper verteilt.

2 Durchsichtige Partnergarnele *Periclimenes scriptus*
Familie *Palaemonidae*

Kennzeichen: Bis zu 30 mm große, nahezu völlig durchscheinende Garnele. Bisweilen kann ein feines Punktmuster vorhanden sein.

Verwechslungsmöglichkeiten: Keine. Im Mittelmeer kommen insgesamt vier Arten der Gattung Periclimenes vor, die sich dank ihrer Zeichnung und Färbung leicht unterscheiden lassen.

Lebensraum und Verbreitung: Wie der Name „Partnergarnele" andeutet, lebt diese Art in Gemeinschaft mit der Goldfarbigen Seerose (*Condylactis aurantiaca*) zwischen 5–80 m Tiefe. Bisher nur im Mittelmeer beschrieben.

Wissenswertes: Die Durchsichtige Partnergarnele scheint eine sehr enge Bindung an ihre Wirtsrose zu besitzen, da andere Lebensgemeinschaften mit Gorgonarien und Alcyonarien seltener beobachtet wurden. Ihr Schutz gegen die Nesselzellen ist wahrscheinlich angeboren, da er nach der Häutung nicht verloren geht. Auch diese Beobachtung deutet auf eine sehr enge Partnerschaft hin, wobei ein Nutzen für die Goldfarbene Seerose nicht erkennbar ist.

3 Blauweiße Partnergarnele *Periclimenes sagittifer*
Familie *Palaemonidae*

Kennzeichen: Bis zu 30 mm große Garnele mit einem blauen, weiß umrandeten V auf dem Rücken. Außerdem zahlreiche blaue Punkte im Brust-Kopf-Bereich. Scheren und Laufbeine blau-weiß gebändert, sonst durchscheinend.

Verwechslungsmöglichkeiten: Keine. Im Mittelmeer kommen insgesamt vier Arten der Gattung Periclimenes vor, die sich dank ihrer Zeichnung und Färbung leicht unterscheiden lassen.

Lebensraum und Verbreitung: Wie der Name „Partnergarnele" andeutet, lebt diese Art in Gemeinschaft mit den Anemonen *Anemonia viridis*, *Cribrinopsis crassa* und *Condylactis aurantiaca*. Vom Flachwasser bis in größere Tiefen. Westliches Mittelmeer und Adria sowie im Atlantik bis Ärmelkanal.

Wissenswertes: Diese Art muss ihren Nesselschutz nach jeder Häutung erneuern. Außerdem konnte beobachtet werden, dass die Blauweiße Partnergarnele Tentakelspitzen ihrer Wirtsanemone abzwickte und diese verzehrte.

1 Großer Bärenkrebs *Scyllarides latus*
Familie *Scyllaridae*

Kennzeichen: Bärenkrebs mit einer Körperlänge bis 45 cm und einem kompakten, gedrungenen und abgeflachten Körperbau. Die Hinterleibssegmente dieser Art sind seitlich mit kräftigen spitzen Dornen besetzt, das erste Segment mit roten Flecken. Grundfärbung: hellbraun bis braunrot, die Ränder der blattförmigen zweiten Antennen mit blauviolettem Saum. Ersten Antennen ebenfalls blauviolett.

Verwechslungsmöglichkeiten: Insgesamt zwei Gattungen mit fünf Arten im Mittelmeer. Der Große Bärenkrebs (einzige Art der Gattung Scyllarides) kann jedoch anhand seiner Färbung sowie dem abgerundeten Rand der blattförmigen 2. Antennen eindeutig von den Arten der Gattung Scyllarus unterschieden werden.

Lebensraum und Verbreitung: Auf primären und sekundären Hartböden, vor allem in Spalten, zwischen Felsblöcken sowie in großen Höhlen, in denen er kleine Nebenhöhlen besiedelt. Zwischen 4 und 100 m Tiefe. Im gesamten Mittelmeer außer in der Nordadria.

Wissenswertes: Der massige Große Bärenkrebs ist längst nicht so behäbig, wie er aussieht: Mithilfe seines kräftigen Schwanzfächers, den er bei Gefahr kräftig unter seinen Unterleib schlagen kann, katapultiert er sich blitzartig mit einem großen Satz rückwärts davon. Zur Fortpflanzungszeit tragen die Weibchen eine Vielzahl prächtig rot gefärbter Eier, die an den Hinterbeinen festgeheftet sind. Sie betreiben Brutpflege bis zum Schlüpfen der Larven (siehe dazu auch Kleiner Bärenkrebs, *Scyllarus arctus*). Die Art ist nachtaktiv. Trotz ihrer beträchtlichen Körpergröße haben Bärenkrebse nur lokal wirtschaftliche Bedeutung, da sie nie so häufig auftreten wie Langusten.

2 Kleiner Bärenkrebs *Scyllarus arctus*
Familie *Scyllaridae*

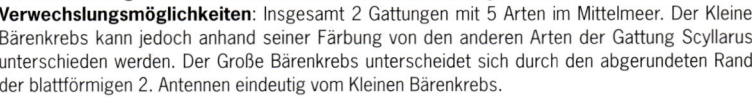

Kennzeichen: Bis zu 16 cm groß. Seitenkanten der Hinterleibssegmente abgerundet ohne Dornen. 5. Schreitbeinpaar der Weibchen mit kleiner unvollkommener Schere. Färbung: rostrot bis braunrot, am Bauch ockergelb. Oberseite mit 3 leuchtend roten, breiten Querstreifen.

Verwechslungsmöglichkeiten: Insgesamt 2 Gattungen mit 5 Arten im Mittelmeer. Der Kleine Bärenkrebs kann jedoch anhand seiner Färbung von den anderen Arten der Gattung Scyllarus unterschieden werden. Der Große Bärenkrebs unterscheidet sich durch den abgerundeten Rand der blattförmigen 2. Antennen eindeutig vom Kleinen Bärenkrebs.

Lebensraum und Verbreitung: Auf Felsböden, in Seegraswiesen sowie auf groben Sedimentböden und in Höhlen, zwischen 5 und 50 m Tiefe. Im gesamten Mittelmeer sowie im angrenzenden Atlantik von der Kanalküste bis zu den Kanaren.

Wissenswertes: Der Kleine Bärenkrebs lebt tagsüber im Schutz kleiner Nischen und Spalten und verlässt diese nur in der Nacht zur Nahrungssuche. Dabei scheint er seine plattenförmigen zweiten Antennen zum Graben oder Umdrehen von Schotter zu benutzen, um an Weichtiere oder Würmer zu gelangen. Mit den vorderen Laufbeinen können Bärenkrebse auch größere Muscheln ein Stückchen öffnen, indem sie diese wie einen Keil zwischen die Schalen zwängen. Bärenkrebse haben lange Larvalphasen, wodurch die planktisch lebenden Larven weit verdriftet werden. Wie bei Langusten entwickelt sich auch bei Bärenkrebsen aus den befruchteten Eiern zunächst eine sogenannte Phyllosoma-Larve. Bemerkenswert ist, dass diese je nach Art bis zu 15 unterschiedliche Stadien aufweisen kann. Sie ist extrem flach, völlig durchscheinend und damit von gänzlich anderer Gestalt als das erwachsene Tier. Diese Larven müssen ständig mit den Beinchen rudern, um nicht abzusinken. Die ältesten Stadien der Phyllosoma-Larven scheinen sich häufig an Quallen festzuhaken. So wurden sie auf den Schirmen von Ohrenquallen oder Leuchtquallen gefunden, wo sie sich mit dem 3. Laufbeinpaar derart verankert hatten, dass sie nur gewaltsam loszulösen waren. Zum Ende der Larval-phase findet eine Umwandlung zur Puerulus-Larve statt, die bald zum Bodenleben übergeht und sich zum fertigen Jungtier ausbildet.

1 Europäische Languste   *Palinurus elephas*
Familie *Palinuridae*

Kennzeichen: Maximale Körpergröße bis 50 cm, 2. Antennenpaar mehr als körperlang. Seiten der Hinterleibssegmente sowie Vorderkörper (Cephalothorax) reich bedornt, mit kleinem Rostrum. Erstes bis viertes Schreitbeinpaar ohne Scheren. Großer Schwanzfächer. Rotbraun bis violettbraun gefärbt.

Verwechslungsmöglichkeiten: Die Langusten sind im Mittelmeer durch 2 Gattungen mit insgesamt 3 Arten vertreten. Die Gattung Panulirus (mit der Königslanguste *Panulirus regius* als einziger Art) besitzt kein Rostrum. Die 1. Antennen sind lang und fadenförmig verzweigt. Diese Art ist grünlich gefärbt und wird maximal 35 cm groß. Sie kommt lediglich punktuell im westlichen Mittelmeer an einigen Abschnitten der spanischen und französischen Küste vor. Die zweite Gattung Palinurus, der auch die Europäische Languste angehört, stellt mit der Rosa Languste (*P. mauretanicus*) noch eine weitere Art, die ausschließlich im westlichen Mittelmeer unterhalb von 200 m Tiefe vorkommt.

Lebensraum und Verbreitung: Auf primären und sekundären Hartböden, in Höhlen und Spalten, vor allem im Koralligen, zwischen 15 und 160 m, häufiger erst ab 40 m Tiefe. Im gesamten westlichen Mittelmeer sowie in der Adria und in den nördlichen Regionen des östlichen Beckens. Die Art fehlt von der Südtürkei bis Syrien. Im angrenzenden Atlantik von Norwegen bis Marokko.

Wissenswertes: Die Nahrung der Languste setzt sich neben Aas aus Weichtieren wie Muscheln und Schnecken sowie Stachelhäutern zusammen, die sie auch ohne Scheren knacken kann. Langusten sind eine besondere kulinarische Delikatesse. Alle Arten werden deshalb intensiv z. B. mit Reusen oder von Tauchern gefischt oder in Aquakulturen bis zu einem bestimmten postlarvalen Stadium gezüchtet und wieder ausgesetzt.

2 Europäischer Hummer   *Homarus gammarus*
Familie *Nephropidae*

Kennzeichen: Größe bis 60 cm. 1. Schreitbeinpaar mit großen, unterschiedlich starken Scheren (schmalere Greifschere, größere Knackschere). 2. und 3. Schreitbeinpaar ebenfalls mit Scheren. 2. Antennenpaar etwa körperlang. Färbung: blaugrau bis dunkelviolett, mehr oder weniger marmoriert.

Lebensraum und Verbreitung: Nischen und spaltenreiche Felsgründe mit Weichböden, Blockgründe und sekundäre Hartsubstrate, meist unterhalb von 30 m Tiefe. Im westlichen Mittelmeer, im östlichen Becken der Ägäis, dem Marmarameer und im nordwestlichen Schwarzen Meer. Er bevorzugt kältere Regionen und kommt östlich von Kreta selten vor. Im angrenzenden Atlantik von den Lofoten bis zur marokkanischen Atlantikküste sowie Azoren.

Wissenswertes: Der Europäische Hummer lebt nachtaktiv und ist ausgesprochen reviertreu. Nach seinen nächtlichen Wanderungen kehrt er wieder zu „seinem" Unterschlupf zurück. Insbesondere zu den Häutungen sucht er sein Versteck zum Schutz auf. Bei den nächtlichen Streifzügen erbeutet er Krabben, Muscheln und Würmer, aber auch Aas wird nicht gemieden. Mit der größeren Knackschere kann der Hummer mühelos Muschelschalen aufbrechen. Mit der kleineren Greifschere wird das Opfer stückchenweise zerteilt und die Fetzen zum Mund geführt. Bei Verlust der Knackschere, die einen Fingerknochen durchtrennen kann, entwickelt sich bei der nächsten Häutung die Greifschere zur Knackschere um. Der Hummer besitzt eine überaus hohe fischereiwirtschaftliche Bedeutung, da sein wohlschmeckendes Fleisch hoch geschätzt ist. Leider hat der Hummerfang überall zu einer derart deutlichen Abnahme der Populationen geführt, dass sogar mancherorts Fangquoten und Schutzmaßnahmen eingerichtet werden mussten. Bekanntestes Beispiel dieser Entwicklung ist der sogenannte „Helgoländer Hummer". Hierbei handelt sich um dieselbe Art wie die im Mittelmeer. Noch 1937 wurden bei Helgoland 87. 000 Hummer mit einem Gesamtgewicht von 41 Tonnen gefangen. Nach dem Zweiten Weltkrieg gingen die Fangzahlen stark zurück. 1992 wurden offiziell nur noch 102 Hummer (93 kg) gefangen; zurzeit liegt die Quote bei ca. 50 kg.

1 Großer Einsiedlerkrebs   *Dardanus arrosor*
Familie *Diogenidae*

Kennzeichen: Mit bis zu 10 cm einer der größten Einsiedlerkrebse im Mittelmeer. Gattung mit links ungleich größerer Schere und hornigen schwarzbraunen Scherenspitzen. Art mit quer laufenden, erhabenen Bändern auf den Scherenbeinen. Beine und Scheren rot gefärbt, Antennen gelb bis orange, Augenstiele rot-weiß geringelt.

Verwechslungsmöglichkeiten: Der Große Einsiedlerkrebs ist eine von zwei Mittelmeerarten der Gattung Dardanus. Die zweite Art ist der Große Rote Einsiedlerkrebs (*Dardanus calidus*), der sich durch zahlreiche spitze Höcker auf den Scherenbeinen von der ersten Art unterscheidet.

Lebensraum und Verbreitung: Auf verschiedenen Weich- und Hartböden im Infralitoral sowie im Circalitoral, vom Flachwasser bis in größere Tiefen. Mittelmeer und Ostatlantik.

Wissenswertes: Der Große Einsiedlerkrebs lebt oft in Gemeinschaft mit der Einsiedler-Seerose (*Calliactis parasitica*). Untersuchungsergebnisse über den Grad der Verbindung beider Partner gehen sehr stark auseinander. Einige Beobachter sehen eine sehr enge Beziehung verwirklicht, die sogar so weit gehen soll, dass der Einsiedlerkrebs seine Anemone beim Wechsel in ein größeres Schneckengehäuse mitnimmt. Andere Autoren beobachteten, dass die Aktivität eher von der Aktinie ausgeht. Dabei betastet die Aktinie mit ihren Tentakeln zuerst das Schneckengehäuse, in dem der Einsiedler lebt. Zuerst bleiben, für den Fall dass der Krebs fortlaufen sollte, einige Tentakel kleben. Einige Minuten später legt sich die gesamte Mundscheibe über das Schneckenhaus, dann beginnt sich der Körper der Aktinie zu krümmen, bis der Fuß das Gehäuse erreicht. Erst dann lösen sich Tentakel und Mundscheibe wieder ab. Der Vorgang dauert ca. 20–25 Minuten. Diese Lebensgemeinschaft ist in jedem Fall eine echte Symbiose, bei der die Aktinie den Krebs mithilfe ihrer Nesselkapseln (vor allem in den Akontien) zu schützen vermag. Der Einsiedlerkrebs transportiert die Aktinie von einer Mahlzeit zur nächsten. Bemerkenswert ist auch die Art und Weise, wie der Krebs seine Behausung auswählt: Zuerst rollt er das Schneckengehäuse hin und her, um dessen Masse abzuschätzen, steigt dann mit seinen Beinen oder mit dem Hinterleib hinein, um den bewohnbaren Raum zu bewerten, und misst anschließend mit seinen Zangen den Durchmesser des Eingangs aus. Hat er das richtige Gehäuse gefunden, beginnt er es zu reinigen.

2 Großer Roter Einsiedlerkrebs   *Dardanus calidus*
Familie *Diogenidae*

Kennzeichen: Mit bis zu 10 cm einer der größten Einsiedlerkrebse im Mittelmeer. Gattung mit links ungleich größerer Schere und hornigen schwarzbraunen Scherenspitzen. Art mit vielen, unregelmäßig stehenden spitzen Höckern auf den Scherenbeinen. Beine und Scheren rot gefärbt, Antennen gelb bis orange, Augenstiele rot-weiß geringelt.

Verwechslungsmöglichkeiten: Der Große Rote Einsiedlerkrebs ist eine von zwei Arten der Gattung Dardanus. Die zweite Art ist der Große Einsiedlerkrebs (*Dardanus arrosor*), der keine Höcker auf den Scherenbeinen besitzt. Diese sind dagegen mit quer laufenden Schuppenreihen besetzt.

Lebensraum und Verbreitung: Auf verschiedenen Weich- und Hartböden im Infralitoral sowie im Circalitoral, vom Flachwasser bis in größere Tiefen.

Wissenswertes: Der Große Rote Einsiedlerkrebs lebt oft in Gemeinschaft mit der Einsiedler-Seerose (*Calliactis parasitica*; vgl. Großer Einsiedlerkrebs *Dardanus arrosor*). Da Schneckengehäuse spiralig und meist rechtssinnig gewunden sind, muss sich der Einsiedlerkrebs mit der Metamorphose von der planktischen Larve zum bodenlebenden Tier daran anpassen und ebenfalls asymmetrisch gebaut sein. Man kann dies bei erwachsenen Tieren an den unterschiedlich großen Scheren erkennen, wobei die größere Schere die Öffnung des Schneckengehäuses wie mit einem Deckel verschließen kann.

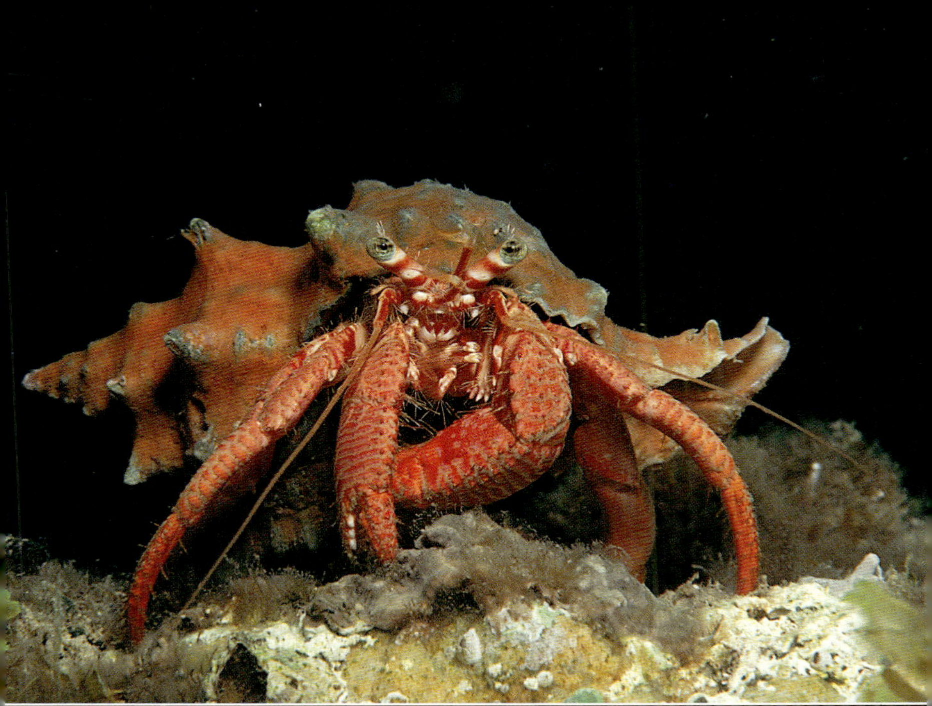

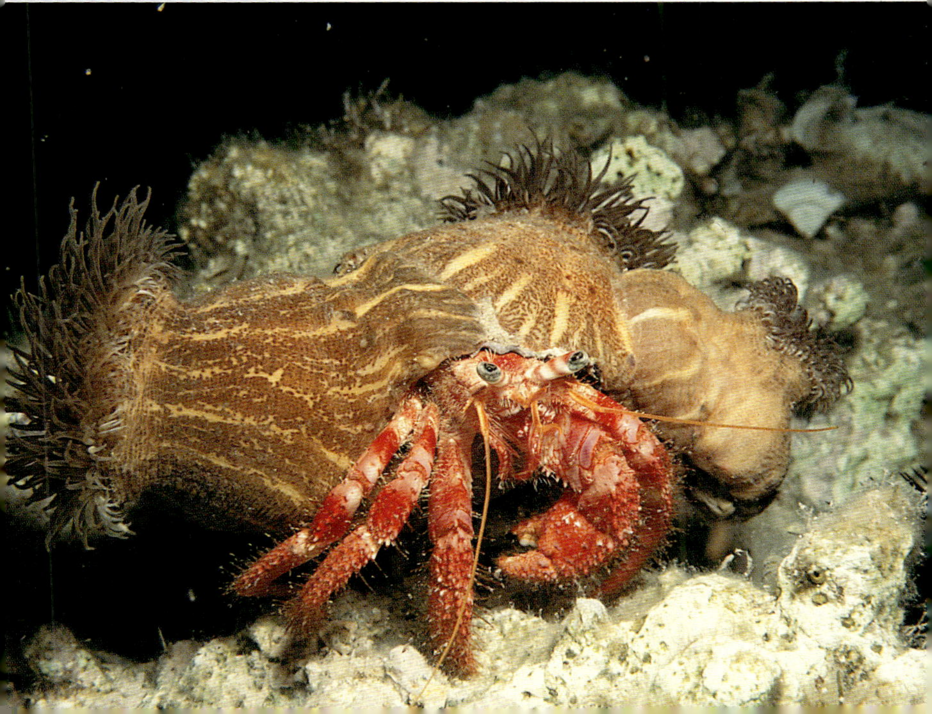

1 Behaarter Einsiedler *Pagurus cuanensis*
Familie *Paguridae*

Kennzeichen: Bis zu 3 cm großer Einsiedlerkrebs. Gattung mit rechts größeren Scheren. Art mit zahlreichen Haaren sowie spitzen Höckern auf der rechten Schere. Färbung: Haare einheitlich stumpf gelbbraun, Körper und Extremitäten braun bis dunkelbraun.

Verwechslungsmöglichkeiten: Aus der Familie Paguridae leben im Mittelmeer zehn Gattungen mit 29 Arten, die nicht immer leicht zu unterscheiden sind. Aufgrund der dichten, bräunlichen Behaarung und der größeren rechten Schere ist der Behaarte Einsiedler jedoch leicht zu erkennen.

Lebensraum und Verbreitung: Auf sandigen Weichböden, auf primären und sekundären Hartsubstraten, von 10 bis über 100 m Tiefe.

Wissenswertes: Über diese Art ist noch recht wenig bekannt.

2 Augenfleck-Einsiedler *Paguristes eremita*
Familie *Diogenidae*

Kennzeichen: Bis zu 4 cm großer Einsiedlerkrebs. Scheren annähernd gleich groß. Färbung: Augenstiele orange, Augen hellblau, Antennen rot, Körper und Beine kräftig rostbraun bis ziegelrot. Innenseite der Scherenbeine mit auffälligem violetten Fleck.

Verwechslungsmöglichkeiten: Weitere Arten der Gattung unterscheiden sich durch die Färbung.

Lebensraum und Verbreitung: Besonders häufig auf schlammigem Grobsediment sowie sandig schlammigen Weichböden, darüber hinaus auf allen Böden zwischen 4 und 40 m.

Wissenswertes: Der Augenfleck-Einsiedler wird häufig mit zwei verschiedenen Symbiosepartnern gefunden. Entweder lebt er in Gemeinschaft mit der Einsiedler-Seerose (*Calliactis parasitica*) oder mit dem Einsiedler-Korkschwamm (*Suberites domuncula*). Bei beiden Lebensgemeinschaften handelt es sich um eine fakultative Symbiose, da beide Partner auch allein lebensfähig wären. In der Gemeinschaft profitieren sie voneinander. Die Aktinie oder der Schwamm werden von einer Mahlzeit zur nächsten transportiert, und der Krebs wird dabei vor seinem ärgsten Feind, dem Kraken, durch die Nesselkapseln der Aktinie oder die im Schwammgewebe enthaltenen Giftstoffe geschützt. Der Korkschwamm festigt die Bindung zum „Untermieter" zusätzlich, da er mit dem Wachstum des Krebses mithält.

3 Anemonen-Einsiedler *Pagurus prideaux*
Familie *Paguridae*

Kennzeichen: Bis zu 6 cm großer Einsiedlerkrebs. Gattung mit rechts größeren Scheren. Art mit eher geringer Behaarung auf den Beinen. Färbung: orange bis rotbraun, Augenstiele weiß, Augen braun gefärbt, Tentakel glasig weißlich bis rötlich.

Verwechslungsmöglichkeiten: Die Artbestimmung ist leicht möglich, da der Anemonen-Einsiedler regelmäßig mit der auffälligen Mantelaktinie (*Adamsia palliata*) vergesellschaftet ist.

Lebensraum und Verbreitung: Auf allen Weichböden, vor allem auf schlammigen Sandböden, von 10 m bis in größere Tiefen.

Wissenswertes: Der Anemonen-Einsiedler lebt in Schneckengehäusen der Gattungen Gibbula und Naticarius, auf denen sich stets nur eine Mantelaktinie (*Adamsia palliata*) niederlässt. Die Fußscheibe vergrößert sich und umwächst das Schneckengehäuse vollständig. Die quer liegende Tentakelkrone befindet sich direkt hinter der Mundöffnung des Krebses und kehrt bei dessen Wanderung wie ein Besen über den Boden, um nach Nahrung zu suchen. Wächst der Krebs heran, so wächst auch die Mantelaktinie mit. Der Krebs muss sein Gehäuse, das sogar vollständig aufgelöst werden kann, nicht mehr wechseln und ist durch die Nesselkapseln vor Feinden geschützt. Diese Beziehung ist wesentlich enger als andere Krebs-Aktinien-Symbiosen.

1 Gestreifter Felseneinsiedler *Pagurus anachoretus*
Familie *Paguridae*

Kennzeichen: Bis zu 4 cm großer Einsiedlerkrebs. Gattung mit rechts größeren Scheren. Rechte Schere mit glatter Oberfläche und langen Haaren. Färbung: rotbraun, mit weißen bis gelblichen Querbändern an Beinen und Scheren. Antennen ebenfalls rotbraun mit weißer Ringelung. Augenstiele weiß mit je 2 roten Ringen, Augen hellblau bis grünlich.

Verwechslungsmöglichkeiten: Aus der Familie Paguridae leben im Mittelmeer 10 Gattungen mit 29 Arten, die nicht immer leicht zu unterscheiden sind. Diese Art ist dank ihrer Färbung und Behaarung sowie aufgrund der etwas größeren rechten Schere jedoch einfach zu bestimmen.

Lebensraum und Verbreitung: Die Art lebt überwiegend auf Hartböden, von 5 bis 100 m Tiefe. Relativ häufiger Vertreter der Einsiedlerkrebse.

Wissenswertes: Sehr selten kann man den Gestreiften Felseneinsiedler in Symbiose mit der Einsiedler-Seerose (*Calliactis parasitica*) finden. Auch bei dieser Lebensgemeinschaft profitieren beide Partner voneinander: Der Krebs wird durch das Nesselgift der Aktinie vor Fressfeinden geschützt, während er die Aktinie huckepack von einer Mahlzeit zur nächsten befördert (siehe dazu auch *Dardanus arrosor* sowie *Paguristes eremita*).

2 Röhren-Einsiedler *Calcinus tubularis*
Familie *Diogenidae*

Kennzeichen: Bis zu 30 mm großer Einsiedlerkrebs mit teils leuchtend roter Färbung. Scherenspitzen und erstes Glied der Laufbeine weiß mit roten Punkten, restliche Beinglieder rötlich mit blauer Zeichnung, übriger Körper rot bis rotbraun.

Verwechslungsmöglichkeiten: Eindeutiges Bestimmungsmerkmal dieser Art ist die Färbung der Scherenspitzen. Die Art wird in der Literatur synonym als *Calcinus ornatus* bezeichnet, wobei sich dieser Name auf das typische Farbmuster bezieht.

Lebensraum und Verbreitung: Vorwiegend im Infralitoral auf Felsböden. Im Mittelmeer weitverbreitet. Ebenso im Atlantik bis zu den Azoren.

Wissenswertes: Der Röhren-Einsiedler ist einer der bestuntersuchten Einsiedler des Mittelmeers. Etwa 10 Prozent der Individuen bewohnt nicht typischerweise Schneckengehäuse, sondern leere Kalkröhren von Wurmschnecken. Zur Nahrungsaufnahme verlässt dieser Einsiedler kurzfristig seine Wohnröhre, um Aufwuchs und Kleintiere der näheren Umgebung zu fressen.

3 Felsküsten-Einsiedler *Clibanarius erythropus*
Familie *Diogenidae*

Kennzeichen: Bis 2 cm großer Einsiedlerkrebs. Annähernd gleich große Scheren, Scherenspitzen hornig und schwarz gefärbt. Grundfärbung: grünlich braun, Augenstiele und Antennen rot.
Verwechslungsmöglichkeiten: Keine.

Lebensraum und Verbreitung: Auf Hartböden von Felsküsten, auf steinig sandigen Gründen, in geschützten Brandungszonen und in Ebbetümpeln. Vom Mediolitoral bis 40 m Tiefe. Mittelmeer, Schwarzes Meer, im Ostatlantik Kanalinseln bis zu den Azoren.

Wissenswertes: Recht häufige Art im Gezeitenbereich. Kann trocken liegende Bereiche überqueren und bis ins Ufergeröll hochklettern. Bewohnt oft Gehäuse von *Littorina striata*, *Nassarius incrassatus* und *Mitra*-Arten.

1 Blaustreifen-Springkrebs *Galathea strigosa*
Familie *Galatheidae*

Kennzeichen: Springkrebs mit einer Körpergröße bis 6 cm. Gattung mit etwas verkürztem Hinterleib, der stets zur Bauchseite eingeschlagen getragen wird. Insgesamt eiförmige Gestalt. Färbung: orangerot mit blauvioletten Augenhöhlen und blauvioletten Querstreifen am Rücken.

Verwechslungsmöglichkeiten: Keine, da die Färbung artspezifisch ist. Die Springkrebse sind im Mittelmeer insgesamt mit 3 Gattungen und 13 Arten vertreten. Die häufigste Flachwasserart ist Galathea squamifera.

Lebensraum und Verbreitung: Im tiefen Felslitoral, in Spalten und Kleinhöhlen. In großen Höhlen ebenfalls in Spalten lebend. Meist unterhalb von 20 m Tiefe, nur in Höhlen auch fast bis zur Oberfläche vorkommend. Im westlichen Mittelmeer und in der Adria.

Wissenswertes: Der Blaustreifen-Springkrebs lebt überwiegend nachtaktiv und ernährt sich von organischem Detritus. Zum Nahrungserwerb benutzt er seine langen dritten Kieferfüße, die wie ein Besen über den Boden fegen und sich hin und wieder einkrümmen, damit die zweiten Kieferfüße das hängen gebliebene verwertbare Material auskämmen können.

2 Langarmiger Springkrebs *Munida rugosa*
Familie *Galatheidae*

Kennzeichen: Körpergröße bis ca. 6 cm. 1. Schreitbeinpaar mit Scheren, die mehr als doppelt so lang sind wie der Körper. Scheren sehr lang und schlank. Hinterleib bauchseits eingekrümmt. Beine mit Dornen und Borsten. Färbung: einheitlich rostfarben.

Verwechslungsmöglichkeiten: Typisches Merkmal dieser Art sind die extrem langen Scherenbeine, die den Langarmigen Springkrebs von anderen Vertretern seiner Familie unterscheiden.

Lebensraum und Verbreitung: Auf steinigen und sandig schlammigen Böden sowie in Höhlen und Spalten der koralligenen Lebensgemeinschaft (Circalitoral), sehr häufig zwischen 50 und 150 m Tiefe, gelegentlich auch in flacheren Bereichen. Im gesamten Mittelmeer.

Wissenswertes: Der Langarmige Springkrebs verwendet seine Scherenbeine auch zur Abwehr von potenziellen Fressfeinden, indem er sie drohend ausbreitet. Aufgrund der schlechten Hebelwirkung dieser extrem langen Gliedmaßen sind die Scheren nicht besonders kräftig. Dennoch sind diese Extremitäten gut geeignet, um in den Spalten nach Nahrung zu suchen.

3 Rotpunktkrabbe *Actaea rufopunctata*
Familie *Xanthidae*

Kennzeichen: Carapax im Durchmesser 10 bis 15 mm, mit regelmäßigem Furchenmuster. Orange bis gelblich weiß. Laufbeine behaart.

Verwechslungsmöglichkeiten: Das Furchenmuster macht diese Art unverwechselbar.

Lebensraum und Verbreitung: Weltweit verbreitete Art.

Wissenswertes: Als indopazisch-tropisches Element im Mittelmeer ist diese Art ein sogenanntes Tethys-Relikt. Außerhalb des Mittelmeers ist *Actaea rufopunctata* in tropischen (Indopazifik, Australien) und subtropischen Meeren (Neuseeland) nachgewiesen.

1 Marmorkrabbe *Xantho pilipes*
Familie *Xanthidae*

Kennzeichen: Carapax 3–4 cm breit, Männchen deutlich breiter als lang, Weibchen eher rundlich. Scherenspitzen schwarzbraun. Hintere Laufbeine mit dichtem Borstensaum. Ausgeprägter Sexualdimorphismus, zeigt sich nicht nur in Form des Carapax, sondern auch in der Färbung: Die deutlich größeren Männchen sind gelblich beige gefärbt, während die kleineren Weibchen rötlich gefärbt sind.

Verwechslungsmöglichkeiten: Die Art kann mit *Xantho incisus* verwechselt werden.

Lebensraum und Verbreitung: Vom Flachwasser bis in 40 m Tiefe, auf Hartsubstraten und auf Sandgründen. Schwerpunkt ist das felsige Mediolitoral. Mittelmeer und Atlantik. Dort von Westafrika bis Norwegen, Britische Inseln.

Wissenswertes: In Anpassung an den Lebensraum in der Gezeitenzone kann die Marmorkrabbe kurzfristiges Trockenfallen überstehen, da sie stets einen Vorrat an Wasser zum Atmen mit sich führt. Marmorkrabben spielen eine wichtige ökologische Rolle als „Straßenkehrer", da sie allerlei organische Materie verwerten. Bevorzugt werden Polychaeten und Garnelen verspeist. Trotz ihrer räuberischen Lebensweise leben sie versteckt zwischen Algen und reagieren bei Angriff mit einem Totstellreflex.

2 Borstenkrabbe *Pilumnus hirtellus*
Familie *Xanthidae*

Kennzeichen: Arten der Gattung Pilumnus sind durch lange Borsten und einen eng gezähnelten Stirnrand gekennzeichnet. Die Borstenkrabbe ist kräftig rot gefärbt und fällt durch ihr Stachelkleid auf: Sowohl Rücken wie auch Beine sind mit einem dichten Pelz aus steifen, gelben Borsten bedeckt. Scherenfinger und Stacheln sind dunkelbraun gefärbt.

Verwechslungsmöglichkeiten: Diese Art ist durch den dichten Borstenbesatz unverwechselbar.

Lebensraum und Verbreitung: Die Art lebt überwiegend auf tieferen Felsgründen, sekundären Hart- und Sedimentböden zwischen 10 und 60 m Tiefe. Weitverbreitet im gesamten Mittelmeer.

Wissenswertes: Die Borstenkrabbe lebt bevorzugt auf Alcyonarien und Schwämmen. Häufig findet man sie in den Hohlräumen von Schwämmen wie z. B. *Geodia cydonium*, wo sie erst durch das Aufschneiden des Schwamms zum Vorschein kommen.

3 Italienischer Taschenkrebs *Eriphia verrucosa*
Familie *Xanthidae*

Kennzeichen: Arten der Gattung Eriphia sind durch mehrere Reihen derber Zähne entlang der Stirn gekennzeichnet. Die Art ist an ihrem kräftig rotbraunen Rücken mit dunklen Höckern und gelben Flecken erkennbar. Die Höcker befinden sich auch auf den kräftigen Scherenbeinen. Scherenfinger und Endklauen schwarzbraun gefärbt.

Verwechslungsmöglichkeiten: Von der Größe und Statur unverwechselbar. Kräftigste Art im Mittelmeer.

Lebensraum und Verbreitung: Bewohnt Felsgründe im Mediolitoral und Infralitoral, von der Ebbelinie bis maximal 10 m Tiefe. Sehr häufige Art im gesamten Mittelmeer, Schwarzen Meer und Atlantik.

Wissenswertes: Der Italienische Taschenkrebs führt regelmäßig „Raubzüge" in der Abenddämmerung auf andere Krabben und Schalentiere durch, wobei dessen Beute mit den unterschiedlich großen Scheren (Knack- und Schneideschere) gefangen und zerlegt wird. Vorsicht: Die Scheren können auch für Menschen unangenehm werden. Nach den Jagdzügen zieht sich die Art in Algenbestände und Felslöcher zurück.

1 Große Seespinne *Maja squinado*
Familie *Majidae*

Kennzeichen: Größte Seespinne des Mittelmeers mit einer mittleren Carapax-Länge von 13 cm, maximal 18 cm und 25 cm Breite. Rostrum in Form zweier langer, leicht v-förmig angeordneter Spitzen. Carapax-Rand beiderseits mit großen Seitenrandstacheln und Nebenstacheln. Carapax-Oberseite mit einer Längsreihe spitzer Dornen (!) in der Mittellinie. Körperform von oben betrachtet dreieckig, Hinterrand abgerundet. Lange, stelzenförmige, rundliche Beine. 1. Schreitbeinpaar mit kleinen, dennoch kräftigen Scheren. Färbung: rötlich braun bis gelblich braun, Körper und Extremitäten bei großen Tieren kaum bewachsen.

Verwechslungsmöglichkeiten: Insgesamt 3 ähnliche Arten der Gattung Maja im Mittelmeer. Bei einer zweiten, besonders ähnlichen Art handelt es sich um die Kleine Seespinne (*Maja crispata*), die nur 6,5 cm lang wird und keine spitzen Dornen, sondern Warzen in der Mittellinie des Carapax besitzt. Im Bereich der Straße von Gibraltar sowie im angrenzenden Atlantik lebt eine weitere, relativ groß werdende Seespinne, *Maja brachydactyla* (**1b**), die möglicherweise auch an der südlichen Mittelmeerküste Spaniens sowie bei Marokko vorkommt.

Lebensraum und Verbreitung: Fels- und Weichböden mit Algenbewuchs (Infralitoral) sowie auf sekundären Hartsubstraten im Circalitoral, vom Flachwasser bis in größere Tiefen. Im gesamten Mittelmeer sowie im angrenzenden Atlantik von den Britischen Inseln bis Namibia.

Wissenswertes: Die Große Seespinne lebt in tieferen Küstenzonen, wobei nur größere Exemplare zur Paarungszeit in das Flachwasser wandern. Eiertragende Weibchen findet man vom Frühjahr bis in den Sommer. Nach der Fortpflanzung wandern sie wieder in tiefe Zonen zurück. Die Große Seespinne kann unter Umständen sehr aggressiv reagieren (Vorsicht!). Dabei nimmt sie zuerst eine Drohhaltung ein, indem sie sich mit den vorderen Schreitbeinen aufrichtet und die Scherenbeine weit ausbreitet. Schließlich wird der Angreifer durch Schlagen der Scheren vertrieben.

2 Kleine Seespinne *Maja crispata*
Familie *Majidae*

Kennzeichen: Seespinne mit einer mittleren Carapax-Länge bis 6,5 cm. Rostrum in Form zweier v-förmig angeordneter Spitzen. Carapax-Rand beiderseits mit großen Seitenrandstacheln. Warzen in der Mittellinie des Carapax. Körperform (von oben betrachtet) dreieckig bis rundlich. Lange, stelzenförmige, rundliche Beine. 1. Schreitbeinpaar mit kleinen, dennoch kräftigen Scheren. Färbung: rötlich braun bis gelblich braun, Körper und Extremitäten mehr oder weniger stark bewachsen.

Verwechslungsmöglichkeiten: Insgesamt 3 ähnliche Arten der Gattung Maja im Mittelmeer. Bei einer zweiten, besonders ähnlichen Art handelt es sich um die Große Seespinne (*Maja squinado*), die insgesamt 25 cm lang wird und spitze Dornen in der Mittellinie des Carapax besitzt.

Lebensraum und Verbreitung: Fels- und Weichböden mit Algenbewuchs (Infralitoral) sowie auf sekundären Hartsubstraten im Circalitoral. Im gesamten Mittelmeer sowie im angrenzenden Atlantik von Portugal bis Marokko.

Wissenswertes: Seespinnen sind häufig gut getarnt. Über den Sinn dieser Tarnung wurde viel spekuliert. Einerseits bietet sie Schutz vor Feinden. Andererseits ermöglicht sie es den Seespinnen, sich unbemerkt an Beute heranzuschleichen. Manche Arten wechseln ihre Tarnung mit einem veränderten Standort, um optimal angepasst zu sein. Andere Arten sind wiederum durch einen festen Überzug aus leuchtend bunten Seescheiden deutlich in ihrer Umgebung zu erkennen. Möglicherweise soll diese Maskierung die Krebsgestalt auflösen, damit leichter Beute gemacht werden kann. Ein fester Überzug aus Schwämmen und Seescheiden, die eine Seespinne auf ihrem Rücken trägt, kann sie auch für den Verfolger wie z. B. den Kraken ungenießbar machen oder dessen Tastsinn verwirren. Bei der Häutung sind Seespinnen besonders verwundbar, weshalb sie sich nachts oder am frühen Morgen häuten.

1 Runzelige Seespinne *Herbstia condyliata*
Familie *Majidae*

Kennzeichen: Seespinne mit einer Körperlänge bis 4,5 cm und dreieckiger bis runder Körperform. Seiten und Rücken des Panzers mit kleinen Dornen besetzt. Schreitbeine länger als doppelte Körpergröße. 1. Paar mit Scheren, die in Ruhestellung meist eingeklappt sind, sodass die Scherenspitzen unter dem Körper liegen.

Verwechslungsmöglichkeiten: Keine. Einzige Art der Gattung im Mittelmeer.

Lebensraum und Verbreitung: Typischer Höhlenbewohner, vom Flachwasser bis in größere Tiefen. In großen Höhlen regelmäßig vorhanden, wandert dort weit ins Höhleninnere.

Wissenswertes: Wie bei fast allen Krabben kann man Männchen und Weibchen dieser Art an der unterschiedlichen Form des nach unten umgeklappten Hinterleibs unterscheiden: Bei den Männchen ist er schmal zugespitzt, bei Weibchen ist er breit und deutlich abgerundet, da zwischen dem Hinterleib und dem Körper ein ausreichend großer Raum für die Eier vorhanden sein muss.

2 Langbeinige Gespensterkrabbe *Macropodia sp.*
Familie *Majidae*

Kennzeichen: Gespensterkrabbe mit dreieckigem Körper. Carapax bis 2,5 cm groß, mit glatter Rückseite. Augenstiele lang und nicht rückschlagbar. Das Rostrum besteht aus zwei langen, aneinanderliegenden Stacheln. Beine sehr lang, zart und spinnenartig. 1. Laufbeinpaar mit Scheren.

Verwechslungsmöglichkeiten: Die Gattung Macropodia ist mit insgesamt 5 recht ähnlichen Arten im Mittelmeer vertreten. Die Arten unterscheiden sich durch die Länge des Rostrums und die Form der Antennen. Die ähnlichen Arten der verwandten Gattung Inachus besitzen kurze, rückschlagbare Augenstiele. Die Bestimmung der Arten beider Gattungen nach Fotos ist sehr schwierig.

Lebensraum und Verbreitung: Vorwiegend in dichten Algenbeständen im Infralitoral, seltener im Koralligen. Vom Flachwasser bis in größere Tiefen (bis 1000 m).

Wissenswertes: Die Vertreter der Seespinnenartigen tragen ihren Namen zu Recht: Die Gespensterkrabben besitzen nicht nur eine spinnenartige Gestalt, sondern sie leben auch noch nahezu im Verborgenen. Mit ihren Scheren zupfen sie kleine Algenbüschel und andere Materialien ab, um diese auf dem Carapax sowie auf den Dornen an den Laufbeinen zu befestigen. In den Algenbeständen sind sie dadurch perfekt getarnt. Ihre Anpassung an den Lebensraum wird zusätzlich durch ihr gemächliches Verhalten unterstützt.

3 Maskenkrabbe *Pisa sp. (?)*
Familie *Majidae*

Kennzeichen: Maskenkrabbe mit dreieckigem Körper. Carapax bis maximal 4 cm groß. Gattung mit stark bedorntem Rücken und Rostrum in Form zweier langer, leicht v-förmiger Spitzen. 1. Schreitbeinpaar mit Scheren, deutlich länger als die übrigen Laufbeine, die in Richtung Hinterende regelmäßig kleiner werden. Färbung: meist braun, mit Algen oder Schwämmen getarnt.

Verwechslungsmöglichkeiten: Die Gattung Pisa ist mit insgesamt sechs schwer bestimmbaren Arten im Mittelmeer vertreten.

Lebensraum und Verbreitung: Auf allen Böden, vom Flachwasser bis in ca. 50 m Tiefe.

Wissenswertes: Maskenkrabben tragen ihren Namen zu Recht: Einige Vertreter der Gattung Pisa sind zum Teil bis zur Unkenntlichkeit mit Algen oder Schwämmen maskiert. Die Artbestimmung anhand von Unterwasseraufnahmen ist deshalb unmöglich, da morphologische Erkennungsmerkmale wie Körperform und Bedornung erst nach dem Entfernen der Tarnung sichtbar werden. Einige Arten verlassen nachts ihr Versteck, um auf Nahrungssuche zu gehen. Dabei werden sogar die Blätter von Seegräsern erklommen (siehe Foto).

1 Gespensterkrabbe · *Inachus sp.*
Familie *Majidae*

Kennzeichen: Gespensterkrabbe mit dreieckigem Körper. Carapax bis maximal 3,5 cm groß. Gattung mit stark bedorntem Rücken. Augenstiele kurz und rückschlagbar. Laufbeinpaare mehr als dreimal so lang wie der Carapax. Gesamtes Tier mit Algen oder Schwämmen getarnt.

Verwechslungsmöglichkeiten: Die Gattung Inachus ist mit insgesamt 7 Arten im Mittelmeer vertreten. Die ähnlichen Arten der verwandten Gattung Macropodia besitzen lange, nicht rückschlagbare Augenstiele und einen glatten, unbedornten Rücken. Die Bestimmung der Arten beider Gattungen nach Fotos ist sehr schwierig.

Lebensraum und Verbreitung: Auf tieferen Algenbeständen, einige Arten (z. B. *Inachus thoracius*) auch auf schlammigen Sandböden. Mittelmeer und Atlantik.

Wissenswertes: Gespensterkrabben sind dank ihrer Tarnung stets optimal an ihre Umgebung angepasst. Wie die Vertreter der Gattung Macropodia tarnen auch sie sich mit kleinen Algenbüscheln, die sie mithilfe der Scheren vom Untergrund abzupfen. *Inachus thoracicus* ist dafür bekannt, dass sie das zweite Laufbeinpaar mit Schwämmen umhüllt, die auf den Extremitäten sogar weiterwachsen können. Die Anemonen-Gespensterkrabbe Inachus phalangium lebt immer im Schutz von Wachsrosen (*Anemonia sulcata*), zum Teil zu mehreren Tieren. Freilanduntersuchungen ergaben, dass bis zu zwei Drittel aller Wachsrosen von Gespensterkrabben bewohnt wurden. Tagsüber sitzen die Krabben im Bereich der Tentakelspitzen. Bei Gefahr können sie sich tief in den Tentakelwald zurückziehen. Nachts verlassen die Gespensterkrabben ihre Anemone, um auf Nahrungssuche zu gehen. Die Bindung an die Anemone ist recht fest: Sie wird sonst nur noch zur Häutung, auf der Flucht vor stärkeren Artgenossen oder zum Aufsuchen einer anderen Wachsrose verlassen. Ein Nutzen für die Anemone ist nicht erkennbar.

2 Wollkrabbe · *Dromia personata*
Familie *Dromiidae*

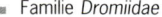

Kennzeichen: Krabbe mit einer maximalen Carapaxbreite bis 90 mm. Kompakte, schwere Gestalt. Körper breiter als lang und gewölbt. Körper und Extremitäten durch einen kurzen, festen und samtigen Pelz überzogen, unbedeckt sind nur die Spitzen der hellrosa gefärbten und glatten Scherenfinger. Färbung des Körpers dunkel- bis rötlich braun.

Verwechslungsmöglichkeiten: Bei großen Exemplaren keine. Eine weitere im Mittelmeer vorkommende Art (*Sternodromia spinirostris*) ist kleiner.

Lebensraum und Verbreitung: Die Art lebt vor allem auf Felsböden und angrenzenden Sedimentböden sowie in Höhlen, vom Flachwasser bis 130 m Tiefe. Im gesamten Mittelmeer sowie im angrenzenden Atlantik, von der Nordsee bis Marokko verbreitet. Tethys-Relikt.

Wissenswertes: Die Wollkrabbe ist eine träge Vertreterin der Zehnfußkrebse, die ihre Rückseite oft mit Schwämmen oder kolonialen Seescheiden bedeckt. Diese „Tarnung" schneidet sie mit ihren Scheren aus einer Schwamm- oder Seescheiden-Kolonie heraus und hält sich diese mit dem 4. und 5. Laufbeinpaar über ihrem Rücken fest. Der Sinn dieses recht unvollkommenen Sichtschutzes ist nicht eindeutig erklärbar, zumal ihr Hauptfeind, der Gemeine Krake, mühelos in der Lage wäre, ihr diesen „Schutz" zu entreißen. Vielleicht verwendet die Wollkrabbe diesen Schutz eher vor tastenden oder schmeckenden Feinden, indem sie den Schwamm oder die Seescheide schützend vor sich hält. Dieses Verhalten würde sich auch mit dem Lebensraum Höhle in Einklang bringen lassen, in dem sich Tiere überwiegend tastend und weniger visuell orientieren. Ein Nutzen für den „Partner" Schwamm oder Seescheide ist nicht erkennbar, obwohl beide auf der Krabbe durchaus weiterleben. Die Wollkrabbe wird in einigen Mittelmeerregionen, wie z. B. an der ligurischen Küste (Italien) sowie in Zypern, gefischt und taucht dort manchmal auf den Fischmärkten auf. Als Speisetier wird sie unter anderem für die französische Fischsuppe (Bouillabaise) verwendet.

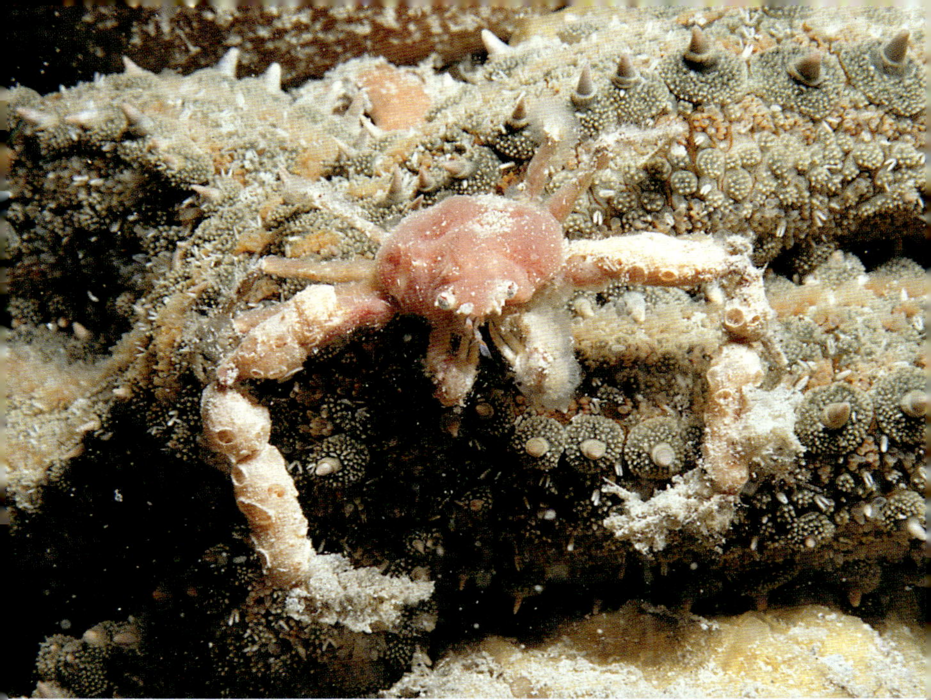

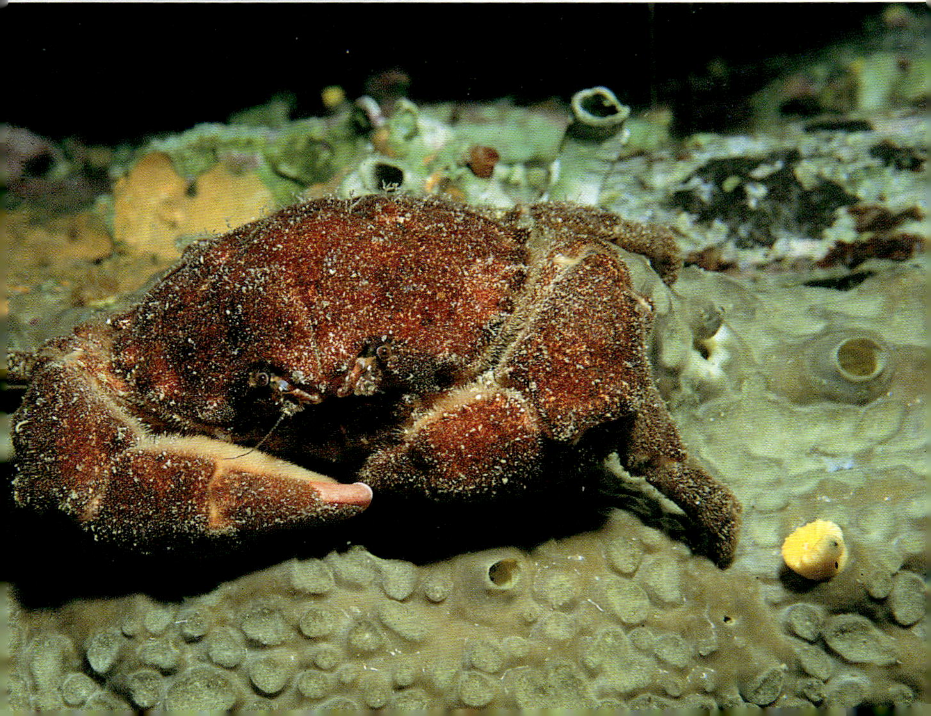

1 Schwebgarnele *Leptomysis sp.*
Familie *Mysidae*

Kennzeichen: Schwebgarnelen sind kleine Vertreter der höheren Krebse mit einem lang gestreckten Körper, dessen Rückenschild die mindestens 5 freien Brustsegmente weitestgehend überdacht. Sie besitzen 7 meist gleichförmige, zweiästige Ruder- und Greifbeinpaare. Die Augen sind gestielt.

Verwechslungsmöglichkeiten: Aufgrund der Kleinheit und der oben beschriebenen Gestalt kann man Schwebgarnelen auf den ersten Blick für Jungfische halten. Die Ordnung der Schwebgarnelen ist mit insgesamt 5 Familien und zahlreichen, nur von Spezialisten zu bestimmenden Arten im Mittelmeer vertreten. Wahrscheinlich halten sich nur die Arten der Gattung Leptomysis im Schutz von Wachsrosen (*Anemonia sulcata*) auf.

Lebensraum und Verbreitung: Im Infralitoral in Schwärmen über Algenbeständen und Sandgründen, häufig im Schutz von Wachsrosen, vom Flachwasser bis in ca. 10 m Tiefe. Im gesamten Mittelmeer.

Wissenswertes: Schwebgarnelen werden nur 1 Jahr alt. In der Sommerzeit bringen die getrenntgeschlechtlichen Krebse jedoch mehrfach Nachwuchs zur Welt. Die Weibchen erkennt man an den großen Brutplatten, die eine Bruttasche formen. Die Übertragung des Samens erfolgt in der Nacht, wobei das Sperma von den Männchen in die Bruttasche des Weibchens eingebracht wird, worin später die Eier abgelegt und befruchtet werden. Die Entwicklung der Eier sowie der ersten Larvenstadien vollzieht sich innerhalb der mütterlichen Bruttasche. Nach dem Schlüpfen erfolgt noch eine letzte Häutung und das frei bewegliche Jungendstadium ist fertig ausgebildet. Schwebgarnelen ernähren sich von Plankton, Detritus und Kleinorganismen, die durch die schlagende Tätigkeit der Brustfüße herbeigewirbelt werden. Arten der Gattung Leptomysis halten sich häufig im Schutz von nesselnden Wachsrosen auf, obwohl sie selbst genesselt und von der Aktinie gefressen werden können. Dabei müssen sie im strömungsreichen Flachwasser stets um ausreichenden Abstand zu den Armen der Aktinie bemüht sein.

2 Fischassel *z. B. Anilocra sp., Nerocila bivittata*
Familie *Cymothoidae*

Kennzeichen: Asselarten, die bis zu 2,5 cm groß werden können und als Fischparasiten auftreten. Körper lang gestreckt, gewölbt, in der Mitte am breitesten und höchsten. Kleiner Kopf mit Stechapparat. Schwanz deutlich vom Körper abgesetzt, mit seitlichen Fortsätzen am Hinterrand. Laufbeine sind zu Klammerbeinen umgewandelt. Färbung: meist grau bis dunkelbraun.

Verwechslungsmöglichkeiten: Im Mittelmeer gibt es mehrere parasitierende Fischasselarten, die nur sehr schwer zu unterscheiden sind.

Lebensraum und Verbreitung: An Grund- und Küstenfischen, besonders im Infralitoral, häufig auf Lippfischen. Im gesamten Mittelmeer verbreitet.

Wissenswertes: Die Fischasseln haben sich mit ihrem Körperbau und ihrer Verhaltensweise optimal an das Leben als Fischparasit angepasst und leben meist dauerhaft auf ihrem Wirtstier. Asseln scheinen ihre Opfer vor allem nachts aufzusuchen; sie krallen sich mit ihren Klammerbeinen in der Fischhaut, vorzugsweise am Rücken oder hinter den Augen, fest. Mit ihren zu einem Stechapparat umgerüsteten Mundwerkzeugen beginnen sie sogleich mit der Mahlzeit, wobei Haut und Körperflüssigkeiten (Blut) aufgenommen werden. Teilweise sitzen an einem Wirt gleich mehrere Asseln. Untersuchungen ergaben, dass je nach Ort und Fischart bis zu 20 % der Fische mit Parasiten befallen waren. Der Grad der Schädigung hängt von der Anzahl der Fischasseln pro Wirt sowie von der Größe des Fisches ab. Kleine Fische können an einem Asselbefall durchaus zugrunde gehen. Asseln (Isopoda) sind die ökologisch erfolgreichste Krebsgruppe. Die meisten Vertreter leben im Meer, einzelne im Süßwasser, viele an Land (Mauerasseln) und einige sogar in den Wüsten.

1 Mittelmeer-Haarstern *Antedon mediterranea*
Familie *Antedonidae*

Kennzeichen: Haarstern mit einem Durchmesser von 20 cm. Färbung: rot, orange, braun bis gelb. 10 leicht zerbrechliche Arme, die aus einer Verzweigung von ursprünglich 5 Armen an der Basis hervorgegangen sind. Körperscheibe klein, mit bis zu 30 Cirren an der Unterseite, die der Festheftung und der Fortbewegung dienen. Cirren gegliedert mit ca. 20–23 Gliedern. Arme tragen beiderseits 60 Paar Fiedern (sogenannte Pinnulae), wodurch sich der Name „Haarsterne" oder „Federsterne" erklären lässt.

Verwechslungsmöglichkeiten: Im Mittelmeer sind insgesamt 4 sehr ähnliche Arten beschrieben, die sich vor allem durch die Anzahl der Cirren, des Lebensraumes und der Verbreitung unterscheiden lassen: Zum Beispiel besitzt Antedon bifida nur 15–18 Cirren mit 12–16 Gliedern und ist bisher nur aus dem südlichen Teil des westlichen Mittelmeers (Algerien) bekannt. Eine weitere Art aus dem westlichen Mittelmeer, *Leptometra phalangium*, besitzt mehr als 30 Cirren-Glieder (37–38) und kommt erst unterhalb von 60 m Tiefe vor.

Lebensraum und Verbreitung: Häufigster Vertreter der Haarsterne im gesamten Mittelmeer, stellenweise massenhaft vorkommend. Art der koralligenen Lebensgemeinschaft, stets auf exponierten Hartsubstraten oder als Aufsitzer auf anderen Organismen wie Seescheiden und Gorgonien. Auch in tiefer gelegenen Seegraswiesen sowie auf tiefen (ab 50 m) Weichböden in der Lebensgemeinschaft des Küstendetritus und auf Kalkrotalgen-Böden von *Lithothamnium fruticulosum*.

Wissenswertes: Haarsterne sind Filtrierer, die sich von Plankton ernähren. Dazu stellen sie sich an strömungsexponierten Stellen senkrecht zur Strömung auf, wobei die gefiederten Arme ein „Filtersieb" bilden. Die Nahrung wird in rinnenförmigen Kanälen an den Armen zur Mundöffnung transportiert. Der Mittelmeer-Haarstern ist getrenntgeschlechtlich. Die an den Fiederchen haftenden Eier werden befruchtet und es entsteht eine nur wenige Tage planktisch lebende Larve, die sich dann mit einem Stiel am Untergrund festheftet. Nach einem Monat endet das sogenannte Seelilien-Stadium, in dem sich das Köpfchen ablöst und zum frei schwimmenden Haarstern wird, der dann zum Bodenleben übergeht. Auch adulte Haarsterne können durch Schlagen einzelner Arme schwimmen.

2 Gorgonenhaupt *Astrospartus mediterranea*
Familie *Gorgonocephalidae*

Kennzeichen: Schlangenstern mit nur an der Basis erkennbaren 5 Armen, die sich mehrfach aufteilen. Körperscheibe bis 8 cm im Durchmesser, Spannweite bei ausgestreckten Armen bis 80 cm. Färbung einheitlich weißgrau.

Verwechslungsmöglichkeiten: Unverwechselbare, einzige Art dieser Gattung im Mittelmeer.

Lebensraum und Verbreitung: Bisher ausschließlich im westlichen Mittelmeer beobachtet. Häufiger vertreten in der Straße von Gibraltar, an den Küsten Marokkos und Algeriens, Sizilien sowie Straße von Messina. Einzelne Vorkommen auch von Giannutrie, Monte Christo, Korsika und von der Côte d'Azur bekannt. Art der koralligenen Lebensgemeinschaft, vorwiegend als Aufsitzer von Gorgonien (*Paramuricea, Eunicella*), ab 50 m Tiefe.

Wissenswertes: Das Gorgonenhaupt lebt ortstreu, meist auf einer exponiert stehenden Gorgonie, und kann am selben Standort über Jahre hinweg beobachtet werden (persönliche Angabe Schmidt und Hafner, unveröffentlicht). Am Tag sind die Arme völlig eingerollt, wodurch das Tier eher einem verfilzten Wollknäuel ähnelt. Zum Nahrungserwerb werden in der Nacht sämtliche Armverzweigungen ausgerollt. Das Gorgonenhaupt stellt sich dabei senkrecht zur Strömung, um Plankton und organische Schwebeteilchen zu fangen. Die Arme, selbst deren kleinste Verzweigungen, sind dabei extrem beweglich und reagieren auf Kontakt (Nahrung) durch Einrollen. Auch auf Lichtreiz wie Anleuchten oder Anblitzen reagiert das Gorgonenhaupt durch blitzschnelles Einrollen aller Arme, beginnend von den Spitzen der Verzweigungen.

1 Schwarzer Schlangenstern   *Ophiocomina nigra*
Familie *Ophiocomidae*

Kennzeichen: Schlangenstern mit einem Scheibendurchmesser von 2–3 cm und fünf Armen, die bis 10 cm lang werden. Färbung der Scheibe sowie der Arme: völlig schwarz. Auffällig ist die dichte schwarze Bestachelung entlang der Arme.

Verwechslungsmöglichkeiten: Diese Art kann mit dem Zerbrechlichen Schlangenstern (*Ophiotrix fragilis*) verwechselt werden, der ebenso dicht bestachelt ist. Dieser Schlangenstern ist sehr variabel gefärbt, meist braun, rot, gemustert, aber niemals schwarz. Seine Armstacheln sind zudem meist glasig und farblos.

Lebensraum und Verbreitung: Auf sandig schlammigen Weichsubstraten, in Spalten von Felsgründen und im Koralligen. Im westlichen Mittelmeer vor allem an der südfranzösischen Küste und im Golf von Neapel. Auch im Atlantik.

Wissenswertes: Dieser Schlangenstern erträgt organische Verschmutzungen und kann in derart belasteten Küstenregionen Massenbestände bilden. Er lebt als Filtrierer von Detrituspartikeln, die er mit seinen Armen aus dem Wasserstrom siebt. Die Körperscheibe verharrt dabei regungslos unter Schalentrümmern oder Steinen. Lediglich die Arme ragen in das freie Wasser.

2 Glatter Schlangenstern   *Ophioderma longicaudum*
Familie *Ophiocomidae*

Kennzeichen: Schlangenstern mit einem Scheibendurchmesser von 2–3 cm. Die 5 Arme werden bis 12 cm lang und erscheinen glatt, da die kurzen Stacheln eng anliegen. Arme und Körperscheibe wirken lederartig. Färbung: braun oder schwarz, manchmal gefleckt.

Verwechslungsmöglichkeiten: Mehrere ähnliche Arten im Mittelmeer, deren exakte Bestimmung nach Fotos nur schwer möglich ist.

Lebensraum und Verbreitung: Im Felslitoral, seltener auf sekundären Böden. Lebt versteckt in Spalten oder unter Steinen. Auch auf Sandgründen, wo er unter Steinen Schutz finden kann. Vom Flachwasser bis in 70 m Tiefe. Im gesamten westlichen Mittelmeer sowie in der Adria.

Wissenswertes: Der Glatte Schlangenstern kann sich mithilfe seiner langen beweglichen Arme schnell vorwärtsbewegen. Dazu werden die Arme zum Abstoßen s-förmig gekrümmt und wieder ausgestreckt. Als schattenliebende (sciaphile) Art flüchtet er sofort, wenn man ihn durch Umdrehen eines Steines freilegt oder nachts anleuchtet.

3 Zerbrechlicher Schlangenstern   *Ophiotrix fragilis*
Familie *Ophiotrichidae*

Kennzeichen: Abgerundete, fünfeckige Körperscheibe bis 2 cm Durchmesser. Arme bis 10 cm lang, mit vielen langen, spitzen, rundum stehenden Stacheln (7 Stacheln pro Segment). Sehr farbvariable Art, oft bräunlich, grau oder creme, aber auch leuchtend purpur, rot oder gelblich. Oft mit gebänderter Musterung.

Verwechslungsmöglichkeiten: *O. quincemaculata* besitzt wesentlich kürzere und zudem nur 6 Stacheln pro Segment.

Lebensraum und Verbreitung: Auf vielen Substraten: zwischen Seegras, unter Steinen, auf Hartböden, Corallinenböden und schlammigem Grund. Vom Ebbeniveau bis über 50 m Tiefe. Mittelmeer sowie im Atlantik von Nordnorwegen und Island bis Südafrika.

Wissenswertes: Ernährt sich von Kleinsttieren, die er vom Untergrund mit den Füßchen seiner Arme aufnimmt, sowie von Plankton, das sich an den dazu auch ins Wasser hochgestreckten Armen verfängt. Stellenweise kann diese Art in Massen auftreten und deutlich über 100 Tiere pro Quadratmeter zählen. Wie für Schlangensterne typisch, ist auch diese Art lichtscheu, recht beweglich und relativ schnell.

1 Fünfeckstern   *Asterina gibbosa*
Familie *Asterinidae*

Kennzeichen: Kleiner, bis 6 cm großer Seestern mit leicht sternförmigem bis fünfeckigem Umriss. fünf sehr kurze Arme, flache Unterseite und gewölbte Oberseite. Färbung variabel. Zum Beispiel gelbe Jungtiere, größere Exemplare beige-grau, bläulich, grünlich oder rot. Foto (**1a**) grünes Exemplar; Foto (**1b**) rotes Exemplar auf Seegras-Blatt mit zahlreichen winzigem, gelben Jungtieren.

Verwechslungsmöglichkeiten: Im Mittelmeer sind noch weitere, im Umriss fünfeckige Seesterne vertreten, die sich jedoch hinsichtlich Form, Färbung und Größe grundlegend vom Fünfeckstern unterscheiden.

Lebensraum und Verbreitung: In Seegraswiesen, aber auch auf Hartböden (besonders unter Steinen), in Spalten; bevorzugt Flachwasserregionen, selten in größeren Tiefen. Mittelmeer sowie im Ostatlantik bis zum Ärmelkanal.

Wissenswertes: Der Fünfeckstern lebt meist tagsüber zwischen den Rhizomen der Seegräser oder unter Steinen versteckt. Nachts wird das Versteck zum Nahrungserwerb verlassen. Die Art ernährt sich räuberisch. Dazu werden häufig Seegrasblätter (Posidonia oceanica) erklommen. Im Unterschied zu vielen anderen Seesternarten entstehen aus den befruchteten Eiern dieser Art keine planktisch lebenden Larven. Die Eier werden an das Substrat geheftet. Nach einiger Zeit schlüpfen winzige, fertige Seesterne (**1b**). Diese Art macht im Laufe ihres Lebens einen Geschlechtswechsel durch. Nach einer zunächst männlichen Phase wechseln die Tiere etwa nach vier Lebensjahren zum weiblichen Geschlecht über.

2 Siebenarmiger Großplattenstern   *Luida ciliaris*
Familie *Luidiidae*

Kennzeichen: Bis 50 cm großer Seestern mit 7 langen, flachen und beweglichen Armen. Scheibe klein. Arme häufig ungleich lang, da die Art teilweise abgeworfene Arme wieder regenerieren kann (Autotomie). Färbung: ockerfarben bis orangerot und dunkelbraun. Bild (**2a**) dunkelbraune Variante, Bild (**2b**) orange Variante.

Lebensraum und Verbreitung: Auf tieferen schlammigen Sandböden vom Flachwasser bis in 400 m Tiefe. Eher selten in Seegraswiesen und auf Hartsubstraten. Recht seltene Art, die wahrscheinlich im gesamten Mittelmeer vorkommt. Häufiger im Atlantik.

Wissenswertes: Ähnliche Lebensweise wie der Große Kammseestern. Tagsüber lebt das Tier im Weichsubstrat vergraben, um in der Nacht auf dem Grund zu jagen. Zur Beute zählen vor allem Sandseeigel der Gattung *Brissus* sowie verschiedene Muschelarten. Größere Objekte werden durch Ausstülpen des Magens außerhalb des Körpers („extraintestinal") verdaut. Die Flucht vor Feinden wird durch Abwerfen von Armteilstücken unterstützt, um den Feind von sich selbst abzulenken.

1 Großer Kammseestern *Astropecten aranciacus*
Familie *Astropectinidae*

Kennzeichen: Bis 60 cm großer Seestern, mit großer flacher Scheibe und breiten Armbasen. Stets fünf Arme, deren Ränder von einer Doppelreihe Stacheln gesäumt sind. Oberseite lebhaft orangerot gefärbt oder gemustert, Stacheln heller, Unterseite und Füßchen gelb gefärbt.

Verwechslungsmöglichkeiten: Insgesamt 5 weitere, deutlich kleinere Arten dieser Gattung sind im Mittelmeer bekannt, die sich durch die Anordnung der Stacheln unterscheiden.

Lebensraum und Verbreitung: Im gesamten Mittelmeer häufig. Die Art lebt auf Weichböden und in Seegraswiesen vom Flachwasser bis in größere Tiefen (maximal bis 100 m).

Wissenswertes: Der Große Kammseestern lebt meist tagsüber im Sediment vergraben und begibt sich in der Nacht auf die Jagd. Als gefräßiger Räuber erbeutet er vor allem Schnecken, Muscheln und Sandseeigel. Kleinere Beute wird komplett verschlungen, wobei unverdauliche Reste (Schalen) unversehrt ausgeschieden werden. Größere Beute wird außerhalb des Körpers durch Ausstülpen des Magens verdaut. Die Art kann sich mithilfe der Füßchen sowohl in vertikaler Richtung wie auch horizontal über das Substrat schnell vorwärtsbewegen: Die Füßchen schieben beim Eingraben den Sand solange beiseite, bis der Seestern im Substrat verschwunden ist und nur noch eine sternförmige Zeichnung im Sand den Standort des Tieres anzeigt. Die Füßchen des Großen Kammseesterns besitzen keine Saugscheibe. Deshalb kann diese Art nicht klettern.

2 Kletter-Kammseestern *Astropecten spinulosus*
Familie *Astropectinidae*

Kennzeichen: Bis 10 cm großer Seestern mit abgeflachtem Körper. Stets 5 Arme, stumpf, von einer auffällig regelmäßigen, kammähnlichen Stachelreihe umgeben. Füßchen teilweise mit Saugscheiben. Oberseite stets sehr dunkel, meist braunoliv gefärbt. Stacheln bräunlich.

Verwechslungsmöglichkeiten: Im Mittelmeer sind 5 weitere Arten der Gattung Astropecten heimisch. Genaue Bestimmung nur anhand der Stacheln möglich. Der Kletter-Kammseestern ist jedoch die einzige Art mit Saugscheiben an den Füßchen, die ihm das Klettern ermöglichen.

Lebensraum und Verbreitung: Endemische Mittelmeerart. Meist in Seegraswiesen, seltener auf Sandböden; vom Flachwasser bis in 30 m, seltener bis in 50 m Tiefe.

Wissenswertes: Diese nur im Mittelmeer heimische Art lebt tagsüber zwischen den Rhizomen der Seegräser (*Posidonia*) oder im Sand vergraben. Mit anbrechender Dunkelheit verlässt der Kletter-Kammseestern zum Nahrungserwerb sein Versteck. Dabei kann er mithilfe seiner Saugfüßchen sogar auf Seegrasblättern hochklettern.

3 Langarmiger Seestern *Chaetaster longipes*
Familie *Chaetasteridae*

Kennzeichen: Körperscheibe sehr klein, mit fünf sehr langen Armen, die auffallend schmal und rund sind. Färbung: blassgelblich orange.

Verwechslungsmöglichkeiten: Neben dem Langarmigen Seestern ist im Mittelmeer ein weiterer, ähnlich gefärbter Seestern vertreten: der Orangefarbene Seestern *Hacelia attenuata*. Dieser besitzt im Gegensatz zum Langarmigen Seestern sichtbare Ausstülpungen auf der Oberseite der Arme, die in 10 Reihen regelmäßig angeordnet sind. Zudem verjüngen sich dessen Arme zur Spitze hin kontinuierlich.

Lebensraum und Verbreitung: Seltene Art im Mittelmeer und angrenzenden Atlantik, die vorwiegend auf tieferen Sandgründen zu finden ist.

Wissenswertes: Einzige Art der Gattung im Mittelmeer.

1 Dornenseestern *Coscinasterias tenuispina*
Familie *Asteriidae*

Kennzeichen: Seestern mit stets mehr als 5 Armen, häufig 7 und sogar 10 Arme. Größe bis 15 cm. 2–4 Madreporenplatten. Zahlreiche Stacheln, die auf der Oberseite der Scheibe unregelmäßig und auf den Armen in 5 Längsreihen angeordnet sind. Sehr variable Färbung: Grundfarbe der Oberseite Weiß, Rot oder Braun mit blauen, gelben und braunen Flecken.

Lebensraum und Verbreitung: Tropischer Seestern (Tethys-Relikt) im Mittelmeer. Auf Felsböden unter Steinen und Pflanzen. Vom Flachwasser bis in 50 m Tiefe. Wahrscheinlich im gesamten Mittelmeer vertreten. Relativ häufige Art. Im Ostatlantik von den Kapverden bis zum Golf von Biskaya; auch im Westatlantik von Brasilien bis zu den Bermudas.

Wissenswertes: Dieser Seestern besitzt ein extrem hohes Regenerationsvermögen: Aus einem abgerissenen Arm kann wieder ein gesundes Individuum entstehen. Innerhalb der Populationen gibt es übrigens weniger Männchen als Weibchen. Der Dornenseestern lebt räuberisch.

2 Eisseestern *Marthasterias glacialis*
Familie *Asteriidae*

Kennzeichen: Seestern mit stets 5 Armen. Größe 30–40 cm, in Ausnahmefällen bis 80 cm. Jede Dorsalplatte mit einem großen Stachel. Anordnung der Stacheln auf den Armen in 3 Längsreihen; auf der Scheibe bilden sie ein regelmäßiges Fünfeck. Die Stacheln sind an der Basis von einem Büschel Greifzangen (Pedicellarien) umgeben. Färbung: kleinere Exemplare eher düster braun bis olivgrün, größere Individuen lebhafter gefärbt, rötlich braun mit graugelber Zeichnung.

Lebensraum und Verbreitung: Der Eisseestern lebt auf Hartsubstraten, in Spalten und Höhlen sowie unter Steinen. In größeren Tiefen ab ca. 50 m werden auch schlammige Sandböden besiedelt. Die Art ist bisher im westlichen Mittelmeer, in der Adria, bei Griechenland sowie in der nördlichen Türkei nachgewiesen. Bei der Verbreitung dieser arktischen Art im Mittelmeer spielt die Wassertemperatur eine übergeordnete Rolle, wobei Küsten mit niedrigeren Durchschnittstemperaturen bevorzugt werden.

Wissenswertes: Der Eisseestern ist besonders in Muschel- und Austernzuchten gefürchtet. Neben Weichtieren „überfällt" dieser Seestern Krebse, verletzte Fische und sogar andere Stachelhäuter wie z. B. Seeigel. Diese dreht er mithilfe seiner Arme um, damit er sie von ihrer Mundseite aus verdauen kann. Wie bei anderen räuberischen Seesternen stülpt er dazu seinen Magen nach außen.

3 Orangefarbener Seestern *Hacelia attenuata*
Familie *Ophiasteridae*

Kennzeichen: Seestern mit fünf drehrunden Armen, die mit breiter Basis an der kleinen Scheibe ansitzen und sich zur Spitze kontinuierlich verjüngen. Größe bis 20 cm. Körperoberseite mit sichtbaren Ausstülpungen (Papulae), die auf den Armen in 10 deutlich sichtbaren Längsreihen angeordnet sind. Färbung: orangerot (**3a**), bräunlich rot oder scharlachrot (**3b**).

Verwechslungsmöglichkeiten: Neben dem Orangefarbenen Seestern sind im Mittelmeer zwei weitere rotfarbene Seesterne vertreten: Der Rote Seestern (*Echinaster sepositus*) besitzt ebenfalls sichtbare Ausstülpungen auf der Oberseite, die jedoch unregelmäßig angeordnet sind. Der Purpurrote Seestern (*Ophidiaster ophidianus*) besitzt keine deutlich sichtbaren Papulae; sie sind in 8 Längsreihen angeordnet.

Lebensraum und Verbreitung: Auf allen Hartsubstraten von 3–150 m Tiefe, insbesondere zwischen 20–50 m. Eher schattenliebende (sciaphile) Art, die unter Überhängen, auch in Höhlen sowie in der Lebensgemeinschaft des Koralligen vorkommt. Westliches Mittelmeer, südliche Adria, Marmarameer sowie im angrenzenden Atlantik, Azoren.

1 Roter Seestern *Echinaster sepositus*
Familie *Echinasteridae*

Kennzeichen: Seestern mit fünf, seltener mit sechs oder sieben langen, runden Armen. Bis 20 cm Größe. Scheibe klein. Körperoberseite mit zahlreichen kleinen, dennoch deutlich sichtbaren, unregelmäßig verteilten Ausstülpungen, den sogenannten Kiemenbläschen (Papulae). Drüsenreiche Haut mit darin versenkten Stacheln, die maximal 1,5 mm lang sind. Färbung: leuchtend ziegel- bis orangerot.

Verwechslungsmöglichkeiten: Neben dem Roten Seestern gibt es im Mittelmeer zwei weitere rotfarbene Seesterne: den Purpurroten Seestern (*Ophidiaster ophidianus*) ohne deutlich sichtbare Ausstülpungen (Papulae), die auf den Armen in 8 Längsreihen angeordnet sind, sowie den Orange-farbenen Seestern (*Hacelia attenuata*) mit Papulae, die in 10 Längsreihen angeordnet sind.

Lebensraum und Verbreitung: Häufiger Seestern im unteren Infralitoral, auf Hartsubstraten, regelmäßige Vorkommen unterhalb der Sprungschicht bis in größere Tiefen. Auch in Seegraswiesen und in der koralligenen Lebensgemeinschaft. Im gesamten Mittelmeer verbreitet.

Wissenswertes: Der Rote Seestern ernährt sich von organischem Detritus und kleinsten Lebewesen, die er mithilfe seiner Saugfüßchen vom Untergrund abweidet und über eine Wimperrinne an der Unterseite der Arme zur Mundöffnung befördert. Leider wurden die Bestände dieser Art durch Küstenfischerei stark dezimiert, da sie als getrocknetes Souvenir an Touristen verkauft werden können. Zu seinen natürlichen Feinden zählt das Tritonshorn (*Charonia lampas*).

2 Purpurroter Seestern *Ophidiaster ophidianus*
Familie *Ophidiasteridae*

Kennzeichen: Seestern mit kleiner Scheibe und stets fünf drehrunden, gleichmäßig dicken Armen, deren Spitzen aufgebogen sind. Körperoberseite mit kaum sichtbaren Hautausstülpungen (Papulae), die in 8 deutlich erkennbaren Längsreihen je Arm angeordnet sind. Armwinkel spitz zulaufend. Färbung: typischerweise purpurrot, aber auch ziegel- oder orangerot. Manchmal mit purpurroten Flecken auf ziegel- oder orangerotem Grund (**2a**).

Verwechslungsmöglichkeiten: Zwei weitere rötlich gefärbte Seesterne im Mittelmeer sind der Rote Seestern mit deutlich sichtbaren Papulae, die nicht in Reihe angeordnet sind, sowie der Orangefarbene Seestern (*Hacelia attenuata*) mit 10 Längsreihen von Papulae je Arm.

Lebensraum und Verbreitung: Die Art besiedelt primäre und sekundäre Hartsubstrate, vom Flach-wasser bis in größere Tiefe, selten in Seegraswiesen. Die Art hat eine Vorliebe für beschattete Zonen. Punktuelle Verbreitung im Mittelmeer: Marokko bis Tunesien, Costa Brava, Balearen, Südfrankreich, Süditalien, Sizilien, mittlere und südliche Adria sowie einige kleinere Fundorte im östlichen Becken. Auch im Atlantik von Portugal bis St. Helena.

Wissenswertes: Der Purpurrote Seestern lebt zusammen mit dem Eisseestern (*Marthasterias glacialis*) in der Lebensgemeinschaft des Präkoralligens. Die Art ist jedoch etwas wärmebedürftiger und deshalb im Süden und Osten des Mittelmeers häufiger.

3 Kissenseestern *Sphaerodiscus placenta*
Familie *Goniasteridae*

Kennzeichen: Bis 10 cm großer Seestern mit auffällig fünfeckigem Umriss. Große randständige Platten umgeben den Seestern wulstförmig. Oberseite braunrot bis gelbbraun, Unterseite heller.

Lebensraum und Verbreitung: Auf sandigen oder sandig schlammigen Weichböden, von 30 m bis in größere Tiefen. Typischerweise kommt die Art unterhalb der unteren Verbreitung der Seegras-wiesen vor. Im gesamten Mittelmeer außer in der Nordadria. Die Art ist in den südlichen Mittelmeer-regionen deutlich häufiger.

1 Bäumchen-Seegurke   *Cucumaria planci*
Familie *Cucumariidae*

Kennzeichen: Seegurke mit zehn baumförmig verzweigten Tentakeln, 10–15 cm groß. Färbung: dunkel- bis hellbraun, manchmal mit dunklen Punkten.

Verwechslungsmöglichkeiten: Im Mittelmeer sind insgesamt 8, schwer zu unterscheidende Arten der Gattung Cucumaria vertreten.

Lebensraum und Verbreitung: Auf schlammigen Sandböden zwischen 6 und 60 m Tiefe. Im gesamten Mittelmeer sowie im Atlantik vom Senegal bis England.

Wissenswertes: Die Entwicklung der Seegurken verläuft im Normalfall über zwei Larvenstadien, die bei den Arten der Gattung *Cucumaria* fehlen.

2 Variable Seegurke   *Holothuria forskåli*
Familie *Holothuriidae*

Kennzeichen: Tentakel enden in sternförmigen Scheiben. Körpergröße bis 35 cm, Bauchseite mit drei Reihen von Saugfüßchen. Körperoberfläche braun mit zahlreichen dunkleren, konischen, teils weiß umrandeten Papillen.

Verwechslungsmöglichkeiten: Braun gefärbte Individuen können mit der Röhrenseegurke verwechselt werden, die jedoch bei Reizung keine Klebfäden ausstößt.

Lebensraum und Verbreitung: Häufige Art, in Seegraswiesen (Zostera), auf schlammigen Sandböden und Hartböden. Mittelmeer und europäische Atlantikküste.

Wissenswertes: Die Variable Seegurke stößt bei Reizung klebrige Fäden zur Verteidigung aus. Darüber hinaus ist diese Art in der Lage, sich ihres gesamten Darmtrakts zu entledigen. Dieser Abwehrmechanismus kann auch zur Abwehr von Parasiten angewendet werden (s. *Carapus acus*, S. 264).

3 Röhrenseegurke   *Holothuria tubulosa*
Familie *Holothuriidae*

Kennzeichen: Tentakel enden in sternförmigen Scheiben. Körpergröße bis 40 cm, Körperquerschnitt 6 cm. Zahlreiche dunkle Papillen auf dem gesamten Körper. Verwechslungsmöglichkeiten: insgesamt 7, schwer zu unterscheidende Arten der Gattung Holothuria im Mittelmeer heimisch.

Lebensraum und Verbreitung: Auf Weich- und Hartböden bis 100 m Tiefe. Im westlichen Mittelmeer sowie im Atlantik bis zum Golf von Biskaya.

Wissenswertes: Im Spätsommer wandert die Röhrenseegurke in flacheres Wasser. Dort richtet sie ihren Körper L-förmig auf, um Eier und Spermien abzugeben.

4 Kefersteins Wurm-Seegurke   *Polyplectana kefersteini*
Familie *Synaptidae*

Kennzeichen: Sehr lang gestreckter, schlangenförmiger Körper. Weich, dünnhäutig, auf der Oberfläche mit zahlreichen Blasen, die in 5 Längsreihen angeordnet und zeitweise größer oder kleiner sein können.

Verwechslungsmöglichkeiten: Keine.

Lebensraum und Verbreitung: Auf Hartgrund, Sand- und Schotterböden. Vorwiegend im Infralitoral. Diese Art kam über den Sueskanal aus dem Roten Meer, wo sie derzeit Bereiche des östlichen Beckens besiedelt. Im Indopazifik vom Roten Meer bis Hawaii verbreitet.

Wissenswertes: Zieht sich, wie andere Wurm-Seegurken, bei Störung stark zusammen und schrumpft dabei auf fast ein Viertel der Körperlänge. Sie besitzt keine Ambulakralfüßchen. Kleine Kalkhäkchen in der Haut verhaken sich bei Berührung in menschlicher Haut und können zu Hautirritationen führen.

1 Weißspitzen-Seegurke   *Holothuria polii*
Familie *Holothuriidae*

Kennzeichen: Seegurke, deren Tentakel in sternförmigen Scheiben enden. Körpergröße bis 25 cm, Körperquerschnitt annähernd zylindrisch. Saugfüßchen in 3 Reihen auf der Bauchseite. Samtig schwarze Haut mit zahlreichen leuchtend weißen Papillen. Cuviersche Schläuche fehlen.
Lebensraum und Verbreitung: Primäre und sekundäre Hartböden, Zostera. Vom Flachwasser bis in größere Tiefen. Seltene Art im Mittelmeer, auch im angrenzenden Atlantik.
Wissenswertes: Die Weißspitzen-Seegurke ernährt sich von organischem Material (Detritus), das mit den sternförmigen Tentakelenden in den Mund geschaufelt wird. Dabei wird jedoch wahllos Bodenmaterial geschluckt und erst im Verdauungstrakt selektiert. Unverdaubare Bestandteile werden über die Kloakenöffnung in Form kleiner „Sandwürstchen" ausgeschieden.

2 Königseegurke   *Stichopus regalis*
Familie *Stichopodidae*

Kennzeichen: Seegurke, deren Tentakel in Ampullen enden. Körpergröße bis 35 cm, Körperquerschnitt bis 7 cm, deutlich abgeflacht. Saugfüßchen in 3 Reihen auf der Bauchseite, Oberseite mit Warzen und Höckern, Körperseiten von großen, weißen Papillen flankiert. Färbung der Oberseite: gelblich bis rötlich braun mit weißen Flecken an den Seiten, Unterseite mit rotem Mittelfeld und braunen Seitenfeldern. Cuviersche Schläuche fehlen.
Lebensraum und Verbreitung: Auf detritushaltigen Weichböden, auch in der Lebensgemeinschaft des Küstendetritus sowie auf detritushaltigen Kalkrotalgen-Böden (*Lithothamnium fruticulosum*). Zwischen 5 und 800 m Tiefe. Im südlichen Mittelmeer eher selten, fehlt wahrscheinlich im östlichen Becken. Im angrenzenden Atlantik bis zu den Kanaren und bis zur irischen Westküste. Auch in der Karibik (Antillen, Golf von Mexiko).
Wissenswertes: Die Königseegurke kann ihre Eingeweide bei Gefahr ausstoßen und diese binnen 2–3 Wochen wieder regenerieren. Im Inneren der Leibeshöhle parasitiert bisweilen der Nadelfisch (*Carapus acus*). Die Königseegurke wie auch die Röhrenseegurke werden zum Verzehr ihrer Wasserlungen per Hand oder mit Dredschen gesammelt. Detritusfresser (siehe *Holothuria*).

3 Schwarzer Seeigel   *Arbacia lixula*
Familie *Arbaciidae*

Kennzeichen: Gehäuse radiärsymmetrisch, wobei die Mundöffnung unten und der After oben liegt (sogenannte Regularia). Gehäusedurchmesser maximal 8 cm, zahlreiche Stacheln bis 3 cm Länge, sehr spitz, schwarz gefärbt. Gehäuse abgeflacht, mit großer Mundöffnung. Farbe des Gehäuses: rosa mit dunkelbraunen Streifen. Mundfeld grünlich. Ambulacralfüßchen auf der Oberseite ohne Saugnäpfe. Die Art kann sich deshalb nicht mit Algen und Schalentrümmern tarnen.
Verwechslungsmöglichkeiten: Verwechslung mit dem Steinseeigel (*Paracentrotus lividus*) möglich, der durch folgende Merkmale vom Schwarzen Seeigel zu unterscheiden ist: Gehäuse abgerundet, grünlich gefärbt, kleine Mundöffnung. Färbung der Stacheln: braun, violett oder grünlich, Mundfeld rötlich. Zahlreiche Ambulacralfüßchen mit Saugnäpfen auf der Oberseite.
Lebensraum und Verbreitung: Die Art bildet im Infralitoral zusammen mit *Paracentrotus* ausschließlich auf Felsböden eine eigene Zone (Fazies). Im Gegensatz zum Steinseeigel ist der Schwarze Seeigel nicht gesteinsbohrend. Häufig im westlichen Mittelmeer, seltener im östlichen Becken, auch im angrenzenden Atlantik nördlich der Straße von Gibraltar.
Wissenswertes: Der Schwarze Seeigel weidet vor allem an vertikalen Flächen im Brandungsbereich Algenrasen ab. Das abgeflachte Gehäuse bietet dem Wasserstrom nur geringen Widerstand. Wird zum Verzehr der weiblichen Gonaden gesammelt.

1 Steinseeigel *Paracentrotus lividus*
Familie *Echinidae*

Kennzeichen: Gehäuse radiärsymmetrisch, wobei die Mundöffnung unten und der After oben liegt (sogenannte Regularia). Gehäusedurchmesser bis maximal 7 cm, nicht sehr zahlreiche Stacheln bis 3 cm Länge, sehr spitz, dunkelviolett, bräunlich bis grün gefärbt. Gehäuse abgerundet, mit kleiner Mundöffnung. Farbe des Gehäuses: grünlich. Mundfeld: rötlich. Ambulacralfüßchen auf der Oberseite mit Saugnäpfen. Die Art kann sich deshalb mit Algen und Schalentrümmern tarnen und sich innerhalb von fünf Minuten wenden, wenn sie auf den „Rücken" gelegt wird.

Verwechslungsmöglichkeiten: Verwechslung mit dem Schwarzen Seeigel (*Arbacia lixula*) möglich. Diese Art ist durch folgende Merkmale vom Steinseeigel zu unterscheiden: Gehäuse abgeflacht, mit zahlreichen schwarzen Stacheln und großer Mundöffnung. Farbe des Gehäuses: rosa mit dunkelbraunen Streifen. Mundfeld: grünlich. Ambulacralfüßchen auf der Oberseite ohne Saugnäpfe. Die Art kann sich deshalb nicht mit Algen und Schalentrümmern tarnen und sich nicht wenden.

Lebensraum und Verbreitung: Typische Art im Infralitoral, auch in Fluttümpeln. Stets auf Felsböden und (seltener) in Seegraswiesen. Vom Flachwasser bis in 50 m Tiefe. Häufige Art im gesamten Mittelmeer, auch im angrenzenden Atlantik, von den Kanaren bis Irland sowie Azoren.

Wissenswertes: Diese Art schabt mit ihren Zähnen Löcher in das Gestein, bevorzugt in Kalkfelsen. Am Tage hält sich das Tier in diesen Löchern versteckt, verlässt diese zur Nahrungsaufnahme nur in der Nacht und kehrt immer wieder „nach Hause" zurück. Steinseeigel werden aus zwei Gründen regelmäßig von Menschen gesammelt: Zum Verzehr werden sie schon seit dem Altertum gesammelt, wobei vor allem die weiblichen Gonaden, die in fünf orangefarbenen Reihen im Schaleninnern angeordnet sind, als Delikatesse gelten. Die weißen, männlichen Gonaden sind dagegen weniger geschätzt. Seit einigen Jahren wird diese Art auch in der Molekular- und Entwicklungsbiologie eingesetzt. Der Grund liegt in der Durchsichtigkeit der Eier, sodass Zellteilungsvorgänge unter dem Mikroskop beobachtet werden können. Dieser Nutzwert führte allerdings auch zu einem Rückgang der Populationen, an deren Stelle sich vielerorts der Schwarze Seeigel (*Arbacia lixula*) ausbreiten konnte.

2 Kletterseeigel *Psammechinus microtuberculatus*
Familie *Echinidae*

Kennzeichen: Gehäuse radiärsymmetrisch, wobei die Mundöffnung unten und der After oben liegt (sogenannte Regularia). Seeigel mit abgeflachtem Gehäuse, bis 3,5 cm im Durchmesser. Primärstacheln kaum größer als Sekundärstacheln, maximal 1,5 cm lang. Färbung der Stacheln: grünlich bis bräunlich mit weißen Spitzen, manchmal auch gebändert. Gehäusefarbe dunkelgrün bis braun mit weißen Porenfeldern.

Verwechslungsmöglichkeiten: Junge Individuen des Steinseeigels.

Lebensraum und Verbreitung: Auf primären und sekundären Hartböden, in Algenbeständen und vor allem in Seegraswiesen. Die Art ist nachtaktiv und lebt tagsüber meist versteckt unter Steinen und zwischen den Rhizomen der Seegräser. Im gesamten Mittelmeer häufig, auch im angrenzenden Atlantik von der portugiesischen Küste bis zu den Kapverden.

Wissenswertes: Der Kletterseeigel verlässt seine Verstecke zur Nahrungsaufnahme und Fortpflanzung und erklimmt dabei gern die Blätter von *Posidonia* oder andere exponierte Standorte. Nahrungsgrundlage sind Algen und kleine Wirbellose, die er mit seinem Mundapparat aufnimmt. Die Art ist ein wahrer Kletterkünstler: Im Versuch konnte sie sogar auf einer Violinensaite hochklettern. Auch bei dieser Art sollen die Gonaden gut schmecken. In einigen Regionen wird das Tier deshalb auch gesammelt.

1 Melonenseeigel   *Echinus melo*
Familie *Echinidae*

Kennzeichen: Gehäuse radiärsymmetrisch, wobei die Mundöffnung unten und der After oben liegt (sogenannte Regularia). Großer Seeigel mit fast kugeliger Schale mit einem Durchmesser bis maximal 17 cm. Längere Primärstacheln und kurze Sekundärstacheln. Primärstacheln olivgrün, entspringen nur von jeder zweiten Platte des Gehäuses (aborale Interambulacralplatte). Färbung des Gehäuses: hellbraun bis braun, normalerweise von der Spitze zum Mund mit weißen und braunen Zonen entlang der Grenze der Plattenreihen.

Verwechslungsmöglichkeiten: Mit dem Melonenseeigel ist der Gelbe Seeigel (*Echinus acutus*) nahe verwandt und sehr leicht zu verwechseln. Diese Art besitzt ein kugeliges bis kegelförmiges (von der Seite betrachtet) Gehäuse, auf dem jede Interambulacralplatte einen Primärstachel trägt. Dadurch wirkt diese Art dichter bestachelt als der Melonenseeigel. Die Farbe der Stacheln ist an der Basis dunkelrot, danach weiß, zur Spitze hin hellrot und am Ende wieder weiß.

Lebensraum und Verbreitung: Der Melonenseeigel siedelt vor allem auf sekundären Hartsubstraten im Circalitoral, kommt aber auch im Koralligen und seltener auf Küstendetritus-Böden vor, ab 40 m bis in größere Tiefen (maximal 1100 m). Im gesamten westlichen Mittelmeer stellenweise häufig. Im Atlantik an der Küste von Cornwall (selten), Portugal und Azoren.

Wissenswertes: Obwohl diese Art allein wegen ihrer Größe, Bestachelung und Färbung auffällt, handelt es sich dennoch um eine wenig erforschte Art. Der Melonenseeigel ernährt sich offensichtlich von Kalkrotalgen, die er bei seinen Wanderungen aufnimmt. Dabei kann er sich mit den langen Pedicellarien nicht nur nach unten, sondern auch zur Seite am Substrat festhalten. Man findet ihn deshalb auch an relativ exponierten Stellen im Koralligen.

2 Gelber Seeigel   *Echinus acutus*
Familie *Echinidae*

Kennzeichen: Gehäuse radiärsymmetrisch, wobei die Mundöffnung unten und der After oben liegt (sogenannte Regularia). Großer Seeigel mit kugeliger bis konischer (von der Seite betrachtet) Schale mit einem Durchmesser bis maximal 15 cm. Längere Primärstacheln und kurze Sekundärstacheln. Primärstacheln an der Basis dunkelrot, zur Spitze hin hellrot und am Ende wieder weiß; entspringen von jeder Platte des Gehäuses (aborale Interambulacralplatte). Färbung des Gehäuses: rot bis rotbraun, normalerweise von der Spitze zum Mund in weiße und rote Zonen entlang der Grenze der Plattenreihen gegliedert.

Verwechslungsmöglichkeiten: Mit dem Gelben Seeigel ist der Melonenseeigel (*Echinus melo*) nahe verwandt und sehr leicht zu verwechseln. Diese Art besitzt ein kugeliges Gehäuse, auf dem nur jede zweite Interambulacralplatte einen Primärstachel trägt. Dadurch wirkt diese Art weniger dicht bestachelt als der Gelbe Seeigel. Die Farbe der Stacheln ist Olivgrün.

Lebensraum und Verbreitung: Der Gelbe Seeigel besiedelt sekundäre Hartsubstrate im Circalitoral, er kommt auch im Küstendetritus auf Kalkrotalgen-Böden vor; ab 20 m bis in größere Tiefen (1200 m). Im gesamten westlichen Mittelmeer, in der Adria sowie in der Nordägäis (eher selten). Im angrenzenden Atlantik bis zu den Britischen Inseln.

Wissenswertes: Der Gelbe Seeigel ernährt sich von einer großen Zahl verschiedener Bodenorganismen und organischem Detritus. Die Fortpflanzung findet in den Sommermonaten statt. Im Atlantik und in der Nordsee gibt es mit dem Essbaren Seeigel (*Echinus esculentus*) einen weiteren verwandten, sehr ähnlichen Vertreter dieser Gattung. An Standorten, an denen beide Arten gleichzeitig vorkommen, haben Untersuchungen ergeben, dass beide Arten miteinander bastardisieren.

1 Diademseeigel *Centrostephanus longispinus*
Familie *Diadematidae*

Kennzeichen: Gehäuse radiärsymmetrisch, wobei die Mundöffnung unten und der After oben liegt (sogenannte Regularia). Seeigel mit einem Körperdurchmesser bis 6 cm. Stacheln sind deutlich länger als der Körperdurchmesser, zart, leicht zerbrechlich, mit kleinen Dornen besetzt, beweglich. Färbung der Stacheln: bei älteren Tieren braun bis schwarz, bei Jungtieren braunviolett und weiß geringelt (**1a**).

Verwechslungsmöglichkeiten: Keine. Einzige Art der Gattung im Mittelmeer.

Lebensraum und Verbreitung: Schattenliebende Art auf primären und sekundären Hartsubstraten in Spalten und Höhlen. In größeren Tiefen ab 40 m auch jüngere Individuen frei auf Kalkrotalgen-Böden (*Lithothamnium fruticulosum*) im Küstendetritus (persönliche Mitteilung H. Schmidt, unveröffentlicht). Wahrscheinlich im gesamten Mittelmeer lokal vorkommend. Im westlichen Mittelmeer ist eine deutliche Zunahme nach Süden festzustellen. Auch im Atlantik von den Azoren und von den Kanaren beschrieben.

Wissenswertes: Diademseeigel sind überwiegend aus den tropischen Korallenriffen bekannt, sodass diese Mittelmeerart als tropisches Relikt bezeichnet werden kann. Der Diademseeigel ist ein bewegliches Tier mit einem großen Aktionsradius. Am Tag versteckt er sich gern in Spalten, sodass höchstens die langen, beweglichen Stacheln hervorschauen. Der Seeigel reagiert auf Licht-/Schattenreize und kann deshalb seine Stacheln zum Schutz nach einem sich annähernden Objekt ausrichten. Vorsicht vor den Stacheln: Sie brechen in der Haut leicht ab und sind aufgrund der Dornen, die wie Widerhaken festhalten, schwer zu entfernen. Die Einstichstelle verfärbt sich wegen der in den Stacheln enthaltenen Flüssigkeit schwärzlich blau. Da Sekundärinfektionen auftreten können, sollten die Stachelreste vorsichtig mit einer Pinzette entfernt werden. Betroffene Hautpartien werden mit 40–70-prozentigem Alkohol desinfiziert. Tief eingedrungene Stacheln sollten vom Arzt entfernt werden.

2 Großer Lanzenseeigel *Cidaris cidaris*
Familie *Cidaridae*

Kennzeichen: Gehäuse radiärsymmetrisch, wobei die Mundöffnung unten und der After oben liegt (sogenannte Regularia). Seeigel mit weit auseinanderstehenden, langen und kräftigen Primärstacheln, die von Kreisen kleiner Sekundärstacheln umgeben sind. Primärstacheln mit breiter Basis, allmählich konisch zulaufend, meist grauweiß bis hellviolett. Primärstacheln mindestens doppelt so lang wie der Schalendurchmesser, der ca. 7 cm beträgt. Sekundärstacheln kranzförmig um die Basis der Primärstacheln, sehr kurz, weiß, hellviolett bis gelb. Klappen der greifzangenartigen Pedicellarien mit deutlichem Endzahn.

Verwechslungsmöglichkeiten: Ein weiterer Vertreter der Lanzenseeigel im Mittelmeer ist *Stylocidaris affinis*. Beide Arten sind sich sehr ähnlich und gleich groß. Die Primärstacheln von *Stylocidaris affinis* sind jedoch nur etwas länger als der Schalendurchmesser, bräunlich mit helleren Bändern und häufig z. B. mit Kalkrotalgen bewachsen. Sekundärstachein orange bis rötlich. Schale mit bräunlichrötlicher Zeichnung. Die Klappen der Pedicellarien besitzen keinen Endzahn.

Lebensraum und Verbreitung: Auf sandig schlammigen Weichböden, vor allem im Küstendetritus. Von 60 m bis in größere Tiefen (maximal 2000 m). Wahrscheinlich im gesamten Mittelmeer verbreitet jedoch nur punktuell häufig (z. B. Liparische Inseln). Auch im Atlantik: Westküste von Irland, Färöer-Inseln, Norwegen, Azoren sowie Kapverden.

Wissenswertes: Der Große Lanzenseeigel bildet in manchen Regionen auf Weichböden ab 60 m Tiefe eine Zone, in der diese Art das vorherrschende Element darstellt. In dieser Zone kann man zahlreiche, in Grüppchen stehende Seeigel bei der Nahrungssuche beobachten. Als Nahrung dienen Kalkrotalgen.

1 Kleiner Lanzenseeigel   *Stylocidaris affinis*
Familie *Cidaridae*

Kennzeichen: Gehäuse radiärsymmetrisch, wobei die Mundöffnung unten und der After oben liegt (sogenannte Regularia). Seeigel mit weit auseinanderstehenden, langen und kräftigen Primärstacheln, die von Kreisen kleiner Sekundärstacheln umgeben sind. Primärstacheln mit breiter Basis, allmählich konisch zulaufend, meist bräunlich mit helleren Bändern. Primärstacheln etwas länger als der Schalendurchmesser, der ca. 4–5 cm beträgt. Sekundärstacheln kranzförmig um die Basis der Primärstacheln, sehr kurz, orange bis rötlich. Klappen der greifzangenartigen Pedicellarien besitzen keinen Endzahn.

Verwechslungsmöglichkeiten: Ein weiterer Vertreter der Lanzenseeigel im Mittelmeer ist der Große Lanzenseeigel (*Cidaris cidaris*). Beide Arten sind sich sehr ähnlich. Die Primärstacheln des Großen Lanzenseeigels sind nie bewachsen und mindestens doppelt so lang wie der Schalendurchmesser; Sekundärstacheln weiß, hellviolett bis gelb; Klappen der greifzangenartigen Pedicellarien mit deutlichem Endzahn.

Lebensraum und Verbreitung: In der Lebensgemeinschaft des Koralligens, ab 30 m Tiefe. Wahrscheinlich im gesamten Mittelmeer verbreitet, jedoch nur punktuell häufig (z. B. Liparische Inseln). Im Westatlantik vom 33. Breitengrad bis zu den Kapverden sowie im Ostatlantik.

Wissenswertes: Die Bänderung der Primärstacheln ist bei manchen Individuen kaum noch zu erkennen, da einige Aufsitzerorganismen wie Moostierchen, Schwämme und kleine Röhrenwürmer diese Stacheln besiedeln. Der Kleine Lanzenseeigel bildet in manchen Regionen ab 30–40 m Tiefe eine Zone (Fazies), in der diese Art das vorherrschende Element darstellt.

2 Violetter Seeigel   *Sphaerechinus granularis*
Familie *Toxopneustidae*

Kennzeichen: Gehäuse radiärsymmetrisch, wobei die Mundöffnung unten und der After oben liegt (sogenannte Regularia). Großer Seeigel mit einem Gehäusedurchmesser von 12 bis 13 cm, bauchseitig deutlich abgeflacht. Stacheln zahlreich, dicht stehend und abgestumpft, bis 2 cm lang. Färbung der Stacheln meist violett mit weißen Spitzen, aber auch ganz weiß, braun oder rötlich. Färbung des Gehäuses: dunkelpurpur mit weißen Porenfeldern.

Verwechslungsmöglichkeiten: Keine ähnlichen Arten im Mittelmeer.

Lebensraum und Verbreitung: Auf primären und sekundären Hartsubstraten, vor allem im Präkoralligen und im Infralitoral, in Seegraswiesen, die von grobkörnigen Sedimentflächen durchsetzt sind. Auch auf Kalkrotalgen-Böden im Küstendetritus, bis 100 m Tiefe. Regelmäßig im gesamten Mittelmeer. Im Atlantik von den Kanalinseln bis zu den Kapverden, Azoren.

Wissenswertes: Der Violette Seeigel ist ein Weidegänger, der sich von Algen und Detritus ernährt. Junge Individuen sind in flacheren Küstenzonen selten, da sie auf Küstendetritus-Böden in großen Tiefen aufwachsen. Die weißen oder roten Jungtiere verstecken sich dort tagsüber und kommen nur nachts hervor. Ab einem bestimmten Alter (Geschlechtsreife) wandern sie häufig gruppenweise in flachere Zonen. Diese Art kann sich dank zahlreicher Greifzangen (Pedicellarien) mit verschiedenen Materialien wie z. B. Algen und Schalentrümmern tarnen. Ein Teil dieser Pedicellarien ist mit Giftdrüsen versehen, die der Abwehr von Feinden dienen. Jede Pedicellarie besitzt drei zueinander bewegliche Zangenbacken, die sich in der Haut des Angreifers verbeißen und dann das Gift injizieren. Angeblich soll die Giftmenge von 40 Zangen ausreichen, um eine Ratte zu töten. Für den Menschen besteht auf jeden Fall keine Gefahr, da diese Greifwerkzeuge die menschliche Haut nicht durchdringen können. Der Violette Seeigel ist wie der Steinseeigel (*Paracentrotus lividus*) essbar, soll aber nicht so schmackhaft sein wie dieser. Die Art pflanzt sich das ganze Jahr über fort, wobei ein Maximum im Frühjahr und Sommer erreicht wird.

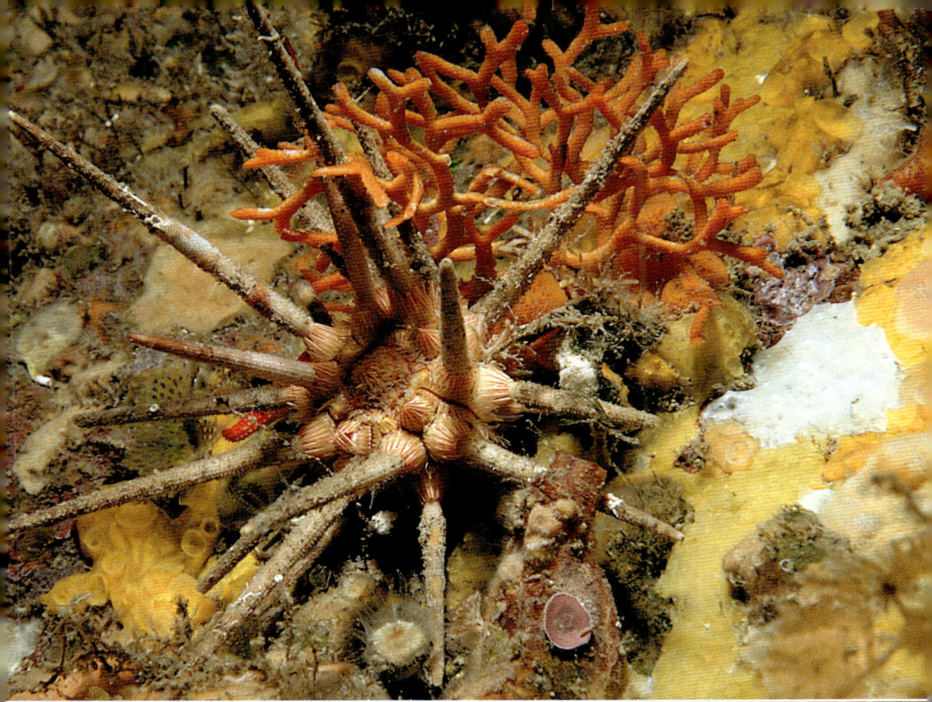

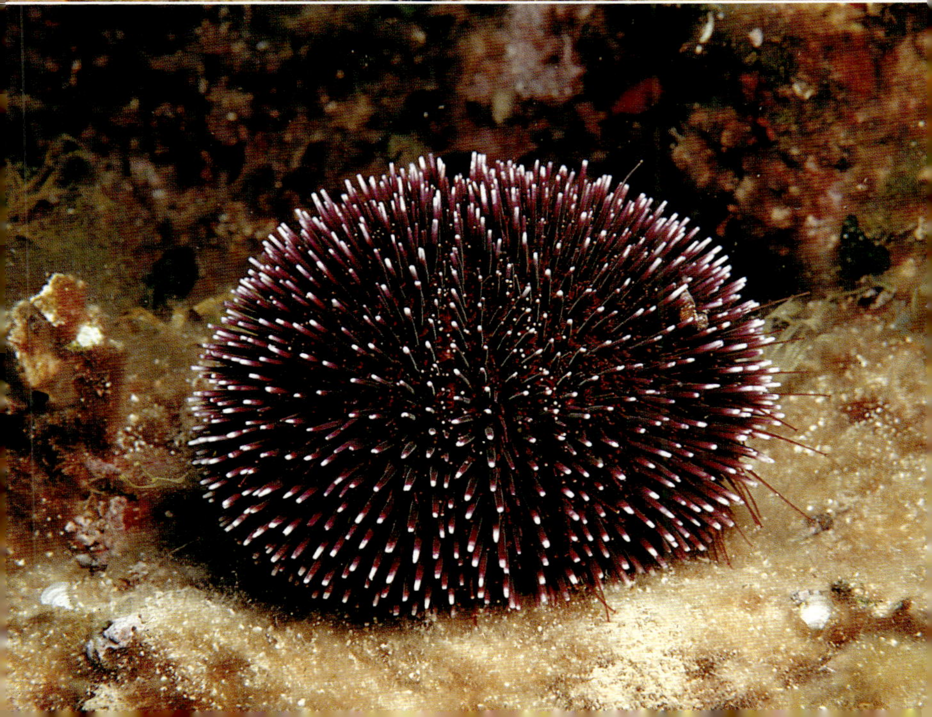

1 Violetter Herzigel   *Spatangus purpureus*
Familie *Spatangidae*

Kennzeichen: Gehäuse bilateralsymmetrisch, wobei die Mundöffnung nach vorn und der After entgegengesetzt verlagert ist (sogenannte Irregularia). Gehäuselänge bis 12 cm, Unterseite flach, Oberseite gewölbt. Stacheln kurz und pelzförmig, nur wenige längere, biegsame Stacheln auf der Oberseite. Gehäuse und Stacheln einheitlich purpurn (s. auch 2, links oben).

Lebensraum und Verbreitung: In mehr oder weniger stark verschlammten Weichböden, in reinen Sandböden, in Kalkrotalgen-Böden (*Lithothamnium fructiculosum*) im Küstendetritus; von 10–900 m Tiefe. Man findet die Art sowohl auf dem Substrat als auch bis zu 8 cm tief vergraben. Einer der häufigsten irregulären Seeigel des Mittelmeeres sowie des angrenzenden Atlantiks.

Wissenswertes: Wie alle Herzseeigel lebt auch diese Art mehr oder weniger eingegraben im Sediment und entnimmt der Oberfläche mit Spezialfüßchen organischen Detritus sowie Kleinstorganismen. Da der Violette Herzigel keine Organe zur Anlage und Offenhaltung von Atemtrichtern besitzt, benötigt er relativ grobe Sedimente, um über das Wasserlückensystem atmen zu können. Die Art ist überwiegend nachtaktiv und bewegt sich auf dem Substrat nur langsam voran, wobei sie beim Ein- und Ausgraben eine charakteristische Spur hinterlässt.

2 Grauer Herzigel   *Brissus unicolor*
Familie *Brissidae*

Kennzeichen: Größe bis 12 cm. Stacheln ockerfarben bis grau, sehr zahlreich, kurz und weich.

Verwechslungsmöglichkeiten: Vier sehr ähnliche Arten der Familie mit linienförmiger Zeichnung (Fasciole), die die fünf deutlich sichtbaren Porenreihen umschließt, sowie eine zweite, nierenförmige Fasciole im vorderen Teil der Unterseite.

Lebensraum und Verbreitung: Der Graue Herzigel bevorzugt grob- bis feinsandige Sedimentböden. Mittelmeer; Azoren bis Kapverden; auch im Westatlantik.

Wissenswertes: Wie andere irreguläre Seeigel ist auch der Graue Herzigel eine nachtaktive Art und lebt vorwiegend im Sediment, 1–8 cm tief eingegraben. Lebende Tiere findet man eher selten, während die leeren, zerbrechlichen Schalen toter Tiere häufig auf dem Grund liegen.

3 Kleiner Herzigel   *Echinocardium cordatum*
Familie *Loveniidae*

Kennzeichen: Größe bis 5 cm. Stacheln weiß bis cremegelblich weiß. Anhand einer leichten Vertiefung an der Gehäuseoberseite zu erkennen.

Verwechslungsmöglichkeiten: Der Kanaltragende Herzigel (*Schizaster canaliferus*) besitzt eine viel stärker ausgeprägte, kanalartige Vertiefung auf der Gehäuseoberseite, während der Gelbe Herzigel (*Echinocardium flavescens*) keine Vertiefung hat.

Lebensraum und Verbreitung: Die Art bevorzugt grob- bis feinsandige Sedimentböden. Vom Flachwasser bis in 200 m Tiefe. Mittelmeer; im Ostatlantik von Norwegen bis Südafrika; auch im Westatlantik.

Wissenswertes: Der Kleine Herzigel gräbt sich zwischen 4 und 18 cm tief in das Sediment ein. Er ist eine Leitform der grob- bis feinsandigen Sedimentböden ab einer Tiefe von etwa 10 m.

1 Schlauch-Seescheide   *Ciona intestinalis*
Familie *Cionidae*

Kennzeichen: Solitäre Seescheide, die auch in Gruppen stehen kann, die jedoch niemals miteinander verbunden sind. Individuen bis maximal 20 cm groß, meist zwischen 5 und 15 cm. Schlauchförmiger, bisweilen lang gestreckter Körper mit weichem gallertartigem Mantel. Ein- und Ausströmöffnung nahe beieinander, schlotartig, bis 2 cm lang. Färbung: meist gelblich, grünlich gelb, auch rötlich oder grau mit mehreren hellen, meist gelben, weißen oder rötlichen Flecken an den Rändern der Ein- und Ausströmöffnungen.

Lebensraum und Verbreitung: Auf verschiedenen Hartsubstraten, vom Flachwasser bis in größere Tiefen (bis maximal 500 m). Häufig auf Schalentrümmern befestigt, in Felsspalten sowie im Koralligen. Im gesamten Mittelmeer sowie im Atlantik. Weltweit verbreitet (Kosmopolit).

Wissenswertes: Die Schlauch-Seescheide lebt üblicherweise einzeln in Felsspalten, wobei deren Öffnungen ein Stück herausschauen. Bei Reizung kann das Tier seine Atemöffnungen verschließen und sich mithilfe der Längsmuskulatur zu einem kleinen „Würstchen" zusammenziehen. Der Mantel dient bei Gestaltsänderungen als Widerlager für die Muskulatur. Die Substanz des Mantels besteht aus organischen und anorganischen Verbindungen und vor allem aus Tunicin, das auch als „tierische Zellulose" bezeichnet wird. Bei Arten der Gattung Ciona macht das Tunicin ungefähr 60 % der Trockensubstanz aus! Schlauch-Seescheiden können sich das ganze Jahr über fortpflanzen, wobei der Höhepunkt im Frühjahr und im Sommer liegt. Bei idealen Bedingungen kann das Wachstum ca. 10 cm pro Monat betragen, und mehrere Generationen können sich im Jahr entwickeln.

2 Rote Seescheide   *Halocynthia papillosa*
Familie *Ascidiidae*

Kennzeichen: Solitäre Seescheide. Durchschnittlich bis 10 cm groß (maximal 20 cm). Aufrecht stehender, bauchiger Körper mit hartem, papillösem Mantel. Seitliche Ein- und endständige Ausströmöffnung deutlich voneinander abgesetzt, von einem Borstenkranz umgeben. Öffnungen gelappt. Färbung: kräftig orangerot bis korallenrot, an der Schattenseite heller gefärbt.

Lebensraum und Verbreitung: Schattenliebende (sciaphile) Art auf primären und sekundären Hartböden. Im Circalitoral in der Lebensgemeinschaft des Koralligens, unter Felsüberhängen, an Höhleneingängen sowie an den Rhizomen von Seegräsern (*Posidonia*). Vom Flachwasser bis in größere Tiefen. Im gesamten Mittelmeer sowie im angrenzenden Atlantik bis Portugal.

Wissenswertes: Die Rote Seescheide ist die mit Abstand bekannteste und auffälligste Seescheide des Mittelmeers. Sie reagiert auf Reizung mit dem Schließen der Ein- und Ausströmöffnungen und dem Zusammenziehen des gesamten Körpers. Reizaufnehmer sind die Borsten an den Rändern der Siphone, die auch verhindern sollen, dass zu große und unverdauliche Partikel eingesogen werden. Als Nahrung dienen zahlreiche Kleinstorganismen wie einzellige Geißeltierchen und Krebschen.

3 Schwarze Seescheide   *Phallusia fumigata*
Familie *Ascidiidae*

Kennzeichen: Solitäre Seescheide, bis maximal 8 cm groß. Aufrecht stehender, bauchiger Körper mit dickem, knorpeligem Mantel und zahlreichen glatten Erhebungen. Ein- und Ausströmöffnung (an der Spitze) deutlich voneinander abgesetzt.

Lebensraum und Verbreitung: Auf sekundären Hartböden, im Koralligen, aber auch auf Sand- und Schlickböden, dort stets auf Schalentrümmern oder Steinen festgeheftet. Lokale Verbreitungsschwerpunkte im Golf von Neapel, Sizilien und in der Adria.

Wissenswertes: Man findet die Schwarze Seescheide häufig in sedimentgefüllten Spalten, aus denen sie mit ihren Ein- und Ausströmöffnungen hervorschaut.

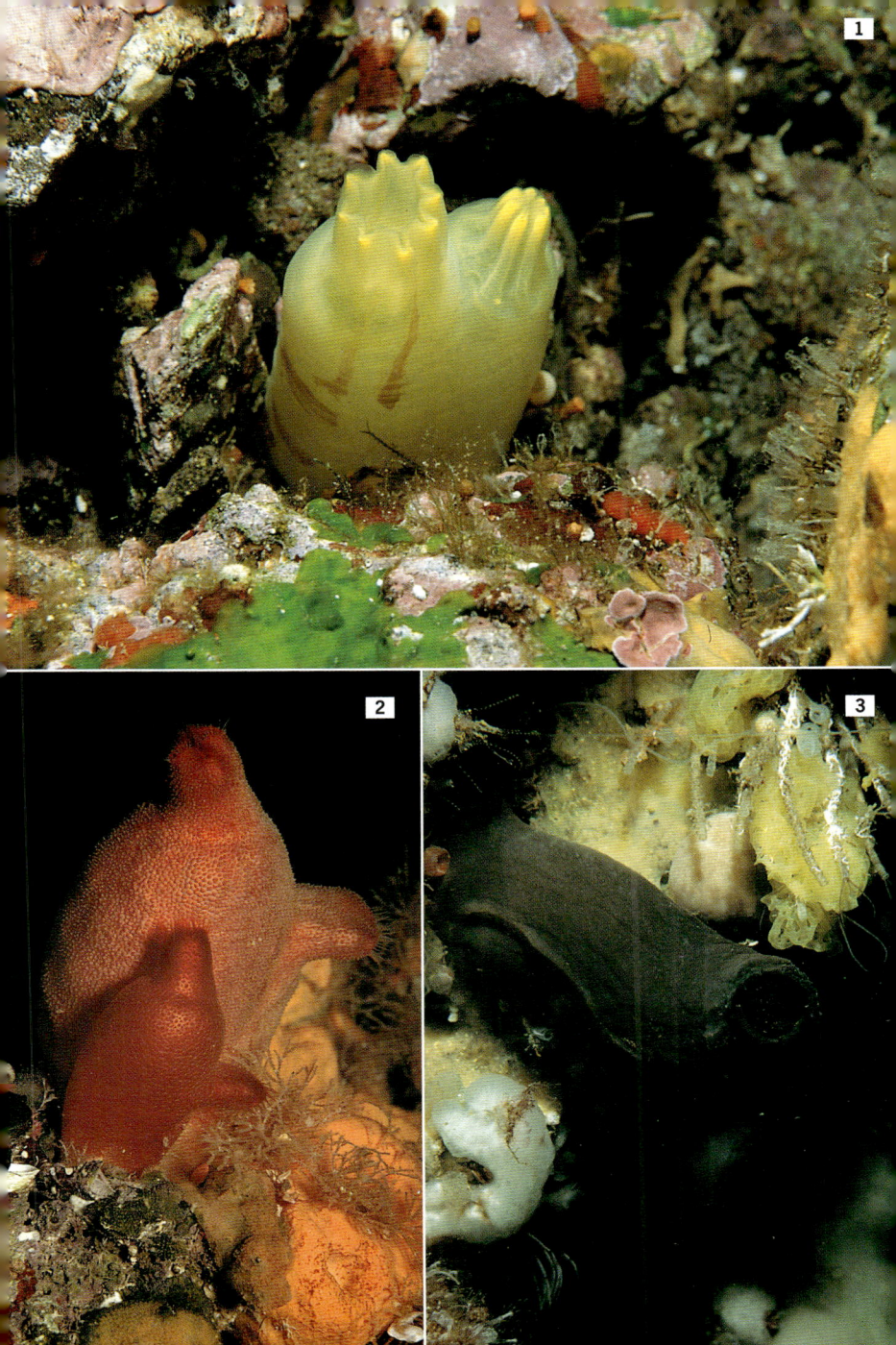

1 Weiße Seescheide *Phallusia mammilata*
Familie *Ascidiidae*

Kennzeichen: Solitäre Seescheide, bis maximal 20 cm groß. Aufrecht stehender, bauchiger Körper mit dickem, knorpeligem Mantel und zahlreichen runden Höckern. Ein- und Ausströmöffnung (an der Spitze) deutlich voneinander abgesetzt. Mit dem Körperende am Substrat festgeheftet. Färbung: milchig weiß mit dunkleren Pigmentlinien, die um die Höcker verlaufen und diese somit hervorheben, schwach durchscheinend.

Verwechslungsmöglichkeiten: Keine. Die zweite Art der Gattung Phallusia, die Schwarze Seescheide (*Phallusia fumigata*), ist meistens tintenschwarz gefärbt, wird nicht annähernd so groß und ist stets mit der linken Körperseite am Untergrund festgeheftet.

Lebensraum und Verbreitung: Auf verschiedenen Weichböden, stets an festen Substraten wie Steinen, Schalentrümmern oder sekundären Hartsubstraten festgeheftet. Auch an Hafenmolen und Wracks. Vorliebe für gut durchströmte Bereiche, von der Oberfläche bis in 200 m Tiefe. Mittelmeer sowie angrenzender Atlantik.

Wissenswertes: Die Substanz des Mantels der Seescheiden besteht aus organischen und anorganischen Verbindungen und vor allem aus Tunicin, das auch als „tierische Zellulose" bezeichnet wird. Unter allen vielzelligen Tieren haben allein die Manteltiere, wozu neben den Salpen und Appendicularien auch die Seescheiden gehören, diesen im Pflanzenreich weitverbreiteten Stoff ausgebildet. Neben dem Besitz von Tunicin zeichnen sich Seescheiden durch weitere, einzigartige Merkmale aus. Seescheiden besitzen ein schlauchförmiges Herz hinter dem Kiemendarm, das in einen Herzbeutel eingebettet ist. Kontraktionswellen, von einem Ende des Herzens zum anderen, pumpen das Blut voran. Blutgefäße sind bis auf wenige Ausnahmen nicht vorhanden. Das Blut wird einfach durch Gewebslücken fortbewegt. Einzigartig im Tierreich ist jedoch die Umkehrung der Schubwirkung des Herzens. Nach ca. 100 Schlägen verlangsamt sich die Herzfrequenz bis zum Stillstand. Dann beginnt das Herz in umgekehrter Richtung weiterzuschlagen, bis sich der Vorgang wiederholt. Seescheiden (auch die Salpen und Appendicularien) nehmen in der Tiersystematik, trotz ihres primitiven Aussehens, eine hohe Organisationsstufe ein. Sie werden sogar unterhalb der Wirbeltiere eingeordnet. Der Grund wird erst bei Betrachtung ihrer Larven deutlich: Aus den befruchteten Eiern gehen planktische Larven hervor, die in ihrer Gestalt an Kaulquappen erinnern. Der Schwanzabschnitt der Larve enthält einen Rückenstützstab (Chorda dorsalis), der als Vorläufer der Wirbelsäule (!) angesehen werden kann. Darüber erstreckt sich ein Rückenmark (Neuralrohr) bis zum Vorderkörper, das in einer Gehirnblase endet. Die Umwandlung der hoch entwickelten, frei schwimmenden Larve zum primitiv erscheinenden, sessilen Organismus erfolgt nach kurzer Zeit. Kopf voran heftet sich die Larve am Untergrund fest. Schwanz, Chorda, Rückenmark samt Gehirnblase sowie die Sinnesorgane der Larve werden rückgebildet. Abschließend wird die Larvengestalt durch einseitige Wachstumsprozesse zum adulten Tier umgeformt.

2 Rosa Seescheide *Ascidia mentula*
Familie *Ascidiidae*

Kennzeichen: Solitär lebende, bis zu 18 cm große Seescheide mit dünnem, knorpeligem Mantel. Ein- und Ausströmöffnungen weit voneinander entfernt. Oft mit der Seite am Substrat befestigt. Färbung: milchig rosa mit feiner rötlicher Aderung.

Verwechslungsmöglichkeiten: Keine.

Lebensraum und Verbreitung: Auf Felsen, Steinen und Muschelschalen, in Spalten und Höhlen, vor allem im Circalitoral, bis 200 m Tiefe. Im Mittelmeer sowie im angrenzenden Atlantik bis Norwegen.

1 Mikrokosmos-Seescheide *Microcosmus sp.*
Familie *Pyuridae*

Kennzeichen: Solitäre Seescheide. Durchschnittlich zwischen 15 und 25 cm groß. Mantel ledrig und hart, faltig, rotbraun bis purpurfarben, stets von einer Vielzahl verschiedener sessiler Organismen besiedelt (Name!), sodass nur noch die Ein- und Ausströmöffnung zu sehen ist.

Verwechslungsmöglichkeiten: Die Gattung Microcosmus ist im Mittelmeer durch ca. 6 verschiedene Arten vertreten, deren systematische Einordnung noch nicht vollständig geklärt ist. Aufgrund des teilweise dichten Aufwuchses sind äußerliche Unterscheidungsmerkmale bei allen Arten auf die Länge und Färbung: der Ein- und Ausströmöffnungen (Siphone) beschränkt: Die relativ kleine *Microcosmus polymorphus* besitzt kurze dunkelrote Siphone, die manchmal hellere Längsstreifen tragen. *Microcosmus sabatieri* besitzt etwas längere Siphone mit 8 violetten Längsstreifen, die von hellen Bändern getrennt sind. *Microcosmus sulcatus (vulgaris)* besitzt lange weißliche Siphone.

Lebensraum und Verbreitung: Auf Felsen, insbesondere an Steilhängen, zwischen 5 und 200 m Tiefe (häufig zwischen 10 und 40 m). Auch auf Sandböden. Endemische Mittelmeerart. Westliches Mittelmeer, Adria. Über die Verbreitung im östlichen Becken liegen bisher keine gesicherten Angaben der Arten vor.

Wissenswertes: Der starre und raue Mantel der Microcosmusarten bietet zahlreichen sessilen Organismen guten Halt. Als „Aufsitzer" findet man häufig Algen, Schwämme, Moostierchen, Krustenanemonen, andere Seescheidenarten und Röhrenwürmer. Diese Arten bilden auf der Seescheide eine kleine Lebensgemeinschaft, die der Art zu Recht den Namen „Mikrokosmos" (kleine Welt) eingebracht hat. Microcosmusarten sind äußerst geschätzte Meeresfrüchte, deren gelber Eingeweidesack roh oder frittiert gegessen wird. Die Populationen haben durch den Raubbau jedoch drastisch abgenommen. 1970 wurden jährlich ca. 7 Tonnen Seescheiden aus dem Golf von Marseille gefischt. 1982 stieg die Quote auf 35 Tonnen jährlich an. 1986 wurden nur noch 3 Tonnen Seescheiden „geerntet"! Fischereibiologen sind deshalb der Ansicht, dass das Sammeln von Seescheiden schnellstens durch Fangzeiträume und Quoten gesetzlich geregelt werden müsste.

2 Harte Seescheide *Pyura dura*
Familie *Pyuridae*

Kennzeichen: Solitäre, manchmal in Gruppen lebende, bis zu 10 cm große, aufrecht wachsende Seescheide mit sehr bauchigem Körper. Kennzeichen ist der warzige, äußerst harte und zähe Mantel. Ein- und Ausströmöffnung weit voneinander abgesetzt. Färbung: ockergelb.

Verwechslungsmöglichkeiten: Die Gattung Pyura ist mit ca. 5 Arten im Mittelmeer vertreten. Die exakte Artbestimmung ist mithilfe der Gonaden möglich. Die Harte Seescheide ist innerhalb der Gattung die größte Art. Die Form sowie die Festigkeit des Mantels unterscheidet sie ebenfalls von anderen Pyuraarten.

Lebensraum und Verbreitung: Eher seltene Art, auf Hartböden, vor allem in Höhlen (dringt sehr tief in das Höhleninnere ein).

3 Kegelförmige Seescheidenkolonie *Aplidium conicum*
Familie *Polycitoridae*

Kennzeichen: Glatte, massige, häufig kegelförmige Kolonie, bis ca. 15 cm groß. Einzelindividuen (Zooide) sind von einem gemeinsamen, durchscheinenden Mantel umgeben. Mantel ohne Kalkkörper. Einströmöffnungen der Individuen sind gut sichtbar und mäanderförmig um eine gemeinsame Ausströmöffnung gruppiert. Färbung: der Kolonie: ocker bis orangefarben.

Lebensraum und Verbreitung: Auf Sand- und Küstendetritus-Böden, auch auf sekundären Hartböden, von 5–50 m Tiefe. Im westlichen Mittelmeer (relativ selten) und in der Adria.

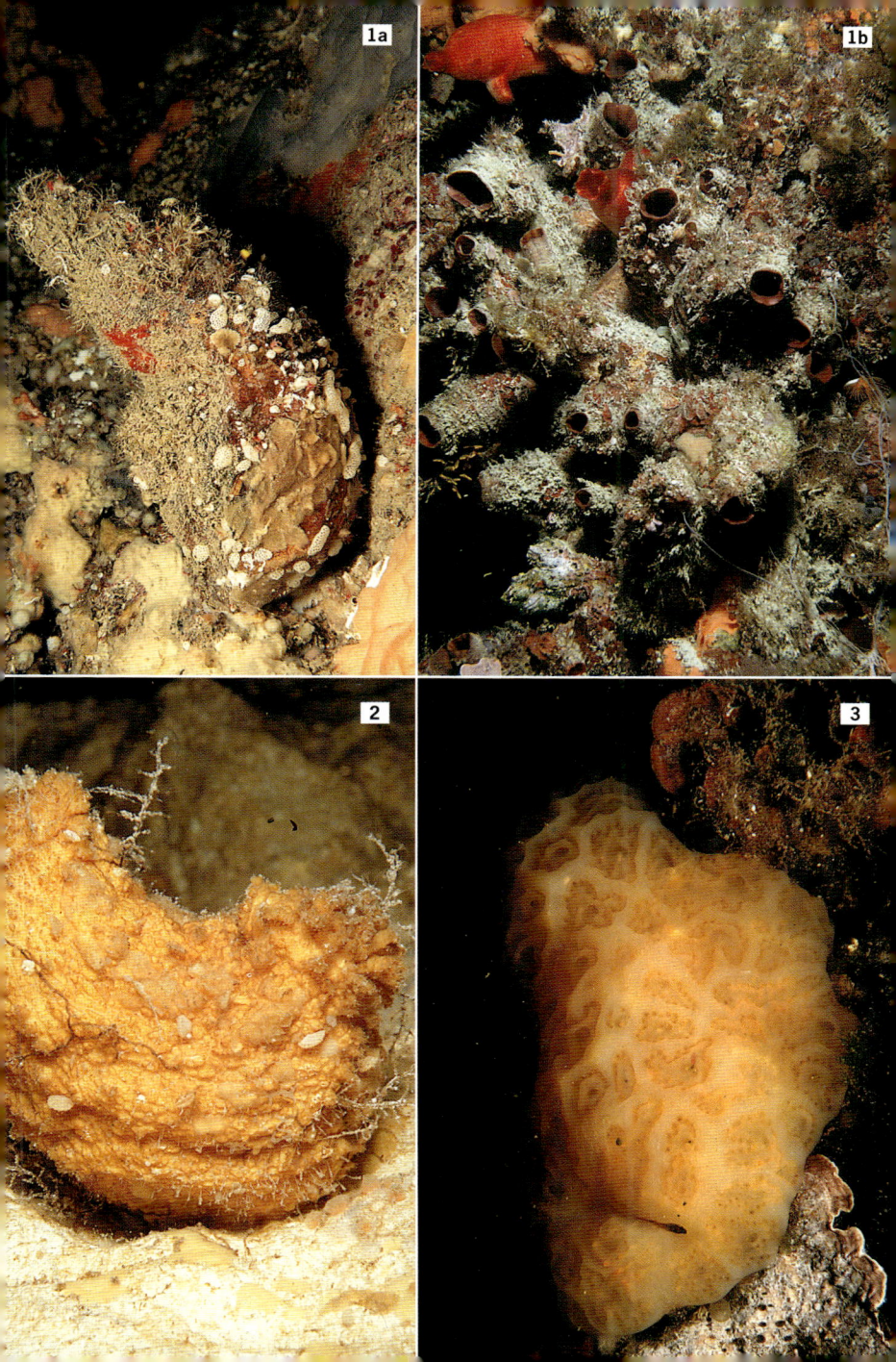

1 Durchscheinende Seescheide   *Clavelina dellavallei*
Familie *Polycitoridae*

Kennzeichen: Meist dichte, rasenförmige Kolonien. Einzelindividuen (Zooide), gallertartig, durchschnittlich 1–2 cm groß, maximal 3 cm. Kolonien bestehen aus 3–300 Einzeltieren. Zooide sind glasig durchsichtig, wodurch der weißlich eingefasste Kiemendarm gut sichtbar ist. Kiemendarm mit 13–17 Reihen von Kiemenspalten. Ein- und Ausströmöffnung gut sichtbar, nahe beieinander. Einzeltiere, gestielt, an der Basis durch Ausläufer (Stolonen) miteinander verbunden. Färbung: der Einzeltiere: glasig durchscheinend mit leicht bläulichem Schimmer.

Verwechslungsmöglichkeiten: Mindestens 3 Arten der Gattung Clavelina im Mittelmeer vertreten, wobei neben der sehr häufigen Durchscheinenden Seescheide die Zwerg-Seescheide (*Clavelina nana*) regelmäßig anzutreffen ist. Diese Art besitzt jedoch deutlich kleinere Zooide, die gelblich durchscheinend gefärbt sind und nur 6–8 Kiemenspalten besitzen.

Lebensraum und Verbreitung: Auf verschiedenen Hartsubstraten von der Oberfläche bis in größere Tiefe. Häufig an überhängenden Felsen und sekundären Hartsubstraten, als Raumparasit auf Gorgonien, auf Algen und manchmal an Bojen. Etwas häufiger im Circalitoral, vor allem im Koralligen. Westliches Mittelmeer sowie im angrenzenden Atlantik von Norwegen, Irland bis Portugal.

Wissenswertes: Die Durchscheinende Seescheide ist dank völliger Transparenz ein hervorragendes Studienobjekt für die inneren Organe dieser Tiergruppe.

2 Keulenförmige Seescheidenkolonie   *Aplidium proliferum*
Familie *Polyclinidae*

Kennzeichen: Gestielte, glatte, keulenförmige Kolonie, bis ca. 5 cm groß. Einzelindividuen (Zooide) sind von einem gemeinsamen, durchscheinenden Mantel umgeben. Mantel ohne Kalkkörper. Einströmöffnungen der Individuen sind gut sichtbar und unregelmäßig um eine nicht sichtbare gemeinsame Ausströmöffnung gruppiert. Färbung: der Kolonie: durchscheinend orange bis rot mit deutlich roten Einströmöffnungen.

Lebensraum und Verbreitung: Auf primären und vor allem sekundären Hartsubstraten, im Koralligen bis ca. 50 m Tiefe. Im gesamten Mittelmeer.

3 Zwerg-Seescheide   *Clavelina nana*
Familie *Polycitoridae*

Kennzeichen: Meist dichte, rasenförmige Kolonien. Einzelindividuen (Zooide), gallertartig bis ca. 1 cm groß. Zooide durchscheinend, wodurch der weißlich gelb eingefasste Kiemendarm gut sichtbar ist. Kiemendarm mit 6–8 Reihen von Kiemenspalten. Ein- und Ausströmöffnung gut sichtbar, nahe beieinander. Einzeltiere, gestielt, an der Basis durch Ausläufer (Stolonen) miteinander verbunden. Färbung: der Einzeltiere: milchig glasig durchscheinend.

Verwechslungsmöglichkeiten: Mindestens 3 Arten der Gattung Clavelina sind im Mittelmeer vertreten, wobei neben der regelmäßig anzutreffenden Zwerg-Seescheide die Durchscheinende Seescheide (*Clavelina dellavallei*) häufig vorkommt. Diese Art besitzt jedoch deutlich größere Zooide, die glasig durchscheinend gefärbt sind und zwischen 13–17 Kiemenspalten besitzen.

Lebensraum und Verbreitung: Auf verschiedenen Hartböden im Infralitoral und Circalitoral, auch in Seegraswiesen sowie im Koralligen, vom Flachwasser bis in 40 m Tiefe.

Wissenswertes: Neben der geschlechtlichen Fortpflanzung spielt bei den Seescheiden der Gattung Clavelina zusätzlich die ungeschlechtliche Vermehrung durch Knospung eine tragende Rolle. An der Basis der Einzeltiere entstehen schlauchförmige Ausläufer (Stolonen), die wurzelartig über das Substrat kriechen und in bestimmten Abständen neue Einzeltiere hervorbringen. Mit der Zeit entstehen durch die Knospung Stöcke in Gestalt lockerer Verbände.

1 Neapolitanische Seescheide *Clavelina neapolitana*
Familie *Polycitoridae*

Kennzeichen: Meist dichte, rasen- bis büschelförmige Kolonien. Einzelindividuen (Zooide), gallertartig, durchschnittlich 2 cm groß. Kiemendarm mit ca. 18 Reihen von Kiemenspalten. Einzeltiere an der Basis durch Ausläufer verbunden. Färbung: milchig durchscheinend.
Verwechslungsmöglichkeiten: Die Neapolitanische Seescheide kann leicht mit der Durchscheinenden Seescheide (*Clavelina dellavallei*) verwechselt werden. Diese Art besitzt jedoch glasig durchscheinende Zooide mit bläulichem Schimmer.
Lebensraum und Verbreitung: Hartsubstrate von der Oberfläche bis in größere Tiefe.

2 Schmutzigweiße Seescheidenkolonie *Polycitor sp.*
Familie *Polycitoridae*

Kennzeichen: Polster-, knollen- bis kugelförmige Kolonien, maximal 15 cm groß. Jedes Einzeltier mit Ein- und Ausströmöffnung. Färbung: weiß, schmutzig weiß bis bräunlich.
Lebensraum und Verbreitung: Auf Steinen, Muschelschalen und sekundären Hartsubstraten, zwischen 10 und 40 m Tiefe.

3 Kugelascidie *Diazona violacea*
Familie *Diazonidae*

Kennzeichen: Massige, kugelige bis abgeflachte, bis zu 40 cm große Kolonien. Zooide knorpelartig, bis ca. 5 cm groß. Färbung: milchig glasig, gelblich oder grünlich durchscheinend.
Lebensraum und Verbreitung: Auf verschiedenen Hartsubstraten, auch auf Steinen auf Weichböden, von 30 m bis in größere Tiefe. Die Art bevorzugt gut umströmte Standorte. Im Mittelmeer sowie im angrenzenden Atlantik bis zu den Britischen Inseln.
Wissenswertes: Während viele Seescheiden meist nur ein Jahr leben, sind koloniale Vertreter mehrjährig. Für Arten der Gattung Diazona wurden schon Alter bis 4 Jahre ermittelt.

4 Gallert-Seescheidenkolonie *Diplosoma sp.*
Familie *Didemnidae*

Kennzeichen: Krustenförmige, bis ca. 15 cm große Kolonien. Einströmöffnungen der Individuen sind deutlich sichtbar und unregelmäßig um gut erkennbare gemeinsame Ausströmöffnungen verteilt. Färbung: der Kolonie gallertig durchscheinend, farblos bis schwarzbraun mit deutlich hellem, meist weißem Hof um die Ausströmöffnungen.
Verwechslungsmöglichkeiten: Synascidien können mit Schwämmen verwechselt werden.
Lebensraum und Verbreitung: Auf verschiedenen Hartböden, auch als Überzüge auf Algen und Steinen, vom Flachwasser bis in 40 m Tiefe.

5 Krustenbildende Seescheidenkolonie *Didemnum sp.*
Familie *Didemnidae*

Kennzeichen: Dünne, krustenförmige Kolonien. Einzeltiere gleichmäßig über die Kolonie verteilt. Veränderliche Formen und variable Färbung:.
Verwechslungsmöglichkeiten: Die Familie Didemnidae ist mit ca. 6 Gattungen und ca. 24 schwer bestimmbaren, meist krustenförmig wachsenden, schwammartigen Arten im Mittelmeer vertreten.
Lebensraum und Verbreitung: Auf Felsen, Steinen und Algen, vom Flachwasser bis in größere Tiefen. Wahrscheinlich im gesamten Mittelmeer.

1 Großgefleckter Katzenhai   *Scyliorhinus stellaris*
Familie *Scyliorhinidae*, Katzenhaie

Kennzeichen: Länge meist bis 100 cm, max. bis 165 cm. Körperoberseite braun bis gräulich mit dunklen, teils ringförmigen Flecken, Unterseite weiß.
Verwechslungsmöglichkeiten: Der Klein gefleckte Katzenhai (*S. canicula*) hat kleinere, dafür zahlreichere Flecken und wird nur bis 100 cm lang.
Lebensraum und Verbreitung: Bevorzugt auf Hartböden. Vom Flachwasser bis über 60 m Tiefe. Gesamtes Mittelmeer; im Ostatlantik von Mauretanien bis Südskandinavien.
Wissenswertes: Tagsüber auf dem Grund, verborgen in Höhlen oder unter Überhängen. Er lebt bodenorientiert und frisst Krebse, Weichtiere und Fische. Die Eikapseln (**1b**) sind etwa 12 cm lang, rechteckig, mit an den vier Ecken jeweils einem langen, flexiblen, spiralig gewundenen Faden. Bei der Eiablage umschwimmt das Weibchen ein geeignetes Verankerungssubstrat, sodass sich die Fäden einer Eikapsel daran verfangen. Die bis 16 cm langen Jungfische schlüpfen nach etwa neun Monaten.

2 Fleckenrochen   *Raja undulata*
Familie *Rajidae*, Rochen

Kennzeichen: Länge bis 100 cm. Sandfarben bis hellbräunlich mit kleinen dunkelbraunen Flecken.
Verwechslungsmöglichkeiten: Kann leicht mit anderen Arten der Gattung verwechselt werden.
Lebensraum und Verbreitung: Auf Sand- und Weichböden bis etwa 200 m Tiefe. Westliches Mittelmeer mit Adria sowie im Ostatlantik vom Senegal bis Südirland.
Wissenswertes: Diese Art lebt bodenorientiert und frisst verschiedene bodenbewohnende Tiere. Diese Art ist eierlegend (ovipar). Die Eikapseln werden vor allem zwischen März und September abgelegt.

3 Marmor-Zitterrochen   *Torpedo marmorata*
Familie *Torpedinidae*, Zitterrochen

Kennzeichen: Länge bis 70 cm. Die 2 Rückenflossen liegen auf dem Schwanz. Ränder der Spritzlöcher mit Fransen. Färbung: variabel: sandfarben, hellbraun, dunkelrotbraun marmoriert.
Verwechslungsmöglichkeiten: Es gibt 2 weitere Zitterrochen im Mittelmeer. Beim sehr ähnlichen Dunklen Zitterrochen (*T. nobiliana*) sind die Ränder der Spritzlöcher glatt. Der Augenfleck-Zitterrochen (*T. torpedo*) trägt meist 5 Augenflecken auf der Körperscheibe.
Lebensraum und Verbreitung: Sand-, Weich- und Felsböden. Flachwasser bis größere Tiefen. Gesamtes Mittelmeer; im Ostatlantik von Südafrika bis zur Nordsee.
Wissenswertes: Der Marmor-Zitterrochen ist vorwiegend dämmerungs- und nachtaktiv. Zu seiner Nahrung gehören Krebse, Weichtiere und kleine Fische, die er mit einem Stromschlag (bis über 200 Volt) betäubt. Auch zur Abwehr von Feinden werden elektrische Schläge ausgeteilt. Der kurze, aber beachtliche Stromschlag zeigt beim Menschen über die momentane Schockwirkung hinaus keine Symptome.

4 Gewöhnlicher Stechrochen   *Dasyatis pastinaca*
Familie *Dasyatidae*, Peitschenschwanz-Stechrochen

Kennzeichen: Zwischen 40 und 150 cm (max. 250 cm) lang, Körperscheibe kürzer als der Schwanz. Färbung: blaugrau bis graugelb, auch marmoriert.
Verwechslungsmöglichkeiten: Nicht leicht von anderen Arten der Gattung Dasyatis zu unterscheiden, die jedoch meist einen kürzeren Schwanz besitzen.
Lebensraum und Verbreitung: Regelmäßig auf Sand- und Schlammböden. Mittelmeer und Atlantik.
Wissenswertes: Lebend gebärende Art. Bringt zweimal im Jahr bis zu neun Junge zur Welt. Ernährt sich von Krebsen, Muscheln, Fischen und Kopffüßern.

1 Mittelmeer-Muräne *Muraena helena*
Familie *Muraenidae*, Muränen

Kennzeichen: Länge bis 150 cm. Schlangenförmiger, jedoch seitlich abgeflachter Körper. Haut schuppenlos, ledrig und schleimig glatt. Rücken-, Schwanz- und Afterflosse zu einem durchgehenden Flossensaum miteinander verwachsen; Brust- und Bauchflossen fehlen. Lange, spitze, leicht nach hinten gebogene Zähne. Färbung: variabel: bläulich (besonders bei jüngeren Exemplaren), hell- bis dunkelbraun, mit jeweils cremefarbenen bis gelblichen Flecken.
Verwechslungsmöglichkeiten: Keine. Kopf im Vergleich zur Tigermuräne (*Enchelycore anatina*) kürzer, massiger, und im Profil leicht nach außen gewölbt. Eine dritte im Mittelmeer vorkommende Muränen-Art, die Braune Muräne (*Gymnothorax unicolor*) ist ohne Flecken oder Marmorierung einheitlich bräunlich gefärbt.
Lebensraum und Verbreitung: Felsküsten mit Spalten und Höhlen, die als Tagversteck dienen. Vom Flachwasser bis etwa 100 m Tiefe. Gesamtes Mittelmeer; im Ostatlantik vom Senegal bis zur Südküste der Britischen Inseln, Kanaren, Madeira, Azoren.
Wissenswertes: Die Mittelmeer-Muräne ist überwiegend dämmerungs- und nachtaktiv und hält sich tagsüber in Felsspalten und Höhlen versteckt. Nachts macht sie Jagd auf Fische, Kraken und Krebstiere. Sie ist relativ standorttreu, hat jedoch in ihrem Gebiet mehrere Unterschlüpfe, sodass sie nicht immer an der gleichen Stelle anzutreffen ist. Die Bestände dieser ehemals im gesamten Mittelmeer regelmäßig vorkommenden Art wurden gebietsweise durch rücksichtslose Harpunenjagd stark dezimiert. Muränen besitzen weder Giftzähne noch Giftdrüsen in der Mundhöhle. Nach einem Biss kann es bei ungenügender Wundbehandlung durch Hautschleim oder anderen Verunreinigungen in der Wunde zu Sekundärinfektionen kommen. Solche Zwischenfälle sind jedoch ausgesprochen selten, da die Mittelmeer-Muräne nicht aggressiv ist. Zu Bissen kommt es in der Regel nur, wenn eine Muräne harpuniert oder stark bedrängt wird.

2 Tigermuräne *Enchelycore anatina*
Familie *Muraenidae*, Muränen

Kennzeichen: Länge bis 110 cm. Schlangenförmiger Körper, jedoch seitlich abgeflacht. Schuppenlose, lederartige, schleimig glatte Haut. Rücken-, Schwanz- und Afterflosse bilden einen durchgehenden Flossensaum; Brust- und Bauchflossen fehlen. Schlanker Kopf und lange Schnauze. Auffallend lange spitze Zähne. Beide Kiefer leicht bogenförmig, sodass sie bei geschlossenem Maul nicht auf ganzer Länge aufeinanderliegen und die Zähne sichtbar bleiben. Färbung: am gesamten Körper ockergelb-dunkelbraun-hellbraun gesprenkelt.
Verwechslungsmöglichkeiten: Keine.
Lebensraum und Verbreitung: Felsküsten mit ausreichend Versteckmöglichkeiten wie Felsspalten und Höhlen. Vom Flachwasser bis etwa 30 m Tiefe. Mittelmeer, jedoch ist die genaue Verbreitung hier nicht gut dokumentiert, möglicherweise gebiets- oder stellenweise fehlend; bekannt ist die Art von Griechenland und Israel; im Ostatlantik bei St. Helena und Ascension, Kapverden, Kanaren, Madeira, Azoren.
Wissenswertes: Diese Art ist im Mittelmeer wesentlich seltener als die Mittelmeer-Muräne (*Muraena helena*). Ihre langen, nadelspitzen Fangzähne weisen die Tigermuräne als Fisch- und Tintenfischfresser aus. Ein solches Gebiss ist hervorragend geeignet, auch die glitschigste Beute festzuhalten. Wie es für Muränen typisch ist, hält sich auch diese Art tagsüber in Felsspalten oder ähnlichen Unterschlüpfen versteckt. Meist schaut dann nur der Kopf hervor. Das beständige Auf- und Zuklappen des Mauls bei Muränen ist keine Drohgebärde. Da Muränen keine Kiemendeckel besitzen, müssen sie das Atemwasser mit solchen Maulbewegungen durch den langen schmalen Kiemenapparat pumpen. Muränen haben einen sehr gut entwickelten Geruchssinn, der das Auffinden der Beute bei der nächtlichen Jagd erleichtert.

1 Langschnauzen-Schlangenaal *Ophisurus serpens*
Familie *Diogenidae*

Kennzeichen: Länge bis 210 cm. Zylindrischer Körper mit kleinen Brustflossen hinter den Kiemenöffnungen. Schnauze konisch, spitz zulaufend, mit sehr langen Kiefern. Olivgrün bis blassbraun, Kopfporen schwarz. Jungtiere silbrig.
Verwechslungsmöglichkeiten: Keine.
Lebensraum und Verbreitung: Auf sandigen und schlammigen Böden. Von geringen Tiefen bis über 300 m. Westliches Mittelmeer, Ostatlantik von Nordspanien bis Südafrika, von dort weiter bis Südmosambik; auch in Japan und Australien.
Wissenswertes: Es gibt etwa 290 Arten von Schlangenaalen. Mit über 2 m Länge gehört der Langschnauzen-Schlangenaal zu den größten. Sein Körper ist jedoch sehr schlank und misst bei ausgewachsenen Exemplaren nicht mehr als 5 cm im Durchmesser. Laichzeit im Mittelmeer: Juni bis September. Mit der harten, schmalen Schwanzspitze kann er sich rückwärts in den Sand- oder Schlammgrund eingraben und sich hier sogar rückwärtsbewegen.

2 Meeraal *Conger conger*
Familie *Congridae, Meeraale*

Kennzeichen: Länge: Weibchen bis 300 cm (max. 60 kg Körpergewicht), Männchen bis etwa 150 cm. Schlangenähnlicher Körper, vorderer Bereich fast drehrund, hinten seitlich abgeflacht. Färbung: Oberseite blaugrau bis graubraun, Bauch weißlich grau.
Verwechslungsmöglichkeiten: Keine.
Lebensraum und Verbreitung: Meist auf Felsböden, seltener auch auf Sand- und Schlammböden. Vom Flachwasser bis in große Tiefen über 1000 m. Gesamtes Mittelmeer, Schwarzes Meer; im Ostatlantik vom Senegal bis Norwegen, Azoren.
Wissenswertes: Diese dämmerungs- und nachtaktiven Raubfische werden zwischen 5 und 15 Jahren geschlechtsreif. Männchen erreichen die Geschlechtsreife bei einer Länge von 50–75 cm, Weibchen erst mit etwa 200 cm. Zur Fortpflanzung ziehen sie im Sommer an bestimmte, wenig bekannte Laichplätze in sehr großen Tiefen. Ein Weibchen legt je nach Körpergröße zwischen drei und acht Millionen Eier. Vermutlich sterben die Elterntiere nach dem Ablaichen. Die weidenblattförmigen Larven leben während ihres etwa zwei Jahre dauernden Larvenstadiums planktisch in tieferen Wasserschichten. Erst mit 14–16 cm Länge wandeln sie sich zu Jungfischen um und gehen zur bodenorientierten Lebensweise über.

3 Kleiner Meeraal *Ariosoma balearicum*
Familie *Congridae, Meeraale*

Kennzeichen: Länge bis 40 cm, vorn fast rund, hinten seitlich abgeflacht. Strahlen der Rücken- und Afterflosse nicht segmentiert (im Gegensatz zu den beiden anderen Arten im Mittelmeer). Rückenpartie dunkler als Bauchseite. Rücken- und Afterflosse mit schwarzem Saum. (**3a**): Jungtier.
Verwechslungsmöglichkeiten: Junge Exemplare des Meeraals können leicht für den Kleinen Meeraal gehalten werden. Auch der Spitzschnauzen-Meeraal (*Gnathopis mystax*) ist sehr ähnlich, kommt jedoch typischerweise erst unterhalb von 80 m Tiefe vor.
Lebensraum und Verbreitung: Bevorzugt auf Sand- und Weichböden. Vom Flachwasser bis über 700 m Tiefe. Gesamtes Mittelmeer; im Ostatlantik von Angola bis Südportugal.
Wissenswertes: Der Kleine Meeraal ist ein bodenorientierter, überwiegend nachtaktiver Räuber. Er jagt vor allem kleine Wirbellose. Er kann sich in Sand- oder Weichböden mit dem Schwanz voran eingraben, sodass nur noch der Kopf herausschaut. Tagsüber bleibt er meist derart im Sand verborgen. Fortpflanzungszeit ist im Sommer. Die weidenblattähnlichen Larven (Leptocephali) leben 20–22 Monate im Freiwasser, bevor sie sich in die Erwachsenenform umwandeln.

1

2

3a

3b

1 Gewöhnlicher Eidechsenfisch *Synodus saurus*
Familie *Synodontidae*, Eidechsenfische

Kennzeichen: Länge meist bis 25 cm, max. 40 cm. Lang gestreckter, zylindrischer Körper. Abgeflachter Kopf mit zugespitzter Schnauze. Weite Mundspalte mit zahlreichen spitzen Zähnen. Färbung: sandfarben bis graubräunlich, mit zahlreichen Flecken, die ein undeutliches Muster aus Querbinden und 2–3 teils unterbrochenen Längsstreifen bilden.

Verwechslungsmöglichkeiten: Wird gelegentlich mit Petermännchen (*Trachinus*-Arten) verwechselt, die sich vom Eidechsenfisch jedoch unter anderem durch den seitlich abgeflachten Kopf und dem Besitz einer zweiten, sehr langen Rückenflosse unterscheiden. Über den Sueskanal ist der Seitenflecken-Eidechsenfisch (*Saurida undosquamis*) ins Mittelmeer eingewandert, kommt hier jedoch relativ selten und nur in Teilen des östlichen Beckens vor; er ist vor allem an seiner viel höheren Rückenflosse zu unterscheiden. Der aus dem Ostatlantik bekannte Atlantische Eidechsenfisch (*Synodus synodus*) kann gelegentlich im westlichen Mittelmeer angetroffen werden; er trägt typischerweise einen kleinen schwarzen Punkt direkt hinter der Schnauzenspitze.

Lebensraum und Verbreitung: Auf Sand- und Weichgrund. Vom Flachwasser bis etwa 400 m Tiefe. Gesamtes Mittelmeer; im Ostatlantik bei Marokko, Kapverden, Kanaren, Madeira, Azoren.

Wissenswertes: Eidechsenfische sind tagaktive Lauerräuber, die reglos auf dem Grund verharren und Beutetiere, die nah genug herankommen, im blitzschnellen Vorstoß ergreifen. Der Gewöhnliche Eidechsenfisch stellt vor allem Fischen nach, gelegentlich frisst er wohl auch Garnelen. Mit seinem farblich dem Untergrund angepassten Fleckenmuster und seiner Lauerhaltung ist er gut getarnt. Zudem gräbt er sich nicht selten so weit in den Sand ein, dass nur die hoch am Kopf liegenden Augen herausschauen. Wird er aufgeschreckt, schießt er ein kurzes Stück davon, um sich gleich darauf wieder auf dem Grund niederzulassen.

2 Großer Seeteufel *Lophius piscatorius*
Familie *Lophiidae*, Seeteufel

Kennzeichen: Länge bis 200 cm. Körper vorn sehr breit und stark abgeplattet, nach hinten hin viel schmaler und seitlich zusammengedrückt. Weite, oberständige Mundspalte. 2 Rückenflossen; die vordere besteht aus 3 sehr langen, einzeln stehenden Hartstrahlen auf dem Kopf und 3 kürzeren, etwa in Körpermitte ansetzenden, durch ein niedriges Flossenhäutchen miteinander verbundene Hartstrahlen. Der zweite und dritte Strahl tragen über die ganze Länge viele kurze, verzweigte Hautfransen. Die zweite Rückenflosse besteht aus 11–12 Weichstrahlen. Färbung: hell- bis dunkelbraun, graugrün, marmoriert.

Verwechslungsmöglichkeiten: Dem Großen Seeteufel sehr ähnlich ist der Kleine Seeteufel (*L. budegassa*). Dieser wird bis 1 m lang, hat einen relativ kurzen dritten Hartstrahl auf dem Kopf und nur 9–10 Weichstrahlen in der zweiten Rückenflosse.

Lebensraum und Verbreitung: Auf Sand- und Weichböden, auch zwischen Algen und auf Felsgrund. Etwa ab 15 m bis über 500 m Tiefe. Gesamtes Mittelmeer, Schwarzes Meer; im Ostatlantik von Gibraltar bis zur Barentssee (Spitzbergen), Azoren, Nordsee.

Wissenswertes: Der Große Seeteufel ist ein Lauerräuber, der reglos und gut getarnt auf dem Grund liegend, in Sand- oder Weichböden auch teilweise eingegraben, auf vorbeikommende Beutetiere wartet. Dabei kann er seine Beute mit der Köderattrappe am Ende des ersten Rückenflossenstrahls anlocken. Er frisst überwiegend Fische, die durch blitzschnelles Aufreißen des riesigen Mauls eingesaugt werden. Der Laich wird zwischen Februar und Juli in größerer Tiefe in Form meterlanger Gallertbänder abgelegt, die bis zu 1 Million Eier enthalten können. Die Eier und Larven sind planktisch. Die Jungen haben fadenförmige Rücken- und Bauchflossen.

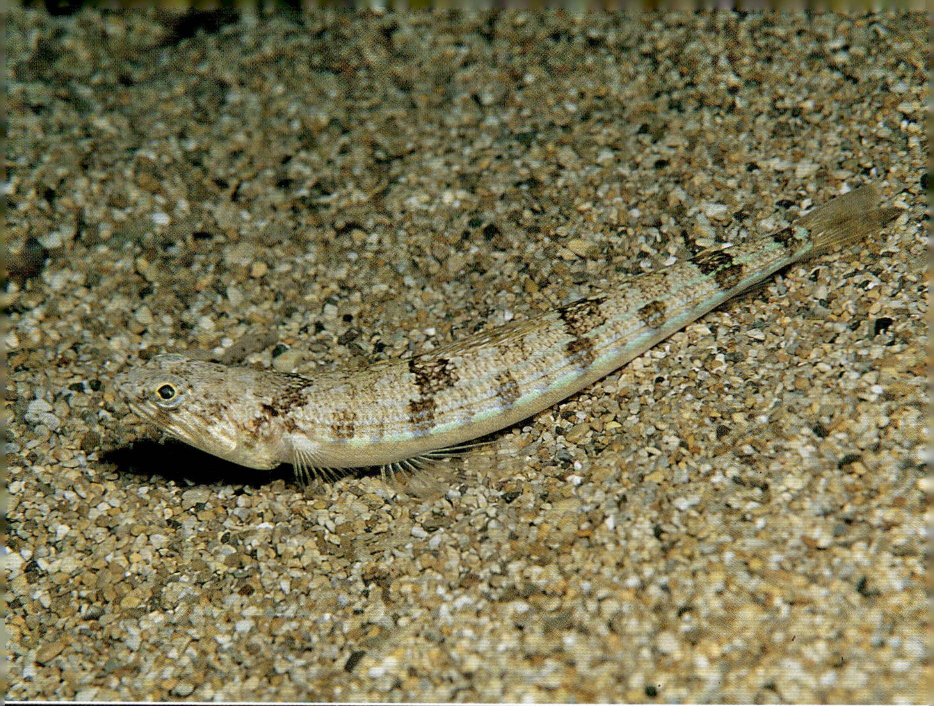
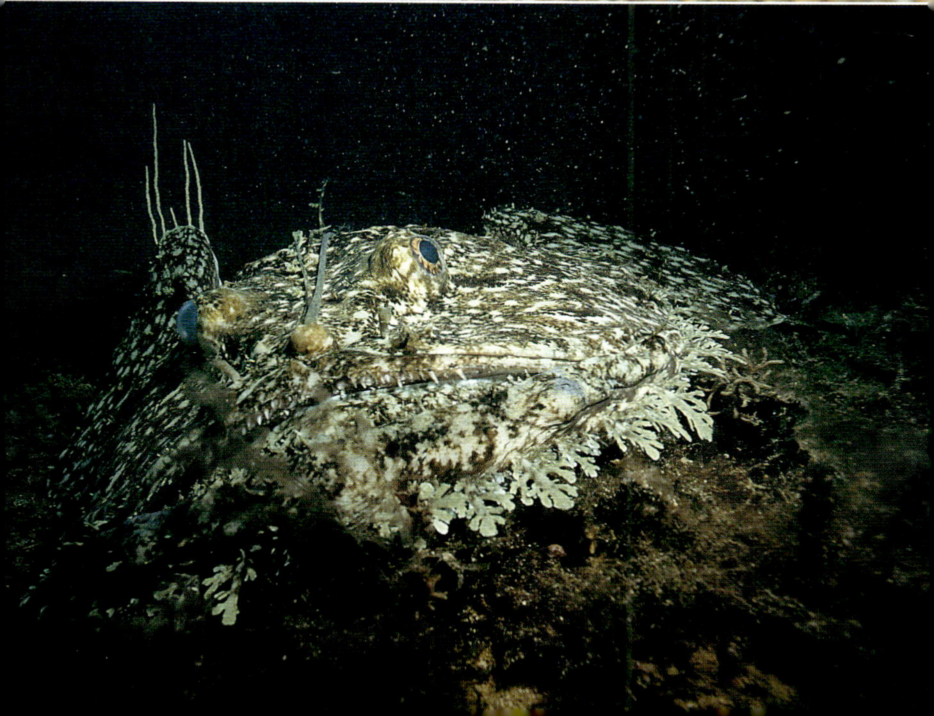

1 Dunkler Gabeldorsch *Phycis phycis*
Familie *Gadidae, Dorsche*

Kennzeichen: Länge meist bis 25 cm, max. bis 65 cm. Lang gestreckter Körper mit weiter, unterständiger Mundspalte. Ein Bartfaden am Kinn. 2 Rückenflossen, die erste sehr kurz, die zweite sehr lang. Die langen, fadenartigen Bauchflossen stehen vor den Brustflossen, reichen bis kurz vor den vorderen Ansatz der Afterflosse und sind am Ende gegabelt (Name!). Afterflosse relativ lang und ganz ähnlich geformt wie die zweite Rückenflosse, jedoch kürzer als diese. Färbung: dunkelbraun bis rötlich braun, Bauchseite hell.

Verwechslungsmöglichkeiten: Beim sehr ähnlichen Hellen Gabeldorsch (*P. blennioides*) ist der dritte Strahl der ersten Rückenflosse fadenartig verlängert; die ebenfalls am Ende gegabelten Bauchflossen sind deutlich länger und reichen angelegt bis hinter den vorderen Ansatz der Afterflosse.

Lebensraum und Verbreitung: Felsküsten mit Spalten und Höhlen, in deren Schutz er den Tag verbringt. Meist unterhalb von 15 m Tiefe bis in größere Tiefen um etwa 300 m. Mittelmeer, soll in Teilen des östlichen Beckens fehlen; im Ostatlantik von Marokko bis zur Biskaya.

Wissenswertes: Der Dunkle Gabeldorsch ist ein nachtaktiver Räuber, der sich tagsüber in Spalten beschatteter Wände, oft auch in größere Höhlen zurückzieht. Dabei steht er nicht wie große Zackenbarsche vor dem Unterstand, sondern hält sich typischerweise vollständig in seinem Ruheplatz verborgen und wird daher von Tauchern nur selten beobachtet. Er lebt von kleinen Fischen und verschiedenen wirbellosen Tieren. Die Bartel am Unterkiefer ist mit zahlreichen Geschmackssinneszellen versehen und hilft beim Aufspüren von Beutetieren in Weichböden. Das Ablaichen wurde in den Monaten Januar bis Mai beobachtet.

2 Nadelfisch *Carapus acus*
Familie *Carapidae, Eingeweidefische*

Kennzeichen: Größe bis 20 cm. Aalähnlicher, schuppenloser Körper. Rücken-, Schwanz- und Afterflosse zu einem langen, durchgehenden Flossensaum miteinander verwachsen; die Afterflosse reicht nach vorn bis vor die Brustflossen. Bauchflossen fehlen. Färbung: halb transparent mit rötlichen Punkten und gelblichen Partien.

Verwechslungsmöglichkeiten: Keine.

Lebensraum und Verbreitung: Lebt parasitisch in bestimmten Seegurken, nachts auch außerhalb des Wirtes. Gesamtes Mittelmeer; im Ostatlantik bei Marokko, Madeira, Kanaren.

Wissenswertes: Der Nadelfisch dringt in bestimmte Seegurken über deren Kloakenöffnung ein, die er taktil und über die austretende Wasserströmung der Wasserlungen findet. Seine Hauptwirte sind die Röhrenseegurke (*Holothuria tubulosa*) und die Königsseegurke (*Stichopus regalis*). Daneben wurde er auch in einigen Seegurkenarten aus der Tiefsee gefunden. Der Nadelfisch ist ein Parasit und frisst von den Keimdrüsen (Gonaden) seines Wirtes. Normalerweise ist er vollständig in der Seegurke verborgen. Er kann jedoch auch ein Stück herausschauen und nachts ganz herausschwimmen, um kleine Fische oder wirbellose Kleintiere des Bodens zu fressen. Die Fortpflanzung erfolgt von Juli bis September. Die Eier ebenso wie das sogenannte Vexillifer-Larvenstadium sind planktisch. Diesem Larvenstadium folgt die Tenuis-Larve, welche den erwachsenen Tieren schon sehr ähnlich ist. Die Tenuis-Larve fädelt sich mit dem Schwanz voran in Seegurken ein und lebt dort bereits parasitisch. Erwachsene Nadelfische dringen dagegen mit dem Kopf voran in die Seegurken ein. Bei allzu starker Reizung können die Seegurken ihre Eingeweide mitsamt dem Parasiten ausstoßen. Die Eingeweide regenerieren innerhalb von etwa 2 Wochen. Die Fortpflanzungszeit des Nadelfisches scheint im Mittelmeer zwischen Juli und September zu liegen.

F I S C H E

1 Große Seenadel *Syngnathus acus*
Familie *Syngnathidae, Seenadeln*

Kennzeichen: Länge bis 45 cm. Lange, röhrenförmige, im Querschnitt drehrunde Schnauze. Schnauze deutlich länger als der Kopf und ähnlich lang wie die Rückenflosse. Kopf hinter den Augen deutlich höher als die Schnauze. Färbung: variabel: gelblich braun, rötlich braun, dunkelbraun oder grünlich.
Verwechslungsmöglichkeiten: Keine.
Lebensraum und Verbreitung: Auf Fels-, Sand- und Weichgrund, häufig in Seegraswiesen (Tarnung!) und Algenbeständen, vom Flachwasser bis etwa 20 m Tiefe, selten tiefer. Gesamtes Mittelmeer, Schwarzes Meer; im Ostatlantik von Südafrika bis Norwegen.
Wissenswertes: Die Fortbewegung erfolgt gleitend, insbesondere durch Bewegungen der Rückenflosse, unterstützt durch die Brustflossen, oder auch schlängelnd. Ihre Nahrung besteht aus kleinen Wirbellosen und kleinen Fischen, die mit der röhrenförmigen Schnauze wie mit einer Pipette eingesaugt werden. Die Vermehrung erfolgt im Mai bis August unter ausgeprägten Balzspielen. Wie bei den anderen Mitgliedern dieser Familie brütet das Männchen die Eier aus (Näheres zur Fortpflanzung siehe Grasnadel). Nach etwa fünf Wochen schlüpfen die 24–28 mm langen Larven.

2 Grasnadel *Syngnathus typhle*
Familie *Syngnathidae, Seenadeln*

Kennzeichen: Länge bis 35 cm. Lange, seitlich stark abgeflachte Schnauze. Schnauze deutlich länger als der übrige Kopf, dabei etwa gleich hoch wie der Kopf und nicht von diesem abgesetzt. Färbung: variabel: bräunlich oder grünlich.
Verwechslungsmöglichkeiten: Jungtiere können mit der Großen Seenadel verwechselt werden.
Lebensraum und Verbreitung: Häufig in Seegraswiesen, auch auf bewachsenem Felsgrund sowie Sand- und Weichböden. Vom Flachwasser bis etwa 20 m Tiefe. Gesamtes Mittelmeer, Schwarzes Meer; im Ostatlantik von Marokko bis Norwegen.
Wissenswertes: Ernährt sich von wirbellosen Kleintieren, Schwebgarnelen und anderen Kleinkrebsen, auch Fischlarven. Laichzeit von März bis Oktober. Nach einem Balzzeremoniell überträgt das Weibchen mit seiner Genitalpapille portionsweise die Eier in die aus zwei Hautfalten gebildete, an der Schwanzunterseite gelegene Bruttasche des Männchens. Anschließend werden sie vom Männchen befruchtet. Die Eier sind während ihrer Entwicklung in der Bruttasche vollständig vom Meerwasser abgeschlossen. Sie werden über das gefäßreiche Gewebe in der Tasche mit Sauerstoff versorgt. Die Salzkonzentration der Taschenflüssigkeit entspricht der des Blutes, nicht der des Meerwassers. Nach etwa 4 Wochen schlüpfen die 20–25 mm langen Jungfische.

3 Schnepfenfisch *Macrorhamphosus scolopax*
Familie *Macrorhamphosidae, Schnepfenfische*

Kennzeichen: Länge meist bis 15 cm, max. 20 cm. Ovaler, seitlich stark abgeflachter, mehr oder weniger hoher Körper. Sehr lange, röhrenförmige Schnauze mit kleiner Mundöffnung. Färbung: Jungtiere silbrig, Erwachsene rötlich mit silbrigem oder goldenem Glanz.
Verwechslungsmöglichkeiten: Keine.
Lebensraum und Verbreitung: Jungfische leben pelagisch, ältere Tiere an Sand- und Felsküsten. Zwischen 25 und 600 m Tiefe. Wahrscheinlich kosmopolitisch in warmen und gemäßigten Meeren: gesamtes Mittelmeer, Indischer und Pazifischer Ozean, Atlantik.
Wissenswertes: Der Schnepfenfisch ernährt sich von wirbellosen Kleintieren des Bodens und des Freiwassers, die er mit der langen Mundröhre wie mit einer Pipette einsaugt; die pelagischen Jungfische fressen planktische Wirbellose, insbesondere Ruderfußkrebse. Die Tiere schwimmen häufig in Gruppen und sollen sich tagsüber in tieferen Schichten aufhalten und nachts meist höher steigen.

1 Eberfisch *Capros aper*
Familie *Caproidae*, Eberfische

Kennzeichen: Max. 30 cm. Körper hochrückig und seitlich abgeplattet, etwa halb so hoch wie lang. Markantes Kopfprofil mit konkavem Einschnitt oberhalb der großen Augen. Kleines, weit hervorstehendes, röhrenförmiges Maul. Färbung: variabel: lebhaft orangerot, manchmal mit gelben, vertikalen Streifen. Je nach Vorkommen in unterschiedlichen Tiefen anders gefärbt: Individuen der oberen 200 m Wassertiefe sind eher blass und gelb gefärbt. Die Tiefenfärbung ist dagegen ein kräftiges Rot. Jungtiere besitzen rote Flossen, sind sonst aber eher blass gefärbt.

Verwechslungsmöglichkeiten: Dank seiner skurrilen Form ist der Eberfisch unverwechselbar.

Lebensraum und Verbreitung: Eberfische leben in Schwärmen über Schlammböden oder felsigem Grund, meist in größeren Tiefen bis 700 m, selten auch bis 40 m aufsteigend. Gesamtes Mittelmeer mit Schwerpunkt im westlichen Becken, in der Adria sowie in der nördlichen Ägäis. Seine Verbreitung im Atlantik reicht vom Senegal bis nach Norwegen.

Wissenswertes: Beim Beutefang stülpen Eberfische ihr röhrenartiges Maul besonders weit vor und erbeuten damit Würmer und kleine Krebse. Zum Vorstülpen des Mauls muss der Kopf mit den an der Hinterhauptleiste ansetzenden Rückenmuskeln angehoben werden. Der Eberfisch ist die einzige Art der Gattung Capros. Seine wirtschaftliche Bedeutung ist gering. Nur im Golf von Neapel wird er in Tiefen von 100 m gefangen. Eberfische sind als Fossilien aus dem Oligozän (vor 20 bis 30 Millionen Jahren) überliefert.

2 Langschnauziges Seepferdchen *Hippocampus ramulosus*
Familie *Syngnathidae*, Seenadeln

Kennzeichen: Länge bis 16 cm. Körper schuppenlos, durch knöcherne Hautringe gepanzert. Langer, flossenloser, im Profil rechteckiger Greifschwanz, der spiralig eingerollt werden kann. Bauch- und Schwanzflosse fehlen. Kopf pferdeartig vom Rumpf abgewinkelt, mit röhrenförmiger, relativ langer Schnauze. Kopf und Rückenpartie bis hinab zum Greifschwanz mit zahlreichen fadenartigen Hautfortsätzen. Färbung: äußerst variabel: gelblich braun, dunkelbraun, grünlich, nicht selten auch gelb oder schwarz; oftmals mit feinen hellen Pünktchen auf der Grundfärbung.

Verwechslungsmöglichkeiten: Die Art unterscheidet sich vom ebenfalls im Mittelmeer verbreiteten Kurzschnäuzigen Seepferdchen (*H. hippocampus*) dadurch, dass letzteres keine fädigen Hautanhänge besitzt und eine kürzere Schnauze hat.

Lebensraum und Verbreitung: In Seegraswiesen und Algenbeständen. In geringen Wassertiefen, meist zwischen 1 und 10 m Tiefe. Gesamtes Mittelmeer, Schwarzes Meer; im Ostatlantik von Marokko bis zu den Britischen Inseln, Kanaren, Madeira, Azoren.

Wissenswertes: Seepferdchen sind sehr langsame Schwimmer, die mit leichten Bewegungen der Rückenflosse gemächlich durchs Wasser schweben oder mit schleppendem Schwanz langsam über den Boden gleiten. Häufig klammern sie sich jedoch an Seegräsern, Algen oder geeigneten Hartsubstraten fest. Außer zum Festhalten dient der muskulöse Greifschwanz beim Schwimmen als Steuer. Das Langschnauzige Seepferdchen ernährt sich von Kleinkrebsen und Fischbrut. Die Fortpflanzung erfolgt in den Monaten Mai bis Juli und geht mit einem langen, komplexen und artspezifischen Balzritual einher. Unter anderem halten sich die Partner dabei mit den Greifschwänzen umklammert, steigen wiederholt zur Wasseroberfläche hoch und sinken wieder ab. Das Männchen drückt in Abständen Wasser aus der aufgeblähten Bruttasche, indem es mit dem Schwanz gegen diese drückt (Balzpumpen). Mit seiner Genitalpapille überträgt das Weibchen die Eier in die Bruttasche des Männchens. Etwa 4–5 Wochen dauert die Entwicklung der befruchteten Eier, dann werden die geschlüpften, ca. 15 mm langen Jungfische vom Männchen durch starke Pumpbewegungen aus einer kleinen Öffnung der Bauchtasche herausgepresst.

1 Kleiner Drachenkopf *Scorpaena notata*

Familie *Scorpaenidae, Skorpionsfische*

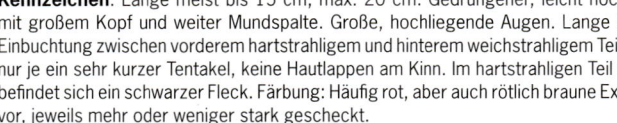

Kennzeichen: Länge meist bis 15 cm, max. 20 cm. Gedrungener, leicht hochrückiger Körper mit großem Kopf und weiter Mundspalte. Große, hochliegende Augen. Lange Rückenflosse mit Einbuchtung zwischen vorderem hartstrahligem und hinterem weichstrahligem Teil. Über den Augen nur je ein sehr kurzer Tentakel, keine Hautlappen am Kinn. Im hartstrahligen Teil der Rückenflosse befindet sich ein schwarzer Fleck. Färbung: Häufig rot, aber auch rötlich braune Exemplare kommen vor, jeweils mehr oder weniger stark gescheckt.

Verwechslungsmöglichkeiten: Kann leicht mit anderen Drachenkopfarten verwechselt werden.

Lebensraum und Verbreitung: Häufig auf Felsgrund, auch auf Sand- und Schlammböden sowie zwischen Seegras. Meist erst unterhalb von 5 m, bis 700 m Tiefe. Im gesamten Mittelmeer sehr häufig, nur in der Adria soll er selten sein; Schwarzes Meer; im Ostatlantik vom Senegal bis zur Biskaya, Kanaren, Madeira, Azoren.

Wissenswertes: Drachenköpfe haben eine weitgehend zurückgebildete Schwimmblase und sind relativ schlechte Schwimmer. Als typische Bodenbewohner liegen sie die weitaus meiste Zeit dem Untergrund auf. Sie schwimmen nur äußerst ungern und dann auch nur einige Meter weit, um gleich darauf wieder auf den Boden zu sinken. Trotz ihres behäbigen Aussehens können sie außerordentlich schnell vorschießen, sie zählen zu den Beschleunigungsspezialisten unter den Fischen. Als gut getarnte Lauerräuber warten sie stundenlang reglos auf nah vorbeikommende Beute. Diese wird, eventuell verbunden mit einem kurzen, plötzlichen Vorstoß, durch blitzschnelles Aufreißen des großen Mauls eingesaugt. Zur Beute des Kleinen Drachenkopfs zählen vor allem Fische und Krebstiere. Drachenköpfe sind vorwiegend dämmerungs- und nachtaktive Räuber, können jedoch dennoch tagsüber vielfach im Felslitoral beobachtet werden. Die Tiere sind im Mittelmeer sehr regelmäßig anzutreffen, in vielen Gebieten können bei einem Tauchgang üblicherweise mehrere Exemplare entdeckt werden.

2 Brauner Drachenkopf *Scorpaena porcus*

Familie *Scorpaenidae, Skorpionsfische*

Kennzeichen: Länge bis 25 cm. Gedrungener, leicht hochrückiger Körper. Großer Kopf mit weiter Mundspalte und großen, hochliegenden Augen. Lange Rückenflosse mit Einbuchtung zwischen vorderem hartstrahligem und hinterem weichstrahligem Teil. Große, gefiederte Überaugen-Tentakel, die etwa so lang sind wie der Augendurchmesser (flach nach hinten gelegte Tentakel sind schwer zu erkennen), Kopf mit zahlreichen Hautlappen, Kinn jedoch frei von diesen. Färbung: bräunlich bis rötlich braun gescheckt.

Verwechslungsmöglichkeiten: Kann leicht mit anderen Drachenkopfarten verwechselt werden.

Lebensraum und Verbreitung: Felsböden, oft mit Algenbeständen, auch auf Sand- und Schlammgrund sowie im Seegras. Vom Flachwasser bis 800 m Tiefe. Gesamtes Mittelmeer, Schwarzes Meer; im Ostatlantik vom Senegal bis zu den Britischen Inseln, Kanaren, Madeira, Azoren.

Wissenswertes: Drachenköpfe sind ausgesprochene Einzelgänger, auch wenn gelegentlich mehrere Exemplare in unmittelbarer Nähe zueinander angetroffen werden können. Lediglich zur Fortpflanzung werden sie etwas geselliger. Die Laichzeit erstreckt sich von Mai bis August. Die Eier werden in Form gallertiger Klumpen abgelegt. Die Larven leben eine Zeit lang planktisch, bevor sie zum Bodenleben übergehen. Wie andere Drachenköpfe des Mittelmeers wird auch diese Art häufig auf Fischmärkten angeboten und ist wichtiger Bestandteil der bekannten Fischsuppe Bouillabaisse. Fischereiwirtschaftlich sind Drachenköpfe jedoch nur lokal von Bedeutung. Als Nahrung dienen dem Braunen Drachenkopf kleine Fische und Wirbellose.

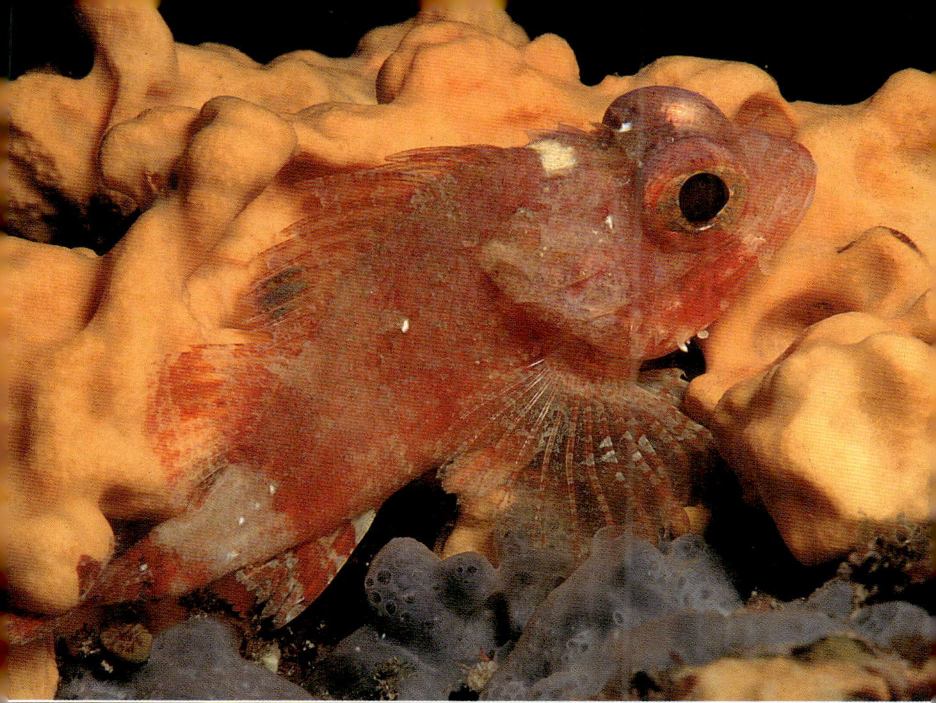
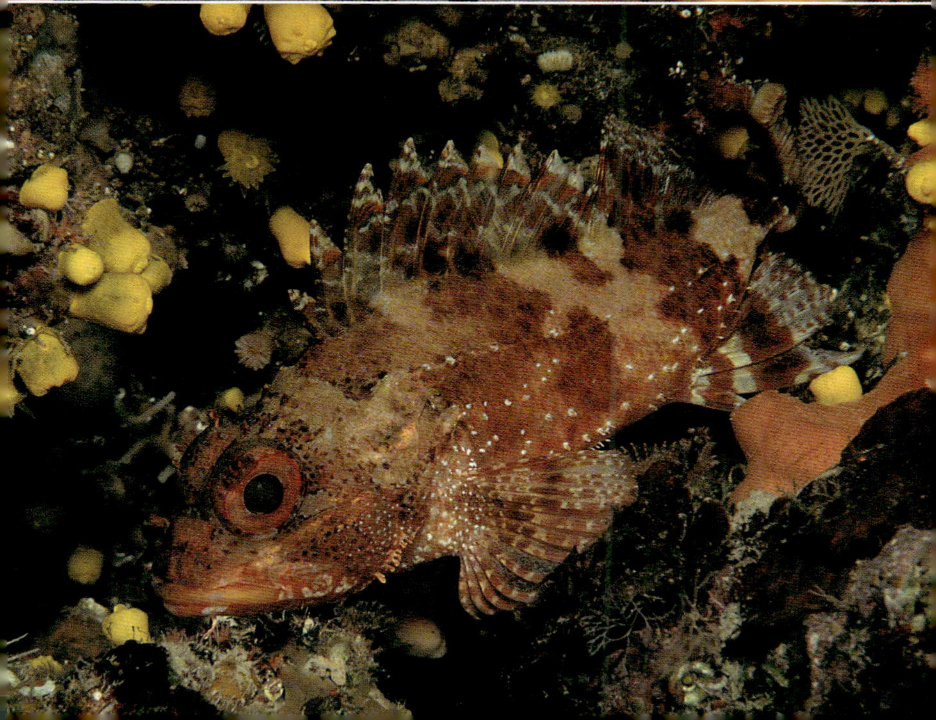

1 Madeira-Drachenkopf *Scorpaena maderensis*
Familie *Scorpaenidae, Skorpionsfische*

Kennzeichen: Länge bis 15 cm. Gedrungener, leicht hochrückiger Körper. Großer Kopf mit weiter Mundspalte und großen, hochliegenden Augen. Lange Rückenflosse mit Einbuchtung zwischen vorderem hartstrahligem und hinterem weichstrahligem Teil. Weißliche, im Querschnitt runde Hautfäden am Unterkiefer. Färbung: oft rötlich braun und cremefarben gescheckt.

Verwechslungsmöglichkeiten: Wird leicht mit anderen Drachenkopfarten verwechselt.

Lebensraum und Verbreitung: Felsgrund, Sand- und Geröllböden; von geringen Tiefen bis etwa 40 m. Mittelmeer, hier jedoch wesentlich seltener als die anderen aufgeführten Arten dieser Gattung und eher im westlichen Becken verbreitet; im Ostatlantik vom Senegal bis Südspanien, Kapverden, Kanaren, Madeira, Azoren.

Wissenswertes: Bei Drachenköpfen ist der Kopf mit Hautknochenplatten gepanzert und dornenartig bestachelt. Drachenköpfe streifen in regelmäßigen Abständen ihre alte Haut ab. Diese Häutung erfolgt bei den Mittelmeerarten etwa ein- bis zweimal im Monat. Mit der abgestoßenen Haut entledigen sie sich auch winziger Aufwuchsorganismen, die sich darauf festsetzen können. Die Körperfärbung mit unregelmäßiger Fleckenzeichnung verschafft den Tieren eine gute Tarnung. Außerdem kann die Färbung dem Untergrund angepasst werden.

2 Großer Drachenkopf *Scorpaena scrofa*
Familie *Scorpaenidae, Skorpionsfische*

Kennzeichen: Länge bis 50 cm. Gedrungener, leicht hochrückiger Körper. Großer Kopf mit weiter Mundspalte und großen, hochliegenden Augen. Lange Rückenflosse mit Einbuchtung zwischen vorderem hartstrahligem und hinterem weichstrahligem Teil. Färbung: von Rosabräunlich bis kräftig Rot, jeweils mit unregelmäßigem Fleckenmuster. Zahlreiche auffällige, blattförmige Hautlappen am Kopf und insbesondere auch am Unterkiefer; Augententakel klein oder fehlend.

Verwechslungsmöglichkeiten: Der Große Drachenkopf ist von den anderen im Mittelmeer vorkommenden Drachenkopfarten relativ leicht zu unterscheiden.

Lebensraum und Verbreitung: Auf Felsgrund, Sand- und Weichböden. Meist erst unterhalb von 10 m, bis über 200 m Tiefe. Gesamtes Mittelmeer; im Ostatlantik vom Senegal bis zum Ärmelkanal, Kapverden, Kanaren, Madeira, Azoren.

Wissenswertes: Drachenköpfe gehören zu den Skorpionsfischen, die ihren Namen den giftigen Flossenstrahlen verdanken, die die meisten Mitglieder dieser Familie besitzen. Giftführend sind die 12 Stachelstrahlen im vorderen Teil der Rückenflosse sowie die vorderen Stachelstrahlen in der Bauch- und der Afterflosse. Die spitz zulaufenden Stacheln sind beidseitig mit einer Längsrinne versehen, in deren oberer Hälfte die Giftdrüsen eingebettet liegen. Das Gift enthält verschiedene Eiweiße, deren genaue Wirkung noch unbekannt ist. Die Giftstacheln werden nicht zum Beuteerwerb, sondern ausschließlich zur Verteidigung eingesetzt. Auf ihre Tarnung vertrauend, bleiben die Tiere auch bei Annäherung eines Tauchers meist liegen und spreizen lediglich zur Abwehr die Rückenstacheln auf, sodass es bei Unachtsamkeit zu Verletzungen an den Stacheln kommen kann, was jedoch ausgesprochen selten ist. Eher sind noch Fischer beim Hantieren mit den Tieren gefährdet. Der sofort einsetzende Schmerz beim Eindringen eines Stachels kann sich zunächst noch verstärken und wie die stets auftretende Schwellung länger anhalten. Eine Vergiftung ist schmerzhaft, aber in der Regel nicht gefährlich. Gerade zur Behandlung von Vergiftungen durch Fische kursieren noch verschiedene „Rezepte", die nutzlos oder sogar schädlich sind. Zu solchen Methoden, die auf keinen Fall angewandt werden sollten, gehören unter anderem das Ausbrennen der betroffenen Stelle mit einer Zigarette, das Einschneiden, Auspressen oder sonstiges Manipulieren an der Einstichstelle. Zur Behandlung sollte, schon zur Vermeidung von Sekundärinfektionen, ein Arzt aufgesucht werden.

1 Gestreifter Knurrhahn *Trigloporus lastoviza*
Familie *Triglidae, Knurrhähne*

Kennzeichen: Länge bis 40 cm. Gestreckter, sich nach hinten kontinuierlich verjüngender, kegelförmiger Körper. Großer, mit Knochenplatten gepanzerter Kopf, sehr steile Stirn. Zwei Rückenflossen. Sehr große Brustflossen, deren erste drei Strahlen frei stehen und als bodenwärts gekrümmte Schreitbeinchen ausgebildet sind; zusammengelegt reichen die Brustflossen bis hinter den vorderen Ansatz der Afterflosse, ausgebreitet sind sie flügelartig und in Aufsicht einigermaßen rundlich. Färbung: blassrötlich braun bis kräftig rotbraun, meist mit helleren und dunkleren Flecken, teils auch mit einigen breiten, unregelmäßigen Querstreifen. Auf den ausgebreiteten Brustflossen sind ein blauer Randsaum und blaue Flecken sichtbar.

Verwechslungsmöglichkeiten: Einzige Art der Gattung im Mittelmeer. Es gibt hier jedoch sieben weitere Knurrhähne aus 4 Gattungen, von denen der Gestreifte Knurrhahn relativ gut durch seine Merkmalskombination aus großen Brustflossen mit blauer Zeichnung, sehr steilem Kopfprofil und der beschriebenen Färbung zu unterscheiden ist.

Lebensraum und Verbreitung: Auf Sand- und Weichböden. Ab 10 m, meist jedoch erst ab 20 m Tiefe, bis über 150 m. Gesamtes Mittelmeer; im Ostatlantik von Südafrika bis zu den Britischen Inseln, Kanaren, Madeira, Azoren.

Wissenswertes: Wie alle Mitglieder der Familie kann auch der Gestreifte Knurrhahn mit den 3 frei beweglichen, fingerförmigen Brustflossenstrahlen über den Grund laufen. Außerdem kann er auf diese Weise im Boden nach Nahrung tasten, da die Flossenstrahlen mit zahlreichen Geschmackssinneszellen ausgestattet sind. Mit Unterstützung der ausgebreiteten Brustflossen vermag er eine kurze Strecke im „Gleitflug" dicht über dem Boden durchs Wasser zu segeln. Meist tun Knurrhähne dies aber nur, wenn sie sich gestört oder bedroht fühlen. Die Fortpflanzung erfolgt im Sommer; Eier und Larven driften planktisch im Freiwasser. Der Name Knurrhahn rührt von der Fähigkeit dieser Tiere, Laute von sich geben zu können. Die dumpfen, knurrenden Geräusche erzeugt der Knurrhahn durch rasche Kontraktionen von Muskeln, die mit der Schwimmblase verbunden sind und diese dadurch in Schwingungen versetzt, wobei die Schwimmblase als Resonanzkörper wirkt. Abhängig von der Wassertiefe verändert sich die Größe der Schwimmblase und damit auch der Knurrton. Knurrhähne sind delikate Speisefische, werden jedoch nur als Beifang angelandet und sind wirtschaftlich von geringer Bedeutung.

2 Stachelkopf-Knurrhahn *Lepidotrigla cavillone*
Familie *Triglidae, Knurrhähne*

Kennzeichen: Länge bis 20 cm. Gestreckter, sich nach hinten kontinuierlich verjüngender, kegelförmiger Körper. Großer, mit Knochenplatten gepanzerter Kopf, sehr steile Stirn. Zwei Rückenflossen. Sehr große Brustflossen, deren erste drei Strahlen frei stehen und als bodenwärts gekrümmte Schreitbeinchen ausgebildet sind; zusammengelegt reichen die Brustflossen bis hinter den Ansatz der Afterflosse. Färbung: rötlich braun mit helleren und dunkleren Bereichen. Brustflossen zeigen ausgebreitet einen leuchtend blauen Randsaum und ebensolche Flecken in einem dunklen Bereich.

Verwechslungsmöglichkeiten: Es gibt im Mittelmeer 7 weitere Knurrhähne aus 4 Gattungen, die meist nur schwer zu unterscheiden sind.

Lebensraum und Verbreitung: Auf Sand- und Weichböden. Meist unterhalb von 25 m Tiefe, bis über 500 m Tiefe. Gesamtes Mittelmeer; im Ostatlantik von Mauretanien bis Südportugal.

Wissenswertes: Als Nahrung dienen dieser Art vor allem kleine Krebstiere wie Flohkrebse und Schwebgarnelen. Die Laichzeit fällt in die Frühjahrs- und Sommermonate. Mit 2 Jahren bei einer Länge von 11 cm erreicht der Stachelkopf-Knurrhahn die Geschlechtsreife. Weiteres zur Lebensweise siehe Gestreifter Knurrhahn (*Trigloporus lastoviza*).

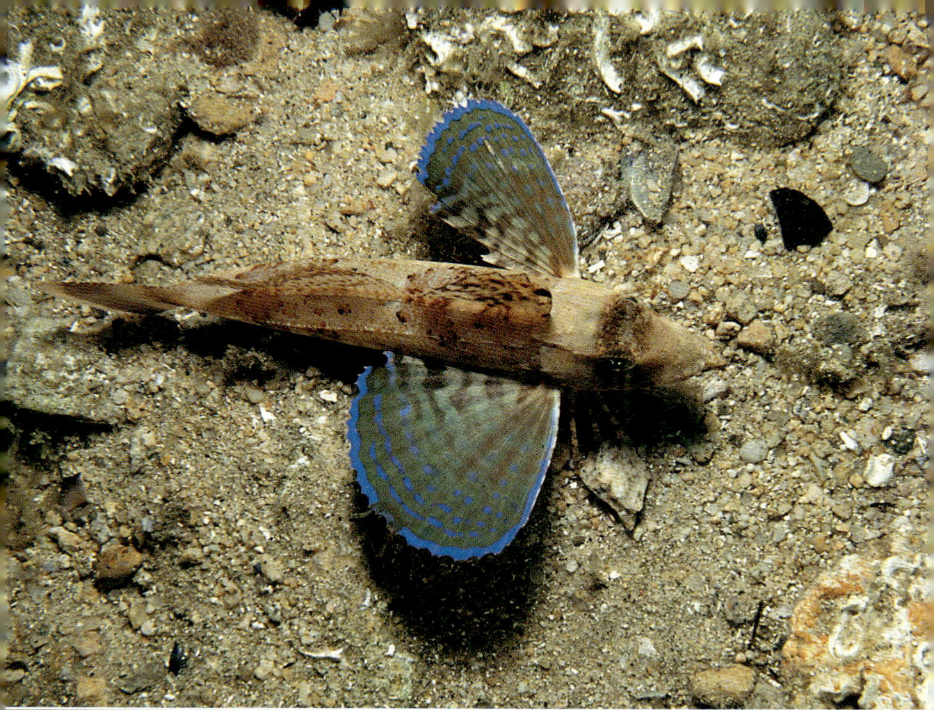

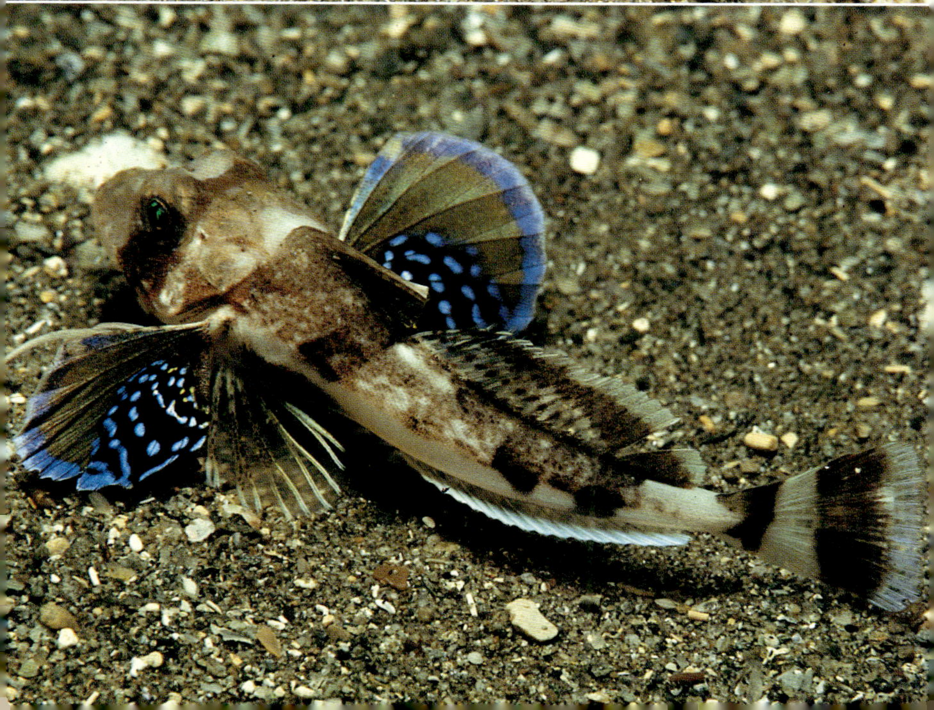

1 Brauner Zackenbarsch *Epinephelus marginatus*
Familie *Serranidae, Zackenbarsche*

Kennzeichen: Länge meist bis 100 cm, max. 150 cm. Massig ovaler, seitlich abgeflachter Körper. Durchgehende Rückenflosse, vorderer Teil hartstrahlig. Schwanzflosse leicht abgerundet. Färbung: bräunlich, meist mit helleren unregelmäßigen Flecken (**1a**), manchmal auch einheitlich bräunlich; kleinere Exemplare oft grünlich braun mit gelblichen Flecken (**1b**).

Verwechslungsmöglichkeiten: Insgesamt gibt es 8 weitere große Zackenbarscharten im Mittelmeer, von denen sich der Braune Zackenbarsch jedoch durch Körperform und Färbung unterscheidet.

Lebensraum und Verbreitung: Auf reich strukturierten Felsböden, die mit Höhlen und Spalten ausreichend Unterschlüpfe bieten. Meist unterhalb von 5 m bis in größere Tiefen um etwa 200 m. Gesamtes Mittelmeer; im Ostatlantik von Südafrika bis Portugal.

Wissenswertes: Der Braune Zackenbarsch ist einer der größten und populärsten Küstenfische im Mittelmeer. Er ist standorttreu und bewohnt ein Revier mit mehreren Unterschlüpfen, von denen er meist einen als Wohnhöhle bevorzugt. Zum Nahrungsspektrum dieses großen Räubers gehören Fische, Kopffüßer und Krebse. Es ist dem Braunen Zackenbarsch mit seinem bulligen Körperbau nicht anzusehen, aber er kann überraschend schnell vorstoßen. So überrumpelt er aus dem Stand heraus auch Fische, die schneller und wendiger sind als er selbst. Verfolgungsjagden sind nicht seine Sache, hierbei hätte er kaum eine Chance. Mit etwa fünf Jahren und bei einer Länge von annähernd 50 cm wird er als Weibchen geschlechtsreif. Später, mit ungefähr 12 Jahren und einer Länge von etwa 75 cm findet ein Geschlechtswechsel zum Männchen statt. Die Lebensdauer kann 40–50 Jahren betragen. Zur Fortpflanzung zwischen Juli und September versammeln sich geschlechtsreife Tiere an bestimmten Laichplätzen. Der Braune Zackenbarsch ist ein besonders geschätzter Speisefisch. Durch intensives Befischen und Harpunieren ist dieser eindrucksvolle Fisch vielerorts selten geworden und teils nur noch in größeren Tiefen anzutreffen.

2 Spitzkopf-Zackenbarsch *Epinephelus alexandrinus*
Familie *Serranidae, Zackenbarsche*

Kennzeichen: Länge meist bis 80 cm, selten bis 140 cm. Gestreckter, seitlich leicht abgeflachter Körper, längliches Kopfprofil. Färbung: bräunlich, gelbbraun oder grünlich braun, mit mehreren dunkleren Längsreihen entlang der Seite. Besonders Jungtiere haben eine hellere Grundfärbung und sehr deutliche, dunkle Längsstreifen; mit dem Alter wird die Muster weniger kontrastreich.

Verwechslungsmöglichkeiten: Die Art ist deutlich schlanker als der Braune Zackenbarsch (*Epinephelus marginatus*) und anhand seiner Körperform und Färbung auch relativ gut von den anderen Zackenbarschen des Mittelmeers zu unterscheiden.

Lebensraum und Verbreitung: Reich strukturierte Felsböden mit vielen Höhlen und Spalten. Meist unterhalb von 10 m, bis etwa 300 m Tiefe. Im Mittelmeer bevorzugt im südlichen Teil, in nördlichen Gebieten seltener oder stellenweise auch fehlend. Im Ostatlantik von Nigeria bis Spanien, Kapverden.

Wissenswertes: Der Spitzkopf-Zackenbarsch gilt als weniger standorttreu als der Braune Zackenbarsch. Wie dieser lebt er räuberisch von Fischen, Krebsen und Kopffüßern. Seiner Beute stellt er gelegentlich auch im freien Wasser nach. Er ist ebenfalls ein Folgezwitter; mit etwa 4 Jahren und einer Länge um 30 cm wird er zunächst als Weibchen geschlechtsreif und vollzieht später einen Geschlechtswechsel zum Männchen. Die Laichzeit liegt in den Sommermonaten. Insbesondere Jungtiere leben öfter in kleinen Gruppen zusammen.

1 Sägebarsch *Serranus cabrilla*
Familie *Serranidae, Zackenbarsche*

Kennzeichen: Länge meist bis 25 cm, max. 40 cm. Grundfärbung: hellbraun, dunkelbraun oder kräftig rotbraun; 7–9 dunklere Querbinden an den Seiten, die von einem, vom Kopf bis zum Schwanz reichenden, weißen bis gelblichen Längsband unterbrochen werden.
Verwechslungsmöglichkeiten: Keine.
Lebensraum und Verbreitung: Auf Felsböden über freien Flächen sowie in Höhlen, auch in Seegraswiesen. Vom Flachwasser bis in größere Tiefen um 500 m. Gesamtes Mittelmeer, Schwarzes Meer; im Ostatlantik von Südafrika bis zu den Britischen Inseln, Azoren, Madeira.
Wissenswertes: Der Sägebarsch ist standorttreu und revierbildend. Sein Territorium verteidigt er entschlossen gegenüber Artgenossen. Der kleine Raubfisch stellt anderen Fischen, Krebsen und Kopffüßern nach. Wie die anderen Serranusarten ist er ein Zwitter (Simultanhermaphrodit). Die Laichzeit liegt zwischen April und Juli. Exemplare, die sich in stark abgeschatteten Bereichen wie Höhlen aufhalten, sind oftmals intensiv rotbraun, während solche an mehr belichteten Standorten meist bräunlich sind.

2 Beutelbarsch *Serranus hepatus*
Familie *Serranidae, Zackenbarsche*

Kennzeichen: Länge meist bis 10 cm, selten bis 15 cm. Färbung: weißlich grau bis hellgelblich braun, mit 4–5 dunklen, bräunlichen Querbinden. In der Rückenflosse befindet sich am Übergang vom hart- zum weichstrahligen Teil ein schwarzer Fleck. Bauchflossen dunkel. Verwechslungsmöglichkeiten: Die Art ist am schwarzen Fleck in der Rückenflosse von anderen Vertretern ihrer Gattung gut zu unterscheiden.
Lebensraum und Verbreitung: Über Sand- und Weichböden, Felsgrund und Seegraswiesen. Von 5 m bis über 100 m Tiefe. Gesamtes Mittelmeer; im Ostatlantik vom Senegal bis Portugal, Kanaren.
Wissenswertes: Der Beutelbarsch ist der kleinste Vertreter seiner Gattung im Mittelmeer und vergleichsweise scheu. In manchen Gebieten ist er selten, in anderen häufig. Er lebt räuberisch von wirbellosen Kleintieren und Fischen. Die Laichzeit erstreckt sich von März bis August. Wie die anderen SerranusArten ist auch der Beutelbarsch ein Zwitter, also gleichzeitig männlich und weiblich (Simultanhermaphrodit).

3 Schriftbarsch *Serranus scriba*
Familie *Serranidae, Zackenbarsche*

Kennzeichen: Länge bis 36 cm. Grundfärbung: von blassgrau bräunlich bis rötlich braun; mehrere dunkle Querbinden auf den Seiten. Am Bauch ein blassblauer bis kräftig blauer Fleck. Schwanzwurzel und Schwanzflosse gelblich; Kopf mit blauem bis rötlichem, namensgebendem Muster, das an arabische Schriftzeichen erinnert.
Verwechslungsmöglichkeiten: Keine.
Lebensraum und Verbreitung: Häufige Art im Infralitoral auf Felsböden und in Seegraswiesen. Vom Flachwasser bis etwa 30 m Tiefe. Gesamtes Mittelmeer, Schwarzes Meer; im Ostatlantik von Mauretanien bis zur Biskaya.
Wissenswertes: Der Schriftbarsch lebt einzelgängerisch und besetzt ein Revier, das er gegenüber Artgenossen verteidigt. Er ernährt sich vor allem von kleinen Fischen, Krebs- und Weichtieren. Wie die anderen SerranusArten ist auch der Schriftbarsch ein simultaner Hermaphrodit, d. h. ein Zwitter, bei dem weibliche wie männliche Geschlechtszellen gleichzeitig in einem Individuum erzeugt werden. Die Laichzeit liegt zwischen April und September.

1 Roter Fahnenbarsch *Anthias anthias*
Familie *Serranidae*, Zackenbarsche

Kennzeichen: Länge meist bis 15 cm, max. 25 cm. Dritter Stachelstrahl der Rückenflosse besonders beim Männchen deutlich verlängert. Bauchflossen sehr lang, fahnenartig. Tief eingeschnittene, sichelförmige Schwanzflosse, der untere Abschnitt länger als der obere. Färbung: rosa bis lachsrot, auf den Kopfseiten sind drei gelbe Streifen mehr oder weniger deutlich sichtbar.
Verwechslungsmöglichkeiten: Keine. Der verwandte Tiefenrötling (*Callanthias ruber*) lebt unterhalb von 50 m Tiefe und unterscheidet sich u. a. durch das Fehlen eines verlängerten dritten Stachelstrahls in der Rückenflosse und die viel kürzeren Bauchflossen.
Lebensraum und Verbreitung: Art des Circalitorals. An Felsküsten, bevorzugt vor Höhleneingängen und Spalten, unter Überhängen, vor tiefer gelegenen Felswänden und um Felsblöcke. Meist erst unterhalb von 25 m bis über 200 m Tiefe. Gesamtes Mittelmeer; im Ostatlantik vom äquatorialen Afrika bis Portugal, Kanaren, Madeira, Azoren.
Wissenswertes: Der Rote Fahnenbarsch tritt in kleinen Gruppen oder auch Schwärmen auf. Er ist ein Folgezwitter, der sich erst zum Weibchen entwickelt und später einen Geschlechtswechsel zum Männchen vollziehen kann. Ob dieser Wechsel stattfindet, hängt nicht nur vom Lebensalter, sondern auch von der Gruppenzusammensetzung ab. Die Tiere leben im Harem, wobei auf ein Männchen eine Anzahl Weibchen kommt. Erst wenn das Männchen stirbt, wandelt sich das ranghöchste Weibchen in ein Männchen um. Die Art ist sehr schattenliebend. In geringeren Tiefen ist sie nur im Schutz von Höhlen oder tieferen Spalten anzutreffen. Erst mit zunehmender Tiefe gehen die Tiere ins Freie, wobei sie sich jedoch stets dicht am Fels aufhalten, um sich bei Gefahr schnell in schützende Nischen zurückzuziehen. Als Nahrung dienen ihnen Planktonkrebse und Fischlarven, nach denen sie im vorbeiströmenden Wasser schnappen. Beim Planktonfang zeigen sich Fahnenbarsche sehr agil und sind dauernd in Bewegung. Ziehen sie sich dagegen zum Ruhen in schattige Bereiche zurück, schweben sie mit leichten Flossenbewegungen auf der Stelle.

2 Meerbarbenkönig *Apogon imberbis*
Familie *Apogonidae*, Kardinalbarsche

Kennzeichen: Länge bis 15 cm. Großer Kopf mit auffallend großen Augen. Weite, schräg nach oben gerichtete Mundspalte. Zwei getrennte Rückenflossen. Hoher, deutlich vom Körper abgesetzter Schwanzstiel. Färbung: einheitlich mehr oder weniger kräftig orangerot. Augen schwarz mit zwei weißen Längslinien. Auf dem Schwanzstiel manchmal ein kleiner schwarzer Fleck.
Verwechslungsmöglichkeiten: Keine.
Lebensraum und Verbreitung: Circalitorale Art. Felsküsten mit Höhlen und Spalten; sucht im Winter größere Tiefen auf, dann auch über Schlammböden. Meist erst ab 10 m, bis über 200 m Tiefe. Gesamtes Mittelmeer; im Ostatlantik vom Golf von Guinea bis Portugal, Kanaren, Madeira, Azoren.
Wissenswertes: Der Meerbarbenkönig ist ein schattenliebender Fisch, der sich tagsüber meist in kleinen Gruppen, z. B. unter Überhängen, in Spalten oder den Höhlungen der Blockgründe aufhält. Zur nächtlichen Jagd verlassen die Tiere ihre Unterstände. Zu ihrer Nahrung gehören kleine Krebse und Fische sowie Fischlaich und -brut. Die Paarung findet zwischen Juni und September statt und geht mit einem lebhaften Balzspiel einher. Die vom Weibchen abgelegten Eier verkleben durch Haftfäden zu einem Ballen, der vom Männchen in die stark dehnungsfähige Mundhöhle aufgenommen wird. Hier sind die Eier vor Räubern geschützt und werden vom sauerstoffreichen Atemwasser umspült. Das Männchen behält den Eiballen gut eine Woche, bis zum Schlüpfen der Larven, im Maul und nimmt in dieser Zeit keine Nahrung zu sich. Besonders gegen Ende der Ausbrütungszeit können die Eier im meist leicht geöffneten Maul des Männchens sehr gut wahrgenommen werden. Nach dem Schlüpfen werden die Jungen nicht wieder aufgenommen.

1 Bernsteinmakrele *Seriola dumerilii*
Familie *Carangidae, Stachelmakrelen*

Kennzeichen: Länge meist bis 100 cm, max. 190 cm. Abgerundetes Kopfprofil. Erste Rückenflosse kurz, die zweite lang. Färbung: Rückenpartie silbrig graublau bis grünlich braun, oft mit einem dunklen, von den Augen schräg zum Nacken verlaufenden Streifen; Bauchseite silbrig weiß.
Verwechslungsmöglichkeiten: Keine.
Lebensraum und Verbreitung: Im Freiwasser, oft in Küstennähe. Bis über 300 m Tiefe, meist zwischen 20 und 70 m. Gesamtes Mittelmeer; im Ostatlantik von Marokko, evtl. auch von Südafrika, bis zu den Britischen Inseln. Kommt auch im Westatlantik und im Indopazifik vor.
Wissenswertes: Die Bernsteinmakrele ist ein schneller und ausdauernder Schwimmer. Sie macht einzeln oder in Gruppen Jagd auf kleine Fische. Daneben frisst sie auch Wirbellose. Die Jungtiere bilden häufiger kleine Schulen. Kleine Jungfische halten sich auch unter Treibgut oder im Schutz von Quallen auf. Ausgewachsen kann die Bernsteinmakrele bis zu 80 kg wiegen.

2 Meerrabe *Sciaena umbra*
Familie *Sciaenidae, Umberfische*

Kennzeichen: Länge meist 30–40 cm, max. 75 cm. Färbung: dunkelbraun bis graublau oder grünlich grau mit silbrigem bis goldenem Schimmer. Weichstrahliger Teil der Rückflosse sowie unterer und hinterer Teil der Schwanzflosse mit schwarzem Randsaum; Bauch- und Afterflosse schwarz mit auffallend leuchtend weißen vorderen Stachelstrahlen.
Lebensraum und Verbreitung: Über Fels- und Sandgrund, auch in Seegraswiesen. Vom Flachwasser bis etwa 180 m Tiefe. Gesamtes Mittelmeer, Schwarzes Meer; im Ostatlantik vom Senegal bis zum Ärmelkanal, Kapverden, Kanaren.
Wissenswertes: Der Meerrabe ist eine dämmerungs- und nachtaktive Art. Tagsüber halten sich die scheuen Tiere meist in kleinen Gruppen im Bereich von Höhleneingängen, Spalten oder Überhängen auf. Als Nahrung dienen kleine Fische, Würmer, Krebs- und Weichtiere. Die Laichzeit liegt zwischen Mai und August. Meerraben können mit der Schwimmblase, die durch Muskeln zum Schwingen gebracht wird und als Resonanzkörper wirkt, brummende oder krächzende Laute erzeugen.

3 Gefleckte Schnauzenbrasse *Spicara maena*
Familie *Centracanthidae, Schnauzenbrassen*

Kennzeichen: Länge: Weibchen bis 21 cm, Männchen 25 cm. Variable Färbung. Oft silbrig graublau, mit kleinen blauen Flecken auf den Flanken; in der Körpermitte direkt unterhalb der Seitenlinie ein großer schwarzer Fleck; bläuliche Streifen am Kopf; manchmal auch blassgelblich grün gefärbt wie das abgebildete Exemplar.
Verwechslungsmöglichkeiten: Die Gefleckte Schnauzenbrasse kann mit 2 weiteren, ähnlichen Arten dieser Gattung (*S. flexuosa* und *S. smaris*) verwechselt werden, ist jedoch hochrückiger als diese.
Lebensraum und Verbreitung: Über Sand-, Weich- und Hartböden sowie Seegraswiesen. Von wenigen Metern bis etwa 170 m Tiefe. Gesamtes Mittelmeer, Schwarzes Meer; im Ostatlantik von Marokko bis Portugal, Kanaren, Madeira.
Wissenswertes: Die Gefleckte Schnauzenbrasse kommt gelegentlich in größeren Schulen vor. Sie frisst vermutlich Zooplankton sowie kleine Krebs- und Weichtiere des Bodens. Die Art ist ein protogyner Zwitter, wird also erst als Weibchen geschlechtsreif und fungiert später im Leben als Männchen. Die Vermehrung erfolgt im Sommer. Die klebrigen Eier werden in kleine, selbst angelegte Nestmulden abgelegt.

1 Streifenbrasse *Spondyliosoma cantharus*
Familie *Sparidae, Meerbrassen*

Kennzeichen: Länge meist 20–30 cm, max. 60 cm. Färbung: silbrig grau, Weibchen heller, mit grünlichem Schimmer; Männchen zur Laichzeit dunkelblaugrau (s. Abb.); beide Geschlechter mit hellen, mehr oder weniger durchgehenden Längslinien auf den Seiten.
Verwechslungsmöglichkeiten: Eine Verwechslung mit anderen MeerbrassenArten ist möglich.
Lebensraum und Verbreitung: Über Fels- und Sandgrund, auch über Seegraswiesen. Von etwa 10 m bis über 150 m Tiefe. Gesamtes Mittelmeer, in südwestlichen Teilen des Schwarzen Meers; im Ostatlantik von Angola bis Südnorwegen.
Wissenswertes: Die Streifenbrasse zieht einzeln oder in größeren Schwärmen umher, wobei sie nahe über dem Grund schwimmt. Als Nahrung dienen kleine Wirbellose, insbesondere Krebstiere sowie Algen. Streifenbrassen werden zunächst als Weibchen geschlechtsreif und wandeln sich später in Männchen um. Zur Laichzeit im Februar bis Mai schlagen die Männchen mit der Schwanzflosse Nestmulden in den Sandgrund, in die die Weibchen die klebrigen Eier ablegen. Das Männchen bewacht und befächelt das Gelege. Die Larven leben eine Zeit lang planktisch.

2 Ringelbrasse *Diplodus annularis*
Familie *Sparidae, Meerbrassen*

Kennzeichen: Länge bis 24 cm. Färbung: silbrig grau, oft mit gelblich grünlichem Schimmer, besonders Jungtiere mit gelblichen Partien. Schwanzstiel mit schwarzem Fleck; dieser liegt direkt hinter der Rückenflosse, reicht aber nicht in diese hinein.
Verwechslungsmöglichkeiten: Keine.
Lebensraum und Verbreitung: Über Sand- und Felsböden sowie Seegraswiesen. Von der Wasseroberfläche bis über 50 m Tiefe. Gesamtes Mittelmeer, Schwarzes Meer; im Ostatlantik von Gibraltar bis zur Biskaya, Kanaren.
Wissenswertes: Jüngeren Tiere schwimmen gern in kleinen Gruppen; Erwachsene sind meist weniger gesellig. Jungfische halten sich vor allem im Winter auch im Brackwasser auf. Ringelbrassen fressen Würmer, Krebse, Weichtiere und Stachelhäuter. Die Fortpflanzungszeit reicht im westlichen Mittelmeer von April bis Juni, in den wärmeren Teilen des östlichen Beckens von Februar bis April. Die Eier sind planktisch.

3 Fünfbindenbrasse *Diplodus cervinus*
Familie *Sparidae, Meerbrassen*

Kennzeichen: Länge meist bis 35 cm, max. 55 cm. Körper hochrückig, seitlich stark abgeflacht. Leicht zugespitzte Schnauze, endständiges Maul mit relativ dicken Lippen. Grundfärbung: silbrig grau; mit 5 breiten, dunklen, meist bronze-bräunlichen Querbinden über Rücken und Seiten, eine weitere, ebenso gefärbte Querbinde reicht von der Stirn über das Auge bis auf die Wange. Rücken-, Schwanz-, After- und Bauchflossen relativ dunkel gefärbt.
Verwechslungsmöglichkeiten: Keine.
Lebensraum und Verbreitung: Über Felsböden, Sand- und Weichgrund. Meist ab 10 m, bis 300 m Tiefe. Fehlt in der Adria und wohl auch im Südosten Italiens einschließlich Teilen Siziliens, im restlichen Mittelmeer vorhanden, aber nicht häufig. Im Ostatlantik von Nordafrika bis zur Biskaya, Kapverden, Azoren.
Wissenswertes: Über die Lebensweise dieser Art ist relativ wenig bekannt. Als Nahrung dienen ihr kleine Wirbellose und Algen. Die Fünfbindenbrasse schwimmt teils einzeln, teils in kleinen lockeren Trupps meist über Felsgrund.

1 Spitzbrasse *Diplodus puntazzo*
Familie *Sparidae, Meerbrassen*

Kennzeichen: Länge meist bis 30 cm, max. 60 cm. Zugespitzte Schnauze mit schräg nach vorn gerichteten Zähnen. Grundfärbung: silbrig grau, mit 8–11 dunklen Querstreifen. Auf dem Schwanzstiel ein großer und am Ansatz der Brustflosse ein kleiner schwarzer Fleck. Hinterrand von Rücken-, Schwanz- und Afterflosse dunkel gesäumt.

Verwechslungsmöglichkeiten: Aufgrund der spitzeren Schnauze von der ähnlich aussehenden Großen Geißbrasse (*D. sargus*) zu unterscheiden.

Lebensraum und Verbreitung: Über Felsgrund, auch über Sandböden und Seegras. Vom Flachwasser bis 150 m Tiefe. Gesamtes Mittelmeer, Schwarzes Meer; im Ostatlantik von Sierra Leone bis zur Biskaya, Kapverden, Kanaren.

Wissenswertes: Erwachsene Spitzbrassen leben meist einzelgängerisch; gelegentlich mischen sie sich auch unter lockere Gruppen anderer Meerbrassen. Auf dem Speisezettel der Spitzbrasse stehen Würmer, Garnelen, Weichtiere und auch Algen. Die Jungtiere schwimmen auch ins Brackwasser.

2 Große Geißbrasse *Diplodus sargus sargus*
Familie *Sparidae, Meerbrassen*

Kennzeichen: Länge meist bis 30 cm, max. 45 cm. Grundfärbung: silbrig grau, auf dem Schwanzstiel ein schwarzer sattelförmiger Fleck; Schwanzflosse im hinteren Teil dunkel, die äußeren Flossenstrahlen heller. Jungtiere mit meist 8 oder 9 dunklen Querbinden; diese Streifen verblassen mit zunehmendem Alter.

Verwechslungsmöglichkeiten: Kann u. a. am steileren Kopfprofil und der weniger spitzen Schnauze von der ähnlichen Spitzbrasse (*D. puntazzo*) unterschieden werden.

Lebensraum und Verbreitung: Über Fels- und Sandböden sowie über Seegraswiesen. Vom Flachwasser bis etwa 50 m Tiefe. Gesamtes Mittelmeer, Schwarzes Meer; im Ostatlantik mit anderen Unterarten vertreten.

Wissenswertes: Die Große Geißbrasse schwimmt in kleinen, lockeren Gruppen meist in Bodennähe. Jungtiere dringen zum Frühjahr auch in Brackwasser vor. Die Erwachsenen fressen Würmer und Weichtiere, aber auch kleine Krebse und Seeigel. Jungtiere nehmen daneben auch Algen zu sich. Im östlichen Mittelmeer laicht die Art von Januar bis März, im westlichen Becken von März bis Juni.

3 Zweibindenbrasse *Diplodus vulgaris*
Familie *Sparidae, Meerbrassen*

Kennzeichen: Länge meist bis 25 cm, max. 45 cm. Gundfärbung: silbrig grau, zwei breite schwarze Querbinden. Seiten im Bereich zwischen den schwarzen Querbinden mit goldgelben Längsstreifen (einer pro Schuppenreihe). Bauchflossen dunkel bis schwarz.

Verwechslungsmöglichkeiten: Keine.

Lebensraum und Verbreitung: Meist über Felsböden, auch über Sandflächen im Bereich von Seegraswiesen. Vom Flachwasser bis etwa 50 m Tiefe. Gesamtes Mittelmeer; im Ostatlantik von Angola bis zur Bretagne, Kanaren, Madeira.

Wissenswertes: Eine häufige Art, die meist in Gruppen oder lockeren Schwärmen in geringen Wassertiefen über algenbewachsenen Felsgrund schwimmt. Sie frisst wirbellose Kleintiere wie Würmer und Krebstiere. Die Fortpflanzungszeit fällt im westlichen Becken in den Herbst, im östlichen Mittelmeer beginnt sie etwas später und kann sich bis in den Januar erstrecken. Die Zweibindenbrasse wird mit 2 Jahren bei einer Länge von etwa 17 cm geschlechtsreif.

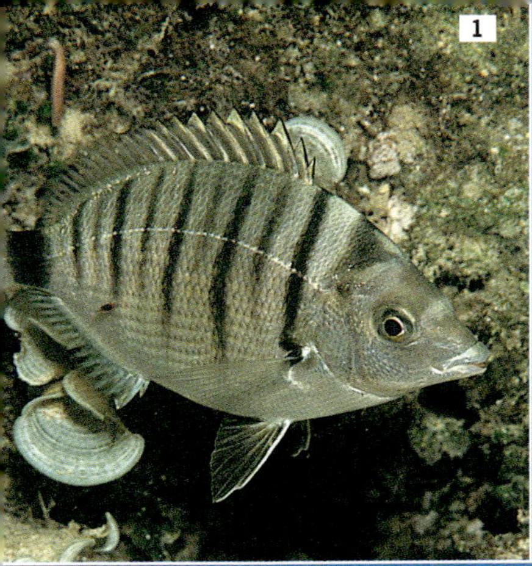
1

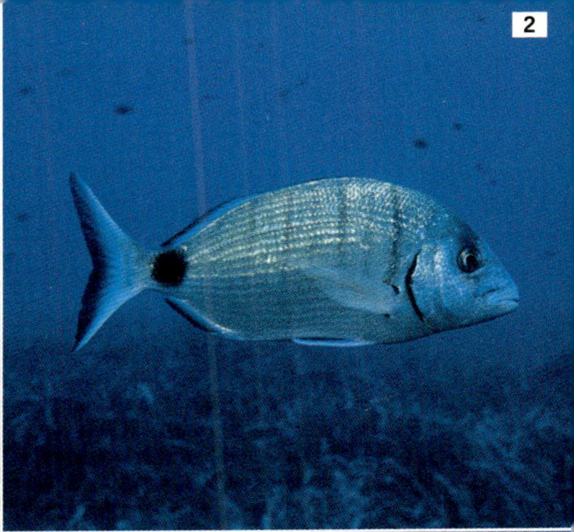
2

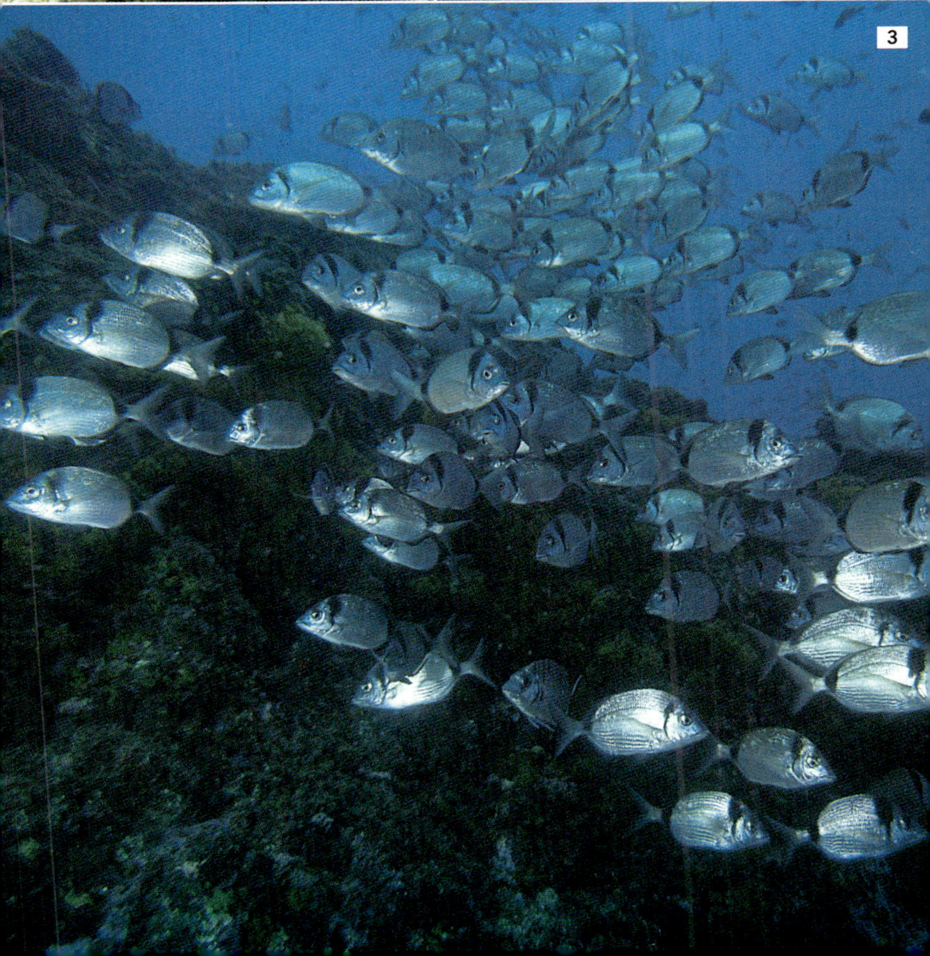
3

1 Rotbandbrasse *Pagrus auriga*
Familie *Sparidae, Meerbrassen*

Kennzeichen: Länge meist bis 30 cm, max. 80 cm. Die ersten zwei Strahlen der Rückenflosse stets sehr kurz, der dritte bis fünfte Strahl verlängert; bei Jungtieren ist er sehr lang und fadenartig. Färbung: Jungtiere mit mehreren, rostroten Querbinden. Alle Flossen rötlich oder zumindest mit rötlichen Partien, Bauchflossen kräftig rötlich mit schwarzem Randsaum. Bei Erwachsenen verblasst diese charakteristische Färbung.
Verwechslungsmöglichkeiten: Keine.
Lebensraum und Verbreitung: Über Hartböden. Zwischen 10 m und 200 m Tiefe. Im südlichen und östlichen Mittelmeer; im Ostatlantik von Angola bis Portugal, Kanaren, Madeira.
Wissenswertes: Die Jungtiere leben in flacheren, küstennäheren Gewässern, die erwachsenen Tiere meist deutlich tiefer. Die Rotbandbrasse frisst Weichtiere, einschließlich Kopffüßer, gelegentlich auch Krebstiere. Die Vermehrung erfolgt gegen Ende des Winters. Diese Art ist wie die Sackbrasse (*P. pagrus*) ein Speisefisch, hat jedoch nur eine geringe wirtschaftliche Bedeutung.

2 Sackbrasse *Pagrus pagrus*
Familie *Sparidae, Meerbrassen*

Kennzeichen: Länge bis 80 cm. Hochrückig ovaler, seitlich abgeflachter Körper mit stark konvexem Kopfprofil und abgerundeter Schnauze. Kiefer mit kräftigen, kegelförmigen Fangzähnen (4 im Ober- und 6 im Unterkiefer). Färbung: silbrig, teils mit rosa Schimmer.
Verwechslungsmöglichkeiten: Von anderen Meerbrassenarten relativ gut zu unterscheiden, u. a. am stark vorgewölbten Kopfprofil und dem Fehlen von schwarzen Binden oder Flecken.
Lebensraum und Verbreitung: Über Hart- und Weichböden. Ab etwa 10 m bis 250 m Tiefe. Gesamtes Mittelmeer; im Ostatlantik von Mauretanien bis zu den Britischen Inseln, Kanaren, Madeira, Azoren.
Wissenswertes: Jungtiere sind bereits im Flachwasser, besonders auch über Seegraswiesen anzutreffen. Die erwachsenen Tiere halten sich dagegen typischerweise sehr viel tiefer auf. Sackbrassen leben räuberisch von Krebs- und Weichtieren sowie kleinen Fischen. Mit 25–30 cm Länge tritt die erste Geschlechtsreife ein. Die Laichzeit dauert von April bis Juni, die Larven leben planktisch.

3 Marmorbrasse *Lithognathus mormyrus*
Familie *Sparidae, Meerbrassen*

Kennzeichen: Länge meist bis 30 cm, max. 55 cm. Annähernd geradliniges bis leicht abgerundetes (konvexes) Kopfprofil. Kleines, endständiges Maul mit zugespitzter Schnauze. Färbung: silbrig grau mit 14–15 gelblich braunen bis braunen Querstreifen, die vom Rücken mehr oder weniger weit die Flanken hinabziehen, aber nicht bis zum Bauch reichen.
Verwechslungsmöglichkeiten: Keine.
Lebensraum und Verbreitung: Über Sand- und Weichböden. Vom Flachwasser bis etwa 80 m Tiefe. Gesamtes Mittelmeer; im Ostatlantik von Südafrika bis zur Biskaya, Kapverden, Kanaren.
Wissenswertes: Marmorbrassen ziehen häufig in kleinen Trupps, manchmal auch in größeren Schulen, seltener dagegen einzeln über relativ flach gelegene Sandböden, die sie nach Nahrung absuchen. Die Art ernährt sich von Kleintieren des Bodens wie Würmer, Krebse und Muscheln, die sie teils auch aus dem Sediment herausgräbt. Gelegentlich dringen die Tiere auch ins Brackwasser vor, z. B. in Flussmündungsbereiche. Das Ablaichen findet im Frühjahr und Sommer statt. Nach 2 Jahren, mit einer Länge von etwa 14 cm, tritt die Geschlechtsreife ein. Marmorbrassen sind protandrische Zwitter, reifen also zunächst als Männchen heran und wandeln sich im Lauf ihrer Entwicklung in Weibchen um.

1 Bandbrasse *Oblada melanura*
Familie *Sparidae, Meerbrassen*

Kennzeichen: Länge meist bis 20 cm, selten bis 30 cm. Gestreckter, seitlich abgeflachter Körper. Kopfprofil annähernd gerade. Kurze Schnauze mit kleiner, endständiger, leicht schräg nach oben gerichteter Mundspalte. Färbung: silbrig grau, teils mit blaugrünlichem Glanz. Auf dem Schwanzstiel ein schwarzer Fleck mit weißlicher Umrandung. Die Seitenlinie ist dunkel und hebt sich relativ gut ab.

Verwechslungsmöglichkeiten: Keine aufgrund des auffälligen, weißlich hell gerandeten schwarzen Schwanzflecks und des länglich ovalen Körpers.

Lebensraum und Verbreitung: Über Felsböden und Seegraswiesen. Vom Flachwasser bis etwa 30 m Tiefe. Gesamtes Mittelmeer, im Schwarzen Meer nur in einigen südwestlichen Teilen; im Ostatlantik von Angola bis zur Biskaya, Kapverden, Kanaren, Madeira.

Wissenswertes: Die geselligen Tiere sind meist in Gruppen oder kleinen Schwärmen anzutreffen. Sie ernähren sich von unterschiedlichsten wirbellosen Kleintieren und auch von Algen. Die Laichzeit erstreckt sich von April bis Juni. Die Eier ebenso wie die Larven sind planktisch. Bei der Bandbrasse kommen getrenntgeschlechtliche Formen vor, die während ihres gesamten Lebens entweder männlich oder weiblich sind. Daneben besteht jedoch ein Teil der Population aus Folgezwittern, die zuerst als Weibchen geschlechtsreif werden und später im Leben männlich sind (protogyne Hermaphroditen).

2 Goldstrieme *Sarpa salpa*
Familie *Sparidae, Meerbrassen*

Kennzeichen: Länge meist bis 30 cm, selten bis 50 cm. Länglich ovaler, seitlich abgeflachter Körper mit kleinem Kopf und kurzer stumpfer Schnauze. Kleines, endständiges Maul mit verdickten Lippen. Grundfärbung: silbrig grau bis bläulich grau, auf Rücken und Seiten 10–11 dünne goldfarbene Längsstreifen. Am Ansatz der Brustflossen befindet sich ein kleiner schwarzer Fleck. Augen goldgelb.

Verwechslungsmöglichkeiten: Aufgrund der charakteristischen Färbung nicht vorhanden. Die Gelbstrieme (*Boops boops*) ist wesentlich schlanker, spindelförmiger und hat nur 3–5 gelbliche Längsstreifen, die zudem wesentlich schwächer gefärbt und weniger deutlich zu erkennen sind.

Lebensraum und Verbreitung: Über Fels- und Sandböden ebenso wie über Seegraswiesen, nicht selten ein gutes Stück über dem Grund im freien Wasser. Von der Wasseroberfläche bis etwa 20 m Tiefe. Gesamtes Mittelmeer, im Schwarzen Meer nur stellenweise; im Ostatlantik von Südafrika bis zur Biskaya, Kapverden, Kanaren, Madeira, Azoren.

Wissenswertes: Die Goldstrieme ist ausgesprochen gesellig und zieht typischerweise in Gruppen und oftmals in dichter, geordneter Schwarmformation in geringen Wassertiefen umher. Erwachsene Goldstriemen ernähren sich überwiegend von Pflanzen und gehören damit zu den wenigen herbivoren Fischen im Mittelmeer. Auf ihrem Speisezettel steht insbesondere Meersalat (Grünalgen der Gattung Ulva), aber auch andere Grünalgen wie z. B. *Caulerpa*-Arten oder Rotalgen der Gattung Laurencia. Jungfische sind dagegen vorwiegend Kleintierfresser, die vorzugsweise kleine Krebse zu sich nehmen, bevor sie später zur Pflanzennahrung übergehen. Bei einer Länge von etwa 20 cm werden die Tiere fortpflanzungsfähig. Goldstriemen machen einen Geschlechtswechsel durch: Sie werden zunächst als Männchen geschlechtsreif, später wandeln sie sich in Weibchen um (protandrische Zwitter). Bei dieser Art gibt es zwei Fortpflanzungsperioden: im Frühjahr und im Herbst. Die Eier und die geschlüpfte Brut sind planktisch.

1 Streifenbarbe *Mullus surmuletus*
Familie *Mullidae, Meerbarben*

Kennzeichen: Länge meist bis 25 cm, max. 40 cm. Konvexes, mäßig steiles Stirnprofil. 2 Kinnbarteln, 2 Rückenflossen. Färbung: variabel, Oberseite gelblich braun bis rötlich, ein auffälliger dunkelrötlicher Längsstreifen von der Stirn über das Auge bis zur Schwanzflosse sowie mehrere, weniger deutliche gelbliche Längsstreifen; zur Bauchseite hin silbrig weiß. Erste Rückenflosse mit dunklen breiten Streifen.

Verwechslungsmöglichkeiten: Sehr ähnlich ist die zweite Art dieser Gattung im Mittelmeer, die Rote Meerbarbe (M. barbatus); sie hat jedoch ein steileres Stirnprofil und keine Streifen in der ersten Rückenflosse.

Lebensraum und Verbreitung: Auf Sand- und Weichböden, gelegentlich auch auf Felsgrund. Ab einigen Metern bis etwa 100 m Tiefe. Gesamtes Mittelmeer, Schwarzes Meer; im Ostatlantik vom Senegal bis zu den Britischen Inseln, Kanaren, Madeira, Azoren, selten auch in der Nordsee.

Wissenswertes: Die Streifenbarbe ist ein Grundfisch, der teils einzeln, häufig aber gesellig in kleinen Trupps auf Nahrungssuche umherzieht. Mit ihren Barteln, die mit Geschmacks- und Tastsinneszellen ausgestattet sind, stöbert sie im Untergrund verborgene wirbellose Kleintiere auf. Zu ihrer Nahrung gehören kleine Krebse, Weichtiere und Würmer. Die Wühltätigkeit von Barben lockt oft andere Fische herbei, welche aufgedeckte oder aufgescheuchte Bodentiere fressen. Diese Begleiter profitieren zwar einseitig von der Nahrungssuche der Meerbarben, schaden diesen aber in keiner Weise. Eine solche Beziehung wird als Kommensalismus bezeichnet. Das Ablaichen findet in den Monaten April bis Juli statt. Die Eier sind ebenso wie die nach etwa 3 Tagen schlüpfenden Larven planktisch. Mit ungefähr 3 cm Länge erfolgt der Übergang zur bodenorientierten Lebensweise. Das Farbkleid der Streifenbarbe ist recht variabel, wobei es im tieferen Wasser oft kräftiger erscheint als im flachen; zudem ist es nachts blasser und verwaschener als tagsüber.

2 Mönchsfisch *Chromis chromis*
Familie *Pomacentridae, Riffbarsche*

Kennzeichen: Länge bis 15 cm. Hochrückiger, seitlich abgeflachter Körper. Lange, durchgehende Rückenflosse, tief gegabelte Schwanzflosse. Auffallend große Schuppen. Färbung: Jungtiere (**2b**) bis etwa 2 cm Länge leuchtend kobaltblau. Während der Umfärbung im Lauf des weiteren Wachstums nimmt der blaue Anteil schnell ab, bis die erwachsenen Tiere (**2a**) schließlich eine kastanienbraune Farbe haben, wobei die einzelnen Schuppen jeweils dunkel gerandet sind.

Verwechslungsmöglichkeiten: Keine.

Lebensraum und Verbreitung: Bevorzugt im freien Wasser über Felsen. Vom Flachwasser bis etwa 20 m Tiefe, darunter eher selten. Gesamtes Mittelmeer, Schwarzes Meer; im Ostatlantik von Angola bis Südportugal.

Wissenswertes: Der Mönchsfisch ist einer der häufigsten Fische im Mittelmeer. In lockeren Schwärmen, die teils beachtliche Größe aufweisen, schwimmt er im freien Wasser über Hartböden oder vor Felsabbrüchen und schnappt nach vorbeidriftendem Plankton. Daneben frisst er auch Fischbrut. Die Vermehrung erfolgt im Sommer. Dann belegen die Männchen ein kleines Revier auf Fels- oder Geröllgrund. Sie bereiten eine Fläche zum Ablaichen vor, indem sie diese sorgfältig mit dem Maul putzen. Um vorbeiziehende geschlechtsreife Weibchen anzulocken, schwimmen sie diese bis auf kurze Entfernung an und kehren mit sprunghaften Bewegungen zu ihrem vorbereiteten Laichplatz zurück. Zu diesem Balzritual des Männchens gehört auch das Fächeln mit der Schwanzflosse. Die klebrigen Eier haften am Felssubstrat. Das Gelege wird vom Männchen etwa eine Woche lang gepflegt und vor Laichräubern geschützt. Die leuchtend blauen Jungfische gehen noch nicht ins Freiwasser, sondern halten sich in Schwärmen im Schutz kleiner Höhlungen, unmittelbar vor Spalten oder unter Überhängen auf.

1 Meerjunker   *Coris julis*
Familie *Labridae, Lippfische*

Kennzeichen: Länge meist 10–20 cm, max. 25 cm. Rücken bei Weibchen und jungen Männchen (**1b**) kastanienbraun bis blassorangebraun, die Unterseite hell bis weißlich. Auf den Flanken können ein oder zwei blassgelbliche Längsstreifen vorhanden sein. Ältere Männchen (**1a**) mit grünen bis bläulichen oder bräunlichen Rücken; entlang der Seiten ein orangefarbenes Zickzackband, dieses oft grünlich blau gesäumt; hinter den Brustflossen erstreckt sich ein länglicher, schwarzer, keilförmiger Fleck; die ersten drei Strahlen der Rückenflosse sind verlängert und mit einem schwarzen, orangefarbenen und weißen Fleck geschmückt. Zahlreiche Übergangsformen zwischen den Farbkleidern.
Verwechslungsmöglichkeiten: Keine.
Lebensraum und Verbreitung: Felsgebiete und Seegraswiesen. Vom Flachbereich bis über 120 m Tiefe. Gesamtes Mittelmeer; jedoch nimmt die Häufigkeit von nördlichen zu südlichen Bereichen ab. Im Ostatlantik vom äquatorialen Afrika bis Norwegen, Kanaren, Madeira, Azoren.
Wissenswertes: Meerjunker sind äußerst agile Fische, die beständig in Bewegung sind und durch ihre rasche, oft ruckartige Schwimmweise recht unruhig wirken. Dabei sind sie jedoch ortstreu. Die Nachtruhe verbringen sie eingegraben im Sand. Das weite Nahrungsspektrum besteht aus verschiedensten Wirbellosen wie kleine Schnecken, Muscheln, Stachelhäutern und Krebsen. Gebietsweise betätigen sich die Jungtiere gelegentlich auch als Putzerfische. Meerjunker werden nach einem Jahr geschlechtsreif, die Weibchen können in späteren Lebensjahren einen Geschlechtswechsel zum Männchen vollziehen. Die Lebenserwartung beträgt etwa acht Jahre. Die Art kann sich das ganze Jahr über fortpflanzen. Dies geschieht im Winterhalbjahr jedoch sehr selten; am höchsten ist die sexuelle Aktivität zwischen Mai und August. Die älteren Männchen besetzen Reviere und verteidigen sie entschlossen gegenüber Konkurrenten. Das Ablaichen geschieht im freien Wasser, die Eier sind im Gegensatz zu denen der *Symphodus*- und *Labrus*-Arten planktisch. Ihre Entwicklungszeit ist mit 30–36 Stunden (bei 22 °C) vergleichsweise kurz.

2 Meerpfau   *Thalassoma pavo*
Familie *Labridae, Lippfische*

Kennzeichen: Länge bis 25 cm. Schwanzflosse bei älteren Tieren eingebuchtet bis sichelförmig, beim Männchen oben und unten zipfelförmig verlängert. Jungtiere zunächst gelblich grün mit schwarzem Fleck in der Mitte der Rückenflosse. Ältere Jungtiere und Weibchen (**2a**) gelblich bis grünlich braun, vom Rücken über die Flanken mit fünf bläulichen Querbinden, in der Mitte der Rückenflosse ein schwarzer Fleck, der Kopf trägt ein blaues Zeichnungsmuster. Ältere Männchen (**2b**) mit olivgrünem bis grünblauem Körper, auf der Seite dicht hinter der Brustflosse ein blaues Querband, meist gefolgt von einem rotbraunen; Kopf oft mit intensiv rötlichem und blauem Zeichnungsmuster.
Verwechslungsmöglichkeiten: Keine.
Lebensraum und Verbreitung: Über Felsgrund und Seegraswiesen. Vom Flachwasser bis etwa 150 m Tiefe, meist jedoch im oberen 20-Meter-Bereich. Mittelmeer, jedoch nicht in der nördlichen Adria und Teilen nördlicher Gebiete des westlichen Beckens; die Häufigkeit dieser Art nimmt zum Süden hin zu. Im Ostatlantik vom äquatorialen Afrika bis Portugal, Azoren.
Wissenswertes: Der Meerpfau ist wie der Meerjunker ein unermüdlicher Dauerschwimmer, wobei er einzeln, in kleinen Gruppen und gelegentlich in größeren Trupps anzutreffen ist. Mit einsetzender Dämmerung vergräbt er sich zur Nachtruhe mit kräftigen Schwanzschlägen im Sandboden. Als Nahrung dienen ihm kleine Weich- und Krebstiere. Jungtiere putzen nicht selten auch andere Fische. Auch diese Art durchläuft im Lauf der Entwicklung einen Geschlechtswechsel vom Weibchen zum Männchen. Die Fortpflanzungszeit fällt in die Sommermonate. Zum Ablaichen schwimmt das Paar ein Stück ins freie Wasser und gibt dort die Geschlechtsprodukte ab. Eine Brutpflege findet nicht statt, die Eier sind planktisch.

1b

2a

2b

1 Grauer Lippfisch *Symphodus cinereus*
Familie *Labridae, Lippfische*

Kennzeichen: Länge bis 15 cm. Jungtiere und Weibchen blassgrau bis beige, oft mit 2 bräunlichen Längsstreifen vom Auge bis zum Schwanzstiel. Nestbauende Männchen meist kräftiger, aber recht variabel gefärbt, oft gelblich braun mit helleren und dunkleren Sprenkeln; auf dem unteren Teil des Schwanzstiels unmittelbar am Ansatz der Schwanzflosse und oft ein wenig in diese hineinreichend ein dunkelblauer bis schwärzlicher Fleck sowie ein schwarzer Fleck am Anfang der Rückenflosse; auf den Wangen einige kurze blaue Streifen.

Verwechslungsmöglichkeiten: Außerhalb der Fortpflanzungszeit kann eine gewisse Ähnlichkeit mit kleineren Weibchen des Pfauenlippfisches (*S. tinca*) und mit der vor allem im Ostatlantik verbreiteten, aber auch im westlichen Mittelmeer vorkommenden Goldmaid (*S. melops*) gegeben sein.

Lebensraum und Verbreitung: Bevorzugt auf Sandgrund in der Nähe von Seegraswiesen, auch auf algenbewachsenen Felsböden. Vom Flachwasser bis etwa 20 m Tiefe. Gesamtes Mittelmeer, Schwarzes Meer; im Ostatlantik von Südspanien bis zur Biskaya.

Wissenswertes: Der Graue Lippfisch hält sich bevorzugt über Sandflächen auf, die an Seegraswiesen grenzen. Als Nahrung dienen ihm vor allem kleine Krebse und Weichtiere, die er vom Sand oder zwischen Algenbewuchs aufpickt. Zur Laichzeit zwischen April und Juli besetzt das Männchen relativ große Reviere und gräbt eine Nestmulde im Sandboden aus, die es vor allem mit Algen, daneben auch mit Steinchen, Muschelstückchen und abgestorbenem Seegrasmaterial verfestigt. Zwischen dem wiederholten Ablaichen bedeckt das Männchen das Gelege jeweils mit Algen und Muschelgrus (s. Abb.). Das Männchen bewacht und befächelt den Laich bis zum Schlüpfen der Brut. Während der Laichzeit durchläuft das Männchen mehrere Fortpflanzungszyklen, die jeweils aus Nestbau, Ablaichen und Befächeln bestehen. Weibchen werden nach einem Jahr mit einer Länge von etwa 4 cm geschlechtsreif. Der Geschlechtswechsel zum Männchen erfolgt meist im zweiten Jahr mit einer Länge von etwa 7 cm. Die Lebenserwartung liegt bei etwa 7 Jahren.

2 Mittelmeer-Lippfisch *Symphodus mediterraneus*
Familie *Labridae, Lippfische*

Kennzeichen: Länge bis 15 cm, max. 20 cm. Schwarzer Fleck auf der Schwanzwurzel oberhalb der Seitenlinie. Ein weiterer Fleck am Ansatz der Brustflossen. Jungtiere und Weibchen gelblich braun, oft mit leichter Marmorierung. Die kräftigere Färbung älterer Männchen variiert von Rötlich, rötlich Braun, über grünlich Braun bis bläulich Grau; der Fleck an der Brustflosse ist dunkelblau bis schwarz und am Hinterrand gelb gesäumt; zur Fortpflanzungszeit mit bläulicher Kehle und ebenso gefärbten, unterbrochenen Längslinien auf dem Körper.

Verwechslungsmöglichkeiten: Keine aufgrund des charakteristischen, bei beiden Farbkleidern vorhandenen Flecks am Brustflossenansatz.

Lebensraum und Verbreitung: Auf algenbewachsenen Felsböden und in Seegraswiesen. Vom Flachwasser bis etwa 70 m Tiefe. Gesamtes Mittelmeer; im Ostatlantik von Marokko bis Portugal.

Wissenswertes: Zum Nahrungsspektrum gehören hauptsächlich kleine Weichtiere und Stachelhäuter. Mit 2 Jahren und einer Länge von etwa 9 cm werden die Weibchen geschlechtsreif. Der Geschlechtswechsel zum Männchen erfolgt meist ein Jahr später bei einer Länge von etwa 12 cm. Die Fortpflanzungszeit liegt zwischen April und August. Dann baut das Männchen auf Fels-, Sand- oder Weichböden ein Nest aus Algen, über das es zur Verfestigung und zum Schutz ab und zu Sand ausspuckt. Nach erfolgter Eiablage und Befruchtung wird das Nest vom Männchen nicht mit Frischwasser befächelt, aber aufmerksam gegen Nesträuber verteidigt.

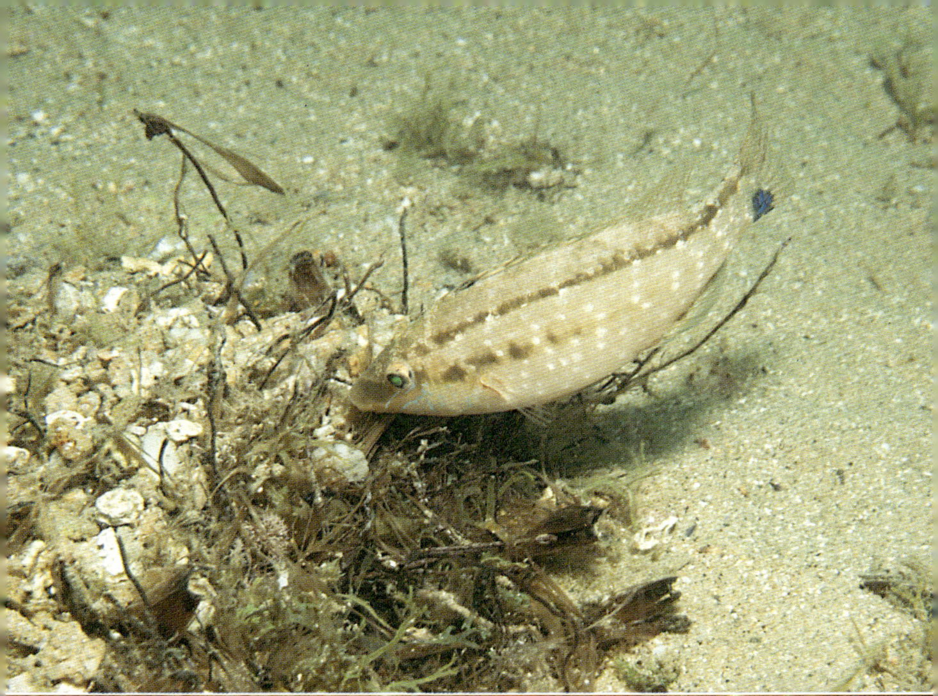
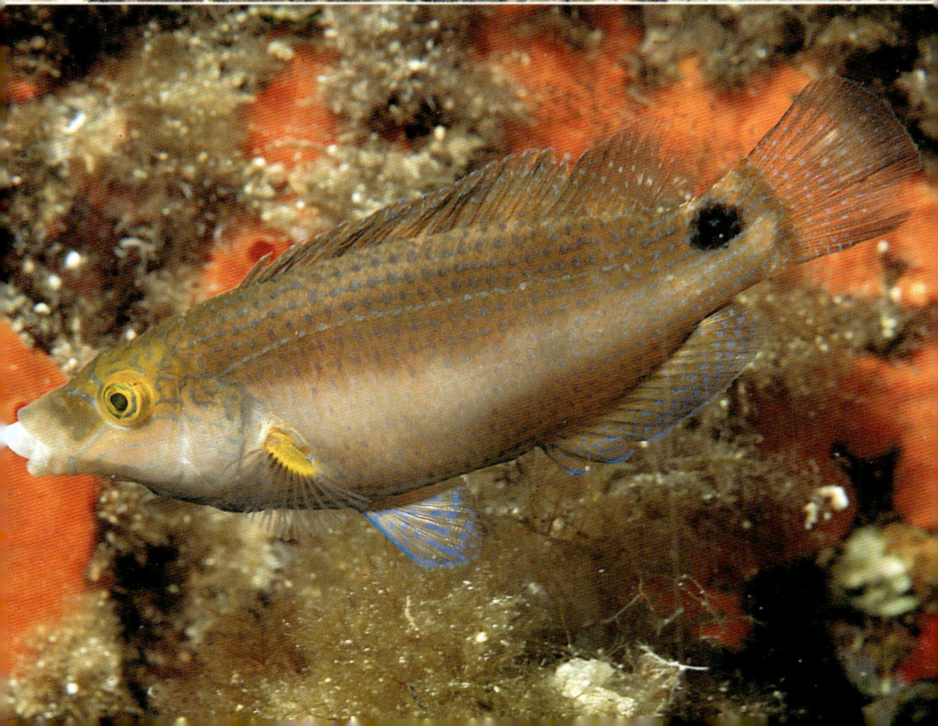

F I S C H E

1 Schwarzschwanz-Lippfisch *Symphodus melanocercus*
Familie *Labridae, Lippfische*

Kennzeichen: Länge bis 10 cm, selten bis 14 cm. Färbung: blassbraun bis graubraun. Männchen zur Fortpflanzungszeit mit blauen Flecken auf Rücken, Flanken und Flossen. Schwanzflosse bei beiden Geschlechtern schwarz mit mehr oder weniger intensiv blauem Saum am Hinterrand.
Verwechslungsmöglichkeiten: Keine.
Lebensraum und Verbreitung: Über Felsböden und oftmals auch über Seegraswiesen. Vom Flachbereich bis etwa 40 m Tiefe. Gesamtes Mittelmeer.
Wissenswertes: Zu Beginn der Laichzeit besetzen die größeren Männchen (über 8 cm Länge) Reviere, die sie gegenüber anderen Männchen heftig verteidigen. Im völligen Gegensatz zu den anderen Symphodus-Arten baut der Schwarzschwanz-Lippfisch weder Nester, noch bewacht er die abgelegten Eier. Im Verlauf eines charakteristischen Balzschwimmens werden Eier und Samen über algenbewachsenen Felsböden ausgestoßen. Das Ablaichen findet in der Morgendämmerung, meist ein bis zwei Stunden nach Sonnenaufgang statt. Die einzelnen Eiablagen erfolgen an verschiedenen Stellen in den relativ großen Revieren der Männchen. Der Schwarzschwanz-Lippfisch ist der einzige echte Putzerfisch im Mittelmeer. Er unterhält Putzstationen, an denen er vorbeikommende Kunden von Hautparasiten, wie z. B. Assellarven, befreit. Die verschiedenen Putzkunden (über 40 Fischarten sind bekannt, die sich putzen lassen) nehmen eine art- oder gruppentypische Aufforderungsstellung ein, indem sie z. B. annähernd senkrecht im Wasser stehen oder das Maul aufsperren und die Kiemendeckel abspreizen. Daraufhin beginnt der Putzer die Körperoberfläche nach Parasiten sowie losen Hautstückchen und Schuppen abzusuchen (s. Abb.). Manche Fische lassen sich auch während des Schwimmens putzen. Gebietsweise fressen Schwarzschwanz-Lippfische zusätzlich verschiedene bodenlebende Kleintiere.

2 Augenfleck-Lippfisch *Symphodus ocellatus*
Familie *Labridae, Lippfische*

Kennzeichen: Länge bis 12 cm. Weibchen und junge Männchen blassbräunlich mit hellem Längsband entlang der Körperseite und sehr hellem Bauch. Ältere Männchen sind zur Laichzeit lebhaft grün (**2b**) oder orange (**2a**) gefärbt, mit blauem Linienmuster auf dem Kopf. Alle Männchen mit großem grünen oder dunklen Augenfleck auf dem Kiemendeckel; dieser Fleck ist bei den Weibchen (**2c**) viel unscheinbarer. Beide Farbkleider mit auffälligem schwarzen Fleck auf der Schwanzwurzel. Es existiert eine sehr seltene gelbe (**2d**) bis orange Farbvariante; diese Exemplare bleiben deutlich kleiner.
Verwechslungsmöglichkeiten: Bei älteren Männchen keine.
Lebensraum und Verbreitung: Über algenbestandenen Felsböden und Seegraswiesen. Vom Flachwasser bis etwa 40 m Tiefe. Gesamtes Mittelmeer, Schwarzes Meer.
Wissenswertes: Zur Nahrung dieser Art gehören Weichtiere, Krebse und Würmer. In der von Mai bis August reichenden Laichzeit baut das Männchen ein schalenförmiges, bis über 20 cm großes Nest aus Braun-, Rot- und Grünalgen und verfestigt es durch Kopf- und Schwanzschläge. Im Gegensatz zu anderen Lippfischen kommt es bei den Revierkämpfen der Männchen kaum zu seitlichen Drohparaden. Stattdessen schwimmen die Kontrahenten typischerweise langsam aufeinander zu, wobei sie die Kiemendeckel abspreizen. Im Verlauf dieses frontalen Drohens können sie sich auch gegenseitig mit dem Mund packen und versuchen, den Gegner zurückzuschieben. Nach wiederholten Eiablagen durch verschiedene Weibchen und jeweils anschließenden Befruchtungen bewacht das Männchen das Nest und befächelt die Brut mit Frischwasser. Während der Fortpflanzungsperiode können die Männchen nacheinander bis zu 6 Nester bauen. Außerhalb der Fortpflanzungszeit ist diese Art gesellig und zieht in lockeren Gruppen mit bis über 30 Individuen umher.

1 Fünffleckiger Lippfisch *Symphodus roissali*
Familie *Labridae, Lippfische*

Kennzeichen: Länge bis 17 cm, max. bis 21 cm (Schwarzes Meer). Hochrückig ovaler, seitlich abgeflachter Körper. Jungtiere und Weibchen sind bräunlich bis grünlich braun. Ältere Männchen sind intensiver rötlich bis grünlich braun gefärbt. Beide Farbkleider mit zahlreichen dunklen Flecken, die mehr oder weniger deutlich zu Längsreihen angeordnet sein können. Die 5 namensgebenden Flecken entlang der Basis der Rückenflosse sind nicht immer deutlich erkennbar.

Verwechslungsmöglichkeiten: Kann aufgrund des fleckigen Farbkleids und des relativ gedrungenen Körpers gut von anderen Lippfischen unterschieden werden.

Lebensraum und Verbreitung: Bevorzugt flache, algenbewachsene Felsgebiete, oft in unmittelbarer Ufernähe; auch in Seegraswiesen. Vom Flachwasser bis in 30 m Tiefe. Gesamtes Mittelmeer, Schwarzes Meer; im Ostatlantik von Nordmarokko bis zur Biskaya.

Wissenswertes: Der Fünffleckige Lippfisch ist ein einzelgängerischer und vergleichsweise scheuer Vertreter seiner Gattung. Zu seinem Nahrungsspektrum gehören kleine Weich- und Krebstiere. Die Weibchen werden nach einem Jahr mit einer Länge von 5–7 cm geschlechtsreif. Zur Laichzeit zwischen April und Juli baut das Männchen ein Nest aus Braun-, Rot- und Grünalgen. Es verfestigt die Algenmasse durch Kopf- und Schwanzstöße zu einem dichten, annähernd halbkugeligen Gebilde mit einer kleinen seitlichen Öffnung. Während des Nestbaus vertreibt es alle Artgenossen: Selbst die Weibchen werden verjagt, sollten sie sich dem Nest nähern. Nach dem Ablaichen bedeckt das Männchen das Gelege mit Algen und Sand, wobei es ein Belüftungsloch frei lässt. Das Nest wird vom Männchen bewacht und die Brut mit Frischwasser befächelt. Im Lauf einer Fortpflanzungsperiode finden nacheinander mehrere Ablaich- und Brutzyklen statt.

2 Schnauzenlippfisch *Symphodus rostratus*
Familie *Labridae, Lippfische*

Kennzeichen: Länge bis 13 cm. Eingebuchtete Stirn und lange, zugespitzte Schnauze. Es bestehen keine Unterschiede im Farbkleid zwischen den Geschlechtern. Färbung variabel: graubraun, grünlich braun bis rötlich braun, teils auch hellgrünlich, mit vielen unregelmäßigen Sprenkeln. Ein heller, teils unterbrochener Streifen reicht von der Oberseite der Schnauze bis zur Rückenflosse.

Verwechslungsmöglichkeiten: Keine aufgrund der charakteristischen Kopf- und Schnauzenform.

Lebensraum und Verbreitung: Über algenbewachsenen Felsböden, in Seegraswiesen und über dazwischenliegenden Sandflächen. Vom Flachwasser bis etwa 20 m Tiefe. Gesamtes Mittelmeer und westliche Teile des Schwarzen Meers.

Wissenswertes: Wie bei vielen anderen Fischen passt sich die Färbung meist recht gut der Umgebung an; so sind Exemplare des Schnauzenlippfisches zwischen Seegräsern oftmals grünlich und über Felsböden graubraun. Er ernährt sich vor allem von zahlreichen kleinen Krebstieren wie Flohkrebsen, Asseln, Schwebgarnelen, Ruder- und Rankenfüßern, die er mit dem vorstreckbaren, leicht pipettenartigen Maul einsaugt. Oft ist er mit dem Kopf schräg nach unten gerichtet anzutreffen. Auch die Nachtruhe verbringt er meist mit dem Kopf abwärts gerichtet zwischen Seegräsern. Ab dem März bis in den Juni hinein bauen die Männchen Algennester, die zum Schutz mit Steinchen und Bruchstücken von Muschelschalen bedeckt werden. Nach dem Ablaichen bewacht und befächelt das Männchen das Gelege. Wie bei anderen Arten der Gattung finden im Lauf der Fortpflanzungsperiode nacheinander mehrere Brutzyklen (Nestbau, Ablaichen, Befächeln der Eier) statt.

1 Pfauenlippfisch   *Symphodus tinca*
Familie *Labridae*, Lippfische

Kennzeichen: Länge bis 30 cm, selten über 40 cm. Weibchen und junge Männchen (**1b**) verwaschen graubraun, mit silbrig grauem Bauch; entlang der Körperseiten je zwei bräunliche Längsbänder; zwei dunkle Querbänder (Gesichtsmaske) verlaufen quer über der Schnauze. Ältere Männchen (**1a**) zur Laichzeit farbintensiv mit grüngelben Flanken, die drei Längsreihen aus roten und blauen Punkten tragen; Kopf mit dunkler Gesichtsmaske und blaugrünen Bereichen, Flossen teilweise ebenfalls blaugrün. Beide Geschlechter mit dunklem Fleck auf der Schwanzwurzel direkt unterhalb der Seitenlinie.

Verwechslungsmöglichkeiten: Kleinere Exemplare mit unscheinbarem Farbkleid können Ähnlichkeit mit Weibchen des Grauen Lippfisches (*S. cinereus*) aufweisen.

Lebensraum und Verbreitung: Über Felsböden und Seegraswiesen, von 0,5–50 m Tiefe. Gesamtes Mittelmeer, Schwarzes Meer; im Ostatlantik von Marokko bis Portugal.

Wissenswertes: Der Pfauenlippfisch ist der größter Vertreter seiner Gattung im Mittelmeer und hat mit max. 14 Lebensjahren auch die mit Abstand höchste Lebenserwartung. Als Nahrung dienen ihm insbesondere Weichtiere und Stachelhäuter, wobei er häufig deutlich größere Beutetiere als die anderen Arten seiner Gattung frisst. Weibchen werden mit zwei, Männchen mit etwa drei Jahren geschlechtsreif. Außerhalb der Fortpflanzungszeit ist die Art gesellig, nur die größeren Exemplare leben einzelgängerisch. Beim Pfauenlippfisch sind 4 unterschiedliche Fortpflanzungsstrategien bekannt: 1. Nestbauende Männchen wie bei anderen Lippfischen, die jedoch im Gegensatz zu diesen nur ein einziges Laichnest aus Algen bauen, das sie während der gesamten Fortpflanzungsperiode (April bis Juni) instand halten. 2. Jüngere, kleinere „Satelliten-Männchen", wie sie ebenfalls bei anderen Lippfischarten vorkommen, lauern in der Nähe eines Nestbesitzers und versuchen, gerade abgelegte Eier zu befruchten. 3. Sogenannte „Abfänger" sind kleine Männchen, die sich mit vorbeikommenden Weibchen außerhalb eines Nestes paaren, wobei die abgelegten Eier nicht bewacht werden. 4. „Piraten" sind mit mehr als 22 cm Länge die größten Männchen. Sie vertreiben in kurzem Kampf einen Nestbesitzer, fressen oft sogar noch die im eroberten Nest bereits abgelegten Eier, laichen dann mit Weibchen in dem Nest ab, verlassen es schließlich wieder und überlassen die Bewachung der Brut dem ursprünglichen Nestbauer.

2 Kuckuck-Lippfisch   *Labrus bimaculatus*
Familie *Labridae*, Lippfische

Kennzeichen: Länge meist bis 25 cm, selten bis 40 cm. Zugespitzte Schnauze, relativ weite Mundöffnung. Weibchen und junge Männchen (**2b**) orangerot mit 3 schwarzen Flecken auf dem Rücken, die vom hinteren Teil der Rückenflosse bis auf die Oberseite des Schwanzstiels reichen, meist getrennt durch weißliche Flecken. Ältere Männchen (**2a**) gelblich braun bis grünlich braun mit blauen Flecken und Längsstreifen auf Rücken, Flanken und Flossen.

Verwechslungsmöglichkeiten: Keine. Der wissenschaftliche Artname *bimaculatus* ist zurzeit noch unsicher; die Entscheidung der internationalen Nomenklaturkommission steht noch aus.

Lebensraum und Verbreitung: Über Seegraswiesen und Felsböden. Vom Flachbereich bis in Tiefen um 200 m. Mittelmeer. Im östlichen Becken ist die Art jedoch seltener oder fehlt dort stellenweise. Im Ostatlantik vom Senegal bis Norwegen, Azoren, Kanaren.

Wissenswertes: Der Kuckuck-Lippfisch ist recht scheu und zudem nicht sehr häufig. Als Nahrung dienen ihm Krebse, Weichtiere und Fische. Zur Laichzeit im frühen Sommer fertigt das Männchen durch heftige Schläge mit der Schwanzflosse eine Laichgrube im sandigen Boden an, in welche das Weibchen die klebrigen Eier ablegt. Weibchen werden mit 2 Jahren bei einer Länge von 16 cm geschlechtsreif; später erfolgt ein Geschlechtswechsel zum Männchen. Die Lebensdauer beträgt etwa 17–20 Jahre.

1a

1b

2a

2b

1 Amsel-Lippfisch   *Labrus merula*
Familie *Labridae*, Lippfische

Kennzeichen: Länge meist 15–30 cm, selten bis 50 cm. Jungfische gelblich grün mit zahlreichen Tupfen. Erwachsene olivbraun, bräunlich oder graublau, teils mit Marmorierung; unpaare Flossen mit hellblauem Saum.

Verwechslungsmöglichkeiten: Jungfische können mit dem Grünen Lippfisch (*Labrus viridis*) verwechselt werden, der jedoch typischerweise ein helles Band entlang der Flanken trägt.

Lebensraum und Verbreitung: Vom Flachwasser bis 50 m Tiefe. Über Felsböden und Seegraswiesen. Gesamtes Mittelmeer; im Ostatlantik von Marokko bis Portugal und bei den Azoren.

Wissenswertes: Zum Nahrungsspektrum gehören Weich- und Krebstiere, Würmer, Seeigel und Schlangensterne. Der Amsel-Lippfisch wird nach zwei Jahren mit einer Länge von 15–20 cm geschlechtsreif. Mit etwa vier Jahren erfolgt der Geschlechtswechsel vom Weibchen zum Männchen. Fortpflanzungzeit von Februar bis Mai. Die klebrigen Eier werden zwischen Seegräser abgelegt.

2 Grüner Lippfisch   *Labrus viridis*
Familie *Labridae*, Lippfische

Kennzeichen: Länge 15–30 cm, selten bis 45 cm. Färbung: meist gelblich grün, entlang der Seite von der Schnauze bis zur Schwanzflosse zieht oft ein helles Band. Es kommen auch rötliche oder rotbraune Exemplare vor, jeweils mit oder ohne helleren Streifen und Flecken.

Verwechslungsmöglichkeiten: Siehe Amsel-Lippfisch (*Labrus merula*).

Lebensraum und Verbreitung: Über Felsböden und Seegraswiesen, vom Flachbereich bis in 50 m Tiefe. Gesamtes Mittelmeer, westlicher Teil des Schwarzen Meers; im Ostatlantik von Marokko bis Portugal.

Wissenswertes: Zur Nahrung des Grünen Lippfisches gehören Krebstiere, Weichtiere und auch kleine Fische. Mit 2 Jahren bei etwa 16 cm Länge tritt die Geschlechtsreife ein. Die spätere Geschlechtsumwandlung vom Weibchen zum Männchen geht ohne Änderung des Farbkleids einher. Die Lebensdauer kann 15–18 Jahre betragen. Zur Laichzeit zwischen Februar und Juni werden die klebrigen Eier zwischen Seegräsern abgelegt.

3 Seepapagei   *Sparisoma cretense*
Familie *Scaridae*, Papageifische

Kennzeichen: Länge meist 10–30 cm, max. 50 cm. Große Schuppen. Die zu Platten miteinander verschmolzenen Zähne erinnern an einen Papageischnabel. Färbung: Weibchen rötlich, mit grauem Sattelfleck hinter dem Kopf; je ein gelber Fleck auf der Wange und auf der Oberseite des Schwanzstiels. Männchen sind grau bis grünlich grau und tragen einen mehr oder weniger deutlichen dunklen Fleck hinter dem Kiemendeckel.

Verwechslungsmöglichkeiten: Keine.

Lebensraum und Verbreitung: Algenbewachsene Felsböden und Seegraswiesen. Vom Flachwasser bis etwa 50 m Tiefe. Gesamtes Mittelmeer, jedoch im östlichen Teil häufiger als im westlichen; im Ostatlantik vom Senegal bis Portugal, Azoren.

Wissenswertes: Meist zieht der Seepapagei in kleinen Gruppen von 3–6 Tieren umher. Er ist sehr scheu und schwimmt bei Annäherung von Tauchern in der Regel davon. Als Nahrung dienen ihm Algen, insbesondere auch kalkhaltige Formen, und wirbellose Kleintiere, die er mit seinem kräftigen Gebiss vom Untergrund abschabt. Die Fortpflanzung erfolgt spät im Sommer, von Juli bis Oktober. Der Seepapagei ist die einzige Papageifischart, bei der die Weibchen farbenprächtiger sind als die Männchen. Männchen (**3a**), Weibchen (**3b**)

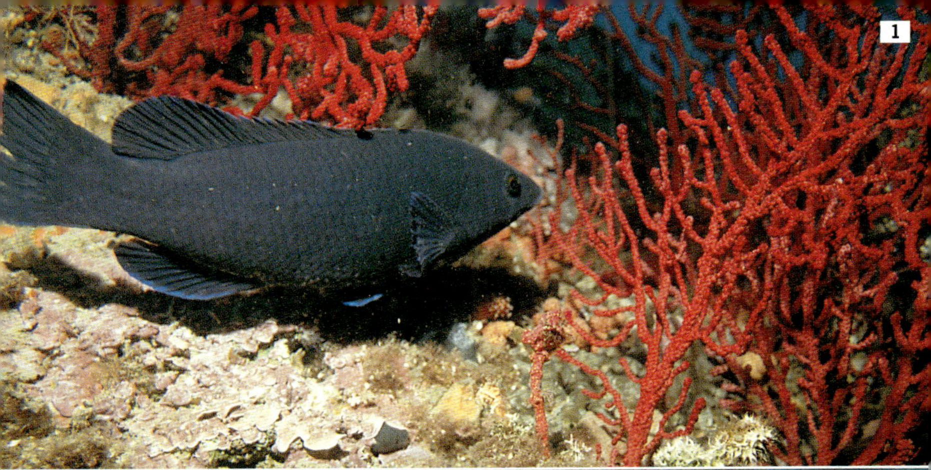
1

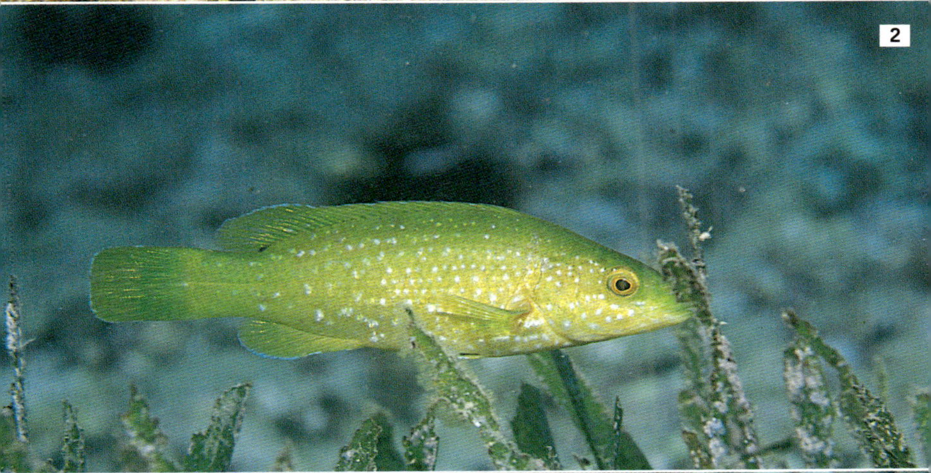
2

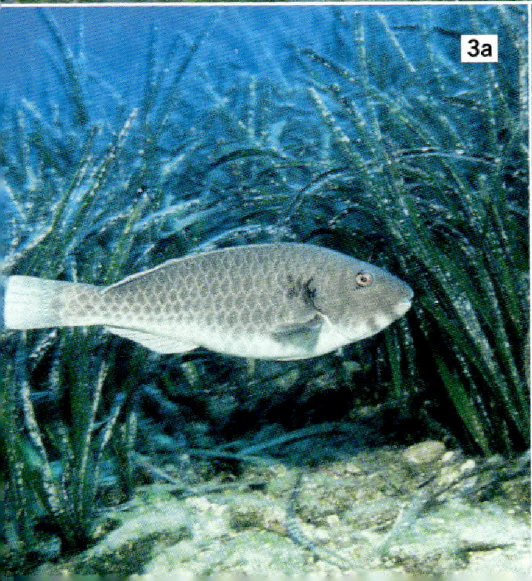
3a

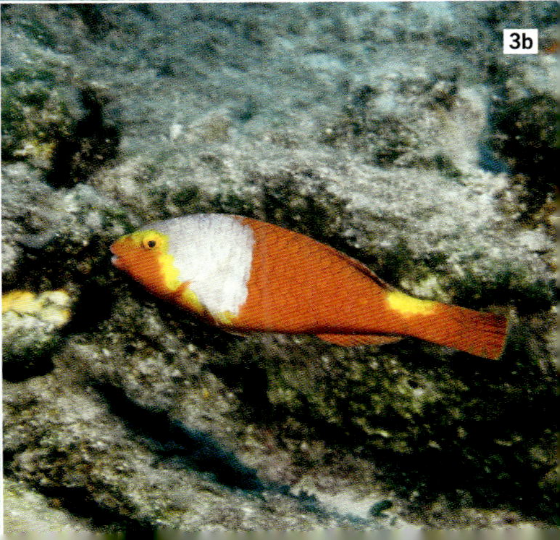
3b

1 Mittelmeer-Schermesserfisch *Xyrichthys novacula*
Familie *Labridae*

Kennzeichen: Länge max. bis 35 cm, meist nur bis 20 cm. Seitlich abgeflachter, hochrückiger Körper mit steilem Kopfprofil.

Verwechslungsmöglichkeiten: Keine.

Lebensraum und Verbreitung: Sand- und Schlammböden, auch in Seegraswiesen. In 1–50 m Tiefe. Mittelmeer; im Ostatlantik von Portugal bis Gabun, Azoren.

Wissenswertes: Schermesserfische sind sehr scheu und graben sich bei Bedrohung kopfüber blitzschnell in den Sand ein. Im Sand können sie sich parallel zur Oberfläche fortbewegen und daher an einer anderen Stelle wieder auftauchen. Diese Art ernährt sich von verschiedenen Schnecken, Muscheln, Kleinkrebsen und Stachelhäutern. Intensität der Körperfärbung variabel, so sind die Farben über Sandgrund meist recht blass. Jungtiere und Weibchen besitzen am Bauch einen Fleck aus silbrigen Schuppen. Bei laichbereiten Weibchen schimmern hier die roten Ovarien durch. Jungtier (**1a**), Männchen (**1b**).

2 Rotmeer-Kaninchenfisch *Siganus rivulatus*
Familie *Siganidae*

Kennzeichen: Länge bis 30 cm. Helloliv bis unregelmäßig braun gefleckt, blassorange Bauchlinien.

Verwechslungsmöglichkeiten: Eine Verwechselung mit dem Braunen Kaninchenfisch (*Siganus luridus*) ist möglich.

Lebensraum und Verbreitung: In größeren Trupps über algenbewachsenen Felsböden bis 30 m Tiefe. Rotmeer-Einwanderer. Östliches Mittelmeer, Rotes Meer bis Golf von Aden.

Wissenswertes: Kaninchenfische bewohnen Korallenriffe und Lagunen im Indopazifik. Die durchweg tagaktiven Tiere ziehen meist paarweise oder in kleinen, teils auch größeren Gruppen umher. Sie weiden Aufwuchsalgen und Seegras ab, nehmen daneben aber auch tierische Nahrung, zu sich. Nachts legen sie sich einfach auf den Boden, ohne eine geschützte Stelle aufzusuchen. Zum Schlafen oder bei Bedrohung nehmen sie eine Tarn- bzw. Schreckfärbung an. Das Farbkleid wird diffuser, es erscheinen Marmorierungen und Sprenkel mit hellen und dunklen graubräunlichen Tönen.

3 Brauner Kaninchenfisch *Siganus luridus*
Familie *Siganidae*

Kennzeichen: Länge bis 24 cm. Olivgrün bis dunkelbraun. Nachts oder bei Gefahr mit gescheckten Muster (**3b**).

Verwechslungsmöglichkeiten: Eine Verwechslung mit dem Rotmeer-Kaninchenfisch (*Siganus rivulatus*) ist möglich.

Lebensraum und Verbreitung: Algenbewachsene Felsböden. Vom Flachwasser bis etwa 30 m Tiefe (meistens flacher). Die Art hat sich als Einwanderer aus dem Roten Meer im östlichen Mittelmeer etabliert. Rotes Meer, Arabischer Golf bis Mauritius und Mosambik.

Wissenswertes: Streift einzeln oder paarweise in kleinen nomadisierenden Trupps über Hartgründe. Kaninchenfische sind reichlich und rundum mit giftigen Stachelstrahlen bewehrt: 13 aufrichtbare Stachen in der Rückenflosse, sieben in der After- und vier in der Bauchflosse. Jeder Stachel besitzt zwei Längsrinnen, die jeweils in ihrem oberen Drittel bis nahe der Spitze mit Giftdrüsen ausgelegt sind. Stachel und Drüsengewebe sind von einer Haut umhüllt. Diese reißt durch Druck auf den Stachel auf und das Gift wird in die Wunde gepresst. Der starke, brennende Schmerz nach einer Verletzung hält meist nicht lange an. Begleitsymptome sind selten. Bei Kaninchenfischen dienen Giftstachel ausschließlich dem passiven Schutz gegenüber Fressfeinden. Da Kaninchenfische recht scheu sind, besteht im natürlichen Lebensraum praktisch keine Gefahr, sich an den Stachelstrahlen zu verletzen.

 FISCHE

1 Großer Ährenfisch *Atherina hepsetus*
Familie *Atherinidae, Ährenfische*

Kennzeichen: Länge meist bis 10 cm, max. 20 cm. Lang gestreckter, schlanker Körper mit relativ kurzem, oberseits abgeflachtem Kopf, großen Augen und schräg nach oben gerichteter Mundspalte. Zwei weit voneinander getrennte Rückenflossen, die erste beginnt deutlich hinter dem Ende der Brustflossen, die zweite liegt gegenüber der Afterflosse. Mehr als 58 Schuppen entlang der Seitenlinie. Färbung: silbrig mit grünlichem bis bläulichem Schimmer, entlang der Flanken ein blaugrauer Längsstreifen.

Verwechslungsmöglichkeiten: Es gibt einige weitere Vertreter dieser Gattung im Mittelmeer, die nur von Fachleuten zu unterscheiden sind; ein wichtiges Unterscheidungsmerkmal ist die Anzahl der Schuppen entlang der Seitenlinie. Ährenfische werden oft auch mit Sardinen verwechselt, etwa mit der Sardine (*Sardina pilchardus*) oder der Goldsardine (*Sardinelle aurita*); diese ebenfalls silbrigen Schwarmfische besitzen jedoch nur eine, Ährenfische dagegen zwei Rückenflossen.

Lebensraum und Verbreitung: Küstennah im freien Wasser sowie über dem Boden. Von 1 m bis etwa 10 m Tiefe. Gesamtes Mittelmeer, Teile des Schwarzen Meers; im Ostatlantik von Marokko bis Spanien, Kanaren, Madeira.

Wissenswertes: Wie andere Ährenfische ist auch der Große Ährenfisch schwarmbildend und tritt nicht selten in sehr großen Schwärmen auf. Als Nahrung dienen ihm planktische Ruderfußkrebse (Copepoden) ebenso wie bodenbewohnende Kleinkrebse. Er kommt häufig nah an die Küsten und dringt gelegentlich auch in Lagunen oder Flussmündungen vor. Die Fortpflanzung erfolgt im westlichen Mittelmeer zwischen Dezember und Mai. Die Eier sind mit zahlreichen Haftfäden versehen und kleben als kompakte Masse an Algen, Felsen oder auf Sandgrund. Der Große Ährenfisch ist, wie andere Ährenfische auch, von wirtschaftlicher Bedeutung und vielerorts regelmäßig auf Fischmärkten zu sehen.

2 Dicklippige Meeräsche *Chelon labrosus*
Familie *Mugilidae, Meeräschen*

Kennzeichen: Länge bis 60 cm. Lang gestreckter, spindelförmiger, seitlich wenig abgeflachter Körper. 2 kurze, weit voneinanderstehende Rückenflossen, die erste mit 4 Stachelstrahlen. Schwanzflosse gegabelt. Kopf oben abgeflacht. Dicke Oberlippe, die an ihrem Unterrand zahlreiche, kleine, hornige Papillen trägt. Färbung: Rückenpartie bläulich grau bis grünlich grau, an den Flanken zur Bauchseite hin silbrig grau aufhellend; mit 4–6 dunklen Längsstreifen auf der Seite.

Verwechslungsmöglichkeiten: Es gibt eine Reihe weiterer Meeräschen aus mehreren Gattungen im Gebiet, die sich alle sehr ähnlich sehen. Die Dicklippige Meeräsche ist von den anderen Arten jedoch aufgrund ihrer wulstigen, mit Papillen besetzten Oberlippe leicht zu unterscheiden.

Lebensraum und Verbreitung: Ufernah im freien Wasser über bewachsenen Felsböden, oft dicht unter der Wasseroberfläche. Geht auch in Lagunen und Flussmündungen (Brackwasser). Von der Oberfläche bis meist nur etwa 10 m Tiefe. Gesamtes Mittelmeer; im Ostatlantik vom Senegal bis Norwegen, Kanaren, Kapverden, Azoren, Nordsee, Skagerrak, Kattegat.

Wissenswertes: Die Tiere schwimmen typischerweise in lockeren Gruppen und ziehen oft nah am Ufer die Küsten entlang. Dabei weiden sie verschiedenste wirbellose Kleintiere und wohl auch Algen und Detritus von unterschiedlichen Böden ab. Die Laichzeit beginnt Ende des Winters und reicht bis ins Frühjahr. Die Eier und Larven sind planktisch. Männchen werden mit 27 cm, Weibchen mit 35 cm geschlechtsreif. Die Dicklippige Meeräsche kann etwa 9 Jahre alt werden und ausgewachsen bis etwa 2 kg wiegen. Es sind geschätzte Speisefische mit fischereiwirtschaftlicher Bedeutung. Im westlichen Mittelmeer werden sie auch in Aquakultur gezüchtet.

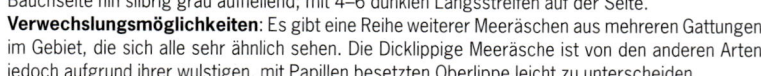

1 Gewöhnliches Petermännchen *Trachinus draco*
Familie *Trachinidae*, Petermännchen

Kennzeichen: Länge bis 40 cm. Lang gestreckter, seitlich abgeflachter Körper. Großer Kopf mit hochliegenden Augen und weiter, schräg nach oben gerichteter Mundspalte. Auf dem Kiemendeckel ein langer, nach hinten gerichteter Dorn. 2 Rückenflossen, die erste sehr kurz und aus 5–7 Stachelstrahlen bestehend, die zweite sehr lang und weichstrahlig. Färbung: grünlich grau bis gelblich braun, mit zahlreichen kurzen, schrägen, gelblichen bis dunkelbraunen Linien.

Verwechslungsmöglichkeiten: Es gibt insgesamt 4 Arten Petermännchen aus 2 Gattungen (Trachinus und Echiichthys) im Mittelmeer, die sich u. a. durch ihr Farbkleid unterscheiden.

Lebensraum und Verbreitung: Auf Sand- und Weichböden. Vom Seichtwasser bis über 100 m Tiefe. Gesamtes Mittelmeer, Schwarzes Meer; im Ostatlantik von Marokko bis Norwegen, Nordsee und Kattegat.

Wissenswertes: Bei Petermännchen sind die 5–7 Stachelstrahlen der ersten Rückenflosse sowie der lange, nach hinten gerichtete Dorn auf dem Kiemendeckel giftführend. Die von einer dünnen Haut überzogenen Stacheln besitzen jeweils 2 Längsrinnen, in denen das Giftdrüsengewebe eingebettet ist. Bei Verletzung an den Stacheln reißt die Hautscheide auf und das Gift gelangt in die Wunde. Dabei handelt es sich um ein Gemisch aus Eiweißen und anderen Substanzen. Gefährdet sind vor allem im flachen Wasser Watende und Badende, da die Tiere oft nicht davonschwimmen, sondern ihre Stacheln zur Abwehr aufrichten. Auch Tauchern lassen sie sehr nah heran, wobei es Berichten zufolge schon zu Verletzungen gekommen sein soll. Ein Stich verursacht einen sofortigen starken Schmerz, der sich auf das umliegende Gewebe ausdehnt. Die betreffende Region schwillt meist rasch an und die Schwellung bleibt mehrere Tage bestehen. Daneben treten nicht selten auch allgemeine Symptome wie erhöhte Temperatur, Brechreiz oder Schweißausbrüche auf. Als Erste Hilfe wird empfohlen, evtl. in der Wunde steckende Stachelreste zu entfernen und die Wunde zu desinfizieren. Anschließend sollte ein Arzt aufgesucht werden. Zur Lebensweise dieser Art siehe Strahlen-Petermännchen (*T. radiatus*).

2 Strahlen-Petermännchen *Trachinus radiatus*
Familie *Trachinidae*, Petermännchen

Kennzeichen: Länge bis 40 cm. Körper lang gestreckt und seitlich abgeflacht. Großer Kopf mit weiter, schräg nach oben gerichteter Mundspalte und hochliegenden Augen. Kiemendeckel mit langem, nach hinten gerichtetem Dorn. Erste Rückenflosse kurz, mit 6 Stachelstrahlen, die zweite sehr lang und weichstrahlig. Grundfärbung: hell gelblich braun bis gräulich mit zahlreichen dunkelbraunen Flecken.

Verwechslungsmöglichkeiten: Es gibt insgesamt 4 Arten Petermännchen aus 2 Gattungen (Trachinus und Echiichthys) im Mittelmeer, die sich u. a. durch ihr Farbkleid unterscheiden.

Lebensraum und Verbreitung: Auf Sand- und Weichböden. Vom Flachwasser bis über 100 m Tiefe. Gesamtes Mittelmeer; im Ostatlantik von Angola bis Südportugal, Kanaren.

Wissenswertes: Petermännchen sind Grundfische und bewohnen ausschließlich Sand- und Weichböden. Häufig graben sie sich zur besseren Tarnung ein, teils so tief, dass nur noch die Kopfoberseite mit den hochliegenden Augen herausschaut. Sie werden daher von Tauchern oftmals übersehen. Petermännchen leben räuberisch. Vollkommen reglos und gut getarnt lauern sie kleinen Fischen und Krebstieren wie Garnelen auf. Kommt ein Beutetier in ihre Reichweite, wird es im blitzschnellen Vorstoß gepackt. Die Laichzeit erstreckt sich vom Frühjahr bis zum Sommer. Die Eier treiben planktisch im Freiwasser. Im Mittelmeer sind Petermännchen gebietsweise, etwa in Südfrankreich, als Speisefische geschätzt. Zur Giftigkeit dieser Art siehe Gewöhnliches Petermännchen (*T. draco*).

F I S C H E

1 Roter Spitzkopf-Schleimfisch *Tripterygion tripteronotus*
Familie *Tripterygiidae, Spitzkopf-Schleimfische*

 Kennzeichen: Länge bis 8 cm. Spitzes Kopfprofil. 3 Rückenflossen. Färbung: gelbbraun bis graubraun mit dunklen, unregelmäßigen Querbändern. Territoriale Männchen zur Laichzeit mit kräftig
rotem Körper und schwarzem Kopf; die vorderen Strahlen der zweiten Rückenflosse verlängert.
Verwechslungsmöglichkeiten: Weibchen, Jungtiere und ältere Männchen außerhalb der Laichzeit
sowohl des Roten Spitzkopf-Schleimfisches als auch des Gelben Spitzkopf-Schleimfisches (*T. delaisi*) tragen ein vergleichsweise unscheinbares Farbkleid und werden auf den ersten Blick leicht
miteinander verwechselt. Die Normaltracht des Gelben Spitzkopf-Schleimfisches kann jedoch durch
einen schwarzen und einen weißen Fleck auf der Schwanzwurzel unterschieden werden.
Lebensraum und Verbreitung: Algenbewachsene Felsgründe. Vom Seichtwasser bis etwa 5 m
Tiefe. Gesamtes Mittelmeer, Schwarzes Meer; im Ostatlantik bei Marokko.
Wissenswertes: Der Rote Spitzkopf-Schleimfisch ist sowohl in besonnten, als auch beschatteten
Bereichen anzutreffen. Bei Beunruhigung schwimmt er ruckartig davon und versteckt sich eventuell
unter Steinen oder in Spalten; er besitzt jedoch im Gegensatz zu den Schleimfischen (Blenniidae)
keine Wohnhöhle. Zu seinem Nahrungsspektrum gehören verschiedene wirbellose Kleintiere, vor
allem kleine Krebstiere wie Ruderfüßer (Copepoden). Die Laichzeit erstreckt sich von Mai bis Juli.
Dann besetzen die älteren Männchen auf algenbewachsenen Felsen kleine Reviere. Vorbeikommende
Weibchen werden mit aufgestellter Rückenflosse und sprunghaften Schwimmbewegungen angebalzt.
Die Eier besitzen in Büscheln angeordnete Ankerfäden, durch die sie am Substrat, z. B. Algen,
haften bleiben. Ein Männchen laicht nacheinander mit mehreren Weibchen ab, die ihrerseits jeweils
verschiedene Männchen aufsuchen. Das Männchen pflegt das Gelege und verteidigt es gegenüber
Fressfeinden. Die Larven schlüpfen nach etwa 14 Tagen und leben eine Zeit lang planktisch, bevor
sie zum Bodenleben übergehen. Die Tiere werden nur bis 3 Jahre alt.

2 Gelber Spitzkopf-Schleimfisch *Tripterygion delaisi*
Familie *Tripterygiidae, Spitzkopf-Schleimfische*

 Kennzeichen: Länge bis 9 cm. Spitzes Kopfprofil. 3 Rückenflossen. Färbung: Weibchen und
nicht territoriale Männchen (**2b**) hellbraun, graubraun oder rotbraun, mit meist nur angedeuteten,
unregelmäßigen Querbinden auf der Rückenpartie; auf dem Schwanzstiel ein weißer und ein sattelförmiger schwarzer Fleck; entlang der Basis der Rückenflossen einige weißliche Flecken. Ältere
Männchen (**2a**) zur Laichzeit mit gelbem Körper und schwarzem Kopf; die ersten 1–2 Strahlen der
zweiten Rückenflosse können verlängert und am Ende bläulich sein.
Verwechslungsmöglichkeiten: Siehe Roter Spitzkopf-Schleimfisch (*T. tripteronotus*).
Lebensraum und Verbreitung: Bewachsener Felsgrund. Von 3–40 m Tiefe. Gesamtes Mittelmeer;
im Ostatlantik vom Senegal bis Südengland.
Wissenswertes: Der Gelbe Spitzkopf-Schleimfisch wurde zunächst als *T. xanthosoma* im Mittelmeer
sowie als *T. atlanticus* im Ärmelkanal beschrieben, bevor erkannt wurde, dass diese mit dem aus
dem Atlantik bekannten *T. delaisi* identisch sind. Er frisst verschiedene wirbellose Kleintiere, vor
allem kleine Krebse. Zur Laichzeit im Mai bis Juli besetzen die älteren Männchen kleine Reviere.
Die Fortpflanzung erfolgt ähnlich wie beim Roten Spitzkopf-Schleimfisch beschrieben. Die auf unterschiedlichen Substraten abgelegten Eier werden vom Männchen bis zum Schlüpfen der Larven
bewacht. Versuche mit gefangenen und nach einigen Tagen in 100–200 m Entfernung von ihrem
Revier wieder freigelassenen territorialen Männchen zeigten, dass diese Art ebenso wie der Rote
Spitzkopf-Schleimfisch ein beachtliches Orientierungsvermögen besitzt: Viele Tiere fanden zu ihrem
ursprünglichen Revier zurück.

1 Zwergspitzkopf-Schleimfisch *Tripterygion melanurus*
Familie *Tripterygiidae, Spitzkopf-Schleimfische*

Kennzeichen: Länge bis 5 cm. Spitzes Kopfprofil. 3 Rückenflossen. Beim Zwergspitzkopf-Schleimfisch sind beide Geschlechter das ganze Jahr über gleich gefärbt: Sie haben einen kräftig roten Körper und einen mehr oder weniger dunklen, meist mit helleren Flecken deutlich marmorierten Kopf. Es gibt 2 Unterarten: *T. m. minor* und *T. m. melanurus*. Bei der ersten ist der Körper gänzlich rot, während letztere auf dem Schwanzstiel einen schwarzen Sattelfleck und einen davorliegenden, kleineren weißen Fleck trägt.

Verwechslungsmöglichkeiten: Kann mit dem Schwarzkopf-Schleimfisch (*Lipophrys nigriceps*) verwechselt werden, der ebenfalls einen roten Körper und einen schwärzlich marmorierten Kopf hat. Dieser hat als echter Schleimfisch (Familie Blenniidae) jedoch nur eine, durchgehende, in der Mitte eingekerbte Rückenflosse und keinen spitz zulaufenden, sondern einen abgerundeten Kopf.

Lebensraum und Verbreitung: Schattige Bereiche des oberen Felslitorals. Etwa zwischen 1 und 6 m Tiefe, nach einigen Literaturangaben bis 20 m Tiefe. Gesamtes Mittelmeer, wobei die Unterart *T. m. minor* im nördlichen Bereich und *T. m. melanurus* im Süden, z. B. bei den Balearen, Südsardinien, der afrikanischen Küste und der Türkei vorkommt.

Wissenswertes: Der Zwergspitzkopf-Schleimfisch ist wesentlich schattenliebender als die beiden anderen im Mittelmeer vorkommenden Vertreter seiner Familie. Er hält sich typischerweise in Höhleneingängen und dunklen Spalten auf. Wie die beiden anderen Arten hat auch er keine bestimmten Unterschlüpfe, in die er bei Gefahr flieht. Die Fortbewegung erfolgt nicht schlängelnd wie bei den echten Schleimfischen, sondern in der für die Familie typischen, ruckartigen Schwimmweise. Er frisst verschiedene wirbellose Kleintiere, insbesondere kleine Krebstiere. Die Laichzeit erstreckt sich von Mai bis Juli. Ältere Männchen mit kleinem Revier balzen vorbeikommende Weibchen an und laichen nacheinander mit mehreren ab. Das Gelege wird vom Männchen bis zum Schlüpfen der Brut bewacht.

2 Gestreifter Schleimfisch *Parablennius gattorugine*
Familie *Blenniidae, Schleimfische*

Kennzeichen: Länge meist bis 20 cm, max. 30 cm. Die durchgehende Rückenflosse ist auf ganzer Länge annähernd gleich hoch, sie besitzt fast keine Einbuchtung in der Mitte. Über den Augen zwei große, stark verzweigte, buschförmige Tentakel, die deutlich länger als der Augendurchmesser sind. Färbung: hell- bis dunkelbraun, mit 6–8 dunklen Querbändern.

Verwechslungsmöglichkeiten: Schon aufgrund der Tentakelform keine. Manche Exemplare des Gehörnten Schleimfisches (P. tentacularis) erscheinen zwar auf den ersten Blick recht ähnlich, haben jedoch Tentakel, die nur auf der Hinterseite gefiedert sind.

Lebensraum und Verbreitung: Bevorzugt auf algenbewachsenen Felsböden. Meist unterhalb von 3 m bis etwa 20 m Tiefe. Gesamtes Mittelmeer, Schwarzes Meer; im Ostatlantik von Marokko bis Schottland.

Wissenswertes: Der Gestreifte Schleimfisch ist die größte Art seiner Familie im Mittelmeer. Meist hält er sich nicht in einer Wohnhöhle, sondern in Felsspalten oder -nischen auf. Zu seinem weiten Nahrungsspektrum gehören Algen sowie Moostierchen, Seescheiden, Schnecken, Muscheln, Stachelhäuter und verschiedenste weitere Wirbellose, die er beim Verzehr von Aufwuchsmaterial mit aufnimmt. In der von März bis Mai dauernden Laichzeit legen nacheinander mehrere Weibchen ihre Eier in eine Höhle im Revier eines Männchens ab. Das Gelege wird vom Männchen bewacht und versorgt. Die nach etwa 4 Wochen schlüpfenden Larven leben ein Zeit lang planktisch, bevor sie im Spätsommer bei etwa 1,5 cm Länge zum Bodenleben übergehen. Der Gestreifte Schleimfisch kann ein Höchstalter von 9 Jahren erreichen.

1 Gehörnter Schleimfisch *Parablennius tentacularis*
Familie *Blenniidae, Schleimfische*

Kennzeichen: Länge bis 16 cm. Die durchgehende Rückenflosse ist auf ganzer Länge annähernd gleich hoch, ohne Einkerbung in der Mitte. Über den Augen lange, nach hinten gefiederte Tentakel, die besonders beim Männchen mit bis etwa dem vierfachen Augendurchmesser außerordentlich lang sein können. Färbung: bräunlich mit etwa 8 Querbinden auf der Seite; im Bereich der ersten 3 Strahlen der Rückenflosse ein mehr oder weniger deutlicher dunkler Fleck.

Verwechslungsmöglichkeiten: Sieht von der Färbung her auf den ersten Blick oftmals dem Gestreiften Schleimfisch (B. gattorugine) ähnlich, unterscheidet sich jedoch eindeutig durch die nur auf der Hinterseite ausgefransten Tentakel.

Lebensraum und Verbreitung: Auf Sandböden und in Seegraswiesen, daneben auch auf algenbestandenem Felsgrund. Ab wenigen Metern bis etwa 15 m Tiefe. Gesamtes Mittelmeer, Schwarzes Meer; im Ostatlantik von den Kanaren bis zur Biskaya.

Wissenswertes: Vom Lebensraum her unterscheidet sich der Gehörnte Schleimfisch von den meisten anderen Schleimfischen, die fast durchweg nur Hartböden bewohnen. Er lebt von Aufwuchs und den darauf siedelnden oder dazwischen frei beweglichen wirbellosen Kleintieren; entsprechend gehören zu seiner Nahrung Algen, Hydrozoen, Moostierchen, Würmer und auch Detritus. Die Vermehrung erfolgt von März bis Mai. Dann besetzt das Männchen eine kleine Wohnhöhle, in die nacheinander mehrere Weibchen die nur etwa 0,6 mm großen Eier ablegen. Als Nesthöhle dient häufig eine leere Muschelschale, auch geeigneter Zivilisationsmüll wird gelegentlich als Laichplatz genutzt.

2 Längsstreifen-Schleimfisch *Parablennius rouxi*
Familie *Blenniidae, Schleimfische*

Kennzeichen: Länge bis 8 cm. Durchgehende, fast nicht eingekerbte Rückenflosse. Über den Augen 2 gefiederte Tentakel, diese bei Männchen zur Laichzeit größer als bei Weibchen. Färbung: silbrig weiß bis gelblich weiß, mit durchgehendem schwarzen Längsstreifen, der von der Stirn über die Augen entlang der Seite bis zur Schwanzflosse reicht.

Verwechslungsmöglichkeiten: Eine bestimmte Farbvariante des Variablen Schleimfisches (*P. pilicornis*) kann sehr ähnlich aussehen. Zudem ist die im Mittelmeer vorkommende Streifengrundel (*Gobius vittatus*) ähnlich gefärbt, kann jedoch sicher am spitzeren Kopfprofil, am Fehlen von Überaugententakeln und ihren 2 Rückenflossen unterschieden werden.

Lebensraum und Verbreitung: Auf bewachsenem ebenso wie auf nacktem Felsgrund. Ab etwa 2 m bis über 45 m Tiefe. Nördliches Mittelmeer, scheint an der nordafrikanischen Küste sowie vor Israel und dem Libanon zu fehlen; im Ostatlantik nur vor Südportugal.

Wissenswertes: Der Längsstreifen-Schleimfisch gehört zu den kleinen Vertretern seiner Familie im Mittelmeer, ist aber aufgrund der markanten Färbung dennoch leicht zu entdecken. Er hat eine vergleichsweise sehr weite Tiefenverbreitung und ist recht häufig auch außerhalb seines Wohnlochs anzutreffen. Es wird vermutet, dass nur Männchen Wohnhöhlen beziehen, während Weibchen frei umherstreifen. Auch diese Art ernährt sich von Aufwuchsorganismen des Felsgrundes und nimmt neben Algen und Schwämmen auch Würmer, Schnecken, Krebstiere und weitere Wirbellose auf. Die Laichzeit fällt in die Monate Mai bis Juli. Das Männchen wartet in seinem Revier, das es heftig gegenüber Konkurrenten verteidigt, auf vorbeikommende Weibchen. Diese werden mit bestimmten Bewegungsmustern angebalzt und in die Wohnhöhle gelockt. Nach der Eiablage wird das Weibchen vom Männchen energisch aus seinem Revier verjagt. Die nach etwa 19 Tagen schlüpfenden Larven leben einige Tage planktisch, bevor sie zum Bodenleben übergehen.

1 Variabler Schleimfisch   *Parablennius pilicornis*
Familie *Blenniidae, Schleimfische*

Kennzeichen: Länge bis 13 cm. Die durchgehende Rückenflosse ist auf ganzer Länge annähernd gleich hoch, ohne Einkerbung in der Mitte. Schlanke, handförmig verzweigte Überaugententakel, meist in 5 oder mehr, in einer Längsreihe stehende Zweige geteilt, wobei der vorderste am längsten ist. Körperfärbung äußerst variabel: Oft bräunlich oder beige mit dunkelbraunen Flecken; diese können zu Längsstreifen verschmelzen (Längsbandzeichnung, **1b**). Das bräunliche Fleckenmuster kann auch 7–8 Querbänder bilden (Querbandzeichnung). Weiterhin ist eine einheitlich goldgelbe Variante bekannt. Männchen sind zur Laichzeit (**1a**) dunkelbraun bis dunkelblau oder schwärzlich gefärbt. Abgesehen von der gelben Form ist der Kopf meist mit zahlreichen Flecken regelmäßig marmoriert und die Tentakel sind meist geringelt.
Verwechslungsmöglichkeiten: Exemplare mit Längsbandzeichnung können dem Längsstreifen-Schleimfisch (*P. rouxi*) sehr ähnlich sehen.
Lebensraum und Verbreitung: Vom Seichtwasser bis etwa 25 m Tiefe. Im Mittelmeer nur im südwestlichen Bereich, etwa bis Südwestfrankreich; im Ostatlantik von Südafrika bis zur Biskaya, Kanaren, Madeira, Azoren.
Wissenswertes: Die Weibchen des Variablen Schleimfisches streifen öfter frei umher, während die Männchen häufig in den für Schleimfische typischen Wohnlöchern anzutreffen sind. Die Art weidet Aufwuchsorganismen wie Algen oder Schwämme ab und nimmt mit diesen darauf siedelnde oder dazwischen umherkriechende wirbellose Kleintiere auf, schnappt aber auch gezielt nach kleinen Krebstieren. Angaben zur Fortpflanzungszeit im Mittelmeer liegen nicht vor; im gemäßigten Ostatlantik erstreckt sie sich von April bis Juni. Dann trägt das Männchen sein dunkles Laichkleid, am Vorderrand der Rückenflosse erscheint mehr oder weniger deutlich ein Augenfleck. Weibchen werden durch Balzschwimmen zur Höhle gelockt und nach dem Ablaichen aus dem Revier verjagt; wie bei anderen Arten laicht das Männchen nacheinander mit mehreren Weibchen ab. Die beim Schlüpfen etwa 3 mm langen Larven leben eine Zeit lang planktisch, bevor sie zum Bodenleben übergehen. Im darauffolgenden Jahr werden die Tiere mit einer Länge von etwa 7 cm geschlechtsreif. Ihr Höchstalter beträgt nur etwa 2,5 Jahre.

2 Schwarzkopf-Schleimfisch   *Lipophrys nigriceps*
Familie *Blenniidae, Schleimfische*

Kennzeichen: Länge bis 4 cm. Eine vom Hinterkopf bis zur Schwanzwurzel reichende, in der Mitte deutlich eingekerbte Rückenflosse. Keine Überaugententakel. Färbung: bräunlich roter Körper mit oder ohne dunklere Flecken; Kopf mit dunklen Flecken oder schwärzlich-blau marmoriert. Laichbereite Männchen: leuchtend roter Körper und schwarzer Kopf mit gelben Wangen. Die Unterart *L. nigriceps portmahonis* trägt einen schwarzen Fleck auf dem Schwanzstiel.
Verwechslungsmöglichkeiten: Kann im Balzkleid (roter Körper, schwarzer Kopf) mit dem Zwergspitzkopf-Schleimfisch (*Tripterygion melanurus*) verwechselt werden. Dieser ist jedoch an seinem zugespitzten Kopf und der dreigeteilten Rückenflosse sicher zu unterscheiden.
Lebensraum und Verbreitung: Auf Felsgrund. In schattigen Bereichen des Felslitorals wie Höhlen und Spalten. Von etwa 1–6 m Tiefe. Im Mittelmeer mit 2 Unterarten vertreten.
Wissenswertes: Der Schwarzkopf-Schleimfisch kommt in 2 Unterarten vor. *L. nigriceps nigriceps* lebt im nördlichen, *L. nigriceps portmahonis* im südlichen und östlichen Mittelmeer. Die beiden Formen scheinen in keinem Gebiet nebeneinander vorzukommen. Der Schwarzkopf-Schleimfisch ernährt sich vor allem von Kleinkrebsen wie Muschelkrebsen oder Ruderfüßern, kleinen Borstenwürmern und anderen Bodentieren, frisst daneben aber auch Algen. Zur Laichzeit im Mai und Juni besetzen die Männchen kleine Reviere, die sie gegenüber Rivalen verteidigen. Das Fortpflanzungsverhalten entspricht im Prinzip dem der anderen Schleimfische.

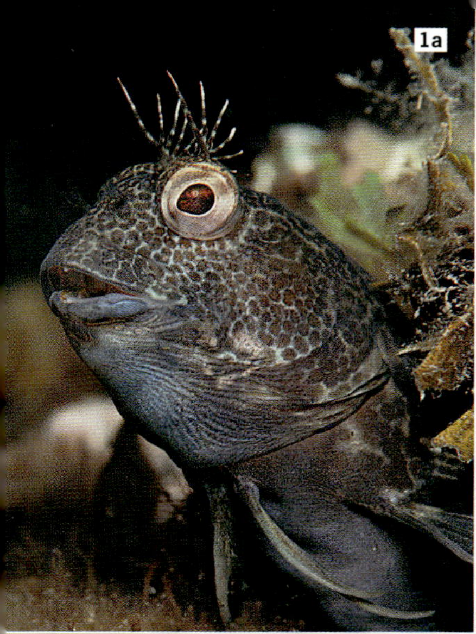
1a

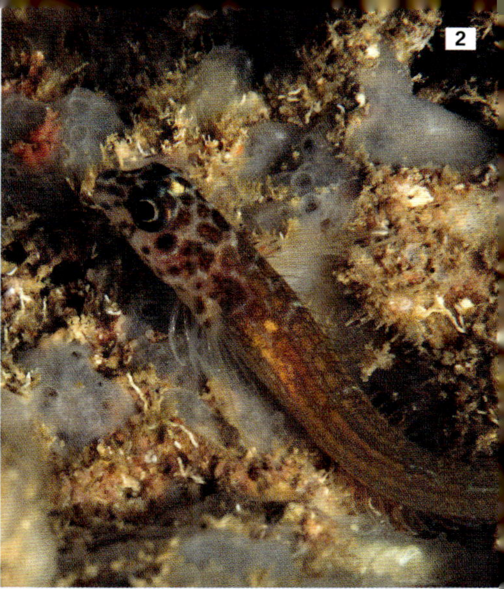
2

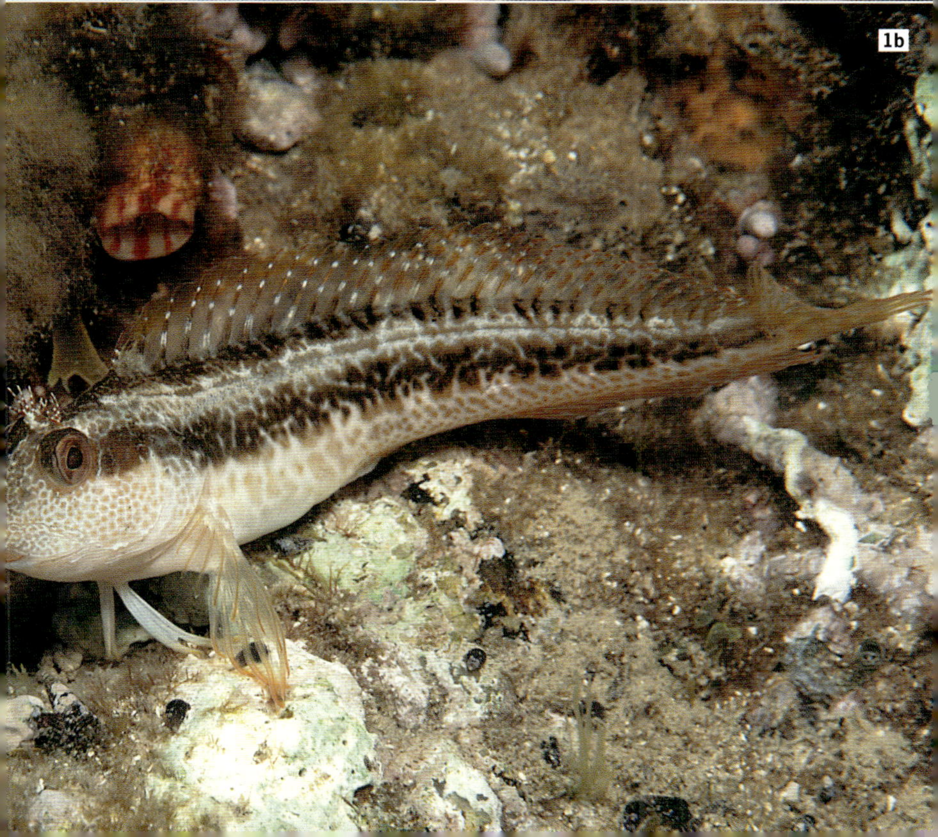
1b

1 Glotzäugiger Schleimfisch   *Parablennius trigloides*
Familie *Blenniidae*

Kennzeichen: Länge meist bis 10 cm, max. 13 cm. Keine Augententakel, dafür Büschel über den Nasenöffnungen. Namensgebend sind die besonders großen Augen.

Verwechslungsmöglichkeiten: Unterscheidet sich durch die fehlenden Augententakeln von Arten mit ähnlichem Farbmuster.

Lebensraum und Verbreitung: Auf Hartgründen im Infralitoral. Nachts gern in kleinen Fluttümpeln. Mittelmeer; im Ostatlantik bis zu den Britischen Inseln.

Wissenswertes: Die Art ernährt sich überwiegend räuberisch von größeren, frei beweglichen Kleintieren. Er gehört zu den wenigen Fischen des Mittelmeers, die sich in den Wintermonaten fortpflanzen.

2 Streifengrundel   *Gobius vittatus*
Familie *Gobiidae*

Kennzeichen: Länge bis 6 cm. Einzige Mittelmeergrundel mit schwarzem Längsstreifen.

Verwechslungsmöglichkeiten: Der Längsstreifen-Schleimfisch (*Parablennius rouxi*) hat ein äußerst ähnliches Farbkleid.

Lebensraum und Verbreitung: Auf Hartgründen, bevorzugt an steilen Küsten und auf korallinen Böden; in Tiefen von 15 bis 40 m. Mittelmeer.

Wissenswertes: Die Streifengrundel und der ähnliche Längsstreifen-Schleimfisch teilen sich oft den Lebensraum. In Ruhestellung sind sie nur an der spitzeren Schnauze der Grundel zu unterscheiden. Doch die Schwimmbewegungen sind sehr unterschiedlich: Beim Schleimfisch schlängelnd, bei der Grundel ruckartig.

3 Gelbkopfgrundel   *Gobius xanthocephalus*
Familie *Gobiidae*

Kennzeichen: Länge bis 10 cm. Grundfärbung des Kopfes gelb, zum Körperende hin in Blassgrau übergehend. Oft der gesamte Körper mit zahlreichen feinen, rötlich braunen Punktlinien, manchmal nur der vordere Bereich.

Verwechslungsmöglichkeiten: Die Art kann höchstens in der gelben Farbvariante mit der Goldgrundel verwechselt werden.

Lebensraum und Verbreitung: Auf Felsböden von 5 bis etwa 30 Meter Tiefe, gelegentlich auch in Seegraswiesen anzutreffen. Mittelmeer; im Ostatlantik von Portugal bis zu den Kanaren.

Wissenswertes: Die Art ernährt sich von kleinen Krebstieren, auch Schwebgarnelen und kleinen Krabben, Borstenwürmern und anderen Wirbellosen.

4 Riesengrundel   *Gobius cobitis*
Familie *Gobiidae*

Kennzeichen: Mit bis zu 27 cm größte Grundel des Mittelmeers, großer, bulliger Kopf, dicke Lippen.

Verwechslungsmöglichkeiten: Keine.

Lebensraum und Verbreitung: An Felsküsten im Infralitoral, von 2–10 m Tiefe. Mittelmeer, Schwarzes Meer; im Ostatlantik von Südengland bis Marokko.

Wissenswertes: Die Tiere sind standorttreu und meist an ihrem bevorzugten Sitzplatz nahe ihres Unterschlupfes anzutreffen, in den sie blitzschnell flüchten. Die Männchen besetzen Reviere und verteidigen sie gegen Artgenossen. Die Art wird mit 2–3 Jahren geschlechtsreif und etwa 10 Jahre alt. Das Weibchen legt die Eier an der Decke der Wohnhöhle des Männchens ab. Die Riesengrundel ist eine der wenigen Arten, die vom Mittelmeer über den Sueskanal ins nördliche Rote Meer eingewandert ist.

1 Goldgrundel *Gobius auratus*
Familie *Gobiidae, Grundeln*

Kennzeichen: Länge bis 6,5 cm. Zwei Rückenflossen. Färbung: intensiv goldgelb, oft mit einem schwach rötlichen Bereich auf der Seite hinten am Kopf.

Verwechslungsmöglichkeiten: Keine aufgrund der lebhaft goldgelben Färbung. *G. auratus* wurde früher als *G. luteus* bezeichnet. Für Verwirrung sorgte auch, dass die Gelbkopfgrundel (*G. xanthocephalus*), obwohl eindeutig unterschiedlich gefärbt und daher nicht zu verwechseln, gelegentlich auch als *G. auratus* bezeichnet und erst 1992 als eigene Art beschrieben wurde.

Lebensraum und Verbreitung: Auf bewachsenen Felsböden. Unterhalb von 10 m bis etwa 80 m Tiefe. Verbreitungsangaben sind wegen der bis vor Kurzem nicht seltenen Verwechslung mit G. xanthocephalus möglicherweise ungenau. Nachweise aus der mittleren Adria, von Elba, Giglio, Korfu, Ägäis und Israel: Eine Verbreitung im gesamten Mittelmeer kann wohl angenommen werden.

Wissenswertes: Die Goldgrundel lebt oftmals gesellig in kleinen Gruppen von mehreren Tieren. Sie gehört zu den wenigen Grundelarten, die nicht nur auf dem Boden liegen, sondern oft auch ein kleines Stück darüberschweben. Dadurch und aufgrund ihrer leuchtend gelben Färbung sind diese Fische trotz ihrer geringen Größe leicht zu entdecken. Sie sind jedoch sehr scheu und flüchten bei Beunruhigung blitzartig in ihre Schlupflöcher, von denen sie sich nie weit entfernen. Als Nahrung dienen der Goldgrundel vor allem kleine Krebstiere wie Ruderfüßer (Copepoden) und Flohkrebse sowie Würmer und Schnecken. Zur Laichzeit im April und Mai legt das Weibchen die Eier in die Nesthöhle eines Männchens ab, welches das Gelege anschließend bis zum Schlüpfen der Brut bewacht.

2 Anemonengrundel *Gobius bucchichii*
Familie *Gobiidae, Grundeln*

Kennzeichen: Länge bis 12 cm. 2 Rückenflossen, die erste mit 6 Hartstrahlen. Grundfärbung: gelblich braun bis gelblich grau, mit zahlreichen dunklen Punkten und kurzen Strichen, die teilweise unterbrochene Längsreihen bilden können.

Verwechslungsmöglichkeiten: Relativ leicht zu erkennende Grundelart, besonders wenn sie sich unter den Tentakeln einer Wachsrose (*Anemonia sulcata*) aufhält, was keine andere Art des Gebietes tut.

Lebensraum und Verbreitung: Meist auf Fels- und Geröllböden, auch auf Sandflecken zwischen Hartböden. Am häufigsten vom Flachwasser bis etwa 6 m, selten tiefer, max. bis knapp 30 m Tiefe. Gesamtes Mittelmeer, Schwarzes Meer; im Ostatlantik an der Südküste Portugals.

Wissenswertes: Die Anemonengrundel ist durch ihren besonderen Hautschleim vor den nesselnden Tentakeln der Wachsrose geschützt und kann sich daher bei Gefahr in den für andere Tiere giftigen Tentakelwald flüchten. Das Zusammenleben mit der Wachsrose stellt keine Symbiose dar, wie bei den Anemonenfischen tropischer Riffe, die ihre Anemone vor Fressfeinden schützen. Vielmehr handelt es sich um eine Probiose (Nutznießung), da nur die Grundel einen Vorteil erlangt, ohne dass die Wachsrose einen Vor- oder Nachteil hat. Bemerkenswert ist, dass Anemonengrundeln im westlichen Mittelmeer fast immer in Gesellschaft einer Wachsrose leben, im östlichen Mittelmeer dagegen nur gelegentlich in deren Schutz anzutreffen sind. Die Anemonengrundel ernährt sich von Kleinkrebsen, Borstenwürmern, Muscheln und Schnecken, daneben zum Teil auch von Algen. Ob sie auch Fische frisst, scheint nicht gesichert. Die Laichzeit erstreckt sich von April bis Juli. Die Männchen befruchten nacheinander die Eier mehrerer Weibchen, wobei diese je nach Größe zwischen 1000 und 10.000 Stück ablegen. Die ovalen, 1,3 mm langen Eier besitzen an einem Pol Fäden, die der Festheftung am Boden dienen. Bei einer Wassertemperatur von 22 °C schlüpfen die gut 2 mm langen Larven nach 6 Tagen und leben zunächst eine Zeit lang planktisch. Die Tiere werden im ersten Lebensjahr geschlechtsreif.

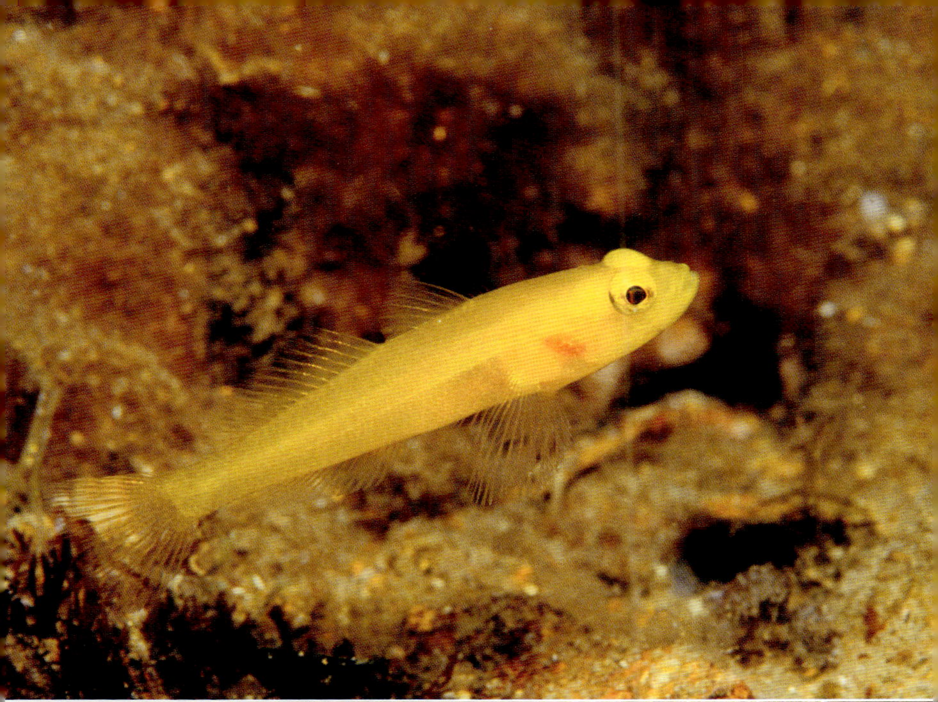
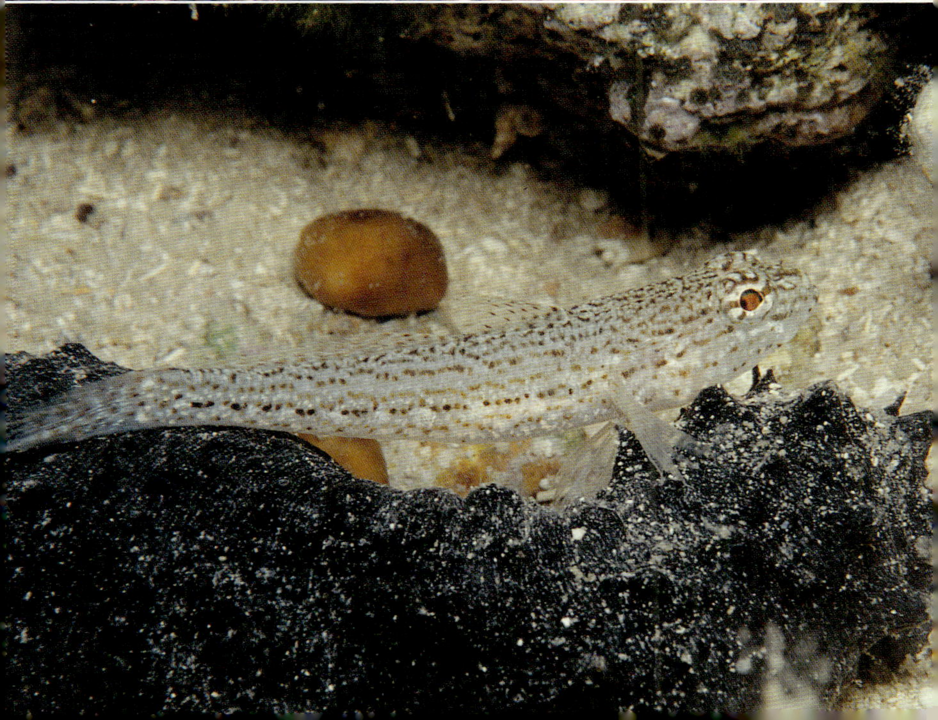

1 Rotmaulgrundel *Gobius cruentatus*
Familie *Gobiidae, Grundeln*

Kennzeichen: Länge bis 20 cm. 2 Rückenflossen, die erste mit 6 Hartstrahlen. Färbung: Dunkel-, hell- und rötlich braun marmoriert; entlang der Seite auf der unteren Körperhälfte hebt sich meist eine Reihe unregelmäßiger dunkler Flecken ab; vor allem ältere Tiere oftmals mit einigen undeutlichen, helleren Querbinden auf dem Rücken; auffälligstes Merkmal des Farbkleides sind die blutroten Lippen, wobei gelegentlich nur die Mundwinkel derart gefärbt sind.

Verwechslungsmöglichkeiten: Aufgrund der roten Lippen keine.

Lebensraum und Verbreitung: Auf Felsböden und auf Sandgrund mit geeigneten Unterschlüpfen in unmittelbarer Nähe sowie in Seegraswiesen. Etwa ab 5 m bis 40 m Tiefe. Wahrscheinlich gesamtes Mittelmeer, fehlt möglicherweise jedoch an der afrikanischen Küste des östlichen Beckens; im Ostatlantik von Marokko bis zum Südwesten Irlands.

Wissenswertes: Aus dem Mittelmeer sind gegenwärtig 56 Grundelarten bekannt. Viele von diesen werden von Tauchern kaum wahrgenommen, teils wegen überwiegend unscheinbarer Farbkleider, teils aufgrund von geringen Körpergrößen, oftmals verbunden mit einer versteckten Lebensweise. Zudem sind viele Arten nur von Spezialisten zu unterscheiden. Eine der Ausnahmen ist die Rotmaulgrundel. Nach der Riesengrundel (*Gobius cobitis*) ist sie die zweitgrößte Grundelart im Mittelmeer, relativ attraktiv gefärbt und leicht zu bestimmen. Wie für Grundeln typisch, ist auch die Rotmaulgrundel ein tagaktiver Grundfisch. Sie hält sich stets in der Nähe ihres Unterschlupfes auf, in den sie bei Gefahr flüchtet. Auf Sandgrund ist sie nur dort anzutreffen, wo sie im näheren Umkreis eine schützende Wohnhöhle in angrenzenden Felsarealen besitzt. Die Wohnhöhle wird gegenüber Artgenossen und anderen Fischen verteidigt. Zur Nahrung der Rotmaulgrundel gehören Schwebgarnelen und verschiedene weitere Wirbellose, Fischlarven und kleine Fische. Über die Fortpflanzung und die Entwicklung von Eiern und Larven ist kaum etwas bekannt.

2 Schlankgrundel *Gobius geniporus*
Familie *Gobiidae, Grundeln*

Kennzeichen: Länge bis 16 cm. 2 Rückenflossen, die erste mit 6 Hartstrahlen. Färbung: sand- bis blassockerfarben mit dunkler Marmorierung; entlang der Flanken eine Längsreihe aus unregelmäßigen, abwechselnd helleren und dunkleren Flecken; gelegentlich mit dunklem Fleck am Kiemendeckel; deutliche dunkle Poren am Kopf, darunter eine waagerechte Porenlinie dunkler Punkte auf der Wange.

Verwechslungsmöglichkeiten: Sehr ähnlich ist die Schwarzgrundel (*G. niger*), bei der nur die laichbereiten Männchen zur Balzzeit das namensgebende dunkle Farbkleid tragen. Insbesondere Jungtiere der Schlankgrundel können ohne genaue Untersuchung der artspezifischen Anordnung der Kopfporen nicht sicher unterschieden werden. Ebenfalls zum Verwechseln ähnlich ist die Sarato-Grundel (*Gobius fallax*).

Lebensraum und Verbreitung: Meist auf Kies-, Sand- oder Weichgrund, häufig in der Nähe von Seegraswiesen. Meist erst ab 5 m, bis etwa 30 m Tiefe. Ausschließlich im Mittelmeer, laut einigen Autoren auf das westliche Becken beschränkt, nach anderen wahrscheinlich im gesamten Gebiet verbreitet; wurde jedenfalls auch in griechischen Gewässern nachgewiesen.

Wissenswertes: Die Schlankgrundel ist im Mittelmeer eine der regelmäßig zu beobachtenden Grundeln, wenn sie auch nirgends wirklich häufig ist. Wie andere Grundeln ist sie ein typischer Grundfisch. Bewegungslos auf dem Boden liegend, lauert sie kleinen Beutetieren auf, zu denen wahrscheinlich wie bei anderen Arten Kleinkrebse und verschiedene weitere Wirbellose gehören. Während der Fortpflanzungszeit von April bis Juni tragen die Männchen ein dunkleres Farbkleid. Die Schlankgrundel ist vergleichsweise wenig scheu. Sie besitzt kleine Versteckplätze, in die sie jedoch längst nicht so schnell flüchtet, wie es andere Grundeln bei Annäherung eines Tauchers tun.

1 Felsengrundel *Gobius paganellus*
Familie *Gobiidae, Grundeln*

Kennzeichen: Länge bis 12 cm. 2 Rückenflossen, die erste mit 6 Hartstrahlen. Grundfärbung: hellbraun, mit dunkler Marmorierung und dunklen, unregelmäßigen Flecken entlang der Seiten. Laichreife Männchen dunkelbraun bis purpurfarben, mit weißlichem bis gelblichem Saum am Oberrand der ersten Rückenflosse, manche Tiere auch außerhalb der Laichzeit derart dunkel gefärbt.
Verwechslungsmöglichkeiten: Kann leicht mit ähnlich gefärbten Arten verwechselt werden.
Lebensraum und Verbreitung: Auf Fels- und Geröllböden. Vom Seichtwasser, selbst in Ebbetümpeln, bis etwa 10 m Tiefe. Gesamtes Mittelmeer, Schwarzes Meer; im Ostatlantik vom Senegal bis zu den Britischen Inseln, Kapverden, Kanaren, Madeira, Azoren.
Wissenswertes: Die Felsengrundel verträgt gewisse Schwankungen der Salzkonzentration.

2 Leopardengrundel *Thorogobius ephippiatus*
Familie *Gobiidae, Grundeln*

Kennzeichen: Länge bis 13 cm. 2 Rückenflossen. Unverwechselbares Farbkleid: Grundfärbung: weißlich grau, oft mit leicht bläulichem Schimmer; über den ganzen Körper große rotbraune, etwa in Längsreihen angeordnete Flecken; im Kopfbereich sind die Flecken kleiner, dafür zahlreicher und häufig etwas heller, rötlicher.
Verwechslungsmöglichkeiten: Aufgrund der charakteristischen Färbung keine. Die sehr seltene Kleine Leopardengrundel (*T. macrolepis*) hat wesentlich kleinere Flecken, die zudem, insbesondere am Kopf, viel blasser sind.
Lebensraum und Verbreitung: In Felsgebieten, oft in Höhlen oder unter Überhängen, fast immer mit kleinen Sandflächen vor ihrem Unterschlupf. Meist unterhalb von 5 m bis etwa 40 m Tiefe. Gesamtes Mittelmeer; im Ostatlantik von Madeira bis zu den Britischen Inseln.
Wissenswertes: Die Leopardengrundel lebt einzeln in schattigen Zonen der Felsgebiete. Dennoch ist sie eine Art der Sand- und Weichböden, da sie stets solche Areale innerhalb der Felsküsten bewohnt, auch wenn diese häufig nur winzig sind. Aufgrund ihrer versteckten Lebensweise wird sie relativ selten gesichtet. Mit gewisser Regelmäßigkeit ist sie jedoch in größeren Höhlen anzutreffen sowie unter Überhängen oder am Fuß von Steilwänden, wenn dort Sandgrund vorliegt.

3 Gefleckte Sandgrundel *Pomatoschistus pictus*
Familie *Gobiidae, Grundeln*

Kennzeichen: Länge bis 6 cm. Körper sehr schlank mit langem Schwanzstiel und 2 Rückenflossen. Dem Untergrund angepasstes Fleckenmuster, mit gelblich braunen, bläulich grauen und dunkelbräunlichen, an den Flanken zur Bauchseite hin auch silbrigen Partien. An den Seiten meist mehrere dunkle Flecken oder kurze Querstreifen. Erste Rückenflosse mit zwei, die zweite mit drei Längsreihen dunkler bis schwarzer Punkte.
Verwechslungsmöglichkeiten: Es gibt eine Reihe weiterer Vertreter dieser Gattung im Mittelmeer, die teils recht ähnlich sind. Insbesondere von Baths Sandgrundel (*P. bathi*) ist diese Art nur schwer zu unterscheiden. Aus der Adria ist eine Unterart der Gefleckten Sandgrundel (*P. pictus adriaticus*) bekannt.
Lebensraum und Verbreitung: Auf Sand- und Kiesgrund. Auch im Brackwasser. Vom Flachwasser bis über 50 m Tiefe. Mittelmeer; im Ostatlantik bis Norwegen, Nordsee, Ostsee.
Wissenswertes: Die Gefleckte Sandgrundel lebt bodenorientiert, wie es für die überwiegende Zahl der Grundeln typisch ist. Sie dringt auch in Flussmündungen vor; beispielsweise wurde sie in der Nordsee in der Wesermündung nachgewiesen. Als Nahrung dienen der Gefleckten Sandgrundel wirbellose Kleintiere des Bodengrundes.

1 Rotfleck-Schildfisch *Lepadogaster candollei*
Familie *Gobiesocidae, Schildfische*

Kennzeichen: Länge bis 8 cm. Körper im Kopfbereich vertikal abgeplattet, hinten seitlich abgeflacht. Schuppenlose, stark schleimige Haut. Entenschnabelförmig verlängerte Kiefer mit sehr weiter Mundöffnung und fleischigen Lippen. Keine Nasententakel, nur kurze Nasenpapillen ausgebildet. Rücken- und Afterflosse sind deutlich von der Schwanzflosse getrennt. Färbung: Männchen dunkel graubraun, teils mit bläulichem Schimmer, mit hellen Tupfen und kräftig roten Flecken oder Bändern auf den Wangen und in der Rückenflosse. Weibchen weniger markant gefärbt, grünlich bis bräunlich mit helleren und dunkleren Flecken. Seltene rote Variante (**1b**).

Verwechslungsmöglichkeiten: Diese Art kann leicht mit dem Blaufleck-Schildfisch (*L. lepadogaster*) verwechselt werden, bei dem Rücken- und Afterflosse jedoch nur unvollständig von der Schwanzflosse getrennt und an den Nasenöffnungen Tentakel ausgebildet sind.

Lebensraum und Verbreitung: In Geröll- und Blockfeldern sowie auf Felsböden. Vom Seichtwasser bis etwa 15 m Tiefe. Gesamtes Mittelmeer, Schwarzes Meer; im Ostatlantik vom Senegal bis zu den Britischen Inseln.

Wissenswertes: Schildfische, auch Ansauger oder Schildbäuche genannt, haben einen von den Bauchflossen gebildeten Saugnapf am Bauch. Er dient dem Festheften an Steine, Fels oder andere Substrate. Sie leben versteckt zwischen den zahlreichen Hohlräumen von Geröll- und Blockfeldern oder in den Nischen reich strukturierter Felsgründe. Der Rotfleck-Schildfisch frisst kleine Krebstiere wie Flohkrebse, Porzellankrebse, Garnelen oder Asseln sowie Muscheln und Schnecken. Zur Laichzeit im Frühjahr heftet das Weibchen im Revier des Männchens die etwa 1,2 mm langen Eier an Steine oder Felsflächen. Hintereinander laichen mehrere Weibchen mit einem Männchen ab, sodass sich mehrere Gelege in dem Nest befinden, das anschließend vom Männchen bewacht wird. Nach etwa 2 Wochen (bei 18 °C) schlüpfen die Larven und leben eine Zeit lang planktisch, bevor sie zum Bodenleben übergehen. Die Tiere werden bis 6 Jahre alt.

2 Blaufleck-Schildfisch *Lepadogaster lepadogaster*
Familie *Gobiesocidae, Schildfische*

Kennzeichen: Länge bis 7 cm. Körper im Kopfbereich vertikal abgeplattet, hinten seitlich abgeflacht. Schuppenlose, stark schleimige Haut. Entenschnabelförmig verlängerte Kiefer mit sehr weiter Mundöffnung und fleischigen Lippen. An den Nasenöffnungen je ein Tentakel. Rücken- und Afterflosse sind von der Schwanzflosse nur unvollständig getrennt. Färbung variabel: grünlich gelb bis rötlich braun mit mehr oder weniger deutlichen dunklen Flecken.

Verwechslungsmöglichkeiten: Siehe Rotfleck-Schildfisch (*L. candollei*).

Lebensraum und Verbreitung: Geröll- und Blockfelder. Vom Seichtwasser bis etwa 10 m Tiefe. Gesamtes Mittelmeer, Schwarzes Meer; im Ostatlantik vom Senegal bis zu den Britischen Inseln, Kanaren, Madeira.

Wissenswertes: Diese Art lebt bevorzugt in seichten Geröllfeldern, meist in etwas geringeren Tiefen als der ansonsten im ganz ähnlichen Lebensraum anzutreffende Rotfleck-Schildfisch. Typischerweise ist er an der Steinunterseite festgesaugt und wird daher nur sehr selten gesehen. Zudem ist er deutlich weniger agil als der Rotfleck-Schildfisch. Als Nahrung dienen dem Blaufleck-Schildfisch vor allem verschiedene Kleinkrebse wie Garnelen, Asseln, Porzellan- oder Flohkrebse; daneben frisst er auch Schnecken und Muscheln und betätigt sich gelegentlich als Laichräuber; auch kleine Fische werden verspeist. Die Vermehrung erfolgt im April bis Mai. Nacheinander legen mehrere Weibchen die mit Haftfäden versehenen Eier unter Steinen im Territorium eines Männchens ab, welches das Gelege bis zum Schlüpfen der Larven bewacht, was abhängig von der Wassertemperatur nach etwa 2 Wochen geschieht. Die Larven leben 3–5 Wochen planktisch, bevor sie als Jungfische mit etwa 9 mm Länge zum Bodenleben übergehen. Die Art wird bis zu 5 Jahre alt.

1 Kleiner Leierfisch *Callionymus pusillus*
Familie *Callionymidae*, Leierfische

Kennzeichen: Länge: Männchen bis 14 cm, Weibchen bis 10 cm. Kopf breit, abgeflacht und in der Aufsicht dreieckig. Relativ große, hochliegende, die Stirn überragende Augen. Haut schuppenlos. 2 Rückenflossen, die erste mit 4 Hartstrahlen, die zweite mit 6–7 Weichstrahlen. Deutliche Geschlechtsunterschiede: Männchen mit stark vergrößerten Rückenflossen und intensiverer Färbung, mit hellbläulichen Querstreifen an den Flanken. Rückenpartie bei beiden Geschlechtern farblich dem jeweiligen Sandgrund angepasst.

Verwechslungsmöglichkeiten: Es gibt insgesamt 7 Arten dieser Gattung im Mittelmeer. Besonders die farblich unscheinbaren, dem jeweiligen Untergrund angepassten Weibchen können leicht miteinander verwechselt werden.

Lebensraum und Verbreitung: Auf sandigen Böden. Überwiegend in geringen Tiefen, seltener bis etwa 100 m Tiefe. Nördliches Mittelmeer einschließlich Adria, Ägäis, Libanon und Israel; Schwarzes Meer; im Ostatlantik an der Küste Portugals bis Lissabon.

Wissenswertes: Wie alle Leierfische lebt auch der Kleine Leierfisch bodenorientiert und besitzt keine Schwimmblase. Dem Grund aufliegend stützen sich die Tiere auf ihre auffallend großen und weit voneinander getrennten Bauchflossen. Als typische Grundfische ernähren sie sich von kleinen Bodentieren, vor allem von Würmern und Krebsen. Die laichbereiten, prächtig gefärbten Männchen grenzen Reviere ab, die sie gegenüber Rivalen in ritualisierten Kämpfen verteidigen. Dabei schwimmen die Kontrahenten frontal aufeinander zu und drohen mit Maulaufreißen. Sie können sich gegenseitig mit dem Maul packen und versuchen, den Gegner zurückzuschieben, bis der Schwächere endgültig zurückweicht. Das Balzverhalten gegenüber Weibchen umfasst das Aufspreizen von Rücken- und Schwanzflosse sowie das Zeigen der attraktiv gefärbten Flanken. Schließlich schwimmt das Paar sich berührend Seite an Seite langsam nach oben, wobei es gleichzeitig die Geschlechtsprodukte abgibt. Eier und Larven sind planktisch.

2 Rissos Leierfisch *Callionymus risso*
Familie *Callionymidae*, Leierfische

Kennzeichen: Länge: Männchen bis 11 cm, Weibchen bis 6,5 cm. Kopf breit, abgeflacht und in der Aufsicht dreieckig. Relativ große, hochliegende, die Stirn überragende Augen. Haut schuppenlos, zwei Rückenflossen. Färbung: gelblich braun bis sandfarben, mit helleren, unregelmäßigen Flecken.

Verwechslungsmöglichkeiten: Es gibt insgesamt 7 Arten dieser Gattung im Mittelmeer. Insbesondere farblich unscheinbare, dem jeweiligen Untergrund angepasste Exemplare sind leicht zu verwechseln.

Lebensraum und Verbreitung: Auf kiesigen, sandigen und schlickigen Böden. Meist unterhalb von 10 m bis 150 m Tiefe. Westliches und nördliches Mittelmeer einschließlich Adria, Ägäis, vor Algerien und Tunesien, Fundorte im östlichen Becken bei Israel; westliches und nördliches Schwarzes Meer; im Ostatlantik bis zum westlichen Portugal, dort jedoch selten.

Wissenswertes: Leierfische sind nur gebietsweise einigermaßen regelmäßig anzutreffen. Daher, aber auch aufgrund ihrer geringen Größe und sandbewohnenden Lebensweise werden sie nur selten von Tauchern beobachtet. Rissos Leierfisch ist wie alle Mitglieder seiner Familie ein Grundfisch. Als Nahrung dienen ihm wirbellose Kleintiere des Bodens, vor allem Würmer und Krebse. Das Ablaichen findet bevorzugt in der Abenddämmerung statt. Dann steigen ein Männchen und ein Weibchen sich seitlich berührend langsam ein Stück ins freie Wasser hoch und geben die Geschlechtsprodukte ab. Danach schwimmen sie sofort zum Grund zurück. Die Eier und Larven sind planktisch.

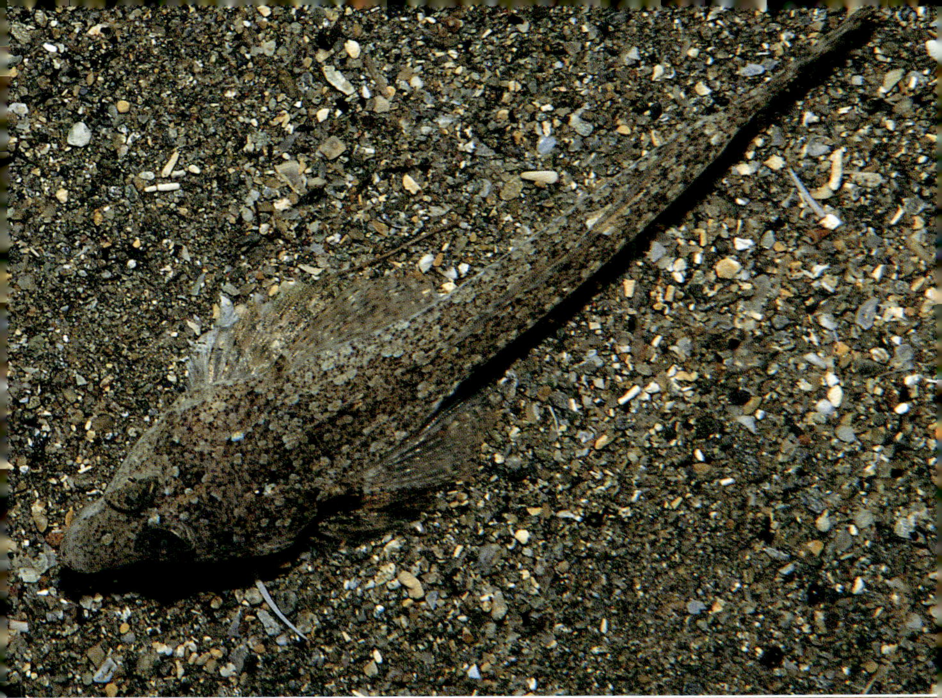

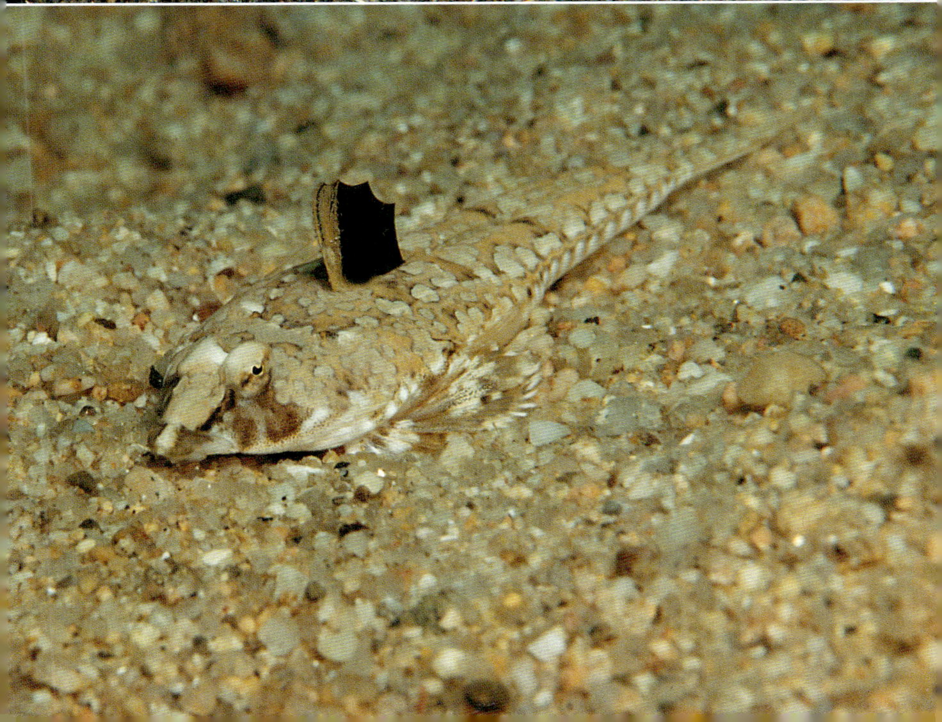

1 Mittelmeer-Fliegender Fisch *Cheilopogon heterurus*
Familie *Exocoetidae, Fliegende Fische*

Kennzeichen: Bis zu 40 cm groß. Körper lang gestreckt, mit breiten, flügelartigen Brustflossen. Rückenflosse setzt vor der Afterflosse an. Schwanzflosse tief gabelteilig, unterer Teil länger als der obere. Färbung: blaugrau bis silbrig grau.

Verwechslungsmöglichkeiten: Die Art kann mit der seltener vorkommenden Art *Cheilopogon exsiliens* verwechselt werden. Bei beiden Arten ist die Rückenflosse vor der Afterflosse angesetzt. Bei C. exsiliens ist der untere Teil der Schwanzflosse dunkel gefärbt, während die Schwanzflosse von *C. heterurus* gleich gefärbt ist. Bei *C. exsiliens* besitzt die Rückenflosse einen dunklen Mittelstrich. Dieser fehlt bei *C. heterurus*.

Lebensraum und Verbreitung: Pelagische Lebensweise dicht unter der Wasseroberfläche, wobei Küstennähe bevorzugt wird. Westliches Mittelmeer sowie im Atlantik bis Südnorwegen, Bermudas und Bahamas. Auch im Indischen Ozean bis Westaustralien sowie in den subtropischen Bereichen des Pazifiks.

Wissenswertes: Die Flugeigenschaften dienen vermutlich der Flucht vor Feinden. Dabei können Fliegende Fische dank ihrer flügelartigen Brustflossen bis zu 10 Sekunden und immerhin bis zu 200 m weit fliegen. Erreicht wird diese Leistung durch kräftiges und extrem schnelles Schlagen der asymmetrisch geformten Schwanzflosse. Bis zu 60 Schläge pro Sekunde liefern den Antrieb für diesen segelartigen Flug knapp über der Wasseroberfläche, wobei die Brustflossen nicht bewegt werden. Zur Fortpflanzung bauen die Tiere schwimmende Nester aus treibenden Tangen, in die sie ihre Eier abgeben.

2 Barrakuda *Sphyraena sphyraena*
Familie *Sphyraenidae, Pfeilhechte, Barrakudas*

Kennzeichen: Meist 30 bis 50 cm, in Ausnahmefällen bis zu 165 cm großer, hechtförmiger, lang gestreckter Körper mit zugespitztem Kopf. Großes Maul mit langen spitzen Zähnen. Unterkiefer vorstehend, länger als der Oberkiefer. V-förmig gegabelte Schwanzflosse. Brust- und Bauchflossen deutlich hintereinander angesetzt. Vorkiemendeckel breit. Färbung des Körpers silbrig glänzend. Rücken dagegen dunkler mit bis zu 22 dunklen Bändern, die bis zur Seitenlinie reichen.

Verwechslungsmöglichkeiten: Im Mittelmeer treten noch zwei weitere Barrakudaarten auf, die sich wie folgt unterscheiden lassen: Bei *Sphyraena chrysotaenia* setzen Brust- und Bauchflossen auf einer Höhe an. *Sphyraena viridensis* besitzt zwar die gleiche Brust- und Bauchflossenstellung wie Sphyraena sphyraena, ist aber durch einen schmalen Vorkiemendeckel gekennzeichnet.

Lebensraum und Verbreitung: Barrakudas sind Jäger des freien Wassers über Fels- oder Sandböden bis in 100 m Tiefe. Im gesamten Mittelmeer sowie im Atlantik von Angola bis zur Biskaya. Auch im Westatlantik von den Bermudas bis nach Brasilien.

Wissenswertes: Barrakudas formieren sich meist zu großen Schwärmen mit bis zu mehreren Hundert Tieren. Sie sind aktive Räuber, die zur Ergreifung ihrer Beute (Fische, Kopffüßer) blitzschnell beschleunigen können. Ihre Zähne sind scharf wie Rasierklingen und können einen gleich großen Beutefisch mühelos in zwei Stücke zerteilen. Angriffe auf Menschen kommen vor, sind jedoch relativ selten. Meist werden diese im Zusammenhang mit der Unterwasserjagd beobachtet, wenn der harpunierte Fisch noch lebt. Außerdem werden Barrakudas in trüben Gewässern auch von blinkenden, glänzenden Objekten wie Schmuck angezogen, da sie diese vermeintlich für silbrig glänzende Beutefische ansehen. Grundsätzlich besteht auch die Gefahr einer Ciguateravergiftung durch den Verzehr von Barrakudafleisch.

1 Schwertfisch *Xiphias gladius*
Familie *Xiphiidae, Schwertfische*

Kennzeichen: Länge meist bis 200 cm, max. 450 cm. Kräftiger, torpedoförmiger Körper. Der Oberkiefer läuft in ein langes, horizontal abgeplattetes Schwert aus, das bis zu ein drittel der Körperlänge ausmachen kann.

Verwechslungsmöglichkeiten: Keine, einzige Art der Familie. Bei den nah verwandten Speerfischen (Istiophoridae), zu denen Marlin und Segelfische gehören, ist der verlängerte Oberkiefer speerförmig rund; zudem unterscheiden sie sich u. a. durch eine lange erste Rückenflosse und den Besitz von Bauchflossen.

Lebensraum und Verbreitung: Hochsee, im Epi- und Mesopelagial. Von der Wasseroberfläche bis etwa 800 m Tiefe. Weltweit in warmen und kühl gemäßigten Meeren, auch im gesamten Mittelmeer und im Schwarzen Meer.

Wissenswertes: Schwertfische sind sehr schnelle, ausdauernd schwimmende Hochseebewohner, die oft weite Wanderungen unternehmen. Meist leben sie einzelgängerisch, seltener kommen sie in kleinen Trupps vor. Sie erbeuten verschiedene Hochseefische, bevorzugt Schwarmfische wie Makrelen oder Heringe, aber auch Kalmare. Es wird angenommen, dass sie ihr Schwert bei der Jagd und der Verteidigung als Waffe einsetzen. Die Laichzeit ist abhängig von ausreichend warmen Wassertemperaturen und erstreckt sich im Mittelmeer von Juni bis September. Wichtige bekannte Laichgebiete liegen vor Süditalien und Sizilien. Jungfische haben zunächst noch gleich lange Kiefer und andersartige Flossenformen. Erst mit einer Länge über 1 m bekommen sie zunehmend die Körperformen der Erwachsenen. Taucher dürften diesen typischen Hochseebewohner unter Wasser praktisch nie zu Gesicht bekommen. Gebietsweise ist der begehrte Speisefisch jedoch auf Fischmärkten zu sehen. Die Boote für den Schwertfischfang sind mit einem sehr hohen Aussichtsmast sowie an einem langen Ausleger ausgestattet (**1b**).

2 Weitäugiger Butt *Botus podas podas*
Familie *Bothidae, Linksaugenflundern*

Kennzeichen: Länge bis 45 cm. Rundlich ovaler, asymmetrischer, seitlich stark abgeplatteter Körper. Augen auf der linken Körperseite, das untere Auge liegt weiter vorn als das obere. Beim Männchen liegen die Augen deutlich weiter auseinander als beim Weibchen; zudem trägt das Männchen einen Stachel auf der Schnauzenspitze. Färbung der Oberseite (Augenseite), abhängig vom Untergrund, sehr variabel: hellgrau, sandfarben, bräunlich, typischerweise mit helleren Punkten und Flecken, Unterseite (Blindseite) hell.

Verwechslungsmöglichkeiten: Es gibt eine Reihe weiterer Plattfische aus verschiedenen Familien und Gattungen im Mittelmeer, die nicht immer leicht zu unterscheiden sind. Männchen des Weitäugigen Butts sind jedoch aufgrund ihrer weit auseinanderliegenden Augen leicht von ähnlichen Plattfischen zu unterscheiden. Bei Madeira und den Kanaren kommt die Unterart *B. p. maderensis* vor.

Lebensraum und Verbreitung: Auf Weich-, Sand- und Kiesböden. Meist unterhalb von 5 m bis über 200 m Tiefe. Gesamtes Mittelmeer; im Ostatlantik von Angola bis Portugal, Kanaren, Madeira, Azoren.

Wissenswertes: Plattfische haben als Anpassung an ihr Bodenleben keine Schwimmblase. Beim Schwimmen gleiten sie durch wellenförmige Bewegungen der Flossensäume meist unmittelbar über den Grund. Das Nahrungsspektrum des Weitäugigen Butts besteht aus Kleintieren des Bodens wie Würmern, Krebsen, Weichtieren und auch Fischen. Die Fortpflanzung erfolgt zwischen Mai und August. Die Larven dieser Art sind wie bei allen Plattfischen planktisch und symmetrisch. Jedoch unterscheiden sie sich, wie alle Larven der Familie Bothidae, von denen anderer Plattfischfamilien dadurch, dass sie extrem dünn und bis auf einige Pigmentflecken sehr transparent sind. Der Weitäugige Butt ist ein geschätzter Speisefisch und wird regelmäßig auf Fischmärkten angeboten.

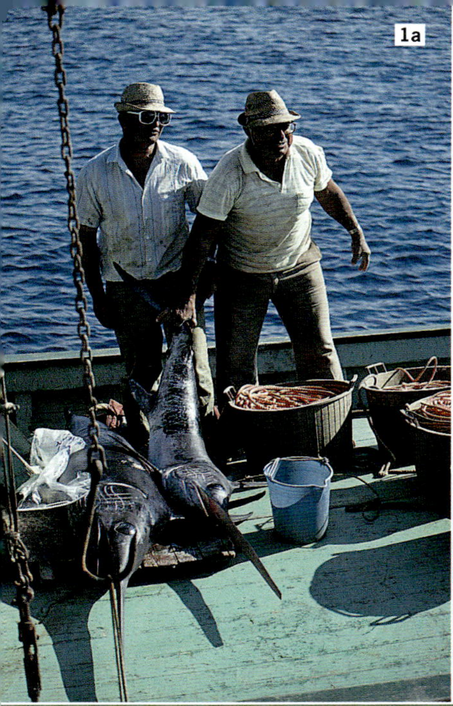
1a

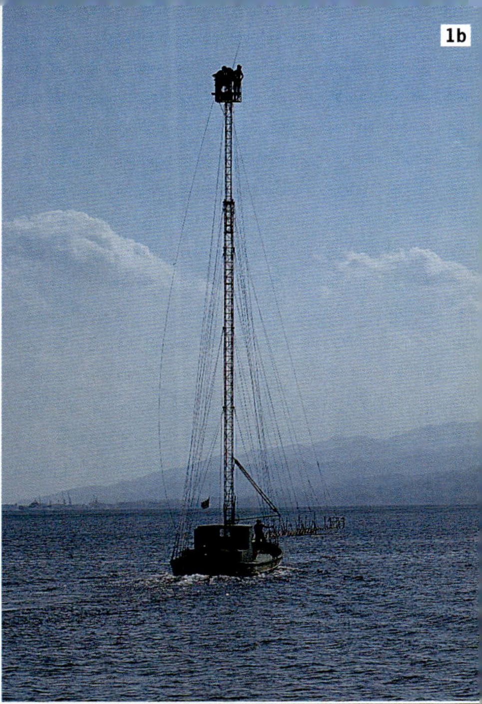
1b

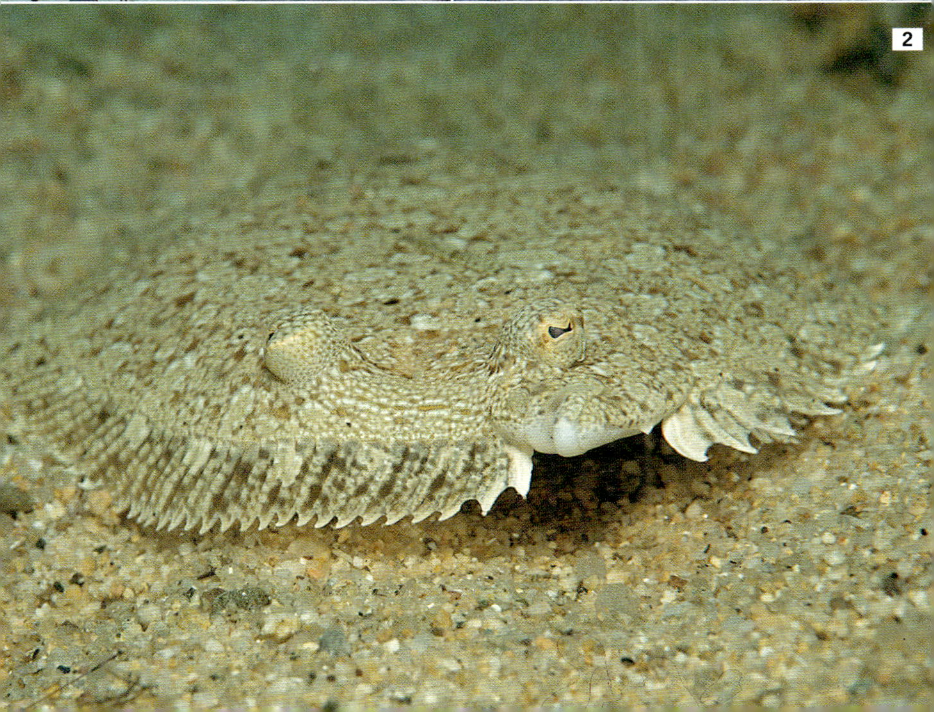
2

F I S C H E

1 Thors Lammzunge   *Arnoglossus thori*
Familie *Bothidae, Linksaugenflundern*

Kennzeichen: 15 bis max. 20 cm. Augen auf der linken Seite, geringer Augenabstand. Färbung der Oberseite (Augenseite) variabel: sandfarben, gräulich, bräunlich mit unregelmäßigen Flecken und Punkten. Unterseite (Blindseite) weißlich.
Verwechslungsmöglichkeiten: Es gibt weitere Vertreter dieser Gattung im Mittelmeer, die nicht leicht zu unterscheiden sind.
Lebensraum und Verbreitung: Auf Sand- und Weichböden. Von einigen Metern Wassertiefe bis etwa 400 m. Mittelmeer, in Teilen des östlichen Beckens fehlend; im Ostatlantik von Sierra Leone bis Irland, Kapverden.
Wissenswertes: Plattfische sind nicht abgeplattet, sondern seitlich zusammengedrückt und asymmetrisch. Als Larven leben sie planktisch und haben noch eine symmetrische, normale Fischform. Zu einem bestimmten Zeitpunkt, je nach Art zwischen etwa einem bis mehreren Zentimetern Länge, beginnen sie sich umzuwandeln. Dabei wandert ein Auge über den Kopf auf die andere Körperseite, die spätere Oberseite. Je nach Familienzugehörigkeit liegen die Augen entweder auf der rechten oder linken Körperseite; bei manchen Arten gibt es jedoch sowohl links- als auch rechtsäugige Exemplare.

2 Augenfleck-Zwergbutt   *Phrynorhombus regius*
Familie *Scophthalmidae, Steinbutte*

Kennzeichen: 12 bis max. 20 cm. Augen auf der linken Seite, geringer Augenabstand. Färbung der Oberseite (Augenseite) variabel, dem Untergrund angepasst: sandfarben, gräulich, auch rötlich, mit unregelmäßigen hellen und dunklen Flecken; in Körpermitte im hinteren Teil ein mehr oder weniger deutlicher dunkler Augenfleck.
Verwechslungsmöglichkeiten: Kann mit anderen Plattfischen verwechselt werden, ist aber relativ gut an der Merkmalskombination Linksäugigkeit, leicht ovaler Körper und dunkler Augenfleck zu erkennen.
Lebensraum und Verbreitung: Meist auf Hartgrund, auch auf Kies- und Sandböden. Von etwa 10 m bis 180 m Tiefe. Mittelmeer, soll in südlichen und östlichen Bereichen fehlen; im Ostatlantik von Marokko bis zu den Britischen Inseln.
Wissenswertes: Während die meisten Plattfische bevorzugt auf Sand- und Weichböden leben, hält sich der Augenfleck-Zwergbutt gern auf Felsböden auf; hier kann er sogar senkrechten Flächen aufliegend angetroffen werden. Plattfische passen sich farblich dem jeweiligen Untergrund an. Da sie typischerweise auf Sand- oder Weichböden leben, sind sie in der Regel wenig attraktiv gefärbt. Dagegen kann der Augenfleck-Zwergbutt auf Hartgründen mit farbenfrohem Bewuchs entsprechend attraktiv, oft rötlich, gefärbt sein.

3 Pelz-Seezunge   *Monochirus hispidus*
Familie *Soleidae, Seezungen*

Kennzeichen: Länge bis 20 cm. Augen auf der rechten Seite. Die Brustflosse auf der Unterseite (Blindseite) fehlt. Die Haut erscheint durch die großen rauen Schuppen leicht „zottig". Färbung der Oberseite (Augenseite) variabel.
Verwechslungsmöglichkeiten: Es gibt etwa 15 weitere Vertreter dieser Familie im Mittelmeer. Die Pelz-Seezunge ist im Mittelmeer die einzige Art der Gattung Monochirus, die sich von den anderen Gattungen durch das Fehlen einer Brustflosse auf der Blindseite unterscheidet.
Lebensraum und Verbreitung: Auf Sand- und Weichböden, teils auch zwischen Seegras. Meist unterhalb von 10 m bis über 200 m Tiefe.
Wissenswertes: Plattfische zeigen kaum Scheu. Sie lassen Taucher sehr nah heran. Pigmentiert ist nur die Oberseite. Die dem Boden aufliegende Unter- oder Blindseite ist dagegen weißlich.

1 Rauten-Feilenfisch *Stephanolepis diaspros*
Familie *Monocanthidae*

Kennzeichen: Länge bis 25 cm.

Verwechslungsmöglichkeiten: Keine.

Lebensraum und Verbreitung: Auf Hartgründen, vom Flachwasser bis 65 m. Die Art hat sich Einwanderer aus dem Roten Meer im östlichen Mittelmeer etabliert. Rotes Meer bis Arabischer Golf.

Wissenswertes: Ernährt sich von verschiedenen Wirbellosen und Algen. Feilenfische sind nah verwandt mit den Drückerfischen. Wie diese haben sie einen besonderen Mechanismus in der Rückenflosse. Der erste Stachelstrahl liegt in Ruhestellung in einer Furche. Wird er aufgerichtet, rastet der dahinterliegende, zweite Stachelstrahl ein und klemmt dadurch den ersten in aufgerichteter Position fest. Erst mit Herunterdrücken des dritten Hartstahls wird der Sperrmechanismus wieder gelöst. Da auch die Bauchflosse einen aufrichtbaren Knochenstachel besitzt, können sich diese Fische bei Bedrohung in Felsspalten verkeilen.

2 Gestreifter Soldatenfisch *Sargocentron rubrum*
Familie *Holocentridae, Soldatenfische*

Kennzeichen: Bis 20 (max. 30) cm groß, seitlich stark abgeflacht. Große Augen. Kiemendeckel mit langem spitzem Dorn an der Unterseite sowie zwei kürzeren Dornen darüber. Färbung: rotbraun mit acht silbrig weißen Längsstreifen.

Verwechslungsmöglichkeiten: Der Gestreifte Soldatenfisch ist die einzige Art der Familie im Mittelmeer und aufgrund seiner attraktiven Färbung unverwechselbar.

Lebensraum und Verbreitung: An Felsküsten in Höhlen und Spalten, zwischen 10 und 50 m Tiefe. Bevorzugt Bereiche mit starker Strömung. Rotmeer-Einwanderer. Bisher nur im östlichen Mittelmeer, aus dem Sueskanal eingewandert und von Israel über Libanon bis zur türkischen Küste vorgedrungen. Weitverbreitete Art im Indopazifik, vom Roten Meer bis Japan und Australien.

Wissenswertes: Die vorwiegend in den Tropen und Subtropen beheimateten Soldatenfische sind durch ihre tagsüber in Höhlen und Spalten versteckte, sonst dämmerungs- und nachtaktive Lebensweise bekannt. In Anpassung an die Dunkelheit ist der Gestreifte Soldatenfisch mit übergroßen Augen ausgestattet, um nachts auf Beutezug (Krebse und kleine Fische) zu gehen. Soldatenfische sind in den Tropen geschätzte Speisefische, die vielerorts auf den Fischmärkten – inzwischen auch in Israel und Zypern – zu sehen sind. Beim Hantieren mit den Fischen ist jedoch Vorsicht geboten: Mit ihren kräftigen Kiemendeckelstachen besitzen Soldatenfische eine sehr wirksame Verteidigungswaffe, die schmerzhaft stechen kann. In Fachkreisen wird beim Gestreiften Soldatenfisch auch von einer Giftübertragung ausgegangen.

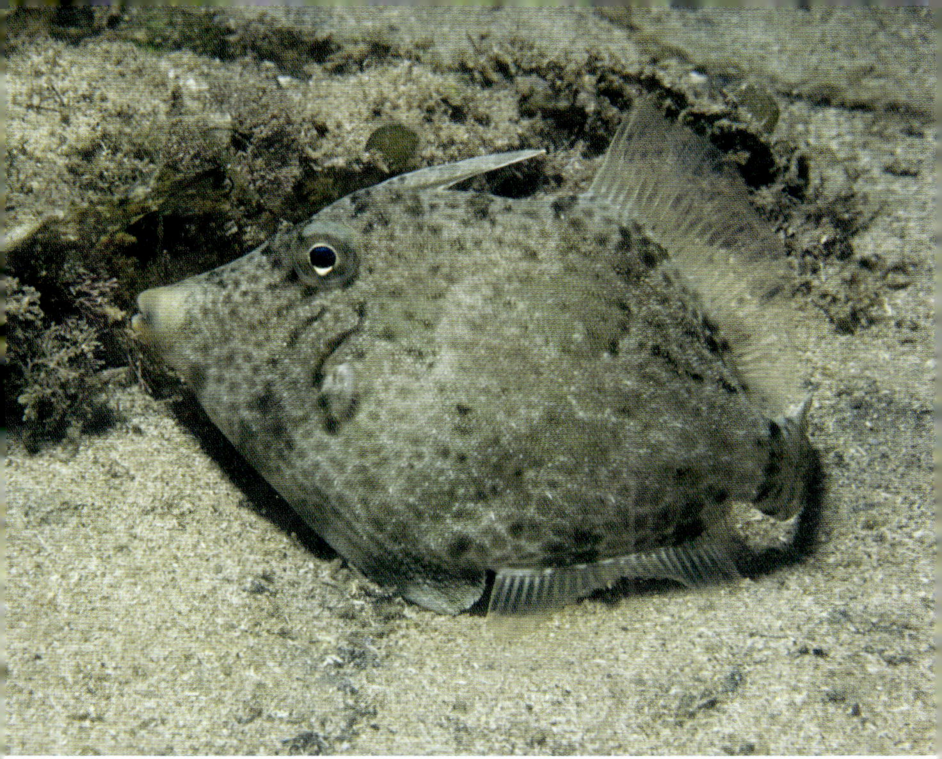

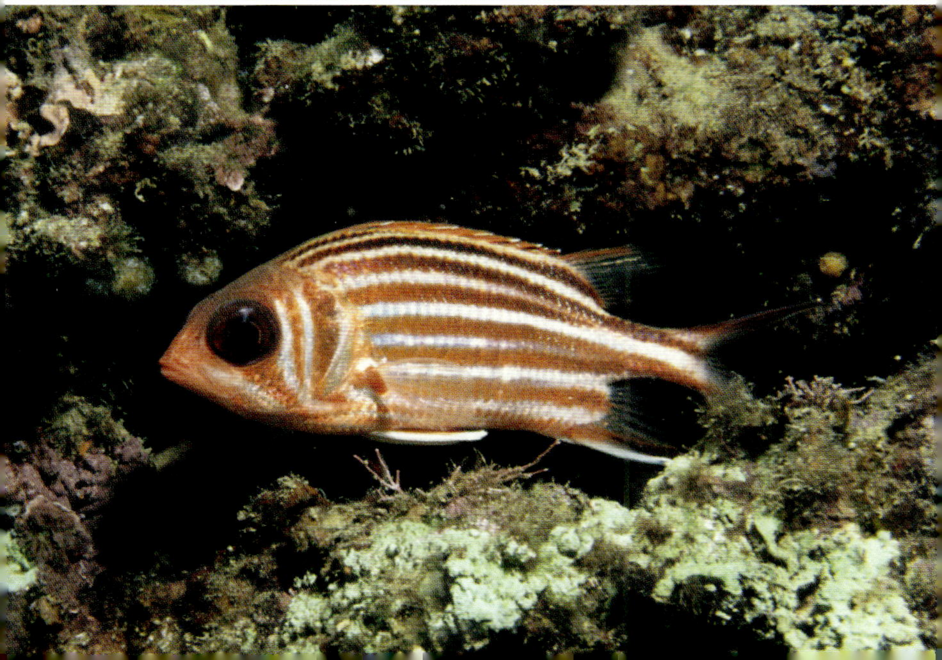

1 Heringskönig *Zeus faber*
Familie *Zeidae, Heringskönige*

Kennzeichen: Länge meist bis 40 cm, selten bis 70 cm. Kurzer, hochrückiger und seitlich stark abgeflachter Körper. Großer Kopf mit hochliegenden Augen und großem, schräg nach oben gerichtetem Maul. Zwei Rückenflossen, die vordere mit auffallend langen Stachelstrahlen und fadenartig verlängerten Hautfransen, die hintere weichstrahlig und ähnlich geformt wie die Afterflosse. Färbung: hellgräulich mit silbrigem bis gelblichem Schimmer und einem vor allem bei Jungtieren vorhandenen mehr oder weniger deutlichen Muster aus breiten, gelblich grünen, unregelmäßigen Streifen; auf den Seiten in Körpermitte ein auffälliger dunkler Fleck mit hellem, gelblich weißem Saum.
Verwechslungsmöglichkeiten: Keine.
Lebensraum und Verbreitung: Sowohl im Freiwasser der Hochsee als auch über Sand- und Weichböden. Vom Flachwasser bis über 400 m Tiefe. Gesamtes Mittelmeer, Schwarzes Meer; im Ostatlantik von Südafrika bis Norwegen, Kanaren, Madeira, Azoren.
Wissenswertes: Der Heringskönig lebt einzeln oder in kleinen lockeren Trupps und macht vor allem Jagd auf Schwarmfische des Freiwassers wie Heringe, Sardinen oder Sprotten, daneben frisst er auch planktische Garnelen. Die Beutetiere saugt er nach einem schnellen Vorstoß mit dem weit vorstreckbaren Maul ein. Die Laichzeit fällt im Mittelmeer in das Frühjahr, im Nordostatlantik in den Sommer; das Ablaichen soll in größeren Tiefen stattfinden. Die etwa 2 mm großen Eier sind planktisch, ebenso die geschlüpften Larven. Beim Tauchen ist der Heringskönig eher selten zu beobachten. Er wird regelmäßig zusammen mit Heringen gefangen und als geschätzter, wirtschaftlich jedoch unbedeutender Speisefisch auch auf Fischmärkten angeboten.

2 Mondfisch *Mola mola*
Familie *Molidae, Mondfische*

Kennzeichen: Länge bis 3 m, meist kleiner. Hochrückiger, seitlich abgeflachter Körper. Lederartige Haut. Kleines Maul mit schnabelartigem Gebiss. Rücken- und Afterflosse hoch, sich gegenüberstehend und von gleicher, dreieckig spitzer Form. Brustflossen sehr klein, Bauchflossen fehlen. Die Schwanzflosse wird von einem Hautsaum ersetzt, der über den ganzen Hinterkörper reicht und die Rücken- mit der Afterflosse verbindet. Statt durch Flossenstrahlen wird dieser Hautsaum durch 11–16 parallele Knorpelstreifen gestützt. Körpergewicht bis etwa 1900 kg.
Verwechslungsmöglichkeiten: Bei der zweiten im Mittelmeer vorkommenden Art, dem Schlanken Mondfisch (*Ranzania laevis*), ist der Körper vergleichsweise gestreckt und mehr als doppelt so lang wie hoch.
Lebensraum und Verbreitung: Hochsee, seltener in Küstennähe; von der Wasseroberfläche bis etwa 400 m Tiefe. Gesamtes Mittelmeer und weltweit in tropischen und gemäßigten Meeren.
Wissenswertes: Der Mondfisch lebt einzelgängerisch im Freiwasser der Ozeane. Er besitzt keine Schwimmblase und sein unvollständig verknöchertes Skelett ist stark verknorpelt. Er hält sich oftmals dicht unter der Oberfläche auf, teils sogar in Seitenlage an der Wasseroberfläche, und lässt sich häufig mit Strömungen treiben. Er schwimmt durch seitliches Schlagen der Rücken- und Afterflosse, die er im Übrigen nicht zusammenfalten kann. Zu seinem vielseitigen Nahrungsspektrum gehören Quallen, Rippenquallen, Algen, Aallarven, pelagische Flügelschnecken, Tintenfische, kleine Fische, Sargassumtang und Seegras. Über die Fortpflanzung und Laichplätze ist wenig bekannt; zumindest wurden in einem Weibchen etwa 300 Millionen 1 mm große Eier gefunden. Die Entwicklung umfasst drei Larvenstadien, von denen die beiden ersten durch ihre Form die Verwandtschaft zu den Kugel- und Kofferfischen belegen. Erst das dritte Larvenstadium ähnelt bereits der typischen Mondfischform. Der wissenschaftliche Name des Mondfisches bezieht sich auf seine Größe und ungewöhnliche Form: Mola (lateinisch) bedeutet Mühlstein.

Register

Mit 512 Farbfotos. Alle Fotos von den Autoren und Manuela Kirschner
Außer: v. Boletzky 185/2a, Florian 257/1, Frei 308/1, 311/2, Göthel 161/2,
341/1, Seifarth 135/2,3 Vollmer 262/2, 341/2.
Zonierungskarte und 39 Piktogramme von Wolfang Lang
Mittelmeerkarte von Jochen Fischer, jf-kartographie, Ingenieurbüro für Computerkartographie

Umschlaggestaltung von Populärgrafik
unter Verwendung eines Fotos von Manuela Kirschner.
Es zeigt einen Oktopus

Trotz sorgfältiger Prüfung und Recherche sind alle Angaben in diesem Buch ohne Gewähr.
Die Planung und Durchführung der Tauchgänge liegen allein in der Verantwortung der
Taucher selbst. Eine Garantie oder Haftung des Autors, des KOSMOS-Verlags oder von
ihm beauftragter Personen sind ausgeschlossen.

Unser gesamtes lieferbares Programm und viele
weitere Informationen zu unseren Büchern,
Spielen, Experimentierkästen, DVDs, Autoren und
Aktivitäten finden Sie unter www.kosmos.de

Gedruckt auf chlorfrei gebleichtem Papier

© 2009, Franckh-Kosmos Verlags-GmbH & Co. KG, Stuttgart.
Alle Rechte vorbehalten
ISBN 978-3-440-11736-1
Redaktion: Monika Weymann
Gestaltungskonzept: eStudio Calamar
Satz: Populärgrafik, Stuttgart
Produktion: Eva Schmidt
Printed in Italy / Imprimé en Italie